高等职业院校精品教材系列

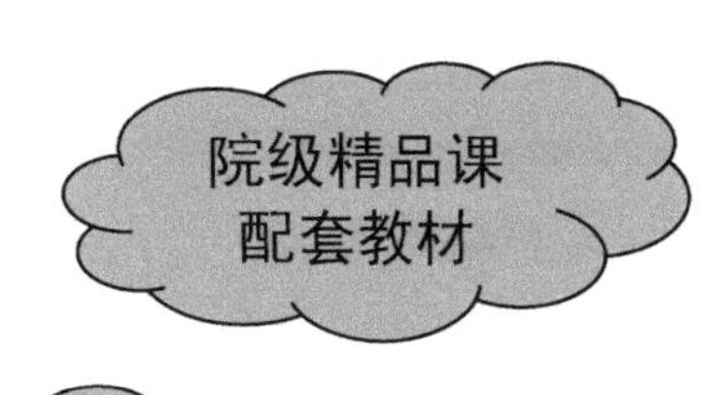

电子技术及技能训练

(第2版)

徐 旻 主编
彭仁明 陈 艳 程素平 副主编

電子工業出版社
Publishing House of Electronics Industry
北京·BEIJING

内 容 简 介

本书是在全国许多院校使用《电子基础与技能》（第1版）的基础上，听取专家建议和读者意见，结合示范院校建设项目成果以及最新的课程改革经验重新修订而成。

本书共分15章，主要包括：基本半导体器件，放大电路，集成运算放大器，直流稳压电源，数字电路基础，集成门电路与组合逻辑电路，触发器，时序逻辑电路，波形产生与整形，A/D和D/A转换，半导体存储器件，常用电子仪器，电子元器件的识别与测试，电路的装配、调试与测量，电子电路仿真。本次修订对原有内容进行了优化，并增加了大量的实训性内容，对涉及的新国标规定的元器件图形符号及其意义进行了解读，并介绍了一些常用的基本电路及限定符号。

本书为高职高专院校相应课程的教材，也可作为应用型本科、成人教育、自学考试、电视大学、中职学校、培训班等的教材，以及电子工程技术人员的参考书。

本书配有免费的电子教学课件、习题参考答案，详见前言。

图书在版编目(CIP)数据

电子技术及技能训练/徐旻主编．—2版．—北京：电子工业出版社，2011.1
全国高职高专院校规划教材·精品与示范系列
ISBN 978-7-121-12434-1

Ⅰ．①电…　Ⅱ．①徐…　Ⅲ．①电子技术－高等学校:技术学校－教学参考资料　Ⅳ．①TN

中国版本图书馆CIP数据核字(2010)第231058号

策划编辑：陈健德(E-mail:chenjd@phei.com.cn)
责任编辑：韩玲玲
印　　刷：北京七彩京通数码快印有限公司
装　　订：北京七彩京通数码快印有限公司
出版发行：电子工业出版社
　　　　　北京市海淀区万寿路173信箱　邮编100036
开　　本：787×1092　1/16　印张：20.25　字数：518千字
版　　次：2006年6月第1版
　　　　　2011年1月第2版
印　　次：2024年7月第14次印刷
定　　价：37.00元

凡所购买电子工业出版社图书有缺损问题，请向购买书店调换。若书店售缺，请与本社发行部联系，联系及邮购电话:(010)88254888,88258888。

质量投诉请发邮件至zlts@phei.com.cn，盗版侵权举报请发邮件至dbqq@phei.com.cn。

本书咨询联系:E-mail:chenjd@phei.com.cn。

职业教育　继往开来（序）

自我国经济在新的世纪快速发展以来，各行各业都取得了前所未有的进步。随着我国工业生产规模的扩大和经济发展水平的提高，教育行业受到了各方面的重视。尤其对高等职业教育来说，近几年在教育部和财政部实施的国家示范性院校建设政策鼓舞下，高职院校以服务为宗旨、以就业为导向，开展工学结合与校企合作，进行了较大范围的专业建设和课程改革，涌现出一批示范专业和精品课程。高职教育在为区域经济建设服务的前提下，逐步加大校内生产性实训比例，引入企业参与教学过程和质量评价。在这种开放式人才培养模式下，教学以育人为目标，以掌握知识和技能为根本，克服了以学科体系进行教学的缺点和不足，为学生的顶岗实习和顺利就业创造了条件。

中国电子教育学会立足于电子行业企事业单位，为行业教育事业的改革和发展，为实施“科教兴国”战略做了许多工作。电子工业出版社作为职业教育教材出版大社，具有优秀的编辑人才队伍和丰富的职业教育教材出版经验，有义务和能力与广大的高职院校密切合作，参与创新职业教育的新方法，出版反映最新教学改革成果的新教材。中国电子教育学会经常与电子工业出版社开展交流与合作，在职业教育新的教学模式下，将共同为培养符合当今社会需要的、合格的职业技能人才而提供优质服务。

近期由电子工业出版社组织策划和编辑出版的“全国高职高专院校规划教材·精品与示范系列”，具有以下几个突出特点，特向全国的职业教育院校进行推荐。

（1）本系列教材的课程研究专家和作者主要来自于教育部和各省市评审通过的多所示范院校。他们对教育部倡导的职业教育教学改革精神理解得透彻准确，并且具有多年的职业教育教学经验及工学结合、校企合作经验，能够准确地对职业教育相关专业的知识点和技能点进行横向与纵向设计，能够把握创新型教材的出版方向。

（2）本系列教材的编写以多所示范院校的课程改革成果为基础，体现重点突出、实用为主、够用为度的原则，采用项目驱动的教学方式。学习任务主要以本行业工作岗位群中的典型实例提炼后进行设置，项目实例较多，应用范围较广，图片数量较大，还引入了一些经验性的公式、表格等，文字叙述浅显易懂。增强了教学过程的互动性与趣味性，对全国许多职业教育院校具有较大的适用性，同时对企业技术人员具有可参考性。

（3）根据职业教育的特点，本系列教材在全国独创性地提出“职业导航、教学导航、知识分布网络、知识梳理与总结”及“封面重点知识”等内容，有利于老师选择合适的教材并有重点地开展教学过程，也有利于学生了解该教材相关的职业特点和对教材内容进行高效率的学习与总结。

（4）根据每门课程的内容特点，为方便教学过程，为教材配备相应的电子教学课件、习题答案与指导、教学素材资源、程序源代码、教学网站支持等立体化教学资源。

职业教育要不断进行改革，创新型教材建设是一项长期而艰巨的任务。为了使职业教育能够更好地为区域经济和企业服务，我们殷切希望高职高专院校的各位职教专家和老师提出建议，共同努力，为我国的职业教育发展尽自己的责任与义务！

中国电子教育学会

第2版前言

本书是在全国许多院校使用《电子基础与技能》（第1版）的经验和建议的基础上，根据教育部有关高职教育改革精神，参照近年来高职高专电子技术基础课程教学特点和改革要求，结合作者多年来的教学改革与实践经验编写而成。

本教材的编写以“保证基础、加强应用、体现先进、突出以能力为本的职业技术教育特色”为指导思想，在内容上遵循“够用为度、重在应用、易学易用”的原则。本教材保持了原教材的鲜明特点，又增加了大量实训性内容。

课程教学的改革，最终反映在教材内容的变化中。针对电子技术基础课程的改革和创新，本教材在内容安排上进行了大量的调整，主要表现在以下几个方面。

（1）将操作技能与电子技术基本知识放在同等重要的地位，使适用性与系统性并重。

（2）为了适应电子技术的发展，本教材适度降低了分立元件电路的比重，加大了集成电路的比重；适度降低了模拟电路的比重，加大了数字电路的比重。

（3）根据职业技术教育侧重于应用的特点，本书侧重于掌握电路和器件的基本功能、外特性和典型应用，并不注重电路内部的组成结构分析和复杂的计算。

（4）电路图中元器件符号采用新的GB/T 4728.12与GB/T 4728.13等国家标准。

（5）随着电子技术的进步及电路标准化的要求，掌握基本的标准图形符号是电子技术应用的重要基本技能。读图能力也是电子信息类专业学生应当具备的基本技能。本教材结合章节内容，对国标规定的电路图形符号及其意义进行了解读，介绍了一些常用的基本电路及限定符号。

本书由南京交通职业技术学院徐旻主编；由绵阳师范学院彭仁明、南京交通职业技术学院陈艳、山西建筑职业技术学院程素平任副主编。其中，徐旻编写前言，第5、6、7、12章及第1～14章的实训内容；彭仁明编写第1、3、4章；陈艳编写第14章；程素平编写第8、9、10章；南京交通职业技术学院王宁编写第2、11章；江苏省六合职业教育中心校刘景霞编写第13章；南京交通职业技术学院郑莹编写第15章及第15章实训内容。

本教材在内容和风格上改革力度较大，难免会存在失误。欢迎读者提出批评和建议，也欢迎广大教师共同探讨，以共同推动电子技术基础类课程及教学方法的改革。

为了方便教师教学，本书配有免费的电子教学课件和习题参考答案，请有此需要的教师登录华信教育资源网（www. hxedu. com. cn）免费注册后进行下载，有问题时请在网站留言板留言或与电子工业出版社联系（E－mail：hxedu@ phei. com. cn）。

编　者

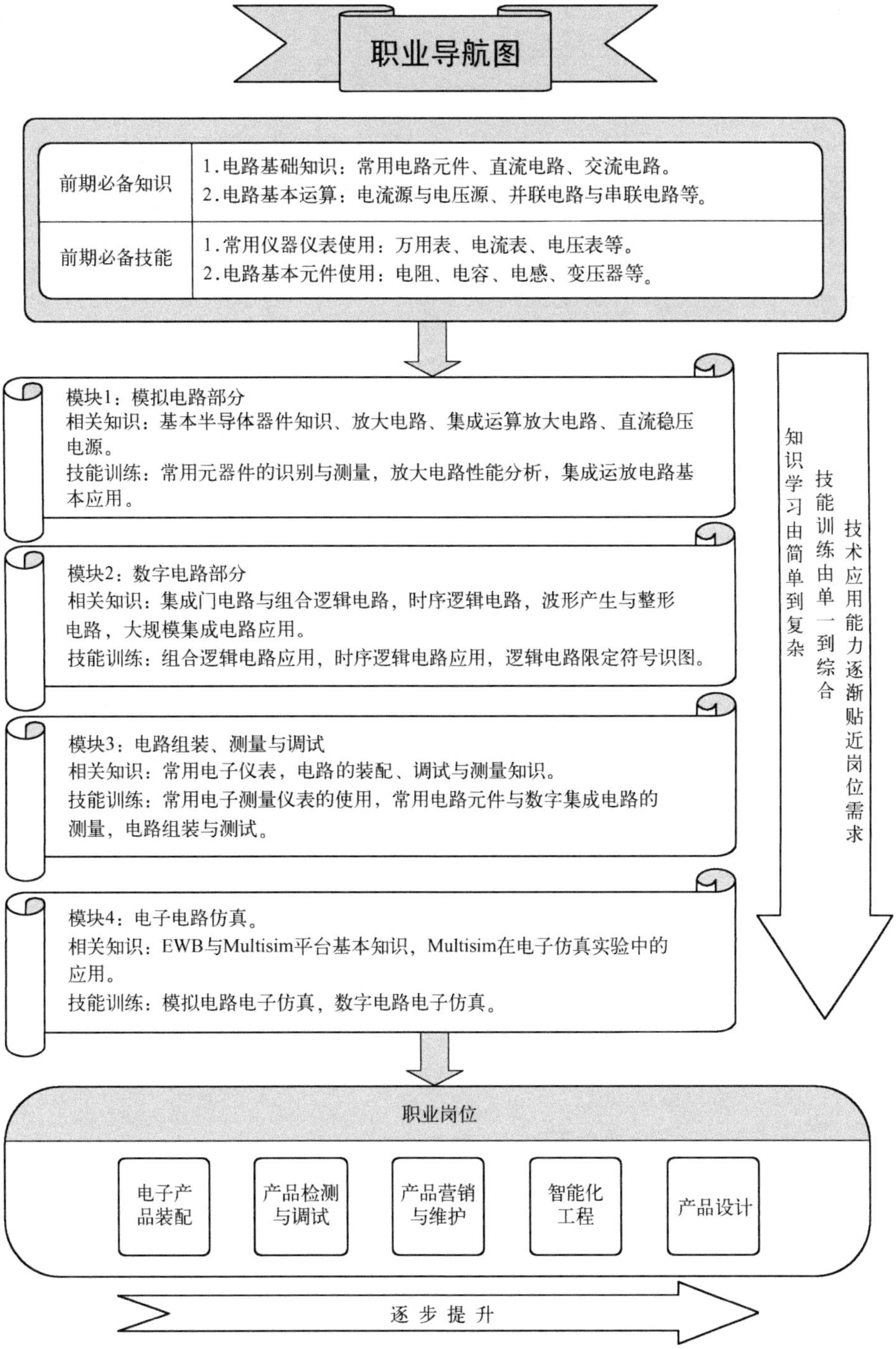

职业导航图

前期必备知识	1.电路基础知识：常用电路元件、直流电路、交流电路。 2.电路基本运算：电流源与电压源、并联电路与串联电路等。
前期必备技能	1.常用仪器仪表使用：万用表、电流表、电压表等。 2.电路基本元件使用：电阻、电容、电感、变压器等。

模块1：模拟电路部分
相关知识：基本半导体器件知识、放大电路、集成运算放大电路、直流稳压电源。
技能训练：常用元器件的识别与测量，放大电路性能分析，集成运放电路基本应用。

模块2：数字电路部分
相关知识：集成门电路与组合逻辑电路，时序逻辑电路，波形产生与整形电路，大规模集成电路应用。
技能训练：组合逻辑电路应用，时序逻辑电路应用，逻辑电路限定符号识图。

模块3：电路组装、测量与调试
相关知识：常用电子仪表，电路的装配、调试与测量知识。
技能训练：常用电子测量仪表的使用，常用电路元件与数字集成电路的测量，电路组装与测试。

模块4：电子电路仿真。
相关知识：EWB与Multisim平台基本知识，Multisim在电子仿真实验中的应用。
技能训练：模拟电路电子仿真，数字电路电子仿真。

知识学习由简单到复杂

技能训练由单一到综合

技术应用能力逐渐贴近岗位需求

职业岗位

电子产品装配	产品检测与调试	产品营销与维护	智能化工程	产品设计

逐 步 提 升

第1章 基本半导体器件 …… 1

教学导航 …… 1

1.1 半导体基础知识 …… 2

1.1.1 半导体 …… 2

1.1.2 PN结及其单向导电性 …… 3

1.2 半导体二极管 …… 5

1.2.1 半导体二极管的基本结构与特性 …… 5

1.2.2 硅稳压二极管 …… 7

1.2.3 其他类型的二极管 …… 8

1.3 半导体三极管 …… 9

1.3.1 半导体三极管的结构和类型 …… 9

1.3.2 半导体三极管的放大作用 …… 10

1.3.3 半导体三极管的特性曲线及主要参数 …… 12

1.4 场效应管 …… 14

1.4.1 N沟道增强型绝缘栅场效应管 …… 14

1.4.2 场效应管的主要参数及注意事项 …… 16

知识梳理与总结 …… 17

实训1 半导体管的特性测量 …… 17

实训2 常用电子元件的识别与简易测量 …… 19

习题1 …… 20

第2章 放大电路 …… 22

教学导航 …… 22

2.1 共射极基本放大电路 …… 23

2.1.1 放大电路的基本组成 …… 23

2.1.2 静态工作点对放大器放大性能的影响及工作点调整 …… 24

2.1.3 放大电路的动态参数及放大性能 …… 26

2.2 分压式偏置电路 …… 29

2.2.1 温度对放大电路性能的影响 …… 29

2.2.2 分压式偏置电路的组成与分析 …… 29

2.3 射极输出器 …… 31

2.3.1 射极输出器电路的组成 …… 31

2.3.2 射极输出器的电压跟随特性与电流放大作用 …… 31

2.4 多级放大电路 …… 32

2.4.1 多级放大电路的级间耦合 …… 33
2.4.2 多级放大电路分析 …… 34
2.4.3 输出级与功率放大 …… 35
2.4.4 放大电路的频率特性 …… 38
2.5 放大电路中的负反馈 …… 38
2.5.1 反馈的基本概念 …… 38
2.5.2 反馈电路基本关系式 …… 39
2.5.3 反馈的基本类型 …… 39
2.5.4 负反馈对放大电路性能的影响 …… 41
知识梳理与总结 …… 42
实训3 共射极放大电路的调试与测量 …… 43
习题2 …… 45

第3章 集成运算放大电路 …… 47

教学导航 …… 47
3.1 集成运算放大器 …… 48
3.1.1 集成运算放大器的组成框图 …… 48
3.1.2 理想集成运算放大器 …… 48
3.1.3 集成运算放大器的电压传输特性 …… 49
3.2 基本运算电路 …… 49
3.2.1 反相输入式放大电路 …… 50
3.2.2 同相输入式放大电路 …… 50
3.2.3 加法、减法运算 …… 51
3.2.4 积分、微分运算 …… 52
3.3 电压比较器 …… 53
3.4 集成运算放大器在应用中的实际问题 …… 54
知识梳理与总结 …… 56
实训4 集成运算放大器的应用与测量 …… 56
习题3 …… 58

第4章 直流稳压电源 …… 60

教学导航 …… 60
4.1 直流稳压电源的基本组成 …… 61
4.2 二极管整流电路 …… 61
4.2.1 单相半波整流电路 …… 61
4.2.2 单相桥式整流电路 …… 62
4.3 滤波电路 …… 63
4.3.1 电容滤波电路 …… 63
4.3.2 其他形式的滤波电路 …… 64
4.4 稳压电路 …… 65
4.4.1 稳压二极管稳压电路 …… 65
4.4.2 集成稳压器 …… 67

4.5 开关电源 …… 69
知识梳理与总结 …… 71
习题4 …… 71

第5章 数字电路基础 …… 73

教学导航 …… 73
5.1 数字信号 …… 74
5.1.1 数字信号与数字电路 …… 74
5.1.2 数字信号的脉冲波形 …… 74
5.2 数制与码制 …… 75
5.2.1 数制 …… 75
5.2.2 数制转换 …… 77
5.2.3 二—十进制码(BCD码) …… 78
5.3 逻辑代数中的基本运算 …… 79
5.3.1 基本逻辑运算 …… 79
5.3.2 几种常用的复合逻辑运算 …… 81
5.4 逻辑代数与逻辑函数化简 …… 82
5.4.1 逻辑代数的基本定律和规则 …… 82
5.4.2 逻辑函数及其表示方法 …… 84
5.4.3 逻辑函数的公式法化简 …… 86
5.4.4 逻辑函数卡诺图化简 …… 87
知识梳理与总结 …… 91
习题5 …… 91

第6章 集成门电路与组合逻辑电路 …… 93

教学导航 …… 93
6.1 集成门电路 …… 94
6.1.1 门电路相关逻辑符号解读 …… 94
6.1.2 TTL集成门电路 …… 95
6.1.3 CMOS集成门电路 …… 100
6.1.4 集成门电路的使用 …… 101
6.2 组合逻辑电路的基础知识 …… 104
6.2.1 组合逻辑电路的分析与设计的基本方法 …… 104
6.2.2 组合逻辑电路相关限定符号 …… 106
6.3 编码器与译码器 …… 110
6.3.1 编码器 …… 110
6.3.2 译码器 …… 112
6.4 运算器件 …… 117
6.4.1 半加器 …… 117
6.4.2 全加器 …… 118
6.4.3 数值比较器 …… 119
6.5 数据选择器与数据分配器 …… 121

6.5.1 数据选择器 …… 121
6.5.2 数据分配器 …… 121
6.5.3 多路选择/分配器(多路模拟开关) …… 123
知识梳理与总结 …… 124
实训5 集成门电路的功能测试 …… 124
实训6 组合逻辑电路的功能测试与应用 …… 126
习题6 …… 128

第7章 触发器 …… 131

教学导航 …… 131
7.1 基本RS触发器 …… 132
7.1.1 基本RS触发器的组成 …… 132
7.1.2 工作原理 …… 132
7.1.3 基本RS触发器功能表 …… 134
7.2 同步触发器 …… 134
7.2.1 同步RS触发器 …… 134
7.2.2 D触发器 …… 135
7.2.3 JK触发器 …… 136
7.2.4 同步触发器的空翻现象 …… 137
7.3 触发器相关输入、动态输入限定符号 …… 138
7.3.1 数据输入限定符号 …… 138
7.3.2 动态输入 …… 138
7.3.3 延迟输出 …… 139
7.4 主从触发器 …… 139
7.5 边沿触发器 …… 140
7.5.1 边沿触发器相关限定符号及意义 …… 141
7.5.2 上升沿触发的边沿触发器 …… 141
7.5.3 下降沿触发的边沿触发器 …… 142
7.6 触发器的功能转换 …… 143
7.6.1 JK触发器转换为D、T、T′型触发器 …… 143
7.6.2 D触发器转换为T′触发器 …… 145
7.7 几种常用的集成触发器 …… 146
知识梳理与总结 …… 146
实训7 集成触发器的功能测试 …… 147
习题7 …… 148

第8章 时序逻辑电路 …… 150

教学导航 …… 150
8.1 时序逻辑电路基础知识 …… 151
8.1.1 时序逻辑电路的概念及分析方法 …… 151
8.1.2 时序逻辑电路的相关限定符号 …… 152
8.2 寄存器 …… 153

8.2.1 数码寄存器 …… 153
8.2.2 移位寄存器 …… 154
8.2.3 集成移位寄存器 …… 155
8.3 计数器 …… 156
8.3.1 二进制计数器 …… 156
8.3.2 十进制计数器 …… 158
8.3.3 任意进制计数器 …… 159
8.4 集成计数器的功能及应用 …… 160
8.4.1 集成计数器的功能 …… 160
8.4.2 集成计数器的应用 …… 163
知识梳理与总结 …… 164
实训8 时序逻辑电路的组成与集成计数器、寄存器应用 …… 164
实训9 随机掷数发生电路的制作 …… 167
实训10 8路抢答器电路的制作 …… 169
习题8 …… 170

第9章 波形产生与整形 …… 172

教学导航 …… 172
9.1 555定时器 …… 173
9.1.1 555定时器电路的组成框图 …… 173
9.1.2 555定时器的基本逻辑功能 …… 173
9.2 多谐振荡器与单稳态触发器 …… 174
9.2.1 由门电路组成的环行振荡器 …… 174
9.2.2 由555定时器组成的多谐振荡器 …… 175
9.2.3 由555定时器组成的单稳态触发器 …… 177
9.3 施密特触发器 …… 178
9.3.1 由555定时器组成的施密特触发器 …… 178
9.3.2 施密特触发器的限定符号及意义 …… 180
9.3.3 集成施密特触发器 …… 181
9.4 石英晶体振荡器 …… 181
知识梳理与总结 …… 182
实训11 波形的产生与整形电路测试 …… 183
习题9 …… 184

第10章 A/D和D/A转换 …… 186

教学导航 …… 186
10.1 A/D转换器 …… 187
10.1.1 集成A/D转换器的结构与工作原理 …… 187
10.1.2 集成A/D转换器的主要性能指标 …… 188
10.2 D/A转换器 …… 189
10.2.1 集成D/A转换器的组成与工作原理 …… 189
10.2.2 集成D/A转换器的主要性能指标 …… 190

知识梳理与总结 …… 191
实训 12 D/A、A/D 转换电路测试 …… 191
习题 10 …… 193

第 11 章 半导体存储器件 …… 194

教学导航 …… 194
11.1 ROM …… 195
11.1.1 ROM 的结构与寻址方法 …… 195
11.1.2 PROM …… 196
11.1.3 EPROM …… 196
11.2 RAM …… 198
11.2.1 RAM 的基本结构 …… 198
11.2.2 集成 RAM …… 199
11.3 可编程逻辑器件 PLD …… 201
11.3.1 可编程逻辑器件的基本结构 …… 201
11.3.2 PLD 器件简化逻辑符号 …… 201
11.3.3 PLD 器件简单应用 …… 202
11.3.4 典型的集成 PLD …… 202
知识梳理与总结 …… 203
习题 11 …… 203

第 12 章 常用电子仪器 …… 205

教学导航 …… 205
12.1 双踪示波器 …… 206
12.1.1 使用特性 …… 206
12.1.2 面板控制键作用说明 …… 206
12.1.3 基本操作方法 …… 210
12.2 函数信号发生器 …… 211
12.2.1 信号发生器的主要特点 …… 211
12.2.2 幅度显示 …… 211
12.2.3 电源 …… 211
12.2.4 面板操作键作用说明 …… 212
12.2.5 基本操作方法 …… 213
12.3 数字交流毫伏表 …… 215
12.3.1 技术指标 …… 215
12.3.2 面板操作键作用说明 …… 215
12.3.3 基本操作方法 …… 216
12.4 半导体管特性图示仪 …… 216
12.4.1 主要技术指标 …… 216
12.4.2 面板操作键作用说明 …… 217
12.5 集成电路测试仪 …… 222
12.5.1 主要技术特点 …… 222

12.5.2 操作部件 …… 223
12.5.3 基本操作 …… 224
知识梳理与总结 …… 226
实训 13 常用电子仪器的使用 …… 226
习题 12 …… 227

第 13 章 电子元器件的识别与简易测试 …… 228

教学导航 …… 228
13.1 电阻器与电位器 …… 229
13.1.1 电阻器参数的识别 …… 229
13.1.2 常用电阻器 …… 231
13.1.3 电位器 …… 232
13.2 电容器 …… 233
13.2.1 常用电容器 …… 233
13.2.2 电容器主要参数的识别 …… 236
13.3 电感器 …… 238
13.4 变压器与继电器 …… 239
13.4.1 变压器 …… 239
13.4.2 继电器 …… 240
13.5 半导体器件 …… 242
13.5.1 半导体分立元件 …… 242
13.5.2 集成电路 …… 245
13.6 表面安装元件 …… 246
13.6.1 表面安装无源元件(SMC) …… 247
13.6.2 表面安装有源元件(SMD) …… 248
知识梳理与总结 …… 251
实训 14 集成电路测试 …… 251
习题 13 …… 252

第 14 章 电路的装配、调试与测量 …… 253

教学导航 …… 253
14.1 焊接 …… 254
14.1.1 电烙铁 …… 254
14.1.2 焊料与焊剂 …… 255
14.2 元件的装配与焊接 …… 256
14.2.1 元器件的装配 …… 256
14.2.2 焊接工艺 …… 260
14.2.3 焊接质量与检查 …… 263
14.3 电路的调试 …… 265
14.4 放大电路的调试 …… 269
14.4.1 分立元件放大电路的调试 …… 269
14.4.2 集成运算放大器的调试 …… 272

知识梳理与总结 …… 275
实训 15 自动增益控制放大电路 …… 275
实训 16 被动式红外自动照明灯 …… 277
实训 17 整机电路的装接(收音机组装) …… 279
实训 18 分频系数可控数字分频器 …… 281
习题 14 …… 282

第 15 章 电子电路仿真 …… 283

教学导航 …… 283
15.1 EWB 与 Multisim 平台的使用 …… 284
15.1.1 Multisim 的主窗口界面 …… 284
15.1.2 菜单栏 …… 284
15.1.3 工具栏 …… 285
15.1.4 Multisim 对元器件的管理 …… 286
15.1.5 输入并编辑电路 …… 287
15.1.6 将元器件连接成电路 …… 290
15.1.7 虚拟仪器及其使用 …… 290
15.1.8 基本仿真分析方法 …… 292
15.2 Multisim 在电子仿真实验中的应用 …… 297
15.2.1 Multisim 在模拟电子仿真实验中的应用 …… 297
15.2.2 Multisim 在数字电子仿真实验中的应用 …… 299
知识梳理与总结 …… 299
实训 19 模拟电路的电子仿真 …… 300
实训 20 数字电路的电子仿真 …… 303

参考文献 …… 305

第1章 基本半导体器件

本章介绍了半导体的基本知识，半导体二极管的结构、基本特点及其参数，半导体三极管的结构、放大作用及基本特性，场效应管的结构和基本特性等。

教学导航

教	知识重点	1. 半导体基础知识 2. 半导体二极管 3. 晶体三极管 4. 场效应管
	知识难点	1. 半导体 PN 结 2. 场效应管
	推荐教学方式	从半导体 PN 结入手，简单介绍半导体管的基本结构与工作原理。结合实践教学，重点掌握半导体管的外部特性
	建议学时	6 学时
学	推荐学习方法	从半导体 PN 结入手，了解半导体管的基本结构与工作原理。结合实践教学，重点掌握半导体管的外部特性
	必须掌握的理论知识	1. 半导体与 PN 结基础知识 2. 半导体管外部电学特性
	必须掌握的技能	二极管与三极管的简易测试

1.1 半导体基础知识

半导体具有热敏性、光敏性和掺杂性。利用热敏性可制成各种热敏电阻；利用光敏性可制成光电二极管、光电三极管及光敏电阻；利用掺杂性可制成各种不同性能、不同用途的半导体器件，如二极管、三极管和场效应管等。

1.1.1 半导体

半导体可分为本征半导体和掺杂半导体两种。

1. 本征半导体

本征半导体是一种纯净的、没有杂质的半导体晶体。常用的半导体材料是单晶硅（Si）和单晶锗（Ge）。半导体的原子结构如图1.1所示。

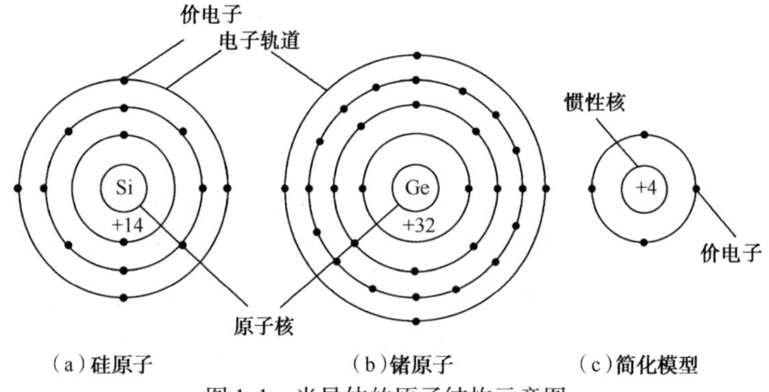

图1.1 半导体的原子结构示意图

本征半导体的各原子间整齐而有规则地排列着，每个原子的4个价电子不仅受所属原子核的吸引，而且还受相邻4个原子核的吸引，每一个价电子都为相邻原子核所共用，形成了稳定的共价键结构。每个原子核最外层等效有8个价电子，由于价电子不易挣脱原子核束缚而成为自由电子，因此，本征半导体导电能力较差。

如果从外界获得一定的能量（如光照、温升等），则有些价电子就会挣脱共价键的束缚而成为自由电子，在共价键中留下一个空位，称为“空穴”。空穴的出现使相邻原子的价电子离开它所在的共价键来填补这个空穴，同时又产生了一个新的空穴。这个空穴也会被相邻的价电子填补而产生新的空穴。这种电子填补空穴的运动相当于带正电荷的空穴在运动，并把空穴视为一种带正电荷的载流子。空穴越多，半导体的载流子数目就越多，这就是半导体的热敏性。

在本征半导体中，电子与空穴是成对出现的，称为电子－空穴对。其自由电子和空穴数目总是相等的，如图1.2所示。本征半导体在温度升高时产生电子－空穴对的现象称为本征激发。温度越高，产生的电子－空穴对数目就越多，这就是半导体的热敏性。

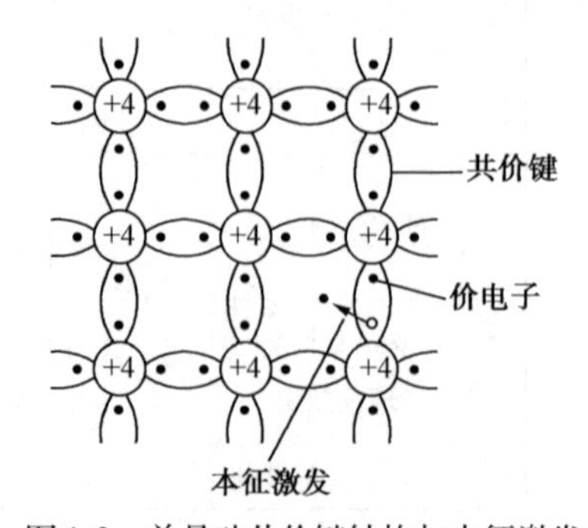

图1.2 单晶硅共价键结构与本征激发

小提示　虽然硅和锗同样是4价元素，但硅的电子轨道比锗少一层，价电子离原子核近。硅比锗更稳定。半导体器件中，硅基本取代了锗。

2. 掺杂半导体

在本征半导体中掺入微量的杂质元素，就会使半导体的导电性能发生显著改变。根据掺入杂质元素的性质不同，掺杂半导体可分为P型半导体和N型半导体两大类。

P型半导体是在本征半导体硅中掺入微量的3价元素（如硼）而形成的。因杂质原子只有3个价电子，它与周围硅原子组成共价键时，缺少1个电子，因此在晶体中便产生一个空穴，如图1.3所示。

在P型半导体中，原来的晶体仍会产生电子－空穴对，杂质的掺入，使得空穴数目远大于自由电子数目，成为多数载流子（简称多子），而自由电子则为少数载流子（简称少子）。因而P型半导体以空穴导电为主。

N型半导体是在本征半导体硅中掺入微量的5价元素（如磷）而形成的，杂质原子有5个价电子与周围硅原子结合成共价键，多出1个价电子，这个多余的价电子易成为自由电子，如图1.4所示。N型半导体多子为自由电子，少子为空穴。

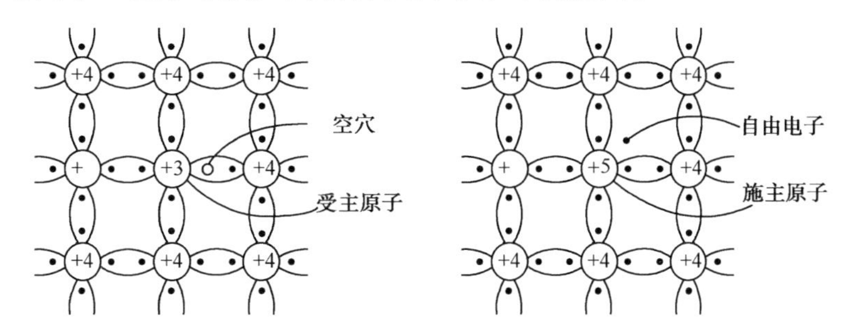

图1.3　P型半导体的共价键结构　　图1.4　N型半导体的共价键结构

综上所述，在掺入杂质后，载流子的数目都有相当程度的增加，半导体导电性能大大改善。多子主要是由掺杂产生的，少子是由本征激发产生的。

1.1.2　PN结及其单向导电性

1. PN结的形成

同一块半导体基片的两边分别形成N型和P型半导体，在它们的交界面附近会形成一个很薄的空间电荷区，称为PN结。PN结的形成过程如图1.5所示。

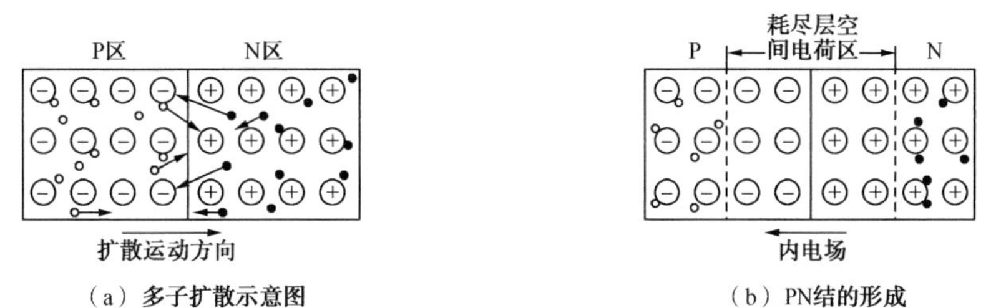

（a）多子扩散示意图　（b）PN结的形成

图1.5　PN结的形成过程

由图1.5（a）可知，界面两边明显存在载流子的浓度差，N区的多子（电子）必然向P区扩散，并与界面附近P区的空穴复合，在N区留下一层不能移动的正电荷离子。同样，P区的多子（空穴）也会向N区扩散，并与界面附近的N区电子复合而消失，在P区留下一层不能移动的负电荷离子。扩散的结果是使界面出现了空间电荷区，如图1.5（b）所示。空间电荷区形成了一个由N区指向P区的内电场。内电场的存在阻碍了扩散运动，但使P区少子（电子）向N区漂移，N区的少子（空穴）向P区漂移。多子的扩散运动使空间电荷区加厚，而少子的漂移运动使空间电荷区变薄。当扩散与漂移达到动态平衡时，便形成了一定厚度的空间电荷区，称为PN结。由于电荷区缺少能移动的载流子，故又称PN结为耗尽层或阻挡层。

2. PN结的单向导电性

给PN结加上电压，使电压的正极接P区，负极接N区（即正向连接或正向偏置），如图1.6（a）所示。由于PN结是高阻区，而P区与N区电阻很小，因而外加电压几乎全部落在PN结上。由图可见，外电场将推动P区多子（空穴）向右扩散，与原空间电荷区的负离子中和；推动N区的多子（电子）向左扩散，与原空间电荷区的正离子中和，这样空间电荷区变薄，打破了原来的动态平衡。同时电源不断地向P区补充正电荷，向N区补充负电荷，其结果是使电路中形成较大的正向电流，由P区流向N区。这时PN结对外呈现较小的阻值，处于正向导通状态。

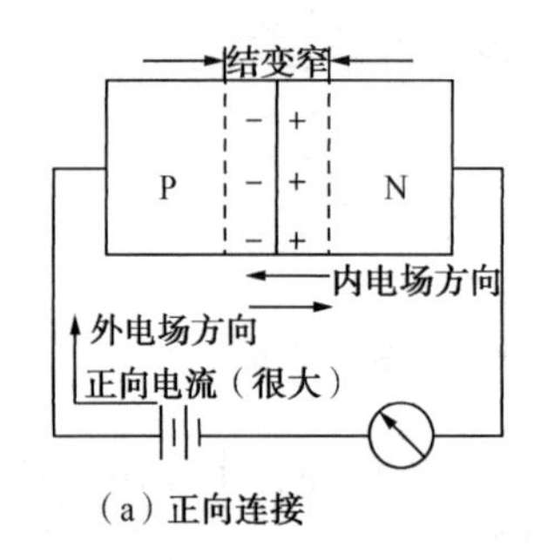

（a）正向连接

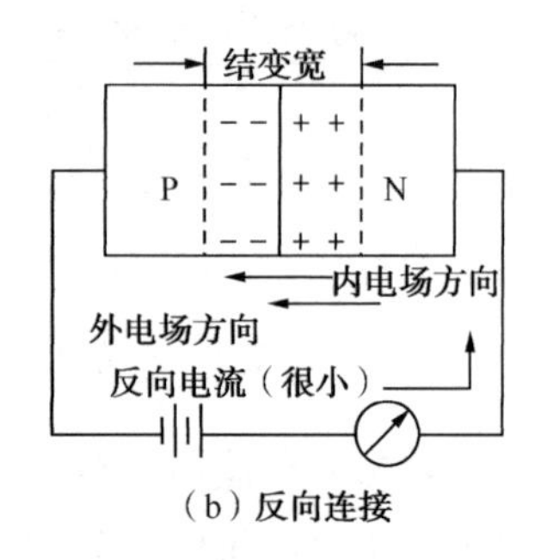

（b）反向连接

图1.6　PN结的单向导电性

将PN结按图1.6（b）所示方式连接（称PN结反向偏置）。由图1.6（b）可见，外电场方向与内电场方向一致，它将N区的多子（电子）从PN结拉走，将P区的多子（空穴）从PN结拉走，使PN结变厚，呈现出很大的阻值，且打破了原来的动态平衡，使漂移运动增强。由于漂移运动是少子运动，因而漂移电流很小；若忽略漂移电流，则可以认为PN结截止。

综上所述，PN结正向偏置时，正向电流很大；PN结反向偏置时，反向电流很小。这就是PN结的单向导电性，也是PN结的最大特点。

小提示　PN结正偏时，外电场抵消内电场；PN结反偏时，外电场加强了内电场。

1.2　半导体二极管

1.2.1　半导体二极管的基本结构与特性

1. 半导体二极管的结构

半导体二极管，简称二极管，其实质是由一个PN结封装而成的。二极管按其结构的不同可分为点接触型和面接触型两类。

点接触型二极管的结构，如图1.7（a）所示。这类管子的PN结面积和极间电容均很小，不能承受高的反向电压和大电流，适于制成高频检波和脉冲数字电路里的开关元件。

面接触型二极管的结构如图1.7（b）所示。这种二极管的PN结面积大，可承受较大的电流，其极间电容大，适用于整流，而不宜用于高频电路中。如图1.7（c）所示是硅工艺平面型二极管的结构图，是集成电路中常见的一种形式。二极管的图形符号如图1.7（d）所示。

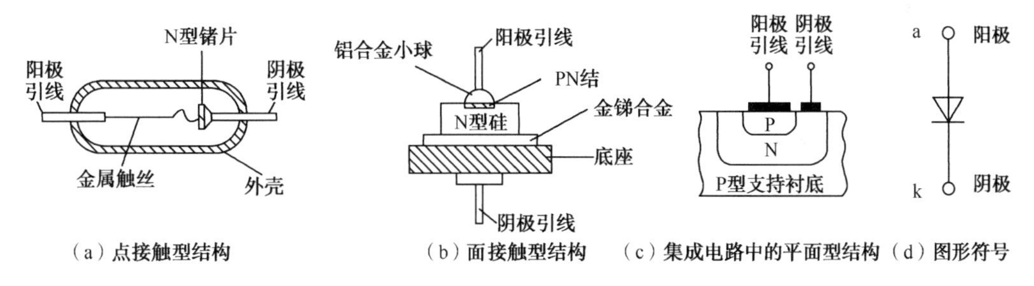

图1.7　半导体二极管的结构及图形符号

2. 半导体二极管的特性

半导体二极管由一个PN结构成，它同样具有单向导电性。理论分析指出，半导体二极管电流I与端电压U之间的关系可表示为$I=I_S(e^{\frac{U}{U_T}}-1)$，此式称为理想二极管电流方程。式中，$I_S$称为反向饱和电流；$U_T$称为温度的电压当量，表明电流$I$会受温度影响，常温下$U_T\approx26\text{mV}$。实际的二极管伏安特性曲线如图1.8所示。

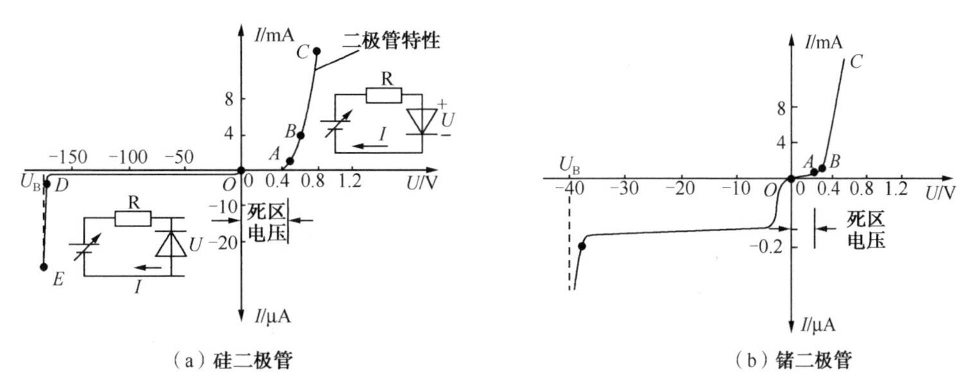

图1.8　二极管的伏安特性曲线

1）正向特性

OA 段：称为“死区”。在这一区间，当正向电压增加时，正向电流增加得很小。在该区间，二极管呈现很大的正向电阻，对外电路截止。把 *A* 点对应的电压称为死区电压，记做 U_{th}，其大小随管子材料和温度的不同而异，一般硅管约为0.5V，锗管为0.2V。

AB 段：称为正向导通区。随着外加电压的继续增大，正向电流开始增大。当正向电压从0.6V 增加到0.8V 时，电流急剧增大，此时二极管电阻很小，对外呈现导通状态，在电路中相当于一个闭合的开关。

BC 段：二极管导通后，管子两端的正向压降很小（硅管为0.7V，锗管为0.3V），而且很稳定，几乎不随电流而变化，表现出很好的恒压特性。所加的正向电压不能太大，否则会使 PN 结过热而烧坏。

2）反向特性

OD 段：称为反向截止区。当反向电压增加时，反向电流增加极小。此电流称为反向饱和电流，记做 I_S。I_S愈大，表明二极管的单向导电性能愈差。小功率硅管 I_S小于1μA，锗管 I_S在几微安到几十微安以上，这是硅管和锗管的一个显著区别。这时二极管呈现很高的电阻，在电路中相当于一个断开的开关，呈截止状态。

DE 段：称为反向击穿区。当反向电压增加到一定值时，反向电流急剧加大，这种现象称为反向击穿。发生击穿时所加的电压称为反向击穿电压，记做 U_B。这时电压的微小变化会引起电流很大的变化，表现出很好的恒压特性。同样，若对反向击穿后的电流不加以限制，PN 结也会因过热而烧坏，这种情况称为热击穿。

3. 温度特性

二极管对温度敏感，具有热敏特性。温度对二极管伏安特性的影响如图1.9所示。

（1）当温度升高时，二极管的正向特性曲线向左移动。这是因为温度升高时，扩散运动加强，产生同一正向电流所需的压降减小的缘故。

（2）当温度升高时，二极管的反向特性曲线向下移动。这是因为温度升高时，本征激发加强，半导体中少子数目增多，在同一反向电压下，漂移电流增大的缘故。

（3）当温度升高时，反向击穿电压减小。击穿现象是由于大的反向电流使少数载流子获得很大的动能，当它与 PN 结内的原子发生碰撞时，产生了很多的电子－空穴对，使 PN 结内载流子数目急剧增加，并在反向电压作用下形成很大的反向电流。温度升高时，反向击穿电压减小。

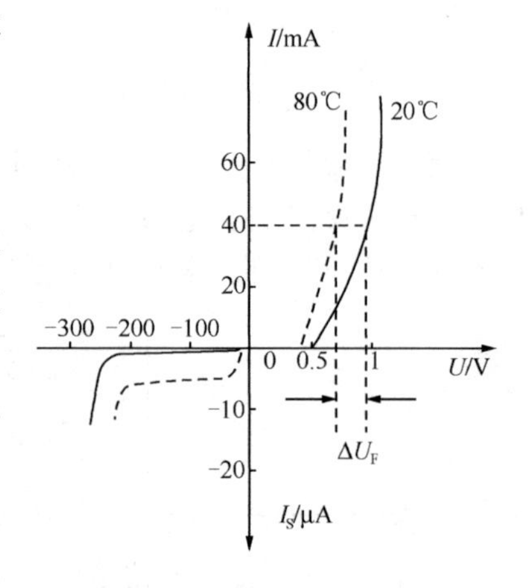

图1.9 温度对二极管伏安特性的影响

综上所述，温度升高时，二极管的导通压降 U_F降低，反向击穿电压 U_B减小，反向饱和电流 I_S增大。

4. 半导体二极管的主要参数

二极管的参数是定量描述二极管性能的质量指标，只有正确理解这些参数的意义，才能合理、正确地使用二极管。

（1）最大整流电流 I_F。最大整流电流是指二极管长期运行时，允许通过的最大正向平均电流。电流通过 PN 结时会引起二极管发热。电流太大，发热量超过限度，就会使 PN 结烧坏。例如，2AP1 的最大整流电流为 16mA。

（2）反向击穿电压 U_B。反向击穿电压是指反向击穿时的电压值。击穿时，反向电流剧增，使二极管的单向导电性被破坏，甚至会因过热而烧坏。一般手册上给出的最高反向工作电压约为击穿电压的一半，以确保二极管安全工作。例如，2AP1 的最高反向工作电压规定为 20V，而实际反向击穿电压可大于 40V。

（3）反向饱和电流 I_S。在室温下，二极管未击穿时的反向电流值称为反向饱和电流。该电流越小，二极管的单向导电性能就越好。由于温度升高，反向电流会增加，因而在使用二极管时要注意环境温度的影响。

二极管的参数是正确使用二极管的依据，一般半导体器件手册中都给出不同型号二极管的参数。在使用时，应特别注意不要超过最大整流电流和最高反向工作电压，否则二极管容易损坏。

1.2.2　硅稳压二极管

1. 稳压特性

硅稳压二极管是一种特殊的面接触型硅二极管，其伏安特性曲线、图形符号及稳压管电路如图 1.10 所示，它的正向特性曲线与普通二极管相似。在正常情况下稳压管工作在反向击穿区，由于曲线很陡，反向电流在很大范围内变化时，端电压变化很小，因而具有稳压作用。图 1.10 中的 U_Z表示反向击穿电压，当电流的增量 ΔI_Z很大时，只引起很小的电压变化 ΔU_Z。只要反向电流不超过其最大稳定电流，就不会形成破坏性的热击穿。在电路中应与稳压管串联一个具有适当阻值的限流电阻。

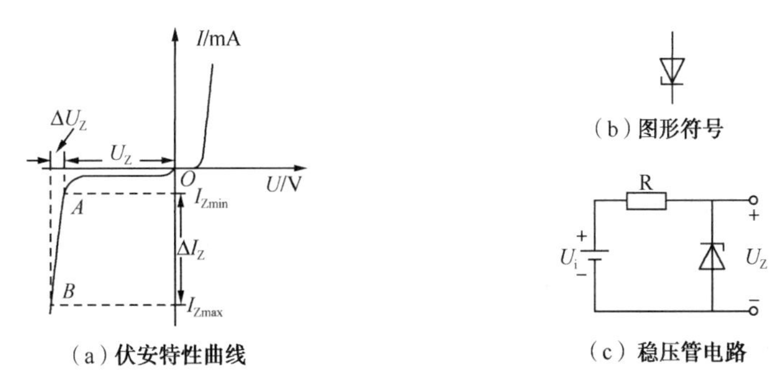

图 1.10　硅稳压二极管的伏安特性曲线、图形符号及稳压管电路

2. 基本参数

硅稳压二极管的基本参数如下。

(1) 稳定电压 U_Z。稳定电压 U_Z是指在规定的测试电流下，稳压管工作在击穿区时的稳定电压。

(2) 稳定电流 I_Z。稳压电流 I_Z 是指稳压管在稳定电压时的工作电流，其范围为$I_{Zmin} \sim I_{Zmax}$。

(3) 最大耗散功率 P_M。最大耗散功率 P_M是指管子工作时允许承受的最大功率。

(4) 动态电阻 r_Z。定义 $r_Z = \dfrac{\Delta U_Z}{\Delta I_Z}$，$r_Z$值很小，约几欧到几十欧。$r_Z$越小，反向击穿特性曲线越陡，稳压性能就越好。

1.2.3 其他类型的二极管

1. 光电二极管

光电二极管的结构与普通二极管的结构基本相同，只是在它的 PN 结处，通过管壳上的一个玻璃窗口能接收外部的光照。光电二极管的 PN 结在反向偏置状态下运行，其反向电流随光照强度的增加而上升。如图 1.11（a）所示是光电二极管的图形符号，如图 1.11（b）所示是它的等效电路，而如图 1.11（c）所示是它的特性曲线。光电二极管的主要特点是其反向电流的大小与光照度成正比。

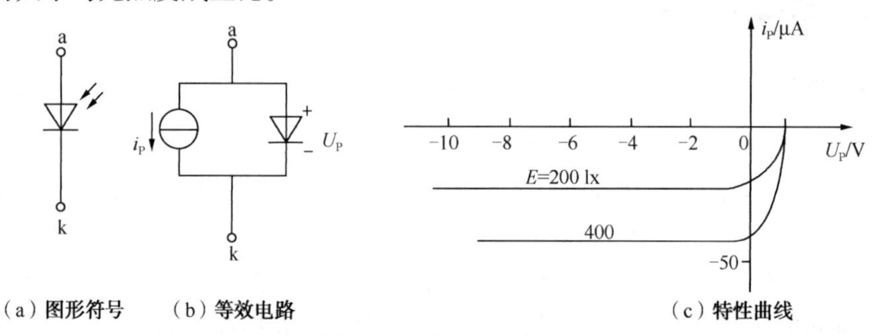

图 1.11　光电二极管

2. 发光二极管

发光二极管是一种能把电能转换为光能的特殊器件。发光二极管不仅具有普通二极管的正、反向特性，而且当给发光二极管施加正向偏压时，发光二极管还会发出可见光和不可见光（即电致发光）。目前应用的有红、黄、绿、蓝、紫等颜色的发光二极管。此外，还有变色发光二极管，即当通过二极管的电流改变时，发光颜色也随之改变。

发光二极管常用来作为显示器件，除单个使用外，也常做成七段式或矩阵式器件。发光二极管的另一个重要的用途是将电信号变为光信号，通过光缆传输，然后再用光电二极管接收，再现电信号。

新技术应用 LED 照明

LED 日益成为多种现有照明应用的首选光源，这些照明应用包括汽车、交通和街道照明，以及手机、个人导航设备、数码相框和相机等产品中的小型 LCD 显示器及键盘背光。

市场也得益于新应用的出现，如电视机、笔记本电脑和个人计算机显示器的大尺寸 LCD 背光，以及个人照明。

目前 LED 灯泡发光效率已超过 100 lm/W。新型 LED 的高效、节能特点突出，正在被主流普通照明市场所采用。如图 1.12 所示为 LED 路灯。

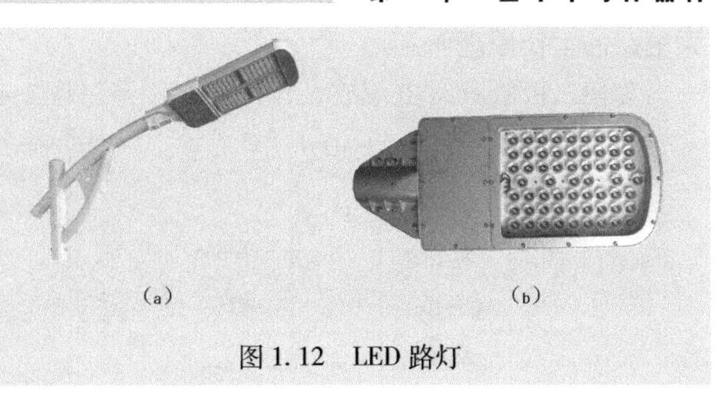
(a)　(b)

图 1.12　LED 路灯

3. 变容二极管

二极管结电容的大小除了与本身的结构和工艺有关外，还与外加电压有关。结电容随反向电压的增加而减小，这种效应显著的二极管称为变容二极管，其图形符号如图 1.13（a）所示，如图 1.13（b）所示是某种变容二极管的特性曲线。

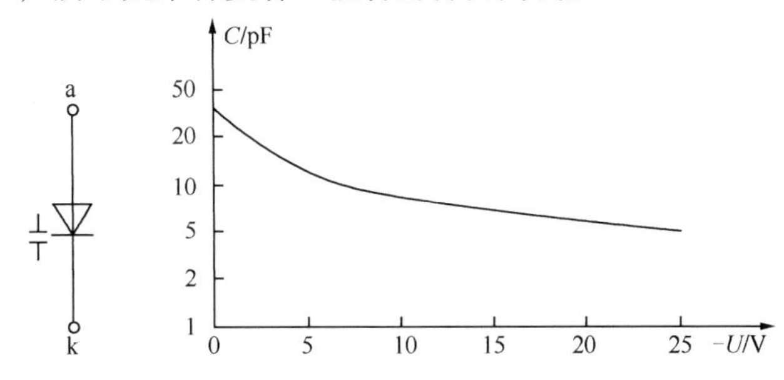

（a）图形符号　（b）结电容与电压的关系（纵坐标为对数刻度）

图 1.13　变容二极管

1.3　半导体三极管

半导体三极管根据其结构和工作原理的不同可以分为双极型和单极型半导体三极管。双极型半导体三极管，又称为双极型晶体三极管或三极管、晶体管等。之所以称为双极型管，是因为它的空穴和自由电子两种载流子都参与导电。而单极型半导体三极管只有一种载流子导电。

1.3.1　半导体三极管的结构和类型

三极管是在一块半导体上用掺入不同杂质的方法制成两个紧挨着的 PN 结，并引出三个电极而构成的，如图 1.14 所示。三极管有 3 个区：发射区，发射载流子的区域；基区，载流子传输的区域；集电区，收集载流子的区域。各区引出的电极依次为发射极（E 极）、基极（B 极）和集电极（C 极）。发射区和基区在交界处形成发射结，基区和集电区在交界处形成集电结。根据半导体各区的类型不同，三极管可分为 NPN 型和 PNP 型两大类，如图 1.14（a）、（b）所示。

目前 NPN 型管多数为硅管，PNP 型管一般为锗管（也有由平面工艺制成的硅 PNP 型管）。因硅 NPN 型三极管应用最为广泛，故本书以硅 NPN 型三极管为例来分析三极管及其放

大电路的工作原理。

为使三极管具有电流放大作用，在制造过程中必须满足实现放大的内部结构条件：

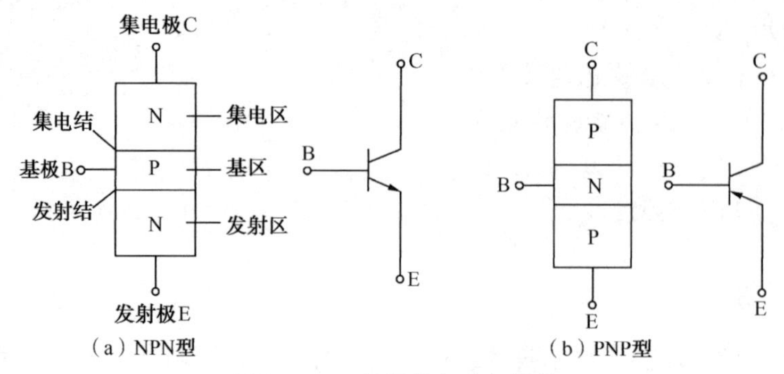

图1.14　三极管的组成与符号

① 发射区掺杂浓度远大于基区的掺杂浓度，以便于有足够的载流子供“发射”；

② 基区很薄，掺杂浓度很低，以减少载流子在基区的复合机会，这是三极管具有放大作用的关键所在；

③ 集电区比发射区体积大且掺杂少，以利于收集载流子。

由此可见，三极管并非两个PN结的简单组合，不能用两个二极管来代替，在放大电路中也不可将发射极和集电极对调使用。

1.3.2　半导体三极管的放大作用

1. 三极管的工作电压和基本连接方式

为更好地理解半导体三极管的放大作用，先介绍三极管的工作电压和基本连接方式。

(1) 工作电压。三极管要实现放大作用必须满足的外部条件：发射结加正向电压，集电结加反向电压，即发射结正偏，集电结反偏。如图1.15所示，其中V为三极管，U_{CC}为集电极电源电压，U_{BB}为基极电源电压，两类管子外部电路所接电源极性正好相反，R_B为基极电阻，R_C为集电极电阻。若以发射极电压为参考电压，则三极管发射结正偏，集电结反偏。这个外部条件也可用电压关系来表示：对于NPN型，$U_C > U_B > U_E$；对于PNP型，$U_E > U_B > U_C$。

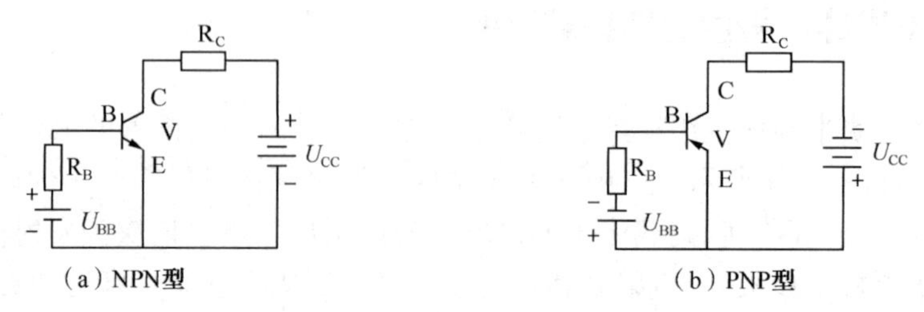

图1.15　三极管电源的接法

(2) 基本连接方式。三极管有3个电极，而在连成电路时必须由两个电极接输入回路，两个电极接输出回路，这样势必有一个电极作为输入回路和输出回路的公共端。根据公共端

的不同，有三种基本连接方式。

① 共发射极接法（简称共射接法）。共射接法是以基极为输入端的一端，集电极为输出端的一端，发射极为公共端，如图 1.16（a）所示。

② 共基极接法（简称共基接法）。共基接法是以发射极为输入端的一端，集电极为输出端的一端，基极为公共端，如图 1.16（b）所示。

③ 共集电极接法（简称共集接法）。共集接法是以基极为输入端的一端，发射极为输出端的一端，集电极为公共端，如图 1.16（c）所示。

无论采用哪种接法，都必须满足发射结正偏，集电结反偏。

2. 电流放大原理

在图 1.17 中，U_{BB}为基极电源电压，用于向发射结提供正向电压，R_B为限流电阻。U_{CC}为集电极电源，要求 $U_{CC} > U_{BB}$。它通过 R_C、集电结、发射结形成电路。由于发射结获得了正向偏置电压，其值很小（硅管约为 0.7V），因而 U_{CC}主要降落在电阻 R_C和集电结两端，使集电结获得反向偏置电压。在图 1.17 中发射极为三极管输入回路和输出回路的公共端，这种连接方式就是前面介绍的共发射极电路。

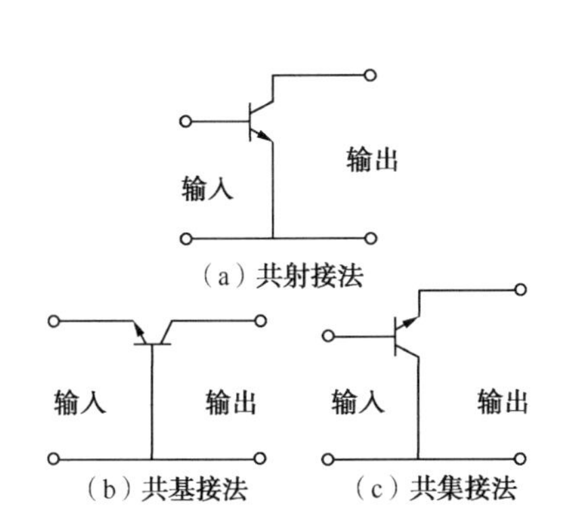

图 1.16 三极管电路的 3 种连接方式

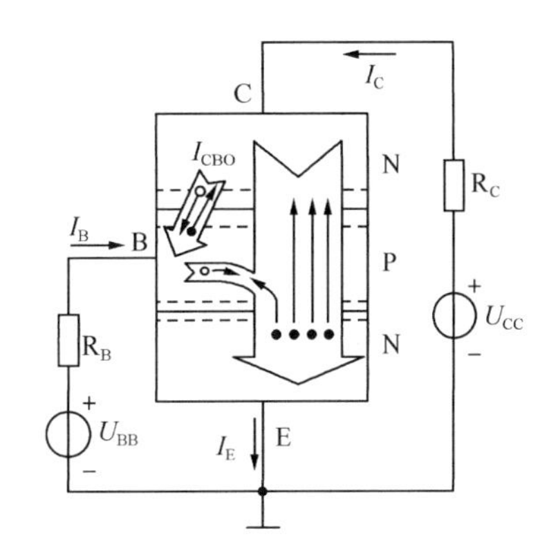

图 1.17 NPN 型三极管中载流子的运动

在正向电压的作用下，发射区的多子（电子）不断向基区扩散，并不断地由电源得到补充，形成发射极电流 I_E。基区多子（空穴）也要向发射区扩散，其数量很小，可忽略。到达基区的电子继续向集电结方向扩散，在扩散过程中，少部分电子与基区的空穴复合，形成基极电流 I_B。由于基区很薄且掺杂浓度低，因而绝大多数电子都能扩散到集电结边缘。由于集电结反偏，所以这些电子全部漂移过集电结，形成集电极电流 I_C。

若考虑集电区及基区少数载流子漂移运动形成的集电结反向饱和电流 I_{CBO}（见图 1.17），则 I_C与 I_B之间有关系：$I_C = \bar{\beta}I_B + (1+\bar{\beta})I_{CBO} = \bar{\beta}I_B + I_{CEO}$。式中，$I_{CEO}$为穿透电流，其计算公式为 $I_{CEO} = (1+\bar{\beta})I_{CBO}$，单位为 mA。

3. 各极电流之间的关系

$$I_E = I_C + I_B$$

$$I_C = \bar{\beta}I_B + I_{CEO} \approx \bar{\beta}I_B$$

$$I_E = (1+\bar{\beta})I_B$$

其中，$\bar{\beta}$为共发射极直流电流放大系数，表明三极管具有放大作用。

1.3.3 半导体三极管的特性曲线及主要参数

1. 三极管的特性曲线

三极管的特性曲线是指各极电压与电流之间的关系曲线。三极管的共射接法应用最广，故以 NPN 管共射接法为例来分析三极管的特性曲线。

1）输入特性曲线

（1）当 U_{CE}不变时，输入回路中的电流 I_B与电压 U_{BE}之间的关系曲线被称为输入特性曲线。输入特性曲线如图 1.18 所示。

$$I_B = f(U_{BE})\Big|_{U_{CE}=常数}$$

（2）当 $U_{CE}=0$ 时，三极管的输入回路相当于两个 PN 结并联，如图 1.19 所示。三极管的输入特性是两个正向二极管的伏安特性。

（3）当 $U_{CE} \geqslant U_{BE}$时，B、E 两极之间加上正向电压。与 $U_{CE}=0$时相比，在相同 U_{BE}条件下，I_B要小得多，输入特性曲线向右移动；若 U_{CE}继续增大，则曲线继续右移。

（4）当 $U_{CE}>1$V 时，U_{CE}继续增大，I_B变化不大，因为 $U_{CE}>1$V以后，不同 U_{CE}值的各条输入特性曲线几乎重叠在一起，所以常用 $U_{CE}>1$V 的某条输入特性曲线来代表 U_{CE}更高的情况。在实际应用中，三极管的 U_{CE}一般大于 1V，因而 $U_{CE}>1$ 时的曲线更具有实际意义。

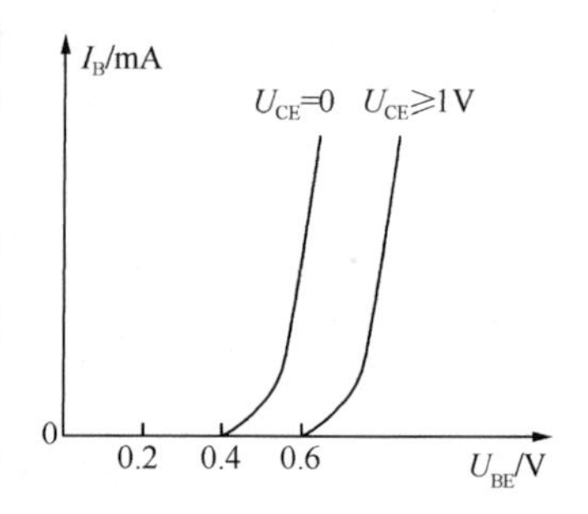

图 1.18　输入特性曲线

由三极管的输入特性曲线可看出：三极管的输入特性曲线是非线性的，输入电压小于某一值时，三极管不导通，基极电流为零，该电压为开启电压，又称为阈值电压。对于硅管，其阈值电压约为 0.5V，锗管约为 0.1 ～ 0.2V。当三极管正常工作时，发射结压降变化不大，对于硅管约为 0.6 ～ 0.7V，对于锗管约为 0.2 ～ 0.3V。

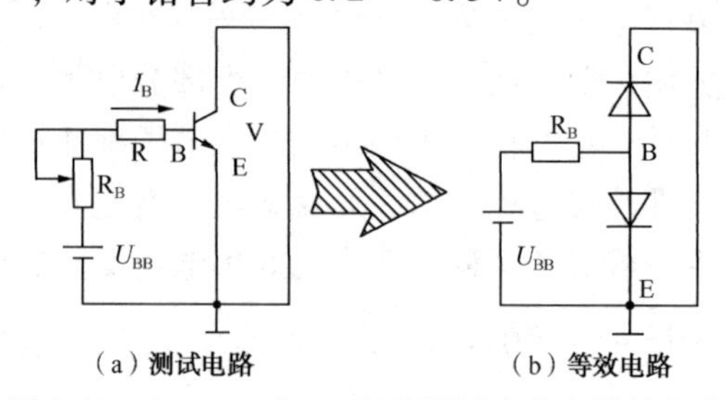

图 1.19　$U_{CE}=0$ 时，三极管测试电路和等效电路

2）输出特性曲线

当 I_B不变时，输出回路中的电流 I_C与电压 U_{CE}之间的关系曲线称为输出特性曲线，即

$$I_C = f(U_{CE})\Big|_{I_B=常数}$$

I_B值固定，可得到一条输出特性曲线，改变I_B值，可得到一族输出特性曲线。

以硅 NPN 型三极管为例，其输出特性曲线族如图 1.20 所示。在输出特性曲线上可划分 3 个区：放大区、截止区、饱和区。

(1) 放大区：当$U_{CE} > 1V$以后，三极管的集电极电流$I_C = \bar{\beta} I_B + I_{CEO}$，$I_C$与$I_B$成正比而与$U_{CE}$关系不大，所以输出特性曲线几乎与横轴平行，当$I_B$一定时，$I_C$的值基本不随$U_{CE}$变化，具有恒流特性。$I_B$等量增加时，输出特性曲线等间隔地平行上移。这个区域的工作特点是：发射结正向偏置，集电结反向偏置，$I_C \approx \bar{\beta} I_B$。由于工作在这一区域的三极管具有放大作用，因而把该区域称为放大区。

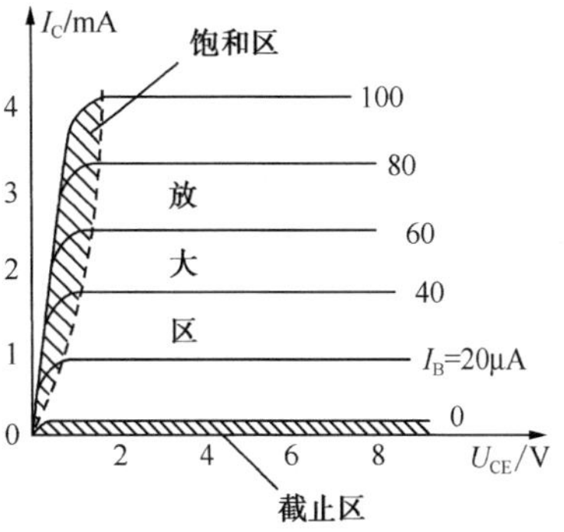

图 1.20　NPN 管共发射极输出特性曲线

(2) 截止区：当$I_B = 0$时，$I_C = I_{CEO}$。由于穿透电流I_{CEO}很小，故输出特性曲线是一条几乎与横轴重合的直线。

(3) 饱和区：当$U_{CE} < U_{BE}$时，I_C与I_B不成比例，它随U_{CE}的增加而迅速上升，这一区域称为饱和区，$U_{CE} = U_{BE}$称为临界饱和。

综上所述，对于 NPN 型三极管，工作于放大区时，$U_C > U_B > U_E$；工作于截止区时，$U_C > U_E > U_B$；工作于饱和区时，$U_B > U_C > U_E$。

2. 三极管的主要参数

三极管的参数是表征其性能和安全使用范围的物理量，是正确使用和合理选择三极管的依据。三极管的参数较多，这里只介绍主要的几个。

1) 电流放大系数

电流放大系数的大小反映了三极管放大能力的强弱。

(1) 共发射极交流电流放大系数β。β是指集电极电流变化量与基极电流变化量之比，其大小体现了共射接法时，三极管的放大能力，即

$$\beta = \left.\frac{\Delta I_C}{\Delta I_B}\right|_{U_{CE}=\text{常数}}$$

(2) 共发射极直流电流放大系数$\bar{\beta}$。$\bar{\beta}$为三极管集电极电流与基极电流之比，即

$$\bar{\beta} = \frac{I_C}{I_B}$$

因$\bar{\beta}$与β的值几乎相等，故在应用中不再区分，均用β表示。

2) 极间反向电流

(1) 集电极 - 基极间的反向电流I_{CBO}。I_{CBO}是指发射极开路时，集电极 - 基极间的反向电流，也称为集电结反向饱和电流。温度升高时，I_{CBO}急剧增大，温度每升高 10℃，I_{CBO}增大 1 倍。选管时应选I_{CBO}小且I_{CBO}受温度影响小的三极管。

(2) 集电极 - 发射极间的反向电流I_{CEO}。I_{CEO}是指基极开路时，集电极 - 发射极间的反向电流，也称为集电结穿透电流。它反映了三极管的稳定性，其值越小，受温度影响也越小，三极管的工作就越稳定。

3）极限参数

三极管的极限参数是指在使用时不得超过的极限值，以此保证三极管的安全工作。

（1）集电极最大允许电流 I_{CM}。集电极电流 I_C 过大时，β 将明显下降，I_{CM} 为 β 下降到规定允许值（一般为额定值的1/2 ～ 2/3）时的集电极电流。使用中，若 $I_C > I_{CM}$，三极管不一定会损坏，但 β 明显下降。

（2）集电极最大允许功率损耗 P_{CM}。三极管工作时，U_{CE} 的大部分降在集电结上，集电极功率损耗 $P_C = U_{CE} I_C$，近似为集电结功耗，它将使集电结温度升高而使三极管发热、损坏。工作时的 P_C 必须小于 P_{CM}。

（3）反向击穿电压 $U_{(BR)CEO}$，$U_{(BR)CBO}$，$U_{(BR)EBO}$：$U_{(BR)CEO}$ 为基极开路时集电结不致击穿，施加在集电极-发射极之间允许的最高反向电压。$U_{(BR)CBO}$ 为发射极开路时集电结不致击穿，施加在集电极－基极之间允许的最高反向电压。$U_{(BR)EBO}$ 为集电极开路时发射结不致击穿，施加在发射极－基极之间允许的最高反向电压。它们之间的关系为 $U_{(BR)CEO} > U_{(BR)CBO} > U_{(BR)EBO}$，通常 $U_{(BR)CEO}$ 为几十伏，$U_{(BR)CEO}$ 为数伏到几十伏。

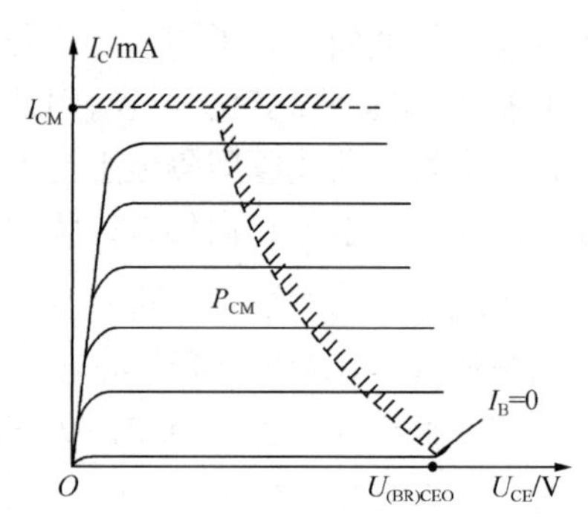

图 1.21　三极管的安全工作区

根据三个极限参数 I_{CM}、P_{CM}、$U_{(BR)CEO}$ 可以确定三极管的安全工作区，如图 1.21 所示。三极管工作时必须保证其工作在安全区内，并留有一定的余量。

1.4　场效应管

场效应管（简称 FET）是利用输入电压产生的电场效应来控制输出电流的，又称为电压控制型器件。它工作时只有一种载流子（多数载流子）参与导电，故也称为单极型半导体三极管。因具有很高的输入电阻，能满足高内阻信号源对放大电路的要求，所以场效应管是较理想的前置输入级器件。它还具有热稳定性好、功耗低、噪声低、制造工艺简单、便于集成等优点，因而得到了广泛的应用。

根据结构不同，场效应管可以分为结型场效应管（JFET）和绝缘栅型场效应管（IGFET，或称为 MOS 型场效应管）两大类。根据场效应管制造工艺和材料的不同，又可分为 N 型沟道场效应管和 P 型沟道场效应管。在结型场效应管中，栅源间的输入电阻一般为 $10^6 \sim 10^9 \Omega$。PN 结反偏时，总有一定的反向电流存在，而且受温度的影响，这限制了结型场效应管输入电阻的进一步提高。而绝缘栅型场效应管的栅极与漏极、源极及沟道是绝缘的，输入电阻可高达 $10^9 \Omega$ 以上。由于这种场效应管是由金属（Metal）、氧化物（Oxide）和半导体（Semiconductor）组成的，故又称为 MOS 管。MOS 管可分为 N 沟道和 P 沟道两种。按照工作方式不同可以分为增强型和耗尽型两类。下面以目前最为流行的 N 沟道增强型绝缘栅场效应管为例讲解其结构、工作原理和应用。

1.4.1　N 沟道增强型绝缘栅场效应管

1. 结构和符号

如图 1.22 所示，是 N 沟道增强型 MOS 管的示意图。MOS 管以一块掺杂浓度较低的 P 型硅片

做衬底，在衬底上通过扩散工艺形成两个高掺杂的N型区，并引出两个极作为源极S和漏极D。在P型硅表面制作一层很薄的二氧化硅（SiO_2）绝缘层，在二氧化硅表面再喷上一层金属铝，引出栅极G。这种场效应管的栅极、源极、漏极之间都是绝缘的，所以称为绝缘栅场效应管。

绝缘栅场效应管的图形符号如图1.22（b）、（c）所示，箭头方向表示沟道类型，箭头指向管内表示为N沟道MOS管（见图1.22（b）），否则为P沟道MOS管（见图1.22（c））。

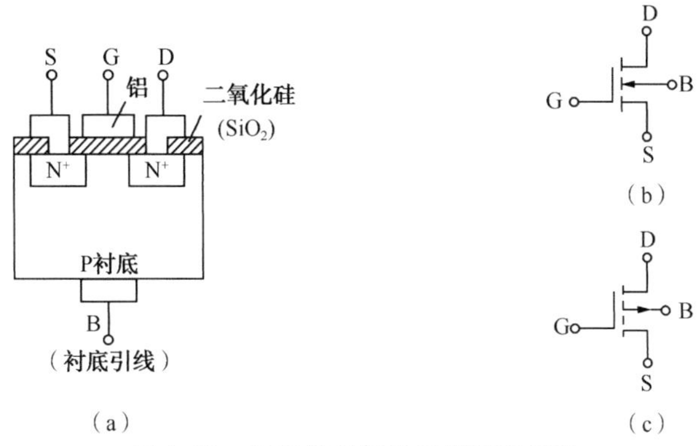

图1.22　MOS管的结构及其图形符号

2. 工作原理

如图1.23所示，是N沟道增强型MOS管的工作原理示意图。图1.23（b）所示是相应的电路图。工作时栅源之间加正向电源电压U_{GS}，漏源之间加正向电源电压U_{DS}，并且源极与衬底连接，衬底是电路中电位最低的点。

当$U_{GS}=0$时，漏极与源极之间没有原始的导电沟道，漏极电流$I_D=0$。这是因为当$U_{GS}=0$时，漏极和衬底及源极之间形成了两个反向串联的PN结，当U_{DS}加正向电压时，漏极与衬底之间PN结反向偏置的缘故。

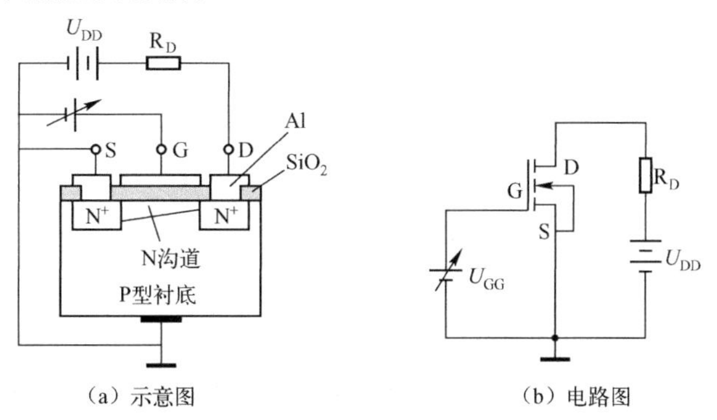

图1.23　N沟道增强型MOS管的工作原理示意图

当$U_{GS}>0$时，栅极与衬底之间产生了一个垂直于半导体表面、由栅极指向衬底的电场。这个电场的作用是排斥P型衬底中的空穴而吸引电子到表面层，当U_{GS}增大到一定程度时，绝缘体和P型衬底的交界面附近积累了较多的电子，形成了N型薄层，称为N型反型层。反型层使漏极与源极之间成为一条由电子构成的导电沟道，当加上漏源电压U_{GS}之后，就会有电流I_D流过沟道。通常将刚刚出现漏极电流I_D时所对应的栅源电压称为开启电压，用$U_{GS(th)}$表示。

当$U_{GS}>U_{GS(th)}$时，U_{GS}增大，电场增强，沟道变宽，沟道电阻减小，I_D增大；反之，U_{GS}减小，

沟道变窄，沟道电阻增大，I_D减小。改变U_{GS}的大小，就可以控制沟道电阻的大小，从而控制电流I_D的大小。随着U_{GS}的增强，MOS管的导电性能也跟着增强，故称为增强型MOS管。

必须强调，增强型MOS管当$U_{GS}<U_{GS(th)}$时，反型层（导电沟道）消失，$I_D=0$。只有当$U_{GS}\geqslant U_{GS(th)}$时，才能形成导电沟道，并有电流$I_D$。

3. 特性曲线

N沟道增强型绝缘栅场效应管的特性曲线有转移特性曲线和输出特性曲线两种。

1）转移特性曲线

$$I_D=f(U_{GS})\Big|_{U_{DS}=\text{常数}}$$

由图1.24所示的转移特性曲线可见，当$U_{GS}<U_{GS(th)}$时，没有形成导电沟道，$I_D=0$。当$U_{GS}\geqslant U_{GS(th)}$时，开始形成导电沟道，并随着$U_{GS}$的增大，导电沟道变宽，沟道电阻变小，电流$I_D$增大。

2）输出特性曲线

$$I_D=f(U_{DS})\Big|_{U_{GS}=\text{常数}}$$

如图1.25所示为输出特性曲线，分为可变电阻区、恒流区（放大区）、夹断区和击穿区，其含义与结型场效应管输出特性曲线的几个区相同。

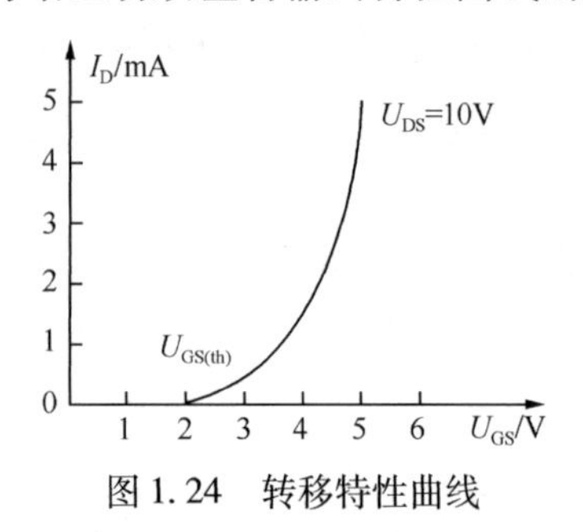

图1.24　转移特性曲线

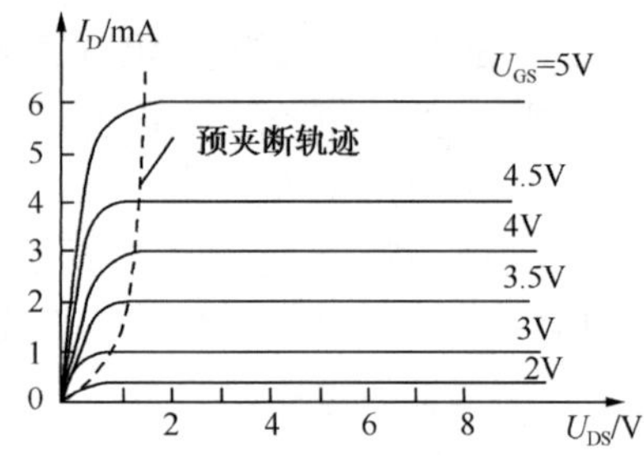

图1.25　输出特性曲线

1.4.2　场效应管的主要参数及注意事项

1. 主要参数

场效应管的主要参数如下。

（1）开启电压$U_{GS(th)}$和夹断电压$U_{GS(off)}$。U_{DS}等于某一定值，使漏极电流I_D等于某一微小电流时，栅源之间所加的电压U_{GS}：①对于增强型管，称其为开启电压$U_{GS(th)}$；②对于耗尽型管和结型管，称其为夹断电压$U_{GS(off)}$。

（2）饱和漏极电流I_{DSS}。饱和漏极电流是指耗尽型场效应管工作于饱和区时，其在$U_{GS}=0$时的漏极电流。

（3）低频跨导g_m（又称为低频互导）。低频跨导是指U_{DS}为某一定值时，漏极电流的微变量和引起这个变化的栅源电压的微变量之比，即

$$g_m=\frac{\Delta I_D}{\Delta U_{GS}}\Big|_{U_{DS}=\text{常数}}$$

式中，ΔI_D 为漏极电流的微变量；ΔU_{GS} 为栅源电压微变量；g_m 反映了 U_{GS} 对 I_D 的控制能力，是表征场效应管放大能力的重要参数，其单位为西门子（S）。g_m 一般为几 mS。g_m 也是转移特性曲线上工作点处切线的斜率。

（4）直流输入电阻 R_{GS}。直流输入电阻是指漏源间短路时，栅源间的直流电阻值，一般大于 $10^8\Omega$。

（5）漏源击穿电压 $U_{(BR)DS}$。漏源击穿电压是指漏源间能承受的最大电压，当 U_{DS} 值超过 $U_{(BR)DS}$ 时，漏源间发生击穿，I_D 开始急剧增大。

（6）栅源击穿电压 $U_{(BR)GS}$。栅源击穿电压是指栅源间所能承受的最大反向电压，当 U_{GS} 值超过此值时，栅源间发生击穿，I_D 由零开始急剧增大。

（7）最大耗散功率 P_{DM}。最大耗散功率 $P_{DM}=U_{DS}I_D$，与半导体三极管的 P_{CM} 类似，受管子最高工作温度的限制。

2. 注意事项

使用场效应管时要注意以下事项。

（1）在使用场效应管时，要注意漏源电压 U_{DS}、漏源电流 I_D、栅源电压 U_{GS} 及耗散功率等值不能超过最大允许值。

（2）场效应管从结构上看，漏源两极是对称的，可以互相调用，但有些产品制作时已将衬底和源极在内部连在一起，这时漏源两极不能互换用。

（3）注意各极电压的极性不能接错。

特别强调：绝缘栅型场效应管的栅源两极绝不允许悬空，因为栅源两极如果有感应电荷，就很难泄放，电荷积累会使电压升高，而使栅极绝缘层击穿，造成场效应管损坏。因此要在栅源间绝对保持直流通路，保存时务必用金属导线将三个电极短接起来。在焊接时，烙铁外壳必须接电源地端，并在烙铁断开电源后再焊接栅极，以避免交流感应将栅极击穿，按 S、D、G 极的顺序焊好之后，再去掉各极的金属短接线。

知识梳理与总结

本章阐述了半导体与半导体器件基本知识，是后面章节的基础。

本章重点内容如下：

（1）半导体与 PN 结；

（2）半导体二极管；

（3）常用的特种二极管；

（4）三极管的放大作用；

（5）场效应管基本知识。

实训 1　半导体管的特性测量

1. 实训目的

（1）熟悉 XJ4810 型图示仪的面板装置及其操作方法。

（2）会测量二极管和三极管的特性。

2. 实训器材

（1）晶体管特性图示仪1台。
（2）硅稳压二极管1只。
（3）三极管若干。

3. 预习要求

晶体管特性图示仪在教材中有详细介绍。认真阅读教材中相关使用说明，详细了解旋钮、按键的功能和作用。

认真预习二极管、三极管的基本特性和主要参数。

4. 实训内容

（1）二极管伏安特性测量。由于稳压二极管工作在反向击穿区，伏安特性中正反向特性明显，有代表性，便于测量，所以本实训中采用硅稳压二极管作为测量对象。

① 正向特性曲线测量。二极管的阳极接三极管测量插座的“C”，阴极接三极管测量插座的“E”。测量参数选择如下。

极性：正（+）。

功耗电阻：250Ω。

X 轴集电极电压：0.1V/div。

Y 轴集电极电流：10mA/div。

峰值电压范围：0～5V。

调整峰值电压旋钮，由0逐渐增大，光迹形成1条正向特性曲线。

② 反向击穿特性（稳压特性）曲线测量。

极性：负（-）。

功耗电阻：250Ω。

X 轴集电极电压：1V/div。

Y 轴集电极电流：10mA/div。

峰值电压范围：0～20V。

调整峰值电压旋钮，由0逐渐增大，光迹形成1条反向特性曲线。

③ 画出伏安特性曲线，并从反向击穿特性得出稳压值。

（2）三极管输出特性测量。测量时，将三极管的“E”、“B”、“C”引脚分别插入测试台的“E”、“B”、“C”引脚插座。

① NPN管测量。NPN型小功率三极管的输出特性曲线测量参数选择如下。

峰值电压范围：0～5V。

集电极电源极性：正（+）。

功耗电阻：500Ω。

X 轴集电极电压：0.5V/div。

Y 轴集电极电流：2mA/div。

阶梯信号：重复。
阶梯极性：正（+）。
阶梯选择：20μA/级。
② PNP 管测量。PNP 型小功率三极管的输出特性曲线测量参数选择如下。
峰值电压范围：0 ～ 5V。
集电极电源极性：负（-）。
功耗电阻：500Ω。
X 轴集电极电压：0.5V/div。
Y 轴集电极电流：2mA/div。
阶梯信号：重复。
阶梯极性：负（-）。
阶梯选择：20μA/级。
③ 根据得到的输出特性曲线，综合判别器件的质量，并算出 β 值。
④ 饱和压降测量。

5. 实训报告要求

（1）分析实验过程，整理实验数据。
（2）写出实训报告和实训体会。

实训 2　常用电子元件的识别与简易测量

1. 实训目的

（1）掌握用万用表测量电阻、电容、二极管、三极管及检测元件性能的基本方法。
（2）进一步理解电阻、电容、电感、二极管等元器件在电路中的作用。

2. 实训器材

（1）指针式万用表 1 只。
（2）数字式万用表 1 只。
（3）电阻若干。
（4）电容器若干。
（5）半导体二极管若干。
（6）半导体三极管若干。

3. 预习要求

认真预习教材中电阻、电容、二极管、三极管等常用分立元件的相关知识，对元件的识别与测量知识有一个初步的认识。

4. 实训内容

（1）电阻识别与简易测量。取若干不同的色标电阻。

① 通过色标识别其阻值。

② 用万用表测量其阻值，并与识别值对照。

（2）电容识别与简易测量。取若干不同的无极性电容、有极性电容。

① 识别电容量；有极性电容需要识别其极性引脚。

② 用数字式万用表的电容测量挡测量电容量。

③ 用指针式万用表判别电容器的好坏。

（3）半导体二极管简易测量。根据二极管PN结单向导电性，用欧姆挡测量二极管的正向、反向电阻，并判别其极性与质量好坏。

注意，数字式与指针式万用表测试方法不同，指针式万用表内部黑表笔接万用表电池的正极。黑表笔接阳极，红表笔接阴极，二极管正偏，正向电阻较小。

采用数字式万用表测量：

二极管的检测，可直接选用万用表上的“—▶|—”挡测量，此时红表笔接万用表内正电压。黑表笔接万用表内负电压。当二极管正偏时（红表笔接二极管正极，黑表笔接二极管负极），万用表应显示该二极管的正向导通压降（锗管为200～400mV，硅管为600～800mV）。若显示“000”，则表示击穿短路，若显示“1”则说明不导通。而当二极管反偏时（红表笔接二极管负极，黑表笔接二极管正极），应显示“1”，否则表明二极管已反向击穿。

（4）半导体三极管的检测。采用数字式万用表测量。

三极管的检测，首先是PNP、NPN型的判定，可以直接从三极管标称型号上获知，也可以用万用表“—▶|—”挡来检测。用万用表检测的方法如下：将两表笔反复两两检测三极管三个引脚中的任意两个引脚，若是PNP型，则必有一个引脚——当用万用表黑表笔接触该引脚、用红表笔分别接触另外两引脚时，万用表都显示正向导通压降，而换转红、黑表笔后则都显示“1”；若是NPN型，则正好相反。假若不属于上述这两种情况，则说明三极管已损坏。

其次是三极管B、C、E引脚的识别。在上一步骤中，对于PNP型三极管，万用表黑表笔所接触的引脚就是三极管的B极，而对于NPN管，B极则为红表笔所接触的引脚。B极确定之后，可比较两次PN结正向导通压降的大小，读数较大的是BE结，读数较小的是BC结，由此则E极和C极均可确定。

最后，检测三极管的β值。将三极管的各引脚插入万用表三极管测试插座里，用万用表“β”挡直接读出β值。

也可从β值是否合理，判别三引脚所插的插座孔是否正确，E、C插反时β变小，从而找出E、B、C引脚。

5. 实训报告要求

（1）分析和整理实验数据与实验结果。

（2）写出实训报告。

习题1

1. 单项选择题

（1）二极管加正向电压时，其正向是由（　　）。

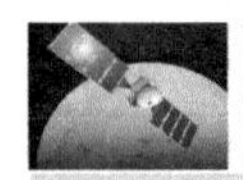

A. 多数载流子扩散形成　　B. 多数载流子漂移形成　　C. 少数载流子漂移形成

(2) PN 结反向击穿电压的数值增大，(　　)。

A. 其反向电流增大　　B. 其反向电流减小　　C. 其反向电流基本不变

(3) 稳压二极管是利用 PN 结的 (　　)。

A. 单向导电性　　B. 反向击穿性　　C. 电容特性

(4) 变容二极管在电路中使用时，其 PN 结是 (　　)。

A. 正向运用　　B. 反向运用

(5) 当晶体管工作在放大区时，(　　)。

A. 发射结和集电结均反偏　　B. 发射结正偏，集电结反偏

C. 发射结和集电结均正偏

2. 简答题

(1) 什么是 PN 结？PN 结有什么特性？

(2) 为什么二极管可以当做一个开关来使用？

(3) 三极管有哪 3 种工作状态？各有什么特点？

(4) 三极管的电流分配关系是怎样的？你如何理解三极管的电流放大作用？

(5) 三极管共射放大电路中直流 $\bar{\beta}$和交流 β 的含义是什么？它们之间有何关系？

(6) 场效应管和三极管在性能上有哪些区别？在使用场效应管时，应注意哪些问题？

3. 分析题

(1) 二极管电路如图 1.26 所示，试判断图中的二极管 VD_1～VD_6是导通还是截止，并求出 AO 两端的电压 U_{AO}值（设二极管是理想状态。）。

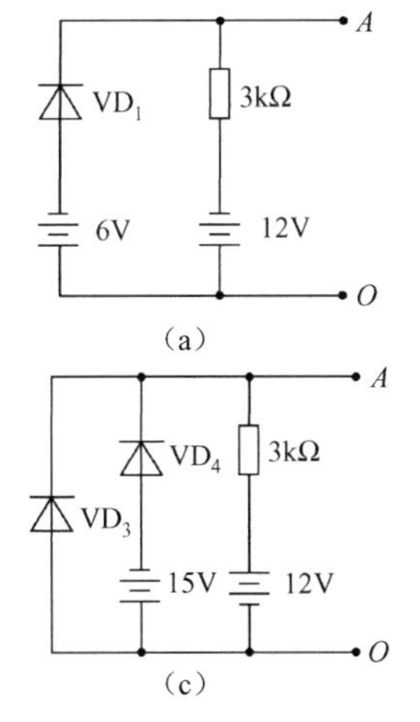

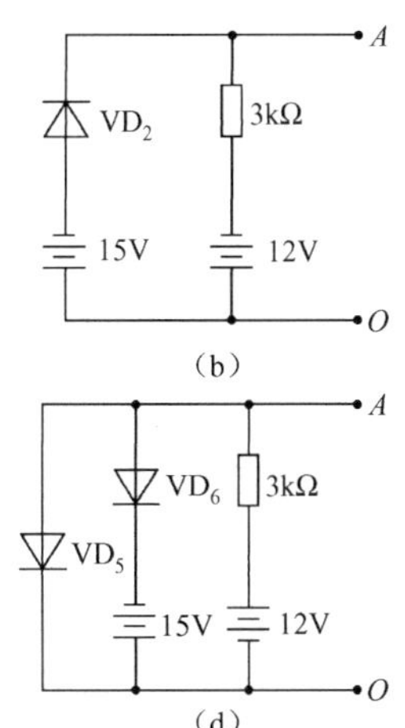

图 1.26　二极管电路

(2) 测得放大电路中三极管中的各极电位分别为 $U_1 = -9V$，$U_2 = -6V$，$U_3 = -6.2V$。试识别引脚，标上 E、B、C，并判断三极管是 NPN 型还是 PNP 型？是硅管还是锗管？

(3) 现有 3 只三极管：甲管 $\beta = 240$，$I_{CEO} = 400\mu A$；乙管 $\beta = 8$，$I_{CEO} = 2\mu A$；丙管 $\beta = 60$，$I_{CEO} = 5\mu A$，其他参数大致相同。分析哪个三极管的放大作用效果比较好？

第2章 放大电路

本章主要讨论三极管（晶体管）构成的共射、共集放大电路，介绍它们的组成、工作原理，并分析它们的性能；介绍多级放大电路极间耦合方式及其特点，反馈的概念、基本理论和负反馈对放大电路的影响。

教学导航

教	知识重点	1. 放大电路的基本组成 2. 放大电路的分析 3. 多级放大电路的极间耦合 4. 负反馈对放大电路性能的影响
	知识难点	1. 放大电路分析 2. 放大电路负反馈
	推荐教学方式	从基本放大电路入手，介绍放大电路的静态与动态分析、多级放大、电路反馈。结合实践教学，重点掌握放大器的外部特性
	建议学时	6 学时
学	推荐学习方法	从基本放大电路入手，掌握放大电路的静态与动态分析、多级放大、电路反馈。结合实践教学，重点掌握放大器的外部特性
	必须掌握的理论知识	1. 放大电路分析 2. 负反馈对放大电路性能的影响
	必须掌握的技能	放大电路静态工作点的调整与动态参数测试

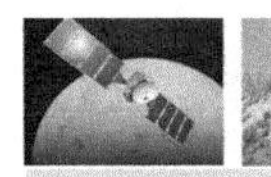

放大电路又称为放大器，其作用是将输入的微弱电信号进行不失真的放大，即放大成幅度足够大且与原来电信号变化规律一致的电信号。放大电路是应用最为广泛的一类电子线路。本章讨论的是低频交流放大电路。

2.1　共射极基本放大电路

2.1.1　放大电路的基本组成

基本放大电路是组成各种复杂放大电路的基本单元。

1. 放大电路的基本框图

放大电路的基本框图如图 2.1 所示。

信号源提供放大电路的输入信号；放大单元由晶体管等具有放大作用的有源器件组成，它能将输入信号进行放大，得到输出信号；负载接在放大单元的输出端，是接收被放大了的输出信号，并使之发挥作用的装置，如扬声器等。

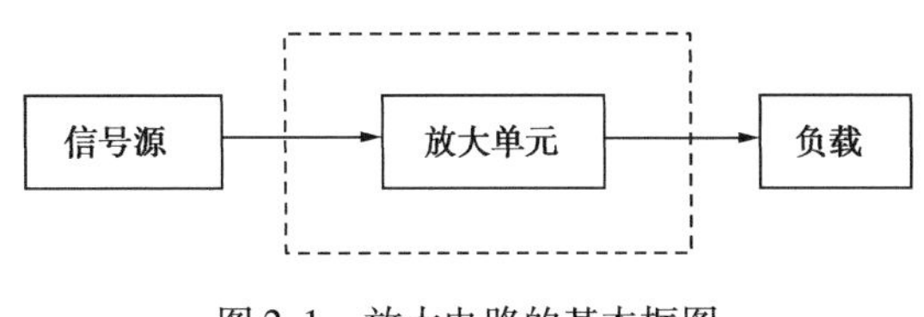

图 2.1　放大电路的基本框图

放大电路通过放大器件的控制作用，把直流电源的能量（一般放大电路都需要直流电源提供电路所需要的能量）转化为与输入信号变化一致的输出信号的能量，其实质是一种能量控制作用。

2. 输入回路和输出回路

放大电路主要分为输入回路和输出回路两部分。

(1) 输入回路：输入信号所在的回路，称为输入回路。

(2) 输出回路：输出信号所在的回路，称为输出回路。

根据输入回路和输出回路共同端的不同，放大电路有共射极、共集电极和共基极 3 种组态。

3. 基本放大电路的组成

由一个放大器件，如晶体管和其他元件组成的简单放大电路，就是基本放大电路。

如图 2.2 所示，是一个基本共射极放大电路，为最简单的单管共射极放大电路。它是由晶体管 V、偏流电阻 $\mathrm{R_B}$、基极电源 V_{BB}、集电极电源 V_{CC}、集电极电阻 $\mathrm{R_C}$、耦合电容 $\mathrm{C_1}$ 和 $\mathrm{C_2}$ 组成的。图 2.2 中的 $\mathrm{R_S}$ 和 U_S 为信号源输入，$\mathrm{R_L}$ 为负载。

(1) 偏流电阻 $\mathrm{R_B}$ 和电源 V_{BB}。偏流电阻 $\mathrm{R_B}$ 和电源 V_{BB} 的作用是使晶体管的发射结处于正向偏置，以保证晶体管工作在放大状态，同时给基极合适的直流电流 I_B（称为偏置电流，简称偏流）。

(2) 集电极电源 V_{CC}。集电极电源 V_{CC} 作为放大电路的能源，除通过集电极电阻 $\mathrm{R_C}$ 使集电结反向偏置，以使晶体管工作在放大状态外，还向集电极提供较大的集电极电流。

(3) 集电极电阻 $\mathrm{R_C}$。集电极电阻 $\mathrm{R_C}$ 提供直流通路，使集电极电源 V_{CC} 将晶体管集电结

反向偏置；同时通过 R_C 把集电极电流的变化量转换为电压的变化量，即把晶体管的电流放大转换为电压放大。

（4）晶体管。晶体管是放大电路的核心器件，起电流放大作用。

（5）耦合电容 C_1 和 C_2。耦合电容也称为隔直电容。它的作用是隔离直流、耦合交流。在图 2.2 中，如令 $V_{BB}=V_{CC}$，并增大偏流电阻的数值，保证 I_B 不变，则可以省去一个电源。在晶体管电路中，输入电压和电源的公共端被称为“地”，即测量其余各点电位时，将这一点作为零电位参考点。由于 V_{CC} 不必再画出电源的符号，只标出极性和数值即可，因此图 2.2 可变换为习惯画法，如图 2.3 所示。

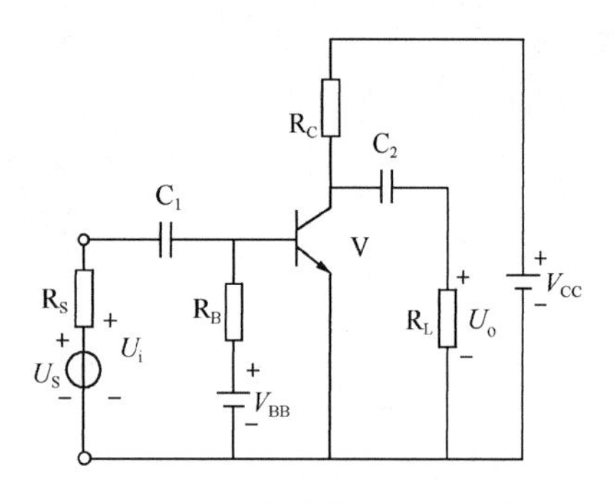

图 2.2　基本共射极放大电路

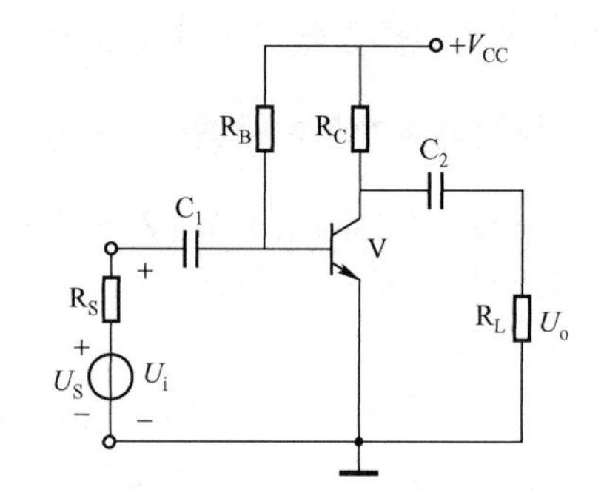

图 2.3　基本共射极放大电路的习惯画法

4. 电压、电流符号的规定

在晶体管及其构成的放大电路中，同时存在着直流量和变化量，而正弦信号是最重要的变化量。正弦变化量又称为交流量或交流瞬时值。某一时刻的电压或电流的数值，称为总瞬时值，显然，它可以表示为直流分量和交流分量的叠加。为了能简明地加以区分，每个量都用相应的符号来表示，它们的符号由基本符号和下标符号两部分组成。

例如：

I_B——基极电流直流分量的瞬时值；

i_b——基极电流交流分量的瞬时值；

i_B——总的基极电流的瞬时值（$i_B=I_B+i_b$）。

2.1.2　静态工作点对放大器放大性能的影响及工作点调整

放大电路在没有输入信号时所处的状态，称为静止工作状态，简称静态，又称为直流状态。当输入交流信号后，电路中各处的电压、电流是变动的，电路处于交流状态或动态工作状态，简称动态。

静态时，晶体管各极所对应的电压、电流值是不变的，是直流量，即具有固定的值。它们分别确定输入和输出曲线上的一个点，习惯上称它们为静态工作点，常用 Q 来表示。

1. 静态工作点对放大器放大性能的影响

静态工作点设置得是否合适，对放大电路的性能有极其重要的影响。静态工作点的位置选择不当，或者静态工作点不稳定，都可能导致输出信号失真。放大电路的放大作用实质上是一种能量控制作用，放大电路通过晶体管把电源的直流能量转换为放大电路的交流能量输出，实现对输入信号的放大。为了放大输入信号必须加直流，而且所加直流必须合适，从而使放大电路工作时，晶体管工作在放大区，输出信号不失真。若静态工作点位置选择不当，则输出信号的波形将产生失真，如图 2.4 所示，其中 Q 点为输出信号不失真时设置的静态工作点。在输出特性曲线上，斜率为 $1/R_C$ 的直线为直流负载线，方程为

$$U_{CE}=V_{CC}-I_CR_C。$$

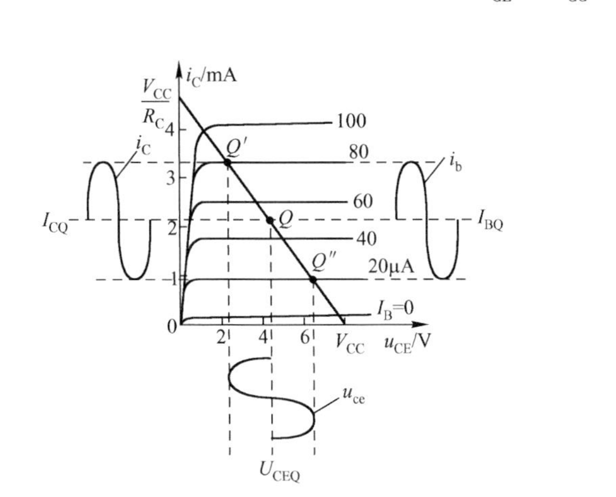

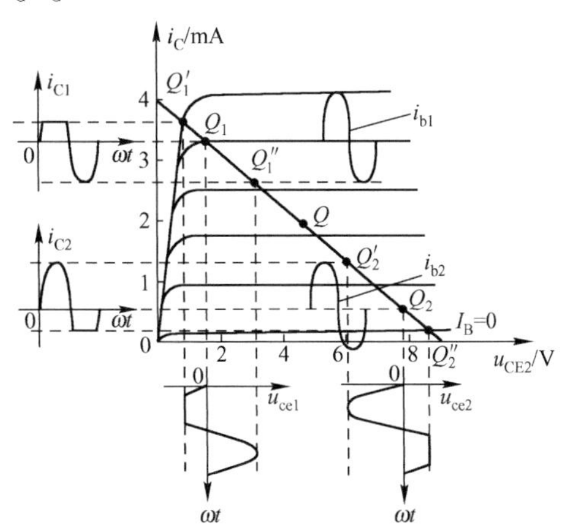

图 2.4　静态工作点的选择

若工作点偏低为 Q_2，由于 Q_2 接近截止区，而信号的幅度相对又比较大，输入电压的负半周的一部分使动态工作点进入截止区，于是集电极电流的负半周和输出电压的正半周被削去相应的部分，如图 2.4 中 i_{C2} 和 u_{ce2} 所示。这种失真是由工作点偏低使晶体管在部分时间内截止而引起的，称为截止失真。

若工作点偏高为 Q_1，由于 Q_1 接近饱和区，而信号的幅度相对又比较大，所以 i_{C1} 的正半周和 u_{ce1} 的负半周被削去一部分，如图 2.4 所示。这种失真是由工作点偏高使晶体管在部分时间内饱和而引起的，称为饱和失真。

截止失真和饱和失真都是放大电路工作在晶体管特性曲线的非线形区域而引起的，都是非线形失真。在实验室中，可用示波器观察来判断是否产生截止失真或饱和失真。

为了避免产生失真，工作点 Q 选择的原则是在正弦信号全周期内晶体管均工作在放大区，要计算静态工作点并将其调整到合适的状态。一般来说，静态工作点应调整到 $U_{CE}=\frac{1}{2}V_{CC}$ 处。

2. 直流通路和交流通路

放大电路的一个重要特点是交流和直流并存，静态分析的对象是直流分量，动态分析的对象是交流分量。

电容器具有隔直流、通交流作用，直流通路如图 2.5（a）所示。直流电源的内阻很小，不影响交流信号通过，直流电源和电容器对交流信号相当于短路，交流通路如图 2.5（b）所示。显然，静态分析要采用直流通路，动态分析要采用交流通路。

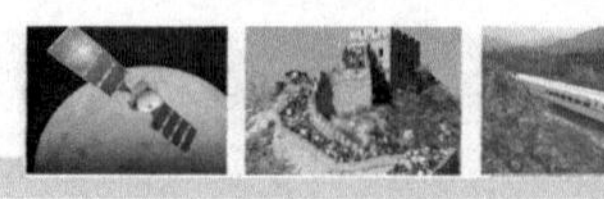

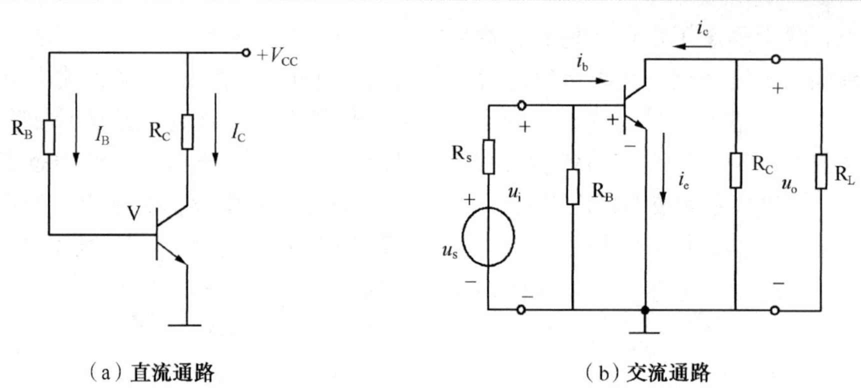

（a）直流通路　　　　（b）交流通路

图 2.5　基本放大电路的直流通路与交流通路

3. 静态工作点的计算

近似法和图解法是计算晶体管静态工作点的常用方法。

图解法是在晶体管伏安特性曲线上直接用作图的方法来分析放大电路的工作情况的分析方法，常用来分析判断晶体管的工作状态，这里不作详述。工程上常用近似法，近似法是由直流通路写出电压方程，推导出静态工作点的计算方法。

由

$$V_{CC}=I_BR_B+U_{BE}$$

得

$$I_B=\frac{V_{CC}-U_{BE}}{R_B}\approx\frac{V_{CC}}{R_B} \tag{2-1}$$

当忽略 I_{CEO} 时

$$I_C=\beta I_B+I_{CEO}\approx\beta I_B \tag{2-2}$$

$$U_{CE}=V_{CC}-I_CR_C \tag{2-3}$$

通过式（2－1）、式（2－2）、式（2－3），即可估算放大电路的静态工作点。

【实例 2.1】　在图 2.5 中，晶体管是硅管，$R_B=300\text{k}\Omega$，$R_C=1.2\ \text{k}\Omega$，$V_{CC}=12\text{V}$，$\beta=125$，求静态工作点 I_B、I_C、U_{CE} 的数值。

解

$$I_B=\frac{V_{CC}-U_{BE}}{R_B}\approx\frac{V_{CC}}{R_B}=\frac{12}{300\times10^3}=40\mu\text{A}$$

$$I_C\approx\beta I_B=125\times40\mu\text{A}=5\text{mA}$$

$$U_{CE}=V_{CC}-I_CR_C=12-5\times10^{-3}\times1.2\times10^3=6\text{V}$$

2.1.3　放大电路的动态参数及放大性能

放大电路的动态参数主要是衡量其动态性能的。实际待放大的信号一般来说都是比较复杂的，为了分析的方便，输入信号一般都采用正弦信号。

一个放大电路可以用一有源双端口网络来模拟，如图 2.6 所示。图中，正弦信号源的内阻为 R_s、电压为 u_s，放大电路输出端的负载电阻是 R_L，放大电路输入端的信号电压和电流分别是 u_i 和 i_i，输出端的信号电压和电流分别是 u_o 和 i_o。电压的参考极性和电流的参考方向如图中所示。

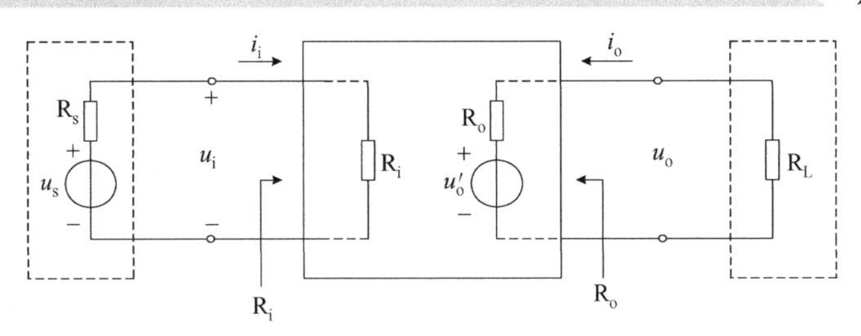

图 2.6　有源双端口网络

1. 放大电路的主要性能参数

放大电路的主要动态性能参数有放大倍数、输入电阻、输出电阻、最大输出幅值、通频带、最大输出功率和非线性失真系数等。下面主要介绍前 4 种性能参数。

（1）放大倍数。放大倍数又称为增益，是衡量放大电路放大能力的参数指标。它定义为输出信号与输入信号的比值。

由于输入信号有输入电压 u_i 和输入电流 i_i 两种，输出信号也有输出电压 u_o 和输出电流 i_o 两种，所以存在 4 种形式的放大倍数：电压放大倍数 A_u，电流放大倍数 A_i，互阻放大倍数 A_r 和互导放大倍数 A_g。

$$A_u = \frac{u_o}{u_i},\ A_i = \frac{i_o}{i_i},\ A_r = \frac{u_o}{i_i},\ A_g = \frac{i_o}{u_i}$$

另外，还有源电压放大倍数 $A_{us} = \frac{u_o}{u_s}$和源电流放大倍数 $A_{is} = \frac{i_o}{i_s}$。

有时候要用到功率放大倍数 A_P，对于纯电阻负载，它等于输出功率 P_o 与输入功率 P_i 之比：

$$A_P = \frac{P_o}{P_i} = \frac{u_o i_o}{u_i i_i} = |A_u A_i|$$

（2）输入电阻 R_i。输入电阻就是从放大电路输入端看进去的等效电阻，其大小反映了放大电路信号源的影响程度。

$$R_i = \frac{u_i}{i_i}$$

在信号源 R_s 一定的条件下，输入电阻 R_i 越大，i_i 就越小，u_i 就越接近 u_s，则放大电路对信号源的影响越小。

（3）输出电阻 R_o。输出电阻是从放大电路的输出端看进去的等效电阻，其大小反映了放大电路带负载能力的强弱。如果保持信号源不变，则在放大电路接上负载时的输出电压比空载时的输出电压要低，这样从输出端看放大电路，它相当于一个带内阻的电压源，这个内阻就是放大电路的 R_o。显然，R_o 越小，接上负载后输出电压下降越少，说明放大电路带负载能力越强。

（4）最大输出幅值。最大输出幅值是指不失真时放大电路的最大正弦输出信号的幅值。它包括最大输出电压幅值和最大输出电流幅值，它反映放大电路的动态范围。

2. 放大电路的放大性能

放大电路的作用是能将输入的电信号进行不失真的放大。

动态分析是在静态值确定后，分析信号的传输情况，考虑的只是电流和电压的交流分量。动态分析可采用微变等效电路法和图解法，工程上一般采用微变等效电路法，这里主要介绍微变等效电路法。微变等效电路法是微变等效电路分析方法的简称。

微变是指微小变化的电信号，也就是小信号。主要是在低频小信号情况下，晶体管在工作点附近的特性可以近似为线性的，即其电压、电流的交流量之间的关系基本上是线性的。这时具有非线性特性的晶体管可以用一个线性电路来等效代替，称为晶体管的微变等效电路，如图 2. 7 和图 2. 8 所示。

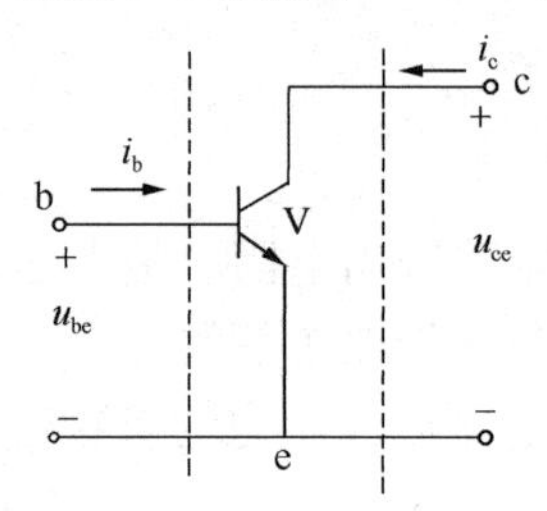

图 2. 7　共射接法的晶体管

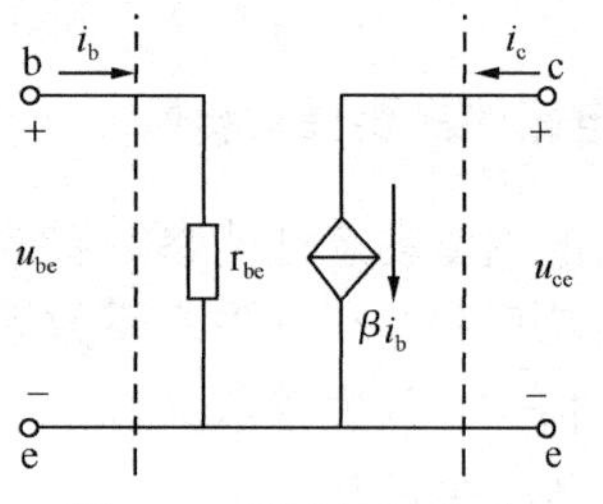

图 2. 8　微变等效电路

在图 2. 8 中，$r_{be}=r'_{bb}+\dfrac{26\text{mV}}{I_B}$。式中，$r'_{bb}$一般为 100 ～ 300Ω，常取 $r'_{bb}=300\Omega$。

在微变等效电路中，用 r_{be}代表晶体管的输入特性，恒流受控源 βi_b 代表其输出特性。这样整个放大电路变成一个线性电路，可以利用线性电路的分析方法来分析放大电路，根据性能指标的定义，具体分析，求出它的动态性能指标。这种方法就是微变等效电路法。

例如，分析基本放大电路时，就可以根据交流放大电路的通路画出微变等效电路，如图 2. 9 所示。

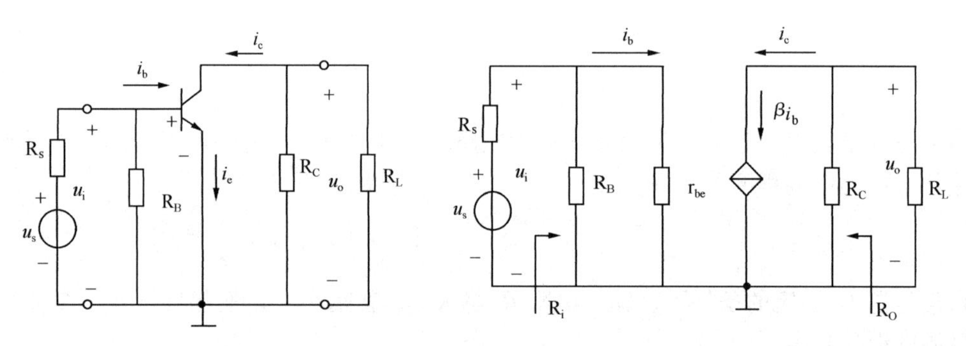

图 2. 9　基本共射极放大电路的交流通路和微变等效电路

用微变等效电路可以求出

$$A_u=\frac{u_o}{u_i}=\frac{-\beta i_b\ (R_L/\!/R_C)}{i_b r_{be}}=-\frac{\beta R'_L}{r_{be}}\quad（其中\ R'_L=R_L/\!/R_C）\tag{2-4}$$

$$R_i=R_B/\!/r_{be}\tag{2-5}$$

$$R_o=R_C\tag{2-6}$$

显然，微变等效电路法只适用于放大电路的动态分析。不过为了计算晶体管的 r_{be}，还要求出其静态电流。

图解法分析放大电路的动态性能是以晶体管的特性曲线为基础，在给定电路参数和输入信号的情况下，用作图的方法绘出放大电路中各电流、电压的波形，并从中计算出放大电路的放大倍数的方法，在此不作详述。

2.2　分压式偏置电路

2.2.1　温度对放大电路性能的影响

影响放大电路静态工作点稳定的因素很多，如温度的变化、元件的老化、电源电压的变化等。其中，晶体管的热敏性使温度的变化对放大电路性能的影响最为显著。

温度对晶体管参数的影响主要表现在对 I_{CEO}、β 和 U_{BE} 的影响。

1. 温度对 I_{CEO} 的影响

I_{CEO} 是少子的漂移运动形成的，故 I_{CEO} 对温度的变化十分敏感。I_{CEO} 随温度的变化而使晶体管输出特性曲线族的第一根曲线上下移动明显，从而使整个曲线族都上下移动，使静态工作点发生较大的变化，集电极电流也跟着变化。

2. 温度对 β 的影响

温度升高时，β 也跟着增加，使输出特性曲线的间距增大，集电极电流也跟着增加。

3. 温度对 U_{BE} 的影响

U_{BE} 随温度升高而减小，使输入特性曲线左移，造成 I_B 增大。相对来说，硅管因其工作点受 U_{BE} 的影响比较小，所以已经取代了锗管。

可见，无论晶体管的哪种参数随温度变化而变化，都表现为使集电极电流 I_C 随温度变化而变化，造成静态工作点的不稳定。温度升高时，β、I_B 和 I_{CEO} 的增大将使 I_C 迅速增大，静态工作点就上移了。反之，温度降低时，静态工作点就下移了。工作点的上下移动，都可以使瞬时工作点进入饱和区或截止区，引起非线性失真，或使输出信号的幅度降低，使放大电路的性能明显变坏。放大电路不仅要适当设置静态工作点，而且还必须在电路上采取措施来稳定工作点。

2.2.2　分压式偏置电路的组成与分析

前面介绍的固定偏置电路，电路简单，静态工作点容易调整，但温度稳定性差。为使静态工作点更稳定，常采用分压式偏置电路。

1. 分压式偏置电路的组成

分压式偏置电路如图 2.10 所示，图中 R_{B1} 和 R_{B2} 构成偏置电路；C_E 为交流旁路电容；R_E 为反馈电阻，起稳定静态工作点的作用。由于 I_B 很小，一般为 μA 级，分流作用有限，所以基极电位 U_B 取决于 R_{B1} 和 R_{B2} 的分压作用。

2. 静态、动态分析

以下对分压式偏置电路进行静态分析和动态分析。

（1）静态分析。分压式偏置电路的直流通路如图2.11所示。根据图2.11，即可求得静态工作点。

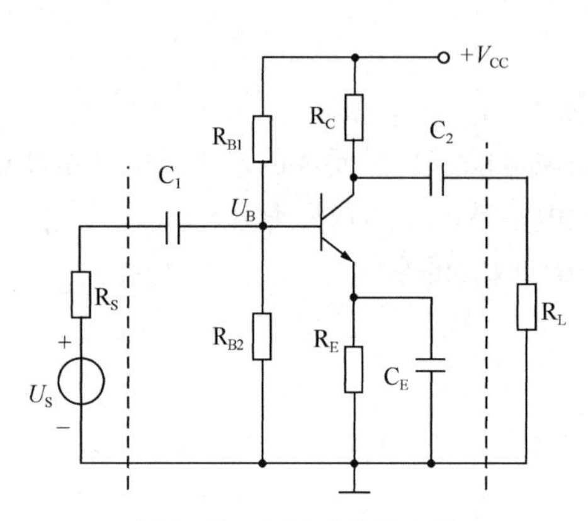

图2.10　分压式偏置电路

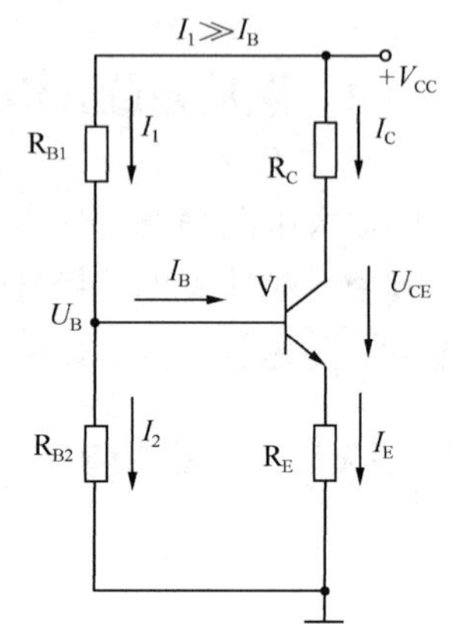

图2.11　分压式偏置电路的直流通路

由于 I_B 很小，$I_1 \approx I_2 \approx \dfrac{V_{CC}}{R_{B1}+R_{B2}}$，所以

$$U_B \approx I_2 R_{B2} \approx \frac{R_{B2}}{R_{B1}+R_{B2}} V_{CC} \tag{2-7}$$

$$I_C \approx I_E = \frac{U_B - U_{BE}}{R_E} \approx \frac{U_B}{R_E} \tag{2-8}$$

$$I_B = \frac{I_C}{\beta} \tag{2-9}$$

根据上述分析可知，分压式偏置电路的静态分析方法是先估算 I_C，再估算 I_B。这和基本共射极放大电路的静态分析方法略有不同。

（2）静态工作点的稳定。电路中引入了反馈电阻 R_E，起稳定静态工作点的作用，其过程为

$$T\ (℃)\ \uparrow \to I_C \uparrow \to U_E\ (U_E = I_E R_E)\ \uparrow \to U_{BE} \downarrow \to I_B \downarrow \to I_C \downarrow$$

（3）动态分析。分压式偏置电路的微变等效电路如图2.12所示。根据微变等效电路可得如下分压式偏置电路的动态性能参数。

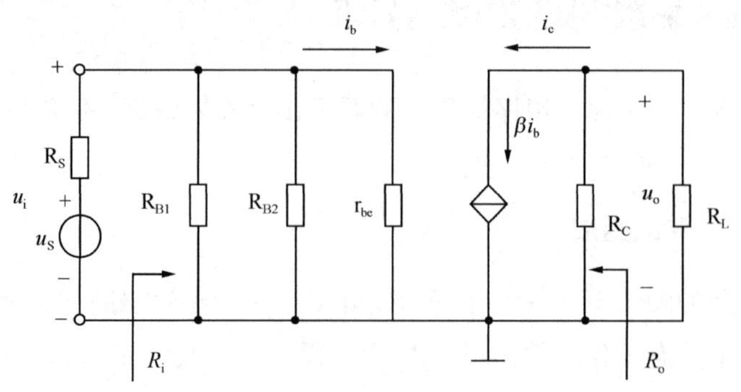

图2.12　分压式偏置电路的微变等效电路

① 电压放大倍数。发射极电阻 R_E 并联电容 C_E 时，见图 2.12：

$$u_i = i_b r_{be}$$

$$u_o = -i_c(R_L // R_C) = -\beta i_b R'_B$$

$$A_u = \frac{u_o}{u_i} = \frac{-\beta R'_L}{r_{be}} \tag{2-10}$$

② 输入电阻：

$$R_i = r_{be} // R_{B1} // R_{B2} \tag{2-11}$$

③ 输出电阻：

$$R_o = R_C \tag{2-12}$$

2.3　射极输出器

前面所讲的分压式偏置放大电路是共发射极放大电路。放大电路还有两种组态：共集电极放大电路和共基极放大电路。其中共集电极放大电路因其突出的特性，也得到了比较广泛的应用，射极输出器就是一类典型的共集电极放大电路。

2.3.1　射极输出器电路的组成

射极输出器如图 2.13（a）所示，其中 R_B 为基极偏置电阻，射极输出器的交流通路如图 2.13（b）所示。由交流通路可见，集电极是输入、输出回路的公共端，故该交流通路为共集电极电路，简称共集电路。由于电路的负载电阻 R_L 接在发射极上，信号从发射极输出，故又称其为“射极输出器”。

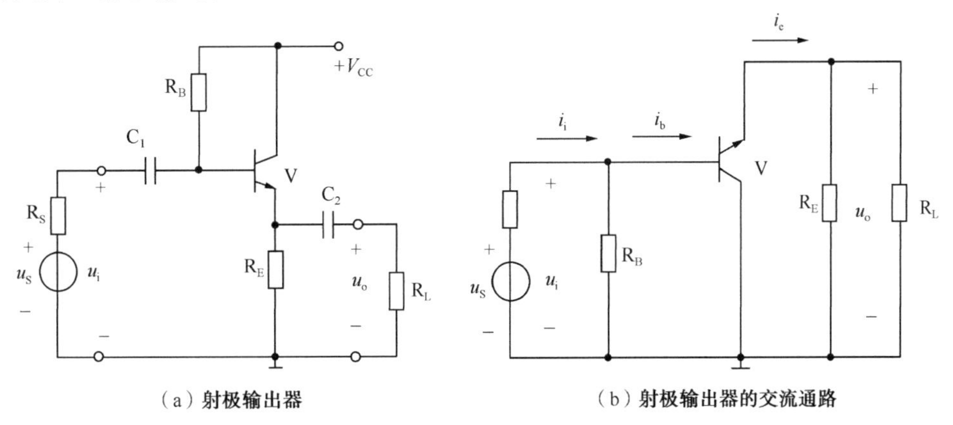

（a）射极输出器　　（b）射极输出器的交流通路

图 2.13　射极输出器

2.3.2　射极输出器的电压跟随特性与电流放大作用

下面通过对射极输出器的分析来说明其特性。

1. 静态分析

射极输出器的电路比较简单，可以由图 2.13（a）直接列出基极回路的方程：

$$I_B R_B + U_{BE} + I_E R_E = V_{CC}$$

进而可以求得静态工作点：

$$I_B = \frac{V_{CC} - U_{BE}}{R_B + (1+\beta) R_E} \tag{2-13}$$

$$I_C = \beta I_B \tag{2-14}$$

$$U_{CE} = V_{CC} - I_E R_E \tag{2-15}$$

2. 动态参数

动态参数主要有以下3个。

（1）电压放大倍数：

$$A_u = \frac{u_o}{u_i} = \frac{(1+\beta) R'_L}{r_{be} + (1+\beta) R'_L} \approx \frac{\beta R'_L}{r_{be} + \beta R'_L} \quad (R'_L = R_E /\!/ R_L)$$

由于$\beta R'_L >> r_{be}$，所以电压放大倍数$A_u \approx 1$且略小于1。

由于$A_u \approx 1$，所以$u_i \approx u_o$，即输出电压与输入电压幅度相近、相位相同，输出电压随输入电压的变化而变化，因此射极输出器又称为射极跟随器。这个特性也称为跟随特性。

（2）输入电阻：

$$R_i = R_B /\!/ [r_{be} + (1+\beta) R'_L] \tag{2-16}$$

由式（2－16）可见，射极输出器的输入电阻较高，比共射极放大电路的输入电阻要大几十到几百倍。

（3）输出电阻：

$$R_o \approx \frac{r_{be}}{1+\beta} \tag{2-17}$$

从式（2－17）可以看出，射极输出器的输出电阻是很低的，一般为几十到一百多欧姆。

3. 射极输出器的特点

（1）电压放大倍数略小于1，输出电压和输入电压同相，又称射极跟随器。

（2）输入电阻高。输入电阻高意味着射极输出器可减小向信号源（或前级）索取的信号电流。

（3）输出电阻低。输出电阻低意味着射极输出器带负载能力强，即可以减小负载变动对电压放大倍数的影响。

（4）射极输出器对电流仍有较大的放大作用。

小提示 利用输入电阻高和输出电阻低的特点，射极输出器被广泛用做多级放大电路的输入级、输出级和中间级。射极输出器用做中间级时，可以隔离前后级的影响，所以又称为缓冲级，起阻抗变换的作用。

2.4 多级放大电路

由一个晶体管组成的单级放大电路，其放大倍数一般为几十倍，而在实际应用时要求放

大倍数很高。为此，需要把若干单级放大电路串接，组成多级放大电路。多级放大电路的结构框图如图 2. 14 所示。

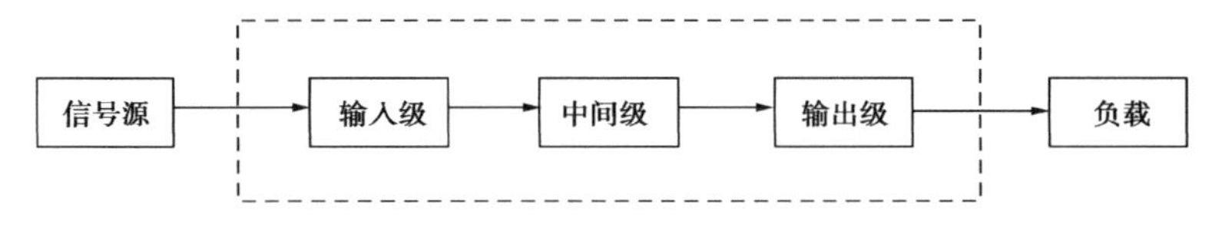

图 2. 14　多级放大电路的结构框图

图 2. 14 中输入级的输入电阻要高，噪声要小；中间级的放大倍数要大，通常由若干级共射电路组成；输出级要输出一定功率，往往由功率放大电路组成。

2. 4. 1　多级放大电路的级间耦合

通常多级放大电路中的每一个单级放大电路都被称为一个级。多级放大电路中级与级之间、信号源与放大电路之间、放大电路与负载之间的连接方式称为“耦合方式”。

各种耦合方式必须满足以下要求：

(1) 晶体管有合适的工作点，以避免信号失真；

(2) 前级信号尽可能多地传送到后级，以减小信号损失。

多级放大电路中常见的级间耦合方式有阻容耦合、直接耦合和电隔离耦合（又称变压器耦合、光电耦合)，这 3 种耦合方式如图 2. 15 所示。

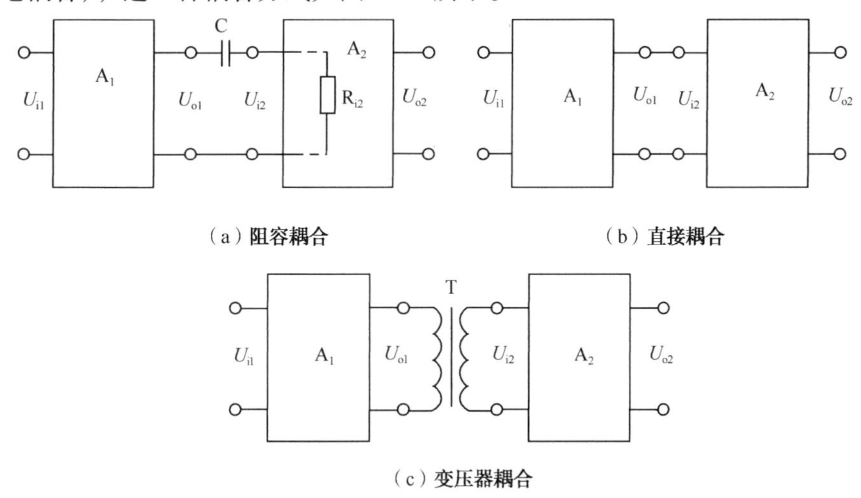

图 2. 15　3 种耦合方式

1. 阻容耦合

阻容耦合就是通过电容和后级的输入电阻（或负载）实现级间的耦合，如图 2. 16 所示。

图 2. 16 中所示的是一个两级放大电路，信号源与第一级、第一级与第二级、第二级与负载之间分别通过大电容 C_1、C_2 和 C_3 实现耦合。耦合电容的容抗远小于后级的输入电阻或负载。

阻容耦合具有如下特点。

(1) 由于耦合电容的“隔直流通交流”作用，使各级工作点彼此独立，可分别单独进行计算，故一定频率范围内的前级信号可几乎无损失地传送到后一级。

(2) 由于耦合电容不能传送缓慢变化的信号和直流信号，因此这种电路只能放大频率不太低的交流信号，而不能放大缓慢变化的信号和直流信号。

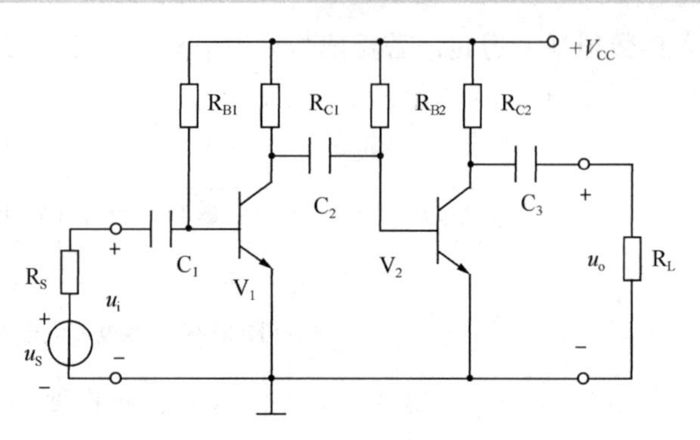

图 2.16　阻容耦合

(3) 由于在集成电路中制造大电容很困难，因此集成电路中不采用阻容耦合方式，而该方式常用于分立元件电路。

2. 电隔离耦合

电隔离耦合包括变压器耦合和光电耦合两种，由于它们的前后级相互绝缘，故统称为电隔离耦合。

(1) 变压器耦合。变压器绕组代替了阻容耦合电路中的电容。变压器隔断了直流，所以各级工作点相互独立，也可以分别计算；变压器通过磁耦合传输交流信号，同时还起阻抗匹配作用。但变压器体积大、笨重、价贵，难以集成，一般用于功率放大电路、中频调谐放大电路。

(2) 光电耦合。光电耦合器件常由发光二极管和光电三极管（又称光敏三极管）组成。光电耦合是通过电—光—电的转换来实现级间耦合的。由于利用光线实现耦合，所以前后级电路相互绝缘，隔离性能好；体积小，频率特性好。光电耦合的缺点是其性能受温度影响较大。

3. 直接耦合

前级的输出端和后级的输入端直接连接的方式，称为直接耦合。

在集成电路工艺中，电容元件和电感元件难以集成，集成电路一般都采用直接耦合方式。直接耦合主要存在前后级静态工作点相互影响和零点漂移等不稳定因素。在集成电路中需对电路结构进行很大的改进，如采用差动放大电路和恒流源电路等。

2.4.2　多级放大电路分析

1. 前后级放大电路之间的关系

前后级放大电路之间的关系为：将前级放大电路的输出，视做后级放大电路的信号源；将后级放大电路视做前级放大电路的负载。如图 2.17 所示，后级的输入电阻可视做前级的负载电阻。

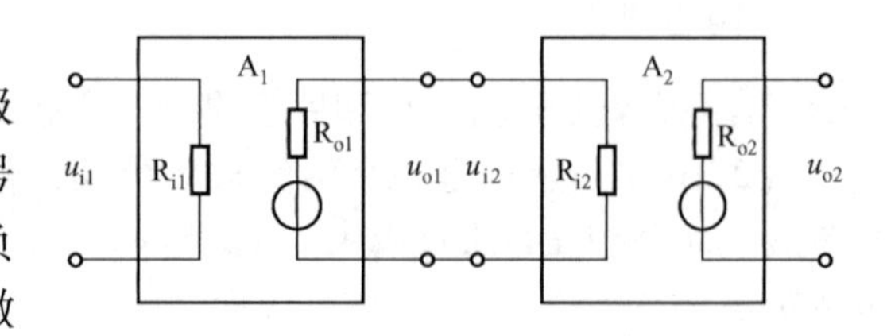

图 2.17　前后级放大电路之间的关系

2. 电压放大倍数

下面以三级放大电路为例，第一级、第二级、第三级放大电路的输入电压和输出电压分别是 u_{i1}、u_{o1}，u_{i2}、u_{o2}，u_{i3}、u_{o3}。

$$A_u = \frac{u_o}{u_i} = \frac{u_{o3}}{u_{i1}} = \frac{u_{o1}}{u_{i1}} \frac{u_{o2}}{u_{i2}} \frac{u_{o3}}{u_{i3}} = A_{u1}A_{u2}A_{u3}$$

式中，由于前级的输出电压就是后级的输入电压，故 $u_{o1} = u_{i2}$、$u_{o2} = u_{i3}$；A_{u1}、A_{u2}、A_{u3} 为把后级的输入电阻视做前级负载时的每一级的电压放大倍数。因此，多级放大电路的电压放大倍数等于各级电压放大倍数的积。对于 n 级放大电路，则有：

$$A_n = A_{u1}A_{u2}\cdots A_{un} \tag{2-18}$$

3. 输入电阻

多级放大电路的输入电阻 R_i 就是第一级的输入电阻 R_{i1}。

$$R_i = R_{i1} \tag{2-19}$$

4. 输出电阻

多级放大电路的输出电阻 R_o 就是最后一级放大电路的输出电阻 R_{on}。

$$R_o = R_{on} \tag{2-20}$$

2.4.3 输出级与功率放大

多级放大电路的输出级一般都是功率放大级。将前面电压放大级送来的低频信号进行功率放大，去推动负载工作，例如，使扬声器发声、继电器工作等。

电压放大电路和功率放大电路都是利用晶体管的放大作用将信号放大的。所不同的是，前者的目的是输出足够大的电压，而后者主要是输出最大的功率；前者工作在小信号状态，而后者工作在大信号状态。功率放大器的电路结构、工作状态、分析方法及电路的性能指标等都与普通放大器不同。

1. 功率放大器的特点

功率放大器的主要功能是给负载提供不失真的额定功率。与前面所讲的电压放大器比较它有3个主要特点。

（1）尽可能大的输出功率。由于功率放大器要向负载提供足够大的功率，所以功放管在安全工作的前提下工作电压和工作电流接近极限值，即晶体管工作在极限值状态。

（2）尽可能高的功率转换效率。所谓效率，就是负载得到的交流信号功率与电源供给的直流信号功率之比值。功率放大器的输出功率是通过晶体管将直流电源的直流功率转换而来的，转换时功率管和电路中的耗能元件都要消耗功率。用 P_0 表示负载所得功率，P_E 表示直流电源提供的总功率，η 表示转换效率，则 η 的大小反映了电源的利用率。例如，某放大器的效率 η 为50%，说明电源提供的直流功率只有一半转换成输出功率传给了负载，另一半消耗在电路内部，这部分电能使晶体管和元件等温度升高，严重时会烧坏晶体管。要重视功放

管的散热问题，为了保证功率管的安全工作，一般给大功率管加装散热片。如何提高效率、减小功耗是功率放大器的一个重要问题。

（3）允许的非线性失真。功放管工作在大信号状态时不可避免地产生非线性失真。同一功放管的输出功率越大，其非线性失真就越严重。在不同场合对功率放大器非线性失真的要求是不一样的，在测量系统和电声设备中必须把非线性失真限制在允许范围内，在驱动电动机或控制继电器中非线性失真就降为次要矛盾。此外，分析功率放大器只能用图解法，微变等效电路法已不再适用。

效率、失真和输出功率三者之间互相影响。欲提高效率，需要从两方面着手：一是增加放大电路的动态工作范围来增加输出功率；二是减小电源供给的功率。

功率放大电路有3类工作状态，如图2.18所示。

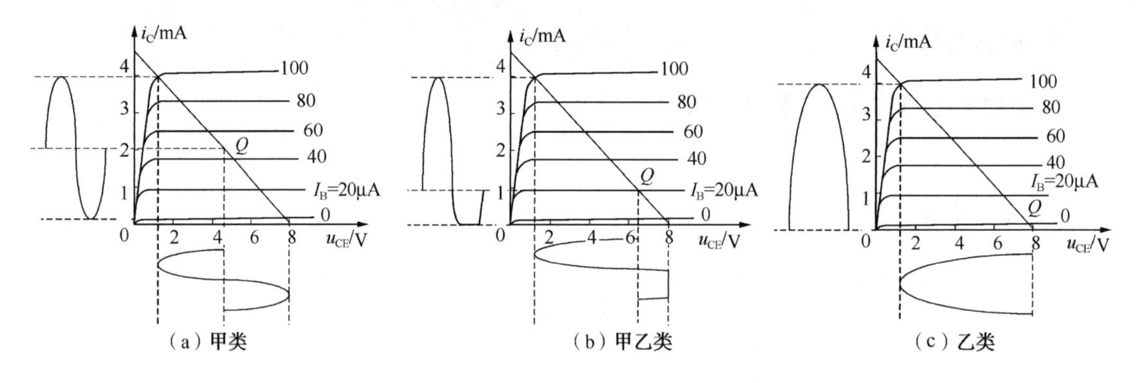

图2.18　功率放大电路的3类工作状态

在图2.18（a）中，静态工作点Q大致在交流负载线的中点，在输入信号的整个周期内都有电流i_C流过功率管，这种工作状态称为甲类工作状态。电压放大电路就是工作在这种状态的。在甲类工作状态中，无论有无输入信号，电源供给的功率$P_E = V_{CC}I_C$总是不变的。当无信号输入时，电源功率全部消耗在晶体管和电阻上，以晶体管的集电极损耗为主。当有信号输入时，其中一部分转换为有用的输出功率P_O，信号越大，输出功率也越大。可以证明，在理想的情况下，甲类功率放大电路的最高转换效率也只有50%。如要减小电源供给的功率，就要在V_{CC}一定的条件下使静态电流I_C减小，即将静态工作点沿负载线下移，如图2.18（b）所示，这种工作状态称为甲乙类工作状态；如果将静态工作点下移到$I_C \approx 0$处，则管耗更小，这种工作状态称为乙类工作状态，如图2.18（c）所示。由图2.18可见，在甲乙类和乙类状态下工作时，虽然提高了效率，但是输出信号产生严重的失真。而且为了获得较大的输出功率和效率，功率放大器与负载要匹配，传统的功率放大器与负载之间采用变压器耦合，这类功率放大器的优点是便于实现阻抗匹配、大的输出功率等，但由于变压器体积大、笨重、频率特性差，而且不利于集成，故在现在生产的功率放大器中已较少采用。为此，其逐渐为互补对称功率放大器所取代，它既能提高效率，又能减小信号波形的失真。

2. 乙类互补对称放大电路

为了提高功放的效率，应使它工作在乙类状态下，但输出信号只有半个周期的波形，造

成严重的失真。如果让两个特性相同的晶体管都工作在乙类状态，且使它们在信号的正、负半周轮流导通，即一个晶体管负责放大正半周的信号，另一个晶体管负责放大负半周的信号，然后把两管的输出波形在负载上叠加起来，就可以得到一个完整的输出波形，于是解决了效率与失真的矛盾。

如图 2.19 所示，V_1、V_2 分别为导电类型相反的 NPN 管和 PNP 管，它们的特性相同，称为互补管；两管的基极和发射极分别相接，则静态时两管均得不到偏置而截止。若忽略晶体管发射结的导通电压，则当 u_i 正半周时，V_1 因发射结正偏而导通，V_2 因发射结反偏而截止，此时电流如图 2.19 所示的 i_L；同样当 u_i 负半周时，V_2 导通，V_1 截止，此时电流如图 2.19 所示的 i'_L。

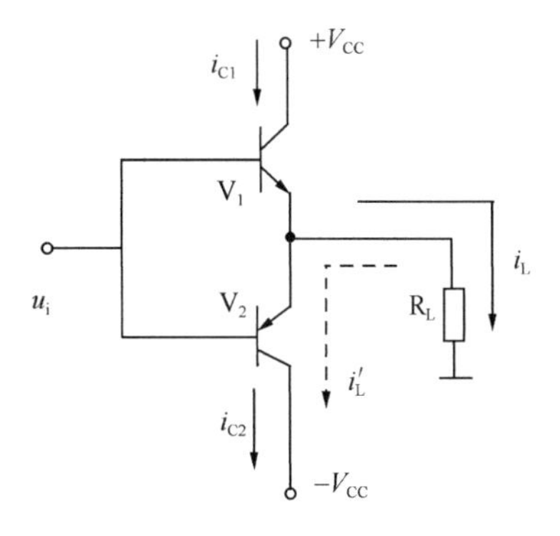

图 2.19　乙类互补对称功放电路

图 2.19 所示电路工作于乙类状态，两管轮流工作，从而在负载上得到一个完整的波形，故称为互补推挽电路；又因两管互补对方的不足，工作性能对称，故又称为互补对称功放电路。此外，该电路也常称为 OCL（Output Capacitorless）电路。

3. 甲乙类互补对称功率放大电路

由于乙类功放为零偏置（静态电流为 0），而晶体管 V_1、V_2 都存在导通电压 U_{on}，所以当输入信号为正半周时，其瞬时值 $u_i < U_{on}$期间 V_1 仍不导通；当输入信号为负半周时，其瞬时值 $|u_i| < U_{on}$期间 V_2 也不导通。因此 $|u_i| < U_{on}$期间 V_1、V_2 均不导通，负载电流 i_L 基本上为 0，u_o 产生了失真。由于这种失真发生在两管交接工作的时刻，所以称为交越失真（交叉失真），如图 2.20 所示。

为了克服交越失真，可给两互补管的发射结设置一个很小的正向偏压，使它们在静态时处于微导通状态，因而静态工作点很低。这样既消除了交越失真，又使功放工作在接近乙类的甲乙类状态，效率仍然很高，如图 2.21 所示。

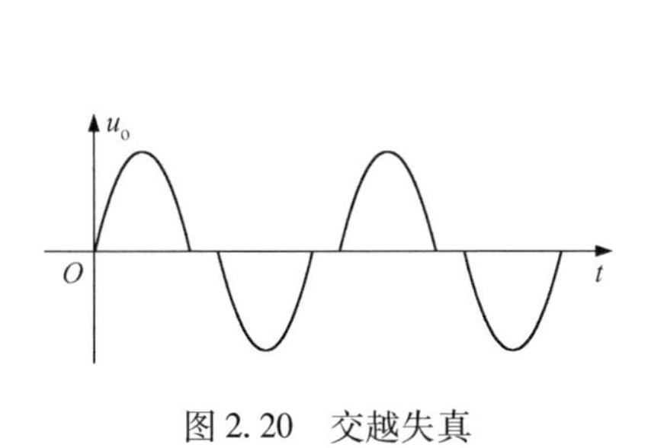

图 2.20　交越失真

图 2.21　甲乙类互补功放电路

在图 2.21 中，静态时二极管 VD_4、VD_5 两端的压降加到 V_1、V_2 的基极之间，使两管处于微导通状态；当信号输入时，由于 VD_4、VD_5 对交流信号近似短路（其正向交流电阻很小），因此加到两管基极的正、负半周信号的幅度相等。

2.4.4 放大电路的频率特性

理想放大电路对任何频率的放大信号都具有相同的放大倍数，而实际上只有在某一频率范围内放大倍数近似不变。在此范围之外，频率升高或降低时放大倍数都会下降。这是由于放大电路中存在晶体管结电容、耦合电容和发射极旁电容等，容抗会随频率变化。当放大倍数 A_u 下降到最大值的 $1/\sqrt{2}$ 倍时，所对应的低频端 f_1 与高频端 f_2 之间的频率范围称为通频带 B_W，如图2.22所示。通频带宽度表示放大电路对信号频率的适应能力，其值越大越好。

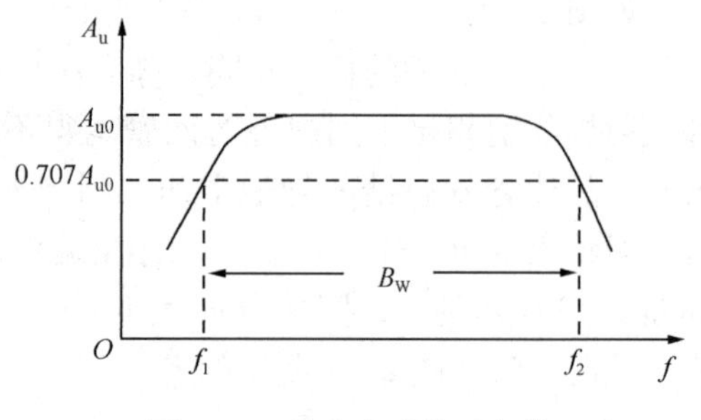

图2.22 放大电路的通频带

通频带可用下式表示：

$$B_W = f_2 - f_1 \tag{2-21}$$

2.5 放大电路中的负反馈

反馈在电子电路中得到了广泛的应用。反馈对于电子系统是很重要的，放大电路、振荡电路等，都要用到反馈。负反馈可以改善放大电路的性能，如前面讲到的分压式偏置放大电路中，工作点的稳定就是通过反馈电阻 R_E 来实现的。

2.5.1 反馈的基本概念

1. 反馈的概念

把电子系统输出信号（电流或电压）的一部分或全部，经过一定的电路（称为反馈网络），回送到放大电路的输入端，和输入信号叠加的连接方式称为反馈。若反馈信号削弱输入信号而使放大倍数降低，则为负反馈；若反馈信号增强输入信号，则为正反馈。

负反馈主要用于改善放大电路的性能；正反馈主要应用于振荡电路、电压比较器等方面。

不含反馈支路的放大电路称为开环电路，引入反馈支路的放大电路称为闭环电路。

2. 反馈放大电路的组成

有反馈的放大电路包含两部分：一是基本放大电路 A；二是反馈电路（或反馈网络）F，一般为无源衰减器。反馈放大电路的组成框图如图2.23所示。

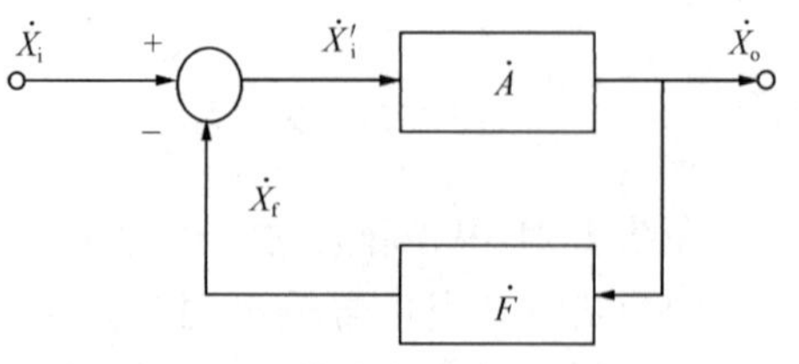

图2.23 反馈放大电路的组成框图

在图2.23中，分别用 $\dot{X}_i$、$\dot{X}_o$ 表示输入信号和

输出信号，用 $\dot{X}_f$ 表示反馈信号，用 $\dot{X}_i'$ 表示净输入信号，可得净输入信号 $\dot{X}_i' = \dot{X}_i - \dot{X}_f$。

2.5.2　反馈电路基本关系式

反馈电路有以下 5 种基本关系式。

（1）开环放大倍数——未引入反馈的放大倍数。

$$\dot{A} = \frac{\dot{X}_o}{\dot{X}_i'} = \frac{\dot{X}_o}{\dot{X}_i - \dot{X}_f} = \frac{\dot{X}_o}{\dot{X}_i - \dot{F}\dot{X}_o} \tag{2-22}$$

（2）反馈系数——反馈信号与输出信号之比。

$$\dot{F} = \frac{\dot{X}_f}{\dot{X}_o} \tag{2-23}$$

（3）闭环放大倍数——包括反馈在内的整个放大电路的放大倍数。

$$\dot{A}_f = \frac{\dot{X}_o}{\dot{X}_i} = \frac{\dot{A}}{1 + \dot{A}\dot{F}} \tag{2-24}$$

（4）反馈深度。

$$|1 + \dot{A}\dot{F}| \tag{2-25}$$

在反馈深度达到深度负反馈时，$|1 + \dot{A}\dot{F}| \gg 1$，则有 $\dot{A}_f \approx \frac{1}{\dot{F}}$。

说明：深度负反馈时，闭环放大倍数与电路的开环放大倍数无关，只与反馈电路的参数有关，基本不受外界影响。反馈深度越深，放大电路越稳定。

（5）放大倍数的相对变化量。

$$\frac{dA_f}{A_f} = \frac{dA}{A} \cdot \frac{1}{1 + AF} \tag{2-26}$$

式中，$\frac{dA_f}{A_f}$为有反馈时的放大倍数相对变化量；$\frac{dA}{A}$为无反馈时的放大倍数相对变化量。显然，在外界条件变化相同时，有反馈时放大倍数的相对变化量为无反馈时的$\frac{1}{1+AF}$倍，放大倍数的稳定性提高了。

2.5.3　反馈的基本类型

1. 反馈的基本类型

反馈的基本类型有 4 种。

（1）电压反馈和电流反馈。根据反馈电路从放大电路输出端取样方式的不同，可分为电压反馈和电流反馈两种。反馈信号取自输出电压的，称为电压反馈，如图 2.24（a）所示。反馈信号取自输出电流的，称为电流反馈，如图 2.24（b）所示。

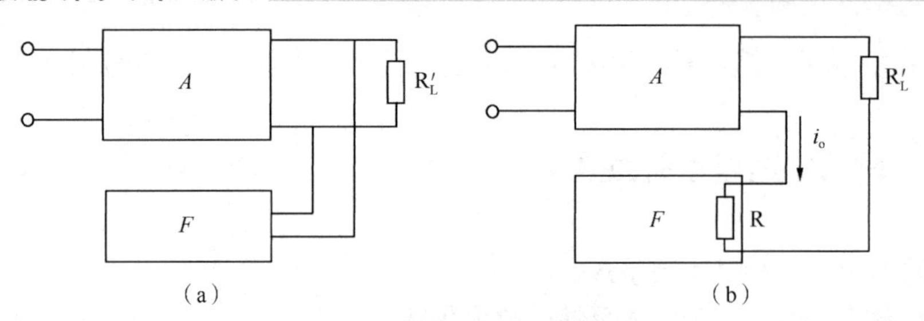

图 2.24　电压反馈和电流反馈示意图

（2）串联反馈和并联反馈。根据反馈信号与放大电路输入信号连接方式的不同，可分为串联反馈和并联反馈。反馈信号与放大电路输入信号串联的反馈为串联反馈，其反馈信号以电压形式出现，如图 2.25（a）所示。反馈信号与放大电路输入信号并联的反馈为并联反馈，其反馈信号以电流形式出现，如图 2.25（b）所示。

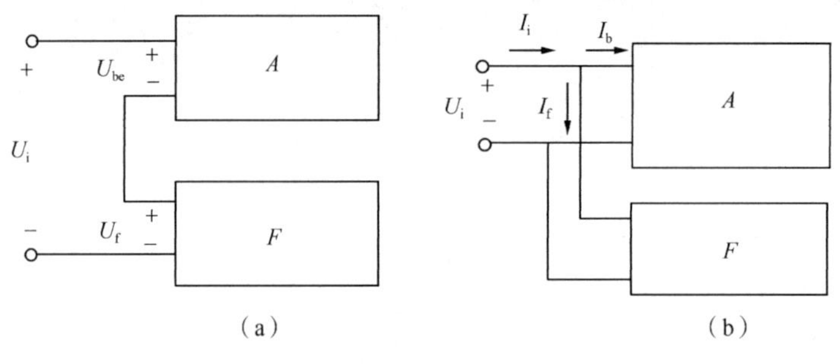

图 2.25　串联反馈和并联反馈

（3）直流反馈和交流反馈。按反馈信号分，如果反馈回来的信号是直流信号，就是直流反馈；如果反馈回来的信号是交流信号，则为交流反馈。直流负反馈多用于稳定静态工作点，交流负反馈用于改善放大电路的性能。此外，如果反馈回来的信号既有交流分量又有直流分量，则同时存在交、直流反馈。

（4）本级反馈和级间反馈。按反馈信号的位置分，如果反馈信号反馈至本级的输入端的，称为本级反馈；如果反馈信号反馈至该级前面某级的输入端的，称为级间反馈。

所以，负反馈的基本类型有 4 种：电压串联负反馈、电压并联负反馈、电流串联负反馈、电流并联负反馈。

2. 反馈类型的判断

判断放大电路中反馈的类型，可以按如下步骤进行。

（1）找出反馈元件（或反馈电路），即确定在放大电路输出和输入回路间起联系作用的元件，如有这样的元件存在，电路中才有反馈存在，否则就不存在反馈。

（2）判断正反馈和负反馈。根据反馈信号与原输入信号相位关系，若削弱原输入信号，使净输入信号减弱，则为负反馈，反之为正反馈。判别正、负反馈可采用瞬时极性法。瞬时极性是指交流信号某一瞬间的极性，一般要在交流通路里进行。首先假定放大电路输入电压对地的瞬时极性是正（或负），然后按照闭环放大电路中信号的传递方向，依次标出有关各点在同一瞬间对地的极性（用 + 或 − 表示）。

（3）判断电路中的反馈是电压反馈还是电流反馈。如果反馈信号取自放大电路的输出电

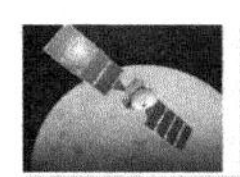

压，就是电压反馈。在共发射极放大电路中，电压反馈的反馈信号一般是由输出级晶体管的集电极取出的。如果反馈信号取自输出电流，则是电流反馈。在共发射极放大电路中，电流反馈的反馈信号一般是由输出级晶体管的发射极取出的。另外，可用输出端短路法判别，即将放大电路的输出端短路（注意：放大器的输出可等效为信号源；输出短路，是将负载短路），如短路后反馈信号消失了，则为电压反馈，否则为电流反馈。

（4）判断是串联反馈还是并联反馈。如果反馈信号和输入信号是串联关系则为串联反馈，反馈信号与输入信号在输入回路上以电压形式比较。如果反馈信号和输入信号是并联关系则为并联反馈，反馈信号与输入信号在输入回路上以电流形式比较。

记忆口诀　瞬时极性判正负，正负反馈看净入；净入增加正反馈，净入减少负反馈。电压电流看输出，串联并联看输入；引自集极为电压，引自射极为电流；馈至基极为并联，馈至射极是串联。射极输出是例外，电压反馈射跟随。

【实例 2.2】　判断如图 2.26（a）所示电路的反馈类型。

解　图 2.26（b）所示是如图 2.26（a）所示放大电路的简化交流通路。为了简单起见，将偏置电阻略去。从放大电路的输出端看，反馈电压 $u_f \approx i_c R_E$ 取自输出电流 i_c，故为电流反馈。从放大电路的输入端看，反馈信号与输入信号串联，故为串联反馈。利用瞬时极性法，设在输入信号的正半周，其瞬时极性如图 2.26（b）所示，这时 i_b 和 i_c 也在正半周，其实际方向与图中的正方向一致，$i_e \approx i_c$。流过电阻 R_E 所产生的电压 u_E 的瞬时极性也如图中所示，u_E 即为反馈电压 u_f。

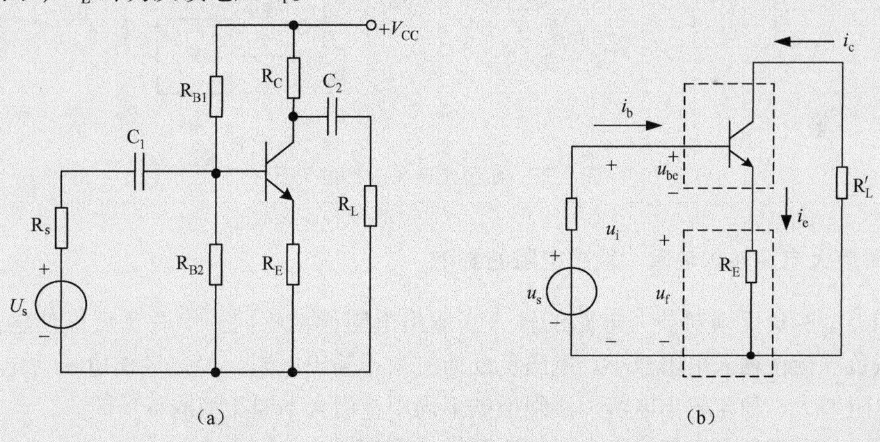

图 2.26　反馈电路

根据基尔霍夫定律可列出：$U_{be} = U_i - U_f$。由于它们的正方向与瞬时极性一致，故三者同相，都在正半周，可见净输入电压 $U_{be} < U_i$，即反馈信号削弱了净输入信号，故为负反馈。

2.5.4　负反馈对放大电路性能的影响

1. 降低放大倍数

由于反馈电压的存在，使真正加到晶体管发射结的净输入电压下降，所以输出电压也下

降，包含反馈回路后的电压放大倍数必然减小。反馈电压越大，电压放大倍数减小得越多。

2. 提高放大倍数的稳定性

放大电路在工作过程中，环境温度变化、晶体管老化、电源电压变化等情况，都会引起放大器电压放大倍数发生变化，使放大倍数不稳定。加入负反馈后，在同样的外界条件下，由于上述各种原因所引起的电压放大倍数的变化就比较小，即放大倍数比较稳定。

提高放大倍数的稳定性，对放大电路来说是很重要的。因为晶体管参数受温度影响较大，同型号晶体管的参数差别也较大。所以，在放大电路中采用负反馈，其优点就更突出。

3. 改善波形失真

放大电路工作点选择不合适，或者输入信号过大，都将引起输出信号波形的失真。但引入负反馈后，可将失真的输出信号反馈到输入端，使净输入信号发生某种程度的失真，经过放大后，可使输出信号的失真得到一定程度的补偿。

从本质上讲，负反馈是利用失真的波形来改善波形的失真，只能减小失真，不能完全消除失真，如图 2. 27 所示。

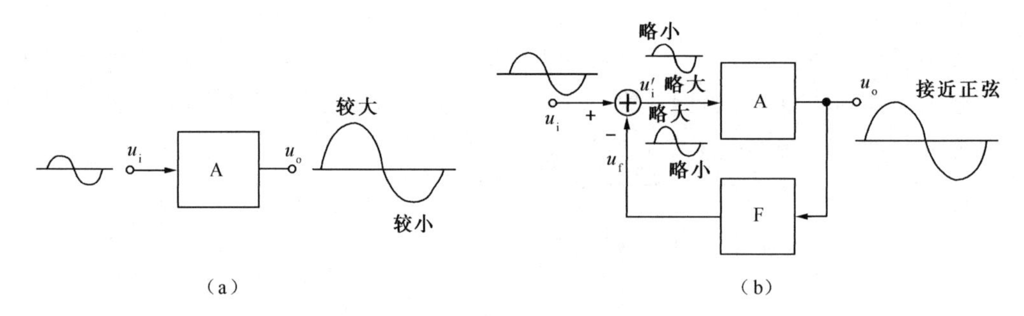

图 2. 27　负反馈改善波形的失真

4. 对放大电路输入电阻、输出电阻的影响

不同类型的负反馈对放大电路的输入、输出电阻影响不同。串联负反馈使输入电阻增大，并联负反馈使输入电阻减小。电压负反馈能减小输出电阻，稳定输出电压；电流负反馈使输出电阻增大，稳定输出电流。必须根据不同用途引入不同类型的负反馈。

此外，负反馈还可以使放大电路的通频带得到扩展。

知识梳理与总结

本章阐述了放大电路的基本分析方法，是后面章节的基础。

本章重点内容如下：

(1) 放大电路的表态分析方法与动态分析；

(2) 射极输出器的特性；

(3) 多级放大电路；

(4) 负反馈应用。

实训 3　共射极放大电路的调试与测量

1. 实训目的

（1）学会放大器静态工作点的调试方法，分析静态工作点对放大器性能的影响。

（2）掌握放大器电压放大倍数、输入电阻、输出电阻及最大不失真输出电压的测试方法，分析其动态性能。

（3）进一步熟悉常用电子仪器及模拟电路实验设备的使用。

2. 实训器材

（1）直流稳压电源；　（2）函数信号发生器；

（3）双踪示波器；　（4）交流毫伏表；

（5）直流电压表；　（6）直流毫安表；

（7）频率计；　（8）万用表；

（9）晶体三极管 3DG6（$\beta=50\sim100$）或 9011；

（10）电解电容 ×3（10μF ×2、47μF ×1）；电阻器若干。

3. 实训内容

实验电路如图 2.28 所示，通过电路中的发射极电阻引入直流负反馈。

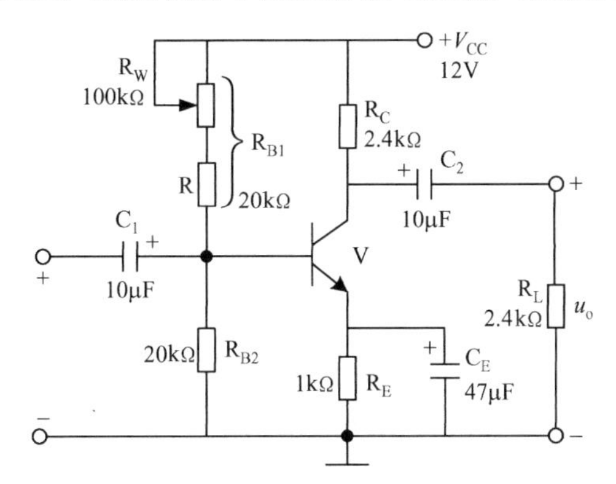

图 2.28　阻容耦合分压式电流负反馈 Q 点稳定电路

（1）调试静态工作点。

接通直流电源前，先将 R_W 调至最大，函数信号发生器输出旋钮旋至零。接通 +12V 电源，调节 R_W，使 $U_E=2.0\text{V}$，用直流电压表测量 U_B、U_C 及用万用表测量 R_{B2} 值，记入表 2.1。

表 2.1

测 量 值				计 算 值		
U_B（V）	U_E（V）	U_C（V）	R_{B2}（kΩ）	U_{BE}（V）	U_{CE}（V）	I_C（mA）
	2.0					

(2) 测量电压放大倍数。

输入 $U_i=10\text{mV}$、$f=1\text{kHz}$ 的正弦信号，用示波器观察放大器输出电压 u_o 波形，在波形不失真的条件下用交流毫伏表测量下述3种情况下的 U_o 值，记入表2.2，并用双踪示波器观察 u_o 和 u_i 的相位关系。

表2.2

R_C（kΩ）	R_L（kΩ）	U_o（V）	A_u
2.4	∞		
1.2	∞		
2.4	2.4		

观察记录一组 u_o 和 u_i 波形。

(3) 观察静态工作点对电压放大倍数的影响。

设 $R_C=2.4\text{k}\Omega$，$R_L=\infty$，u_i 适量，调节 R_W，用示波器监视输出电压波形。

(4) 最大不失真输出电压 U_{om} 的调试。

取 $R_C=R_L=2.4\text{k}\Omega$，然后逐渐增大输入信号幅值，同时调节 R_W，直至输出电压波形的峰顶与谷底同时出现“被削平”现象，然后反复调节输入信号幅值，使输出电压波形幅值最大且无明显失真，此时对应的输出电压即为最大不失真输出电压 U_{om}，用直流电压表和交流毫伏表测量有关参数。

(5) 输入电阻与输出电阻的测量。

输入电阻测量电路如图2.29所示，输出电阻测量电路如图2.30所示。

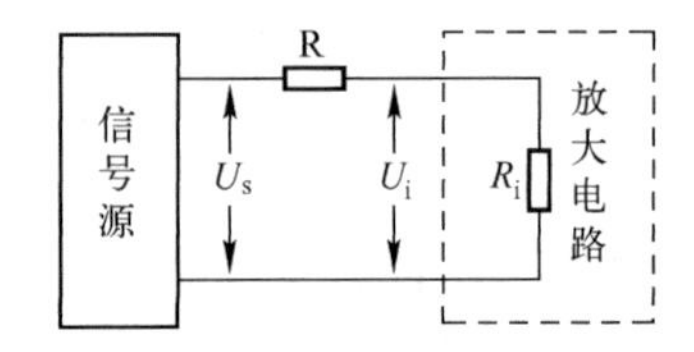

图2.29　输入电阻测量电路所示

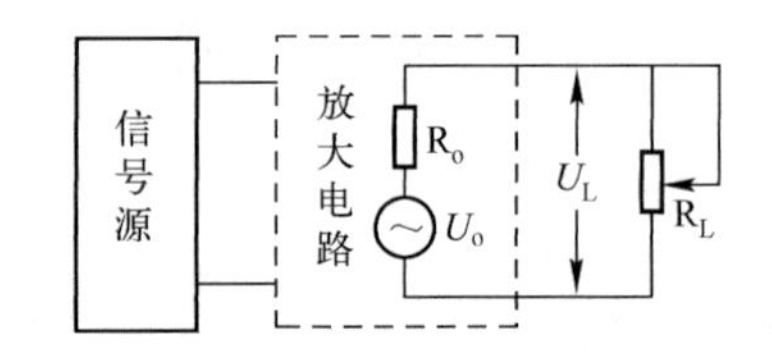

图2.30　输出电阻测量电路

置 $R_C=2.4\text{k}\Omega$，$R_L=2.4\text{k}\Omega$，$I_C=2.0\text{mA}$。输入 $f=1\text{kHz}$ 的正弦信号，在输出电压 u_o 不失真的情况下，用交流毫伏表测出 U_S、U_i 和 U_L；保持 U_S 不变，断开 R_L，测量输出电压 U_o，测量数据记入表2.3。

表2.3

输入电阻			输出电阻		
U_S（mV）	U_i（mV）	R_i（kΩ）	U_o（V）	U_L（V）	R_o（kΩ）

根据输入电阻的定义式可推导：

$$R_i=\frac{U_i}{I_i}=\frac{U_i}{\dfrac{U_R}{R}}=\frac{U_i}{U_S-U_i}R$$

电阻 R 的阻值不宜取得过大或过小，以免产生较大的测量误差，通常 R 阻值与 R_i 阻值为同一数量级为最佳，本实验可取 $R = 1 \sim 2\text{k}\Omega$。

测量输出电阻 R_o 可按图 2.30 所示电路，在放大电路正常工作的前提下，测量输出端不接负载时的输出电压 U_o 和接上负载后的输出电压 U_L，然后根据公式：

$$U_L = \frac{R_L}{R_o + R_L} U_o$$

即可求出

$$R_o = \left(\frac{U_o}{U_L} - 1 \right) R_L$$

4. 实训报告要求

（1）整理实验数据。

（2）列表整理测量结果，并把实测的静态工作点、电压放大倍数、输入电阻、输出电阻之值与理论计算值比较（取一组数据进行比较），分析产生误差的原因。

（3）总结 R_C、R_L 及静态工作点对放大器电压放大倍数、输入电阻、输出电阻的影响。

（4）讨论静态工作点变化对放大器输出波形的影响。

（5）分析讨论在调试过程中出现的问题 。

习题 2

1. 选择判断题

（1）在基本放大电路中，基极偏置电阻 R_B 的作用是（　　）。

A. 放大电流　　B. 调节偏流 I_B

C. 防止输入信号交流短路　　D. 把放大了的电流转换成电压

（2）对于基本共射放大电路的特点，其错误的结论是（　　）。

A. 输出电压与输入电压相位相同　　B. 输入电阻、输出电阻适中

C. 电压放大倍数大于 1　　D. 电流放大倍数大于 1

（3）由 NPN 型晶体管组成的共射基本放大电路中，若静态工作点 I_{CQ} 选择过高，则容易使电路输出信号产生（　　）失真。

A. 双向　　B. 饱和　　C. 截止　　D. 交越

（4）对于共集放大电路的特点，其错误的结论是（　　）。

A. 输入电阻高　　B. 输出电阻小

C. 电流放大倍数小于 1　　D. 电压放大倍数小于 1 且近似等于 1

（5）放大电路的负反馈是使（　　）。

A. 净输入量增大　　B. 输出量增大

C. 放大倍数增大　　D. 提高放大电路的稳定性

2. 简答题

（1）什么是静态工作点？静态工作点对放大电路有什么影响？

（2）多级放大电路有哪些耦合方式？各有什么特点？

（3）反馈有哪些类型？负反馈对放大电路有什么影响？

（4）功率放大电路和电压放大电路的主要差别是什么？

（5）如图 2.31 所示的电路能否正常放大信号？为什么？

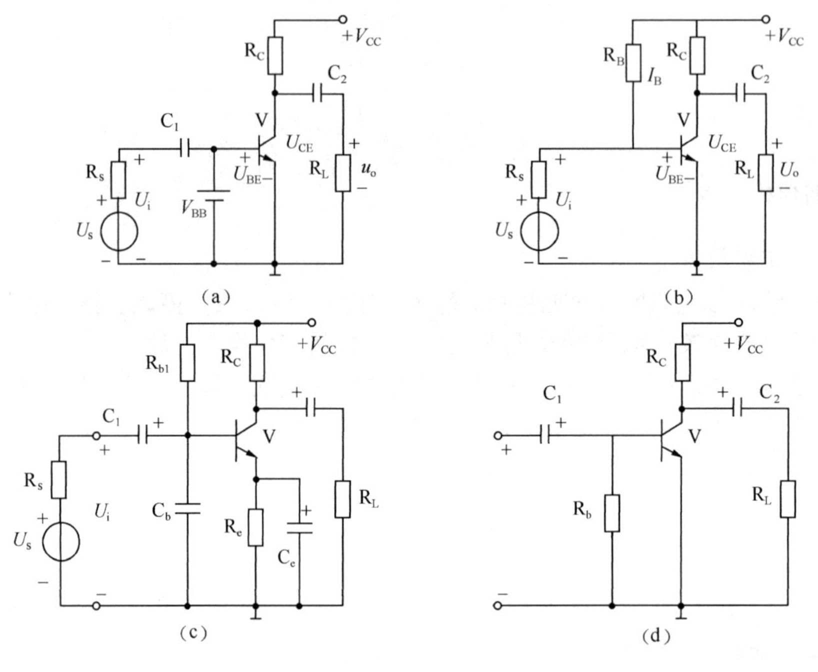

图 2.31

3. 计算题

（1）一晶体管共射极基本放大电路，已知 $R_B=200\ k\Omega$，$R_C=2\ k\Omega$，$V_{CC}=12\ V$，$U_{BE}=0.7\ V$，$\beta=50$，试确定静态工作点，并计算 A_u、R_o、R_i。

（2）分压式偏置放大电路如图 2.32 所示，已知电路中 $R_{B1}=7.5\ k\Omega$，$R_{B2}=2.5\ k\Omega$，$R_C=2\ k\Omega$，$R_E=1\ k\Omega$，$R_L=2\ k\Omega$，且 $R_s=0$，$V_{CC}=12\ V$，$U_{BE}=0.7\ V$，$\beta=30$。求 A_u、R_o、R_i。

（3）在如图 2.33 所示的射极输出器中，计算电路的静态工作点和输入电阻、输出电阻及电压放大倍数。已知 $R_s=500\ \Omega$，$V_{CC}=15\ V$，$\beta=80$，$R_B=150\ k\Omega$，$R_L=1.6\ k\Omega$，$R_E=2\ k\Omega$。

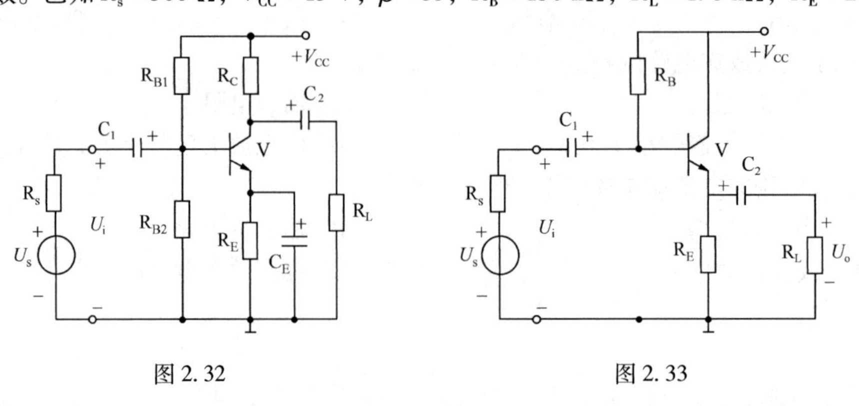

图 2.32　　图 2.33

第3章 集成运算放大电路

本章以集成运算放大器为研究对象，介绍了集成运算放大器的结构和性质，重点讲述了集成运算放大电路的线性应用和非线性应用。

教学导航

教	知识重点	1. 集成运放的结构和特点　2. 基本运算电路 3. 集成运放的非线性应用电路
	知识难点	集成运放的线性应用
	推荐教学方式	从理想集成运放条件入手，介绍各基本运算电路和电压比较器的功能。结合实践教学，重点掌握集成运放的外部特性
	建议学时	6 学时
学	推荐学习方法	从理想集成运放条件入手，掌握各基本运算电路和电压比较器的功能。结合实践教学，重点掌握集成运放的外部特性
	必须掌握的理论知识	1. 基本运算电路与电压比较器 2. 集成运放应用注意事项
	必须掌握的技能	电路的调整与测试

3.1 集成运算放大器

3.1.1 集成运算放大器的组成框图

1. 集成运算放大器的组成框图

集成运算放大器内部实际上是一个高增益的直接耦合放大器，其内部组成原理框图如图3.1所示，它由输入级、中间级、输出级和偏置电路等4部分组成。

（1）输入级。输入级是提高运算放大器质量的关键部分，要求其输入电阻高。为了能减小零点漂移和抑制共模干扰信号，输入级都采用具有恒流源的差动放大电路，故也称为差动输入级。

（2）中间级。中间级的主要作用是提供足够大的电压放大倍数，故而也称为电压放大级。要求中间级本身具有较高的电压增益。

（3）输出级。输出级的主要作用是输出足够的电流以满足负载的需要，同时还需要有较低的输出电阻和较高的输入电阻，以起到将放大级和负载隔离的作用。

（4）偏置电路。偏置电路的作用是为各级提供合适的工作电流，一般由各种恒流源电路组成。

2. 集成运算放大器的符号

集成运算放大器的符号如图3.2所示，“+”表示同相输入端，“-”表示反相输入端。若反相输入端接地，信号由同相输入端输入，则输出信号和输入信号的相位相同；若同相输入端接地，信号从反相输入端输入，则输出信号和输入信号相位相反。集成运放的引脚除输入、输出端外，还有正、负电源端，有的集成运算放大器有调零端，如μA741等。

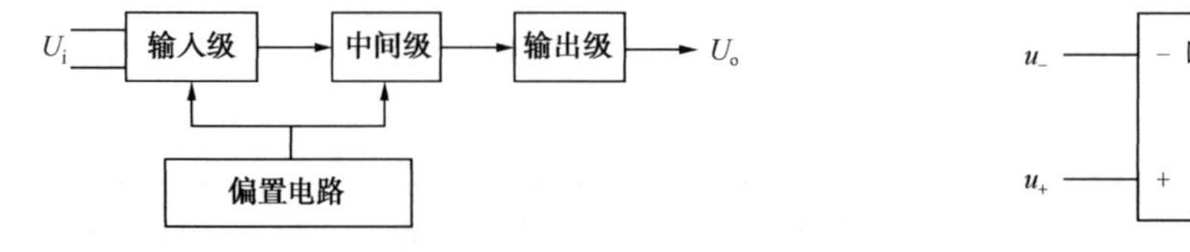

图3.1 集成运算放大器内部组成原理框图

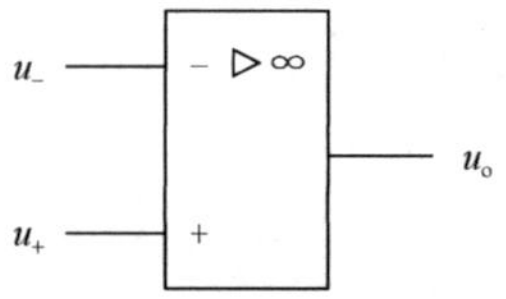

图3.2 集成运算放大器的符号

限定符号读解：限定符号▷表示放大（驱动）能力，▷∞表示放大倍数为∞。

3.1.2 理想集成运算放大器

满足下列条件的运算放大器称为理想集成运算放大器。

（1）开环差模电压放大倍数 $A_{ud} \to \infty$；

（2）差模输入电阻 $R_{id} \to \infty$；

（3）输出电阻 $R_o \to 0$；

（4）共模抑制比 $K_{CMRR} \to \infty$；

（5）输入偏置电流 $I_{B1} = I_{B2} = 0$；

（6）失调电压、失调电流及温漂为0。

利用理想集成运算放大器分析电路时，由于集成运算放大器接近于理想运算放大器，所以造成的误差很小。本章若无特别说明，集成运算放大器均按理想运算放大器对待。

3.1.3　集成运算放大器的电压传输特性

1. 电压传输特性

实际电路中集成运算放大器的电压传输特性曲线如图 3.3 所示。图 3.3 中曲线上升部分的斜率为开环电压放大倍数 A_{ud}。以 μA741 为例，其开环电压放大倍数 A_{ud}可达 10^5，最大输出电压受到电源电压的限制，不超过 ±18V。此时，输入端的电压 $u_{id}=\frac{u_{od}}{A_{ud}}$，不超过 ±0.18mV。也就是说，当 $|u_{id}|$ 为 0 ～ 0.18mV 时，u_{od} 与 u_{id} 呈线性放大关系，称为线性工作区。若 $|u_{id}|$ 超过 0.18mV，则集成运算放大器内部的输出级晶体管进入饱和区工作，输出电压 u_{od} 的值近似等于电源电压，与 u_{id} 不再呈线性关系，故称为非线性工作区。

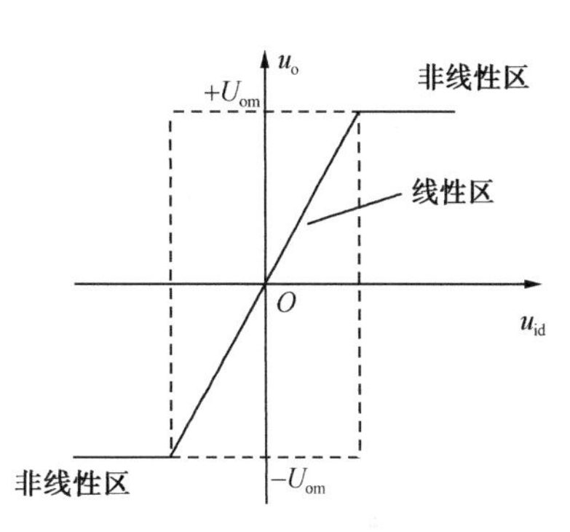

图 3.3　集成运算放大器的电压传输特性曲线

2. 集成运算放大器的线性应用

集成运算放大器工作在线性区的必要条件是引入深度负反馈。当集成运算放大器工作在线性区时，输出电压在有限值之间变化，而集成运算放大器的 $A_{ud}\to\infty$，则 $u_{id}=\frac{u_{od}}{A_{ud}}\approx 0$。由 $u_{id}=u_+-u_-$，得 $u_+\approx u_-$。此式说明，同相端和反相端电压几乎相等，称为虚假短路，简称“虚短”。由集成运算放大器的输入电阻 $r_{id}\to\infty$，得 $i_+\approx i_-\approx 0$。此式说明，流入集成运算放大器同相端和反相端的电流几乎为 0，称为虚假断路，简称“虚断”。

3. 集成运算放大器的非线性应用

当集成运算放大器工作在开环状态或外接正反馈时，由于集成运算放大器的 A_{ud}很大，所以只要有微小的电压信号输入，集成运算放大器就一定工作在非线性区。其特点是：输出电压只有两种状态，不是正饱和电压 $+U_{om}$，就是负饱和电压 $-U_{om}$。

（1）当同相端电压大于反相端电压，即 $u_+>u_-$时，$u_o=+U_{om}$。

（2）当反相端电压大于同相端电压，即 $u_+<u_-$时，$u_o=-U_{om}$。

小提示　在分析具体的集成运算放大器应用电路时，首先判断集成运算放大器工作在线性区还是非线性区，再运用线性区和非线性区的特点分析电路的工作原理。

3.2　基本运算电路

运算放大器的基本电路有反相输入式、同相输入式两种。反相输入式是指信号由反相端输入，同相输入式是指信号由同相端输入，它们是构成各种运算电路的基础。

3.2.1　反相输入式放大电路

如图3.4所示为反相输入式放大电路，输入信号经R_1加入反相输入端，R_f为反馈电阻，把输出信号电压U_o反馈到反相端，构成深度电压并联负反馈。

1. “虚地”的概念

集成运算放大器工作在线性区，$U_+=U_-$，$I_{i+}=I_{i-}$，即流过R_2的电流为0。则$U_+=0$，$U_+=U_-=0$，说明反相端虽然没有直接接地，但其电位为地电位，相当于接地，是“虚假接地”，简称“虚地”。“虚地”是反相输入式放大电路的重要特点。

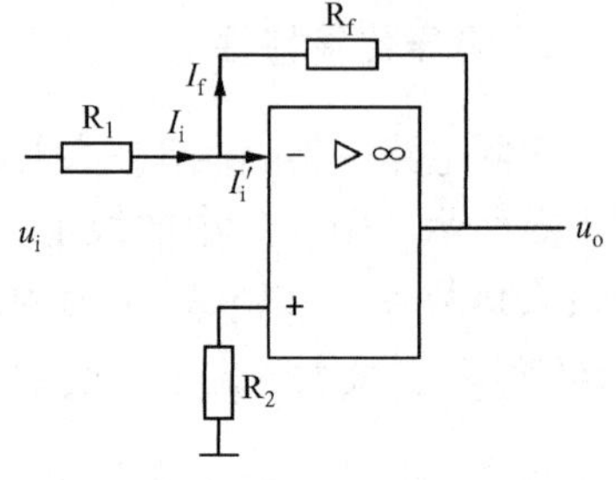

图3.4　反相输入式放大电路

2. 电压放大倍数

在图3.4中

$$I_f=\frac{U_- - U_o}{R_f}=-\frac{U_o}{R_f}$$

$$I_i=\frac{U_i - U_-}{R_1}=\frac{U_i}{R_1}$$

由于$I_{i-}=I_i'=0$，因此$I_f=I_i$，即$\frac{U_i}{R_1}=-\frac{U_o}{R_f}$，$A_{uf}=\frac{U_o}{U_i}=-\frac{R_f}{R_1}$。

式中，A_{uf}是反相输入式放大电路的电压放大倍数。

上式表明：在反相输入式放大电路中，输入信号电压U_i和输出信号电压U_o相位相反，大小成比例关系，比例系数为$\frac{R_f}{R_1}$，故反相输入式放大电路可以直接作为比例运算放大器。当$R_f=R_1$时，$A_{uf}=-1$，即输出电压和输入电压的大小相等、相位相反，此电路称为反相器。同相输入端电阻R_2用于保持运算放大器的静态平衡，要求$R_2=R_1/\!/R_f$，故R_2称为平衡电阻。

3. 输入电阻、输出电阻

由于$U_-=0$，所以反相输入式放大电路的输入电阻$R_{if}=\frac{U_i}{I_i}=R_i$。

由于反相输入式放大电路采用的是并联负反馈，所以从输入端看进去的电阻很小，近似等于R_1。由于该放大电路采用电压负反馈，所以其输出电阻很小（$R_o\approx 0$）。

3.2.2　同相输入式放大电路

如图3.5所示的电路为同相输入式放大电路，输入信号u_i经R_2加到集成运算放大器的同相端，R_f为反馈电阻，R_2为平衡电阻（$R_2=R_1/\!/R_f$）。

1. 虚短的概念

同相输入式放大电路，U_+和U_-相等，相当于短路，称为“虚短”。由于$U_+=U_i$，$U_-=U_f$，则$U_+=U_-=U_i=U_f$。又由于$U_+=U_-\neq 0$，所以，在运算放大器的两端引入了共

模电压，其大小接近于 U_i。

2. 电压放大倍数

由图3.5可见 R_1 和 R_f 组成分压器，反馈电压

$$U_f = U_o \cdot \frac{R_1}{R_f + R_1}$$

由于 $U_i = U_f$，因此

$$U_i = U_o \cdot \frac{R_1}{R_f + R_1} \quad 或 \quad U_o = \frac{R_f + R_1}{R_1} \cdot U_i = \left(1 + \frac{R_f}{R_1}\right) \cdot U_i$$

由上式可得电压放大倍数

$$A_{uf} = \frac{U_o}{U_i} = 1 + \frac{R_f}{R_1}$$

上式表明：同相输入式放大电路中输出电压与输入电压的相位相同，大小成比例关系，比例系数等于$(1 + R_f/R_1)$，此值与运算放大器本身的参数无关。

在图3.5中，如果把 R_f 短路（$R_f = 0$），把 R_1 断开（$R_1 \to \infty$），则 $A_{uf} = 1$，即输入信号 u_i 和输出信号 u_o 大小相等、相位相同。我们把这种电路称为电压跟随器，如图3.6所示。由集成运算放大器组成的电压跟随器比由射极输出器组成的电压跟随器性能好，其输入电阻更高，输出电阻更小，性能更稳定。

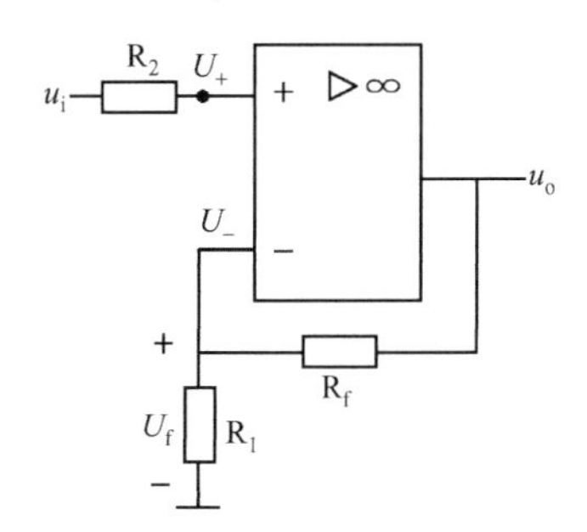

图3.5　同相输入式放大电路

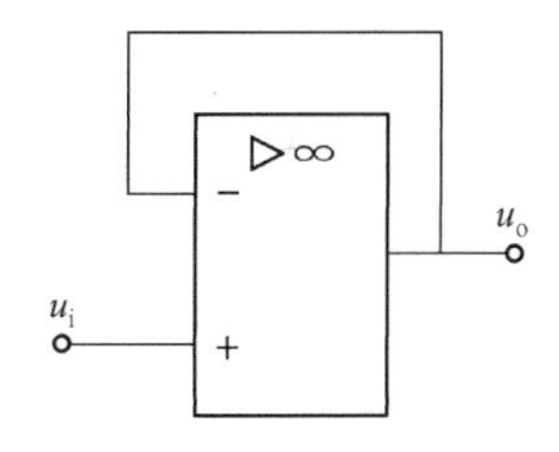

图3.6　电压跟随器

3. 输入电阻，输出电阻

由于采用了深度电压串联负反馈，所以该电路具有很高的输入电阻和很低的输出电阻（$R_{if} \to \infty$，$R_o \to 0$），这是同相输入式放大电路的重要特点。

3.2.3　加法、减法运算

1. 加法运算

加、减法运算的代数方程式是 $y = K_1X_1 + K_2X_2 + K_3X_3 + \cdots$，其电路模式为 $U_o = K_1U_{i1} + K_2U_{i2} + K_3U_{i3} + \cdots$，其电路如图3.7所示。图中有3个输入信号加在反相输入端，同相输入端的平衡电阻 $R_4 = R_1 /\!/ R_2 /\!/ R_3 /\!/ R_f$，有虚地，且 $U_- = U_+ = 0$。

根据叠加原理可得到：

$$U_o = -\left(\frac{R_f}{R_1}U_{i1} + \frac{R_f}{R_2}U_{i2} + \frac{R_f}{R_3}U_{i3}\right)$$

上式可模拟的代数方程式为

$$y = K_1X_1 + K_2X_2 + K_3X_3$$

式中，$K_1 = -\frac{R_f}{R_1}$；$K_2 = -\frac{R_f}{R_2}$；$K_3 = -\frac{R_f}{R_3}$。

当 $R_1 = R_2 = R_3 = R$ 时，$U_o = -\frac{R_f}{R}(U_{i1} + U_{i2} + U_{i3})$。

当 $R_f = R$ 时，$U_o = -(U_{i1} + U_{i2} + U_{i3})$。

其中，比例系数为 -1，实现了加法运算。

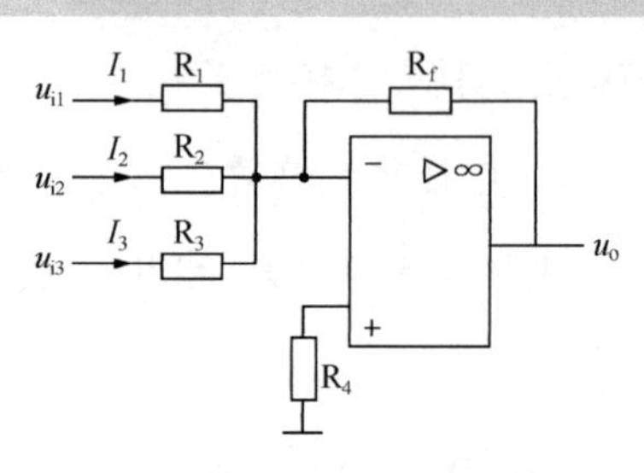

图 3.7　反相加法器

【实例 3.1】 设计一个运算电路，要求实现 $y = 2X_1 + 5X_2 + X_3$ 的运算。

解： 此题的电路模式为 $U_o = 2U_{i1} + 5U_{i2} + U_{i3}$，是 3 个输入信号的加法运算。可知各个系数由反馈电阻 R_f 与各输入信号的输入电阻的比例关系决定。由于式子中各系数都是正值，而反相加法器的系数都是负值，因此需加变号运算电路。实现这一运算的电路如图 3.8 所示。

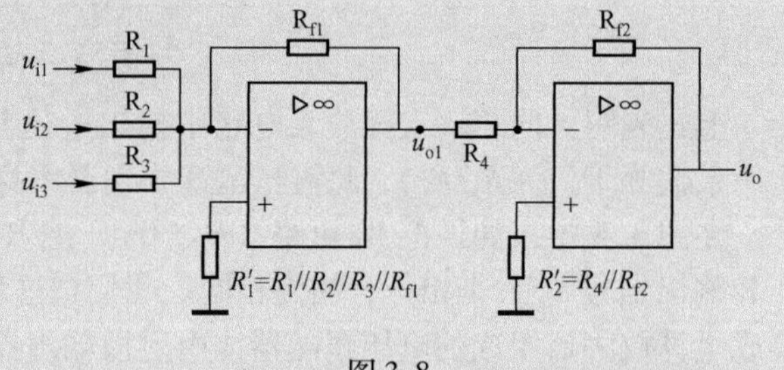

图 3.8

输出电压和输入电压的关系如下

$$U_{o1} = \frac{-R_{f1}}{R_1}U_{i1} + \frac{-R_{f1}}{R_2}U_{i2} + \frac{-R_{f1}}{R_3}U_{i3}$$

$$U_o = -\frac{R_{f2}}{R_4}U_{o1} = \left(\frac{R_{f1}}{R_1}U_{i1} + \frac{R_{f1}}{R_2}U_{i2} + \frac{R_{f1}}{R_3}U_{i3}\right)\frac{R_{f2}}{R_4}$$

式中，$R_{f1}/R_1 = 2$，$R_{f1}/R_2 = 5$，$R_{f1}/R_3 = 1$。如取 $R_{f1} = R_{f2} = R_4 = 10\text{k}\Omega$，则 $R_1 = 5\text{k}\Omega$，$R_2 = 2\text{k}\Omega$，$R_3 = 10\text{k}\Omega$，$R_1' = R_1 // R_2 // R_3 // R_{f1}$，$R_2' = R_4 // R_{f2} = R_{f2}/2$。

2. 差动输入与减法运算

两个输入端都有信号输入，称为差动输入。差动运算在测量与控制方面应用较多。差动减法运算电路如图 3-9 所示。

电压放大倍数

$$A_{uf} = \frac{u_o}{u_{i2} - u_{i1}} = \frac{u_o}{u_{id}} = \frac{R_f}{R_1}$$

当 $R_f = R_1$ 时，得

$$u_o = u_{i2} - u_{i1}$$

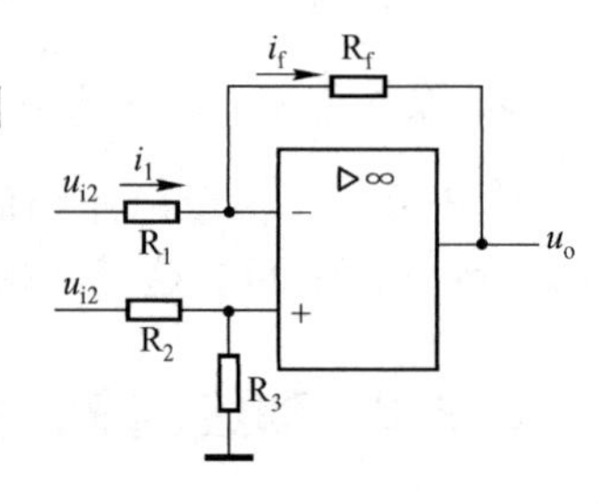

图 3.9　差动减法运算电路

3.2.4　积分、微分运算

1. 积分运算

积分运算是模拟计算机中的基本单元电路，数学模式为 $y = K\int X\mathrm{d}t$；电路模式为

$u = K\int U_{\mathrm{i}}\mathrm{d}t$，该电路如图 3. 10 所示。

在反相输入式放大电路中，将反馈电阻 $\mathrm{R_f}$ 换成电容 C，就成了积分运算电路。

$$U_{\mathrm{C}} = \frac{1}{C}\int I_{\mathrm{C}}\mathrm{d}t,\ U_{\mathrm{o}} = -U_{\mathrm{C}}, I_1 = I_{\mathrm{f}} = I_{\mathrm{C}} = \frac{U_{\mathrm{i}}}{R_1}$$

$$U_{\mathrm{o}} = -\frac{1}{R_1 C}\int U_{\mathrm{i}}\mathrm{d}t$$

由上式可以看出，此电路可以实现积分运算，其中 $K = -1/(R_1 C)$。

2. 微分运算

微分运算是积分运算的逆运算。将积分运算电路中的电阻、电容互换位置就可以实现微分运算，如图 3. 11 所示。

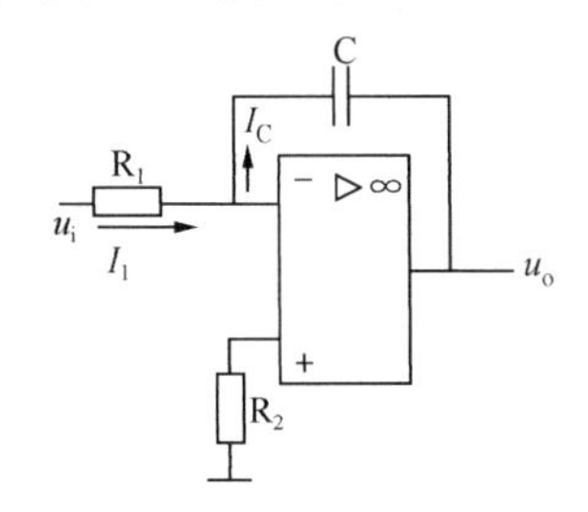

图 3. 10　积分运算电路

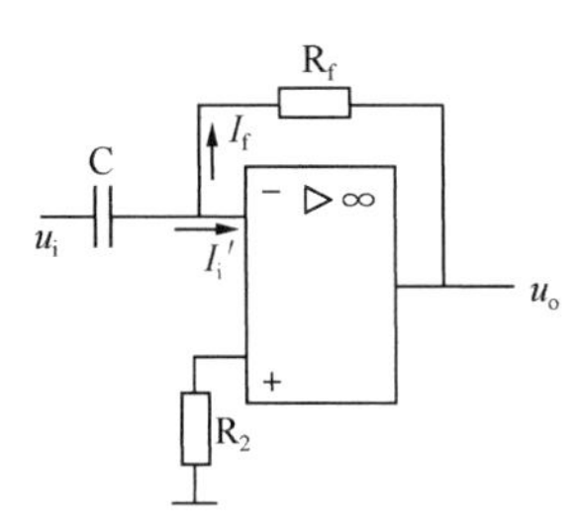

图 3. 11　微分运算电路

由于 $U_+ = 0$，$I_{\mathrm{i}}' = 0$，则

$$I_{\mathrm{f}} = I_{\mathrm{C}} = C\frac{\mathrm{d}U_{\mathrm{C}}}{\mathrm{d}t} = C\frac{\mathrm{d}U_{\mathrm{i}}}{\mathrm{d}t}$$

$$U_{\mathrm{o}} = -I_{\mathrm{f}}\cdot R_{\mathrm{f}} = -I_{\mathrm{C}}\cdot R_{\mathrm{f}} = -R_{\mathrm{f}}C\frac{\mathrm{d}U_{\mathrm{i}}}{\mathrm{d}t}$$

由此可以看出，输入信号 U_{i} 与输出信号 U_{o} 有微分关系，即实现了微分运算。负号表示输出信号与输入信号反相，$R_{\mathrm{f}}C$ 为微分时间常数，其值越大，微分作用越强。

3. 3　电压比较器

如图 3. 12（a）所示电路为简单的单限电压比较器。图 3. 12 中反相输入端接输入信号 U_{i}，同相输入端接基准电压 U_{R}。集成运算放大器处于开环工作状态，当 $U_{\mathrm{i}} < U_{\mathrm{R}}$时，输出为高电位 $+U_{\mathrm{om}}$；当 $U_{\mathrm{i}} > U_{\mathrm{R}}$ 时，输出为低电位 $-U_{\mathrm{om}}$，其传输特性如图 3. 12（b）所示。

由图 3. 12 可见，只要输入电压相对于基准电压 U_{R} 发生微小的正负变化，输出电压 U_{o}就在负的最大值到正的最大值之间作相应的变化。

比较器也可以用于波形变换。例如，比较器的输入电压 U_{i} 是正弦波信号，若 $U_{\mathrm{R}} = 0$，则每过 0 一次，输出状态就要翻转一次，如图 3. 13（a）所示。对于如图 3. 13（a）所示的简单的电压比较器，若 $U_{\mathrm{R}} = 0$，当 U_{i} 在正半周时，$U_{\mathrm{i}} > 0$，则 $U_{\mathrm{o}} = -U_{\mathrm{om}}$，负半周时 $U_{\mathrm{i}} < 0$，则 $U_{\mathrm{o}} = U_{\mathrm{om}}$。若 U_{R} 为一恒压 U，则只要输入电压在基准电压 U_{R} 处稍有正负变化，输出电压 U_{o} 就在负的最大值到正的最大值之间作相应的变化，如图 3. 13（b）所示。

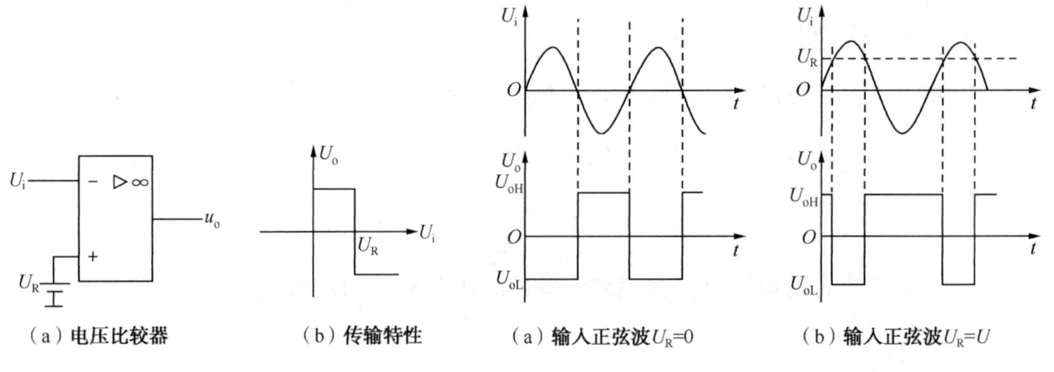

（a）电压比较器　（b）传输特性

图 3.12　简单的电压比较器

（a）输入正弦波U_R=0　（b）输入正弦波U_R=U

图 3.13　正弦波变换方波

比较器可以由通用运放组成，也可以由专用运放组成，它们的主要区别是输出电平有差异。通用运放输出的高、低电平值与电源电压有关，专用运放比较器在其电源电压范围内，输出的高、低电平电压值是恒定的。

3.4　集成运算放大器在应用中的实际问题

在实际应用中，除了要根据用途和要求正确选择运算放大器的型号外，还必须注意以下几个方面的问题。

1. 调零

实际运算放大器的失调电压、失调电流都不为零，因此，当输入信号为零时，输出信号不为零。有些运算放大器没有调零端子，需接上调零电位器 R_P 进行调零，如图 3.14 所示。

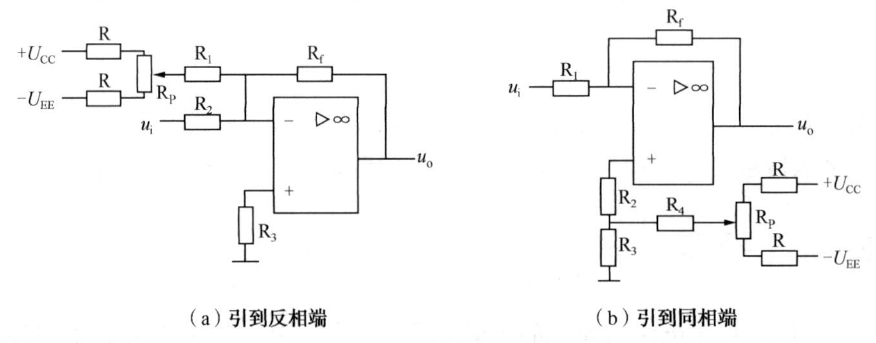

（a）引到反相端　（b）引到同相端

图 3.14　辅助调零措施

2. 消除自激

集成运算放大器内部是一个多级放大电路，而运算放大器又引入了深度负反馈，在工作时容易产生自激振荡。大多数集成运算放大器在内部都设置了消除自激的补偿网络，有些运算放大器引出了消振端子，用外接 RC 消除自激现象。实际使用时可按图 3.15 所示，在电源端、反馈支路及输入端连接电容或阻容支路来消除自激。

3. 保护措施

集成运算放大器在使用时由于输入、输出电压过大，输出短路及电源极性接反等原因会

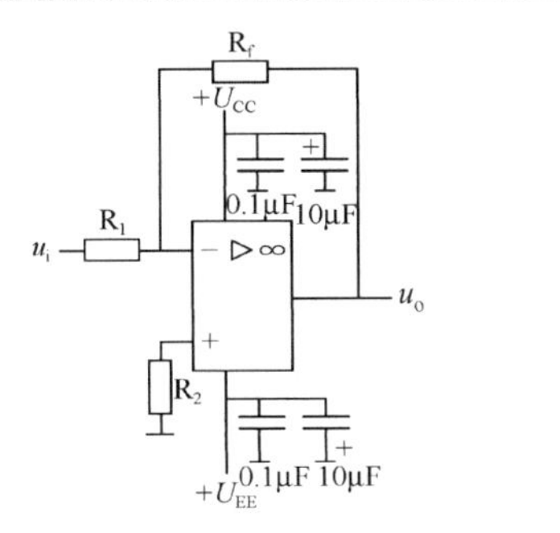

（a）在电源端子接上电容

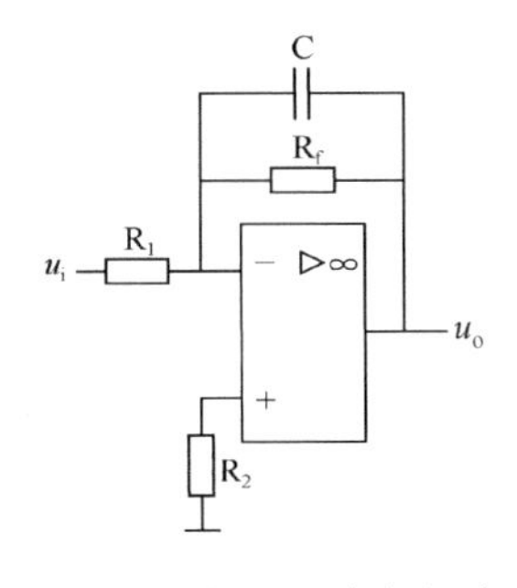

（b）在反馈电阻两端并联电容

图 3.15　消除自激电路

造成集成运算放大器损坏，因此需要采取保护措施。为防止输入差模或共模电压过高损坏集成运算放大器的输入级，可在集成运算放大器的输入端并接极性相反的两只二极管，从而使输入电压的幅度限制在二极管的正向导通电压之内，如图 3. 16（a）所示。

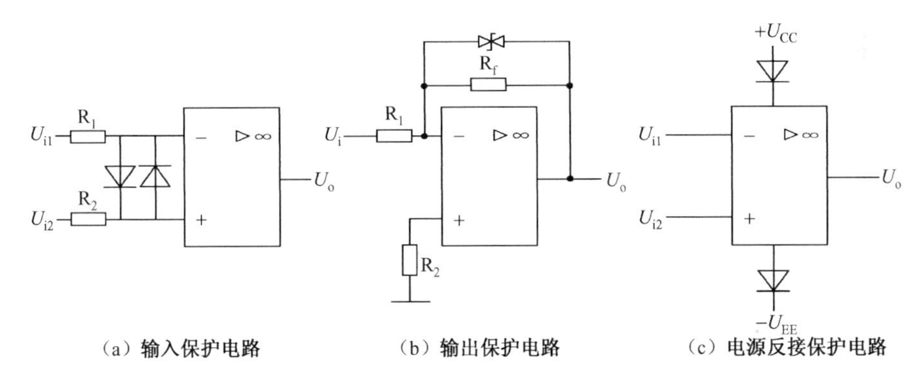

（a）输入保护电路　（b）输出保护电路　（c）电源反接保护电路

图 3. 16　保护措施

为了防止输出级被击穿，可采用如图 3. 16（b）所示的输出保护电路。输出正常时双向稳压管未被击穿，相当于开路，对电路没有影响。当输出电压大于双向稳压管的稳压值时，稳压管被击穿，减小了反馈电阻，负反馈加深，将输出电压限制在双向稳压管的稳压范围内。为了防止电源极性接反，在正、负电源回路顺接二极管。若电源极性接反，则二极管截止，相当于电源断开，起到了保护作用，如图 3. 16（c）所示。

4. 常用的集成运放

1）μA741（LM741）与 1458 双运放

图 3. 17 所示为 741 电路。741 为带调零端的集成运放，引脚 1 和 5 接调零电阻。

图 3. 18 所示为 1458 双运放电路。1458 集成了两个相同且等于 741 的电路，可节省电路板空间和成本。

2）LM324

LM324 为四运放电路。该型运放可工作在单电源，电压范围为 3 ～ 30V，增益可达 100dB，是一款应用较广的电路，如图 3. 19 所示。

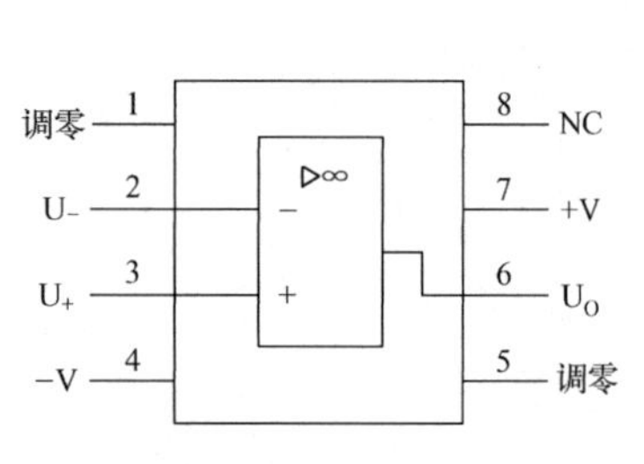

图 3.17　集成运放 741

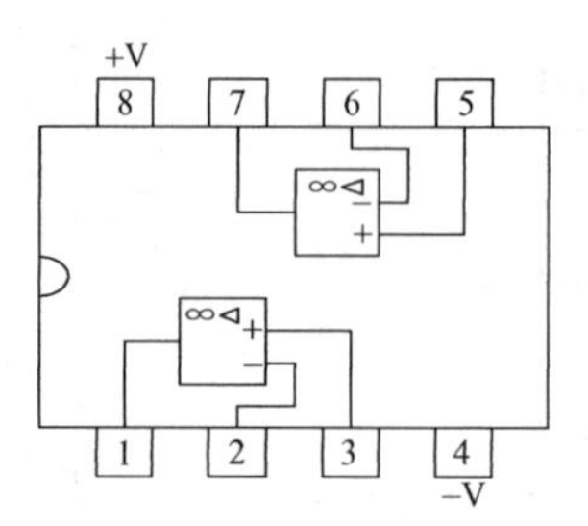

图 3.18　双集成运放 1458

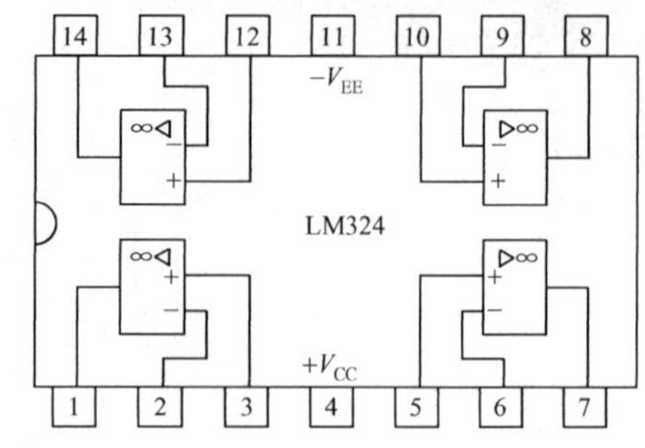

图 3.19　LM324 电路

知识梳理与总结

本章阐述了集成运放的基本特性与基本应用。

本章重点内容如下：

（1）集成运算放大器的基本组成；

（2）集成运算放大器的电压传输特性；

（3）集成运算放大器在线性应用；

（4）集成运算放大器在非线性应用；

（5）集成运算放大器使用的具体问题。

实训 4　集成运算放大器的应用与测量

1. 实训目的

（1）掌握各基本运算电路的正确连接方法。

（2）进一步熟悉函数信号发生器的使用方法。

2. 实训器材

（1）函数信号发生器 1 台；

（2）示波器 1 台；

（3）交流毫伏表 1 台；

（4）稳压电源 1 台；

（5）万用表 1 只。

3. 实训电路

本实验采用 LM324 集成运算放大器和外接反馈网络构成基本运算电路。LM324 的外部引脚功能如图 3.20 所示。

图 3.21 为反相比例电路；图 3.22 为同相比例电路；图 3.23 为加法运算电路；图 3.24 为微分运算电路（R_1 为限流电阻）；图 3.25 为积分运算电路。

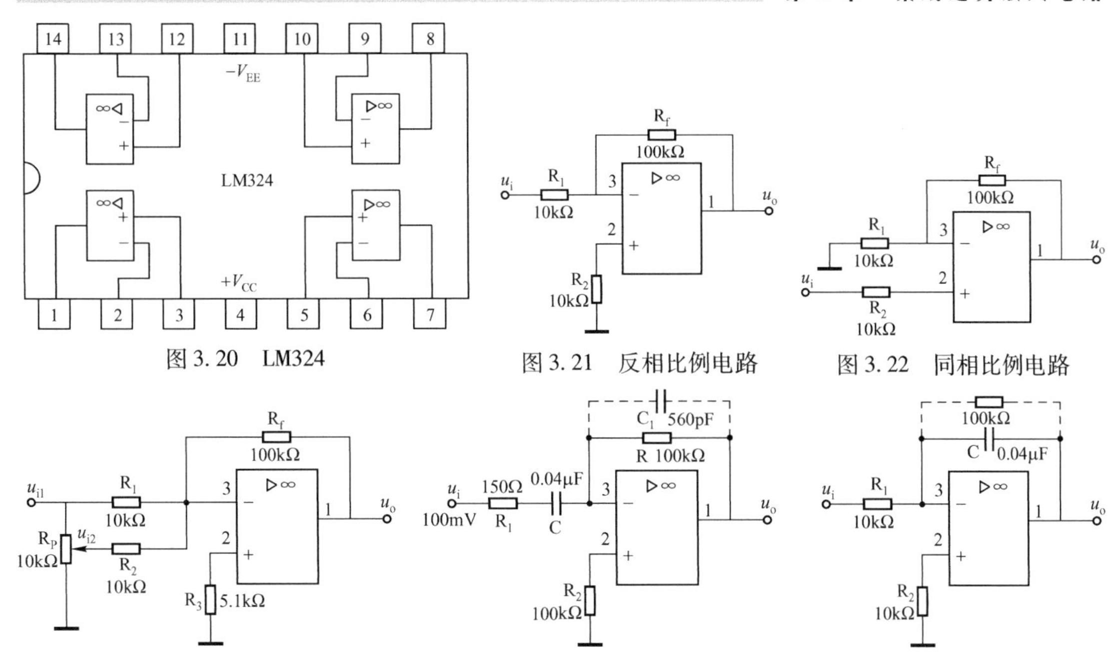

图 3.20　LM324　　图 3.21　反相比例电路　　图 3.22　同相比例电路

图 3.23　加法运算电路　　图 3.24　微分运算电路　　图 3.25　积分运算电路

4. 实训内容和步骤

（1）反相比例运算电路

① 调整稳压电源，使其输出 ±12V，接在 LM324 的 4 脚和 11 脚上。

② 按图 3.21 所示连接电路。

③ 调整低频信号发生器，使其输出 100mV、1kHz 的信号电压，即 u_i。

④ 用毫伏表分别测量 u_i 和 u_o，并填入表 3.1 中。

表 3.1　反相比例运算放大器

u_o/ mV u_i/mV	u_o理论值	u_o测量值
100		

（2）同相比例运算电路

① 按图 3.22 所示连接电路。

② 调整低频信号发生器，使其输出 100mV、1kHz 的信号电压，即 u_i。

③ 用毫伏表分别测量 u_i 和 u_o，并填入表 3.2 中。

④ 将 R_1 开路、R_f 短路，构成电压跟随器，用毫伏表分别测量 u_i 和 u_o，填入表 3.2 中。

表 3.2　同相比例运算放大器

u_o/ mV u_i/ mV	同相比例运算电路		电压跟随器	
	u_o理论值	u_o测量值	u_o理论值	u_o测量值
100				
100				

（3）加法运算电路

① 按图 3.23 所示连接电路。

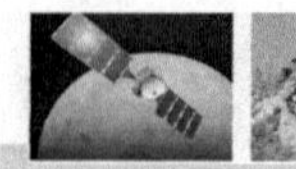

② 调整低频信号发生器，使其输出 100mV、1kHz 的信号电压，即 u_{i1}。
③ 调节 R_P，使 u_{i2}的 u_{i2} = 50mV。
④ 用毫伏表分别测量 u_{i1}、u_{i2}和 u_o，并填入表 3.3 中。

表 3.3　加法运算放大器

测 量 值			理 论 值
u_{i1}/mV	u_{i2}/mV	u_o/mV	u_o/mV

（4）微分运算电路
① 按图 3.24 所示连接电路。
② 调整低频信号发生器，使其输出 100mV、1kHz 的信号电压，即 u_i。
③ 将示波器接在电路的 u_i和 u_o端，观察 u_i和 u_o的波形。
④ 用毫伏表测量 u_o值。
（5）积分运算电路
① 按图 3.25 所示连接电路。
② 调整低频信号发生器，使其输出 100mV、1kHz 的信号电压，即 u_i。
③ 将示波器接在电路的 u_i和 u_o端，观察 u_i和 u_o的波形。
④ 用毫伏表测量 u_o值。

5. 实训报告要求

（1）整理实验数据，填入相应表格。
（2）微分运算电路与积分运算电路，要求绘制波形。
（3）将测量值与理论值进行比较，分析产生误差的原因。

6. 思考题

（1）若要增大集成运算放大器的增益，应如何调整电路中的元件参数。以图 3.22 为例，进行说明。
（2）图 3.22 中，若反馈电阻 R_f开路，且此时输入正弦波，则输出波形会发生什么变化?
（3）利用 LM324 设计 1 个 A_{uf} = 100 的反相比例运算放大器，画出电路，并标出所用元器件的参数。

习题 3

1. 选择题

（1）理想运算放大器的输入、输出电阻是（　　）。
　　A. 输入电阻高，输出电阻低　　B. 输入电阻低，输出电阻高
　　C. 输入电阻及输出电阻均低　　D. 输入电阻及输出电阻均高
（2）理想运放的开环放大倍数为（　　）。
　　A. ∞　　B. 0　　C. 不定
（3）由运放组成的电路中，工作在非线性状态的电路是（　　）。
　　A. 反相放大器　　B. 差分放大器　　C. 电压比较器

(4) 理想运放的两个重要结论是（　　）。

A. 虚短与虚地　　B. 虚断与虚短　　C. 断路与短路

(5)（　　）输入比例运算电路的反相输入端为虚地点。

A. 同相　　B. 反相　　C. 双端

(6) 各种电压比较器的输出状态只有（　　）。

A. 一种　　B. 两种　　C. 三种

2. 判断题

(1) 电压比较器的输出电压只有两种数值。（　　）

(2)"虚短"就是两点并不真正短接，但具有相等的电位。（　　）

(3)"虚地"是指该点与"地"点相接后，具有"地"点的电位。（　　）

(4) 集成运放不但能处理交流信号，而且也能处理直流信号。（　　）

(5) 集成运放在开环状态下，输入与输出之间存在线性关系。（　　）

(6) 各种比较器的输出只有两种状态。（　　）

3. 计算题

(1) 在如图3.26所示的运算放大器电路中，$R=R_1=R_2=10\text{k}\Omega$，$u_{i1}=2\text{V}$，$u_{i2}=-3\text{V}$，试求输出电压$u_o$的值。

(2) 在图3.27中，$R_1=R_2=R_3=R_4=10\text{k}\Omega$，$u_{i1}=10\text{V}$，$u_{i2}=20\text{V}$，求输出电压$u_o$。

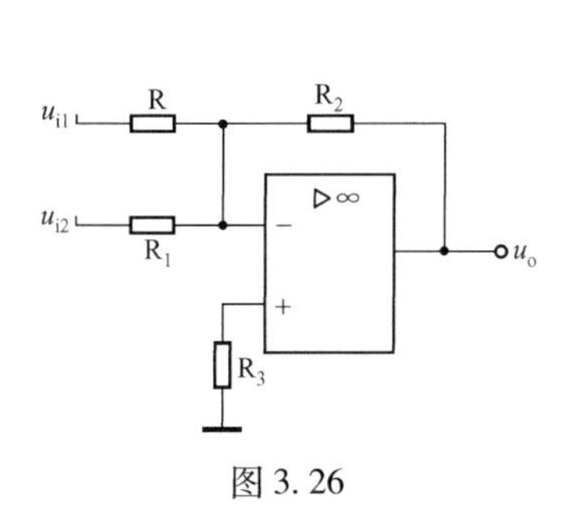

图3.26

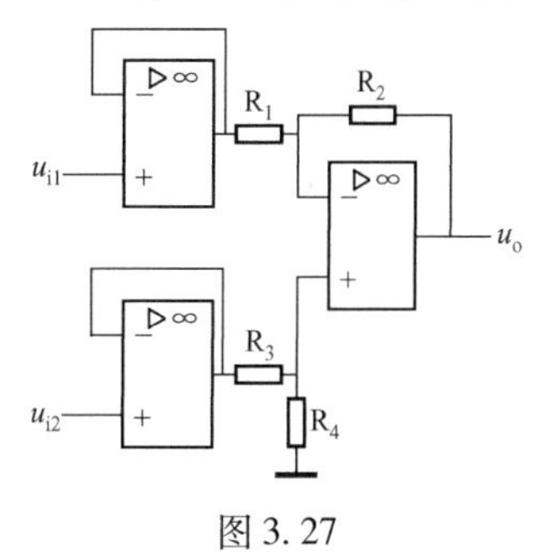

图3.27

(3) 证明如图3.28所示的运算放大器的电压放大倍数为：

$$A_{uf}=\frac{U_o}{U_i}=-\frac{R_f}{R_1}\left(1+\frac{R_3}{R_4}\right)$$

(4) 在如图3.29所示的电路中，求：当$R_1=10\text{k}\Omega$，$R_f=100\text{k}\Omega$时，u_o与u_i的运算关系。

(5) 试设计一个运算放大器电路，满足$y=5X_1-2X_2-X_3$。

(6) 试求如图3.30所示的集成运算放大器的输出电压。

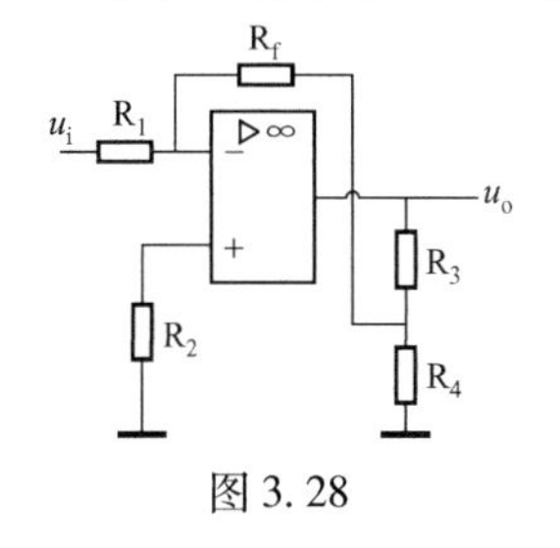

图3.28

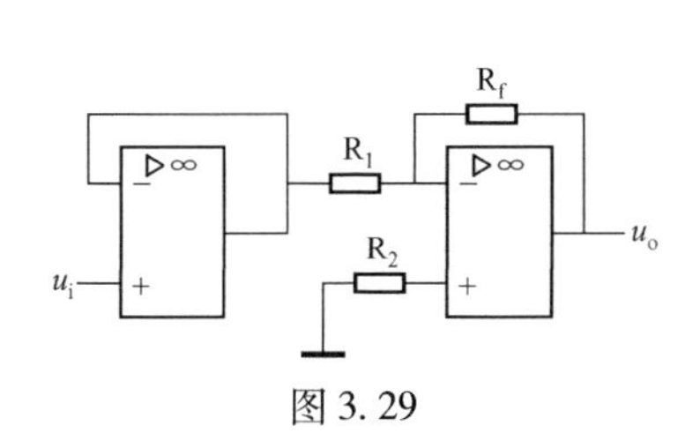

图3.29

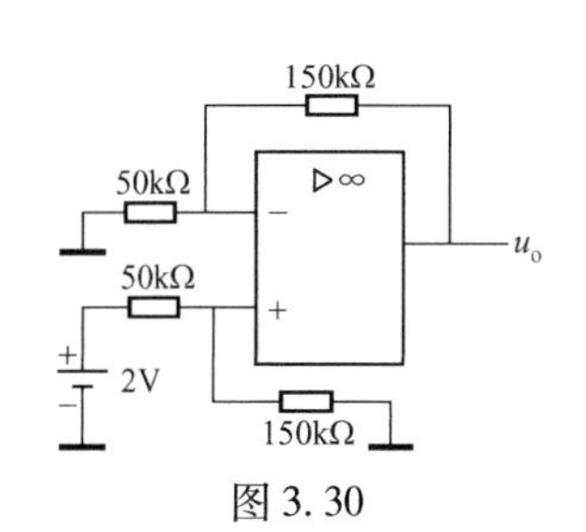

图3.30

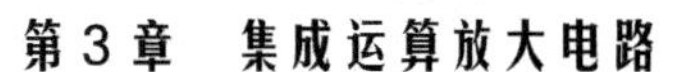

第4章 直流稳压电源

本章介绍了直流稳压电源的基本组成；整流滤波电路的组成和工作原理；稳压电路的组成和工作原理；集成稳压电路的工作原理和开关电源的简单介绍。

教学导航

教	知识重点	1. 整流与滤波电路　2. 稳压电路　3. 开关电源
	知识难点	开关电源
	推荐教学方式	从二极管整流特性、电容充、放电入手，讲解整流、滤波电路。稳压电源重点讲授集成稳压电路和开关电源
	建议学时	4学时
学	推荐学习方法	从二极管整流特性、电容充、放电入手，学习整流、滤波电路。稳压电源重点掌握集成稳压电路和开关电源
	必须掌握的理论知识	1. 整流与滤波电路　2. 稳压电路
	必须掌握的技能	电路的调整与测试

4.1　直流稳压电源的基本组成

1. 直流稳压电源的组成框图

小功率直流电源一般由交流电源、变压器、整流、滤波和稳压电路几部分组成，如图 4.1所示。在电路中，变压器将常规的交流电压（220V、380V）变换成低电压；整流电路将交流电压变换成单方向脉动的直流电；滤波电路再将单方向脉动的直流电中所含的大部分交流成分滤掉，得到一个较平滑的直流电；稳压电路用来消除由于电网电压波动、负载改变对其产生的影响，从而使输出电压稳定。直流稳压电源可分为并联型、串联型及开关型。

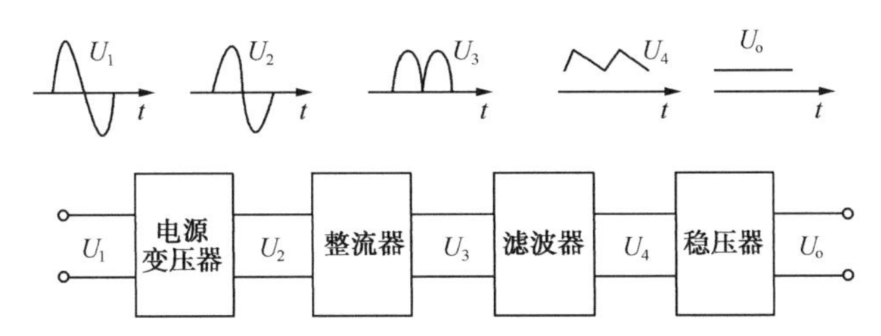

图 4.1　直流稳压电源的组成框图

2. 稳压电源的主要技术指标

稳压电源的主要技术指标如下所述。

(1) 特性指标。特性指标是指稳压电源工作特征的参数，如输入、输出电压及输出电流，电压可调范围等。

(2) 质量指标。质量指标是指衡量稳压电源稳定性能状况的参数，如稳压系数、输出电阻、纹波电压及温度系数等。

① 稳压系数 γ。γ 值越小，输出电压的稳定性越好。

② 输出电阻 r_o。r_o 值越小，带负载能力越强，对其他电路的影响越小。

③ 纹波电压 S。纹波电压是指稳压电路输出端中含有的交流分量，通常用有效值或峰值表示。S 值越小越好。

④ 温度系数 S_T。S_T 越小，漂移越小，该稳压电路受温度影响越小。

另外，还有其他的质量指标，如负载调整率、噪声电压等。

4.2　二极管整流电路

4.2.1　单相半波整流电路

1. 电路组成

如图 4.2 所示是单相半波整流电路，它由整流变压器 T、整流二极管 VD 及负载 R_L 组成。

2. 工作原理

单相半波整流电路电压与电流的波形如图 4.3 所示。

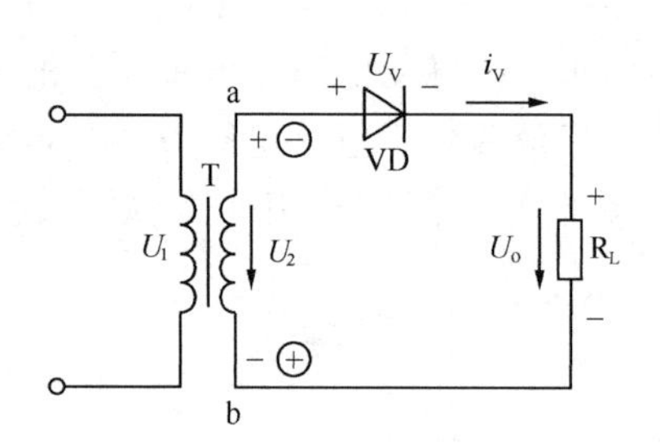

图4.2　单相半波整流电路

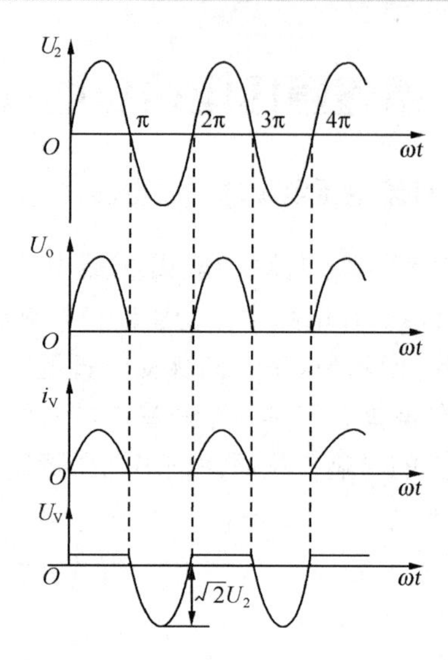

图4.3　单相半波整流电路电压与电流的波形

3. 整流电路的主要技术指标

整流电路的主要技术指标有以下3种。

（1）输出电压平均值。在图4.3所示的波形电路中，负载上得到的整流电压是单方向的，但其大小是变化的，是一个单向脉动的电压。由此可求出其平均电压值为

$$U_o = \frac{1}{2\pi}\int_0^{2\pi}\sqrt{2}U_2\sin\omega t\mathrm{d}(\omega t) = \frac{\sqrt{2}U_2}{\pi} = 0.45U_2$$

（2）流过二极管的平均电流 i_V。由于流过负载的电流等于流过二极管的电流，所以

$$i_V = I_o = \frac{U_o}{R_L} = 0.45\frac{U_2}{R_L}$$

（3）二极管承受的最高反向电压 U_{RM}。在二极管不导通期间，承受反压的最大值就是变压器次级电压 u_2 的最大值，即

$$U_{RM} = \sqrt{2}U_2$$

4.2.2　单相桥式整流电路

1. 电路组成

单相桥式整流电路如图4.4所示，4个整流二极管组成一个电桥，变压器次级线圈和 R_L 分别接到电桥的两个对角线的两端。这里，变压器没有中心抽头，其次级两端均不接地。

2. 工作原理

在如图4.4（a）所示电路中，当变压器次级电压 u_2 为上正下负时，二极管 VD_1 和 VD_3 导通，VD_2 和 VD_4 截止，电流 i_1 的通路为 a→VD_1→R_L→VD_3→b，这时负载电阻 R_L 上得到一个正弦半波电压，如图4.5中（0 ～ π）段所示。当变压器次级电压 u_2 为上负下正时，二极

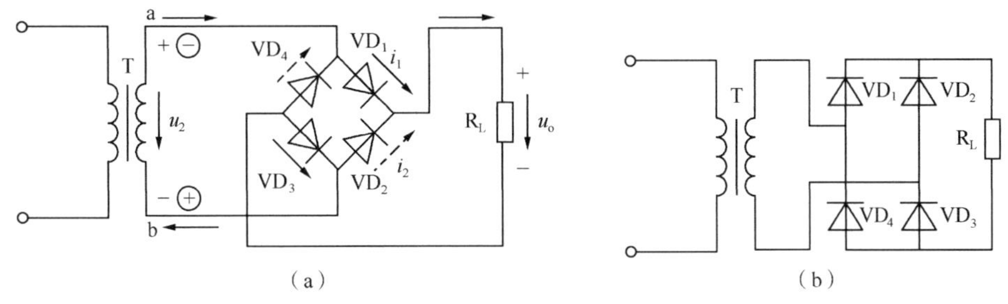

图 4.4　单相桥式整流电路

管 VD_1 和 VD_3 反向截止，VD_2 和 VD_4 导通，电流 i_2 的通路为 b→VD_2→R_L→VD_4→a，同样，在负载电阻上得到一个正弦半波电压，如图 4.5 中 π ～ 2π 段所示。

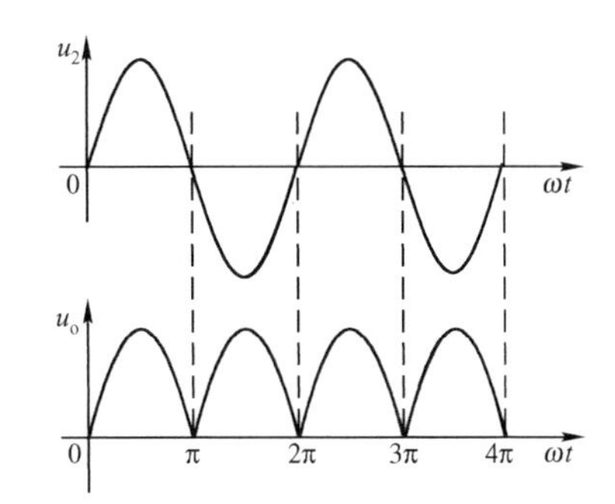

图 4.5　单相桥式整流电路电压波形

3. 技术指标计算及分析

以下介绍技术指标计算及分析。

(1) 输出电压平均值 U_o。由以上分析可知，桥式整流电路的整流电压平均值 U_o 比半波整流时增加一倍，即 $U_o = 0.9U_2$。

(2) 直流电流 I_o。桥式整流电路通过负载电阻的直流电流也增加一倍，即

$$I_o = \frac{U_o}{R_L} = 0.9\frac{U_2}{R_L}$$

(3) 二极管的平均电流 i_V。由于每两个二极管串联轮换导通半个周期，因此每个二极管中流过的平均电流只有负载电流的一半，即 $i_V = \frac{1}{2}I_o = 0.45\frac{U_o}{R_L}$。

(4) 二极管承受的最高反向电压 U_{RM}。由图 4.4 (a) 可以看出，当 VD_1 和 VD_3 导通时，如果忽略二极管正向压降，此时，VD_2 和 VD_4 的阴极接近于 a 点，阳极接近于 b 点，二极管由于承受反压而截止，其最高反压为 u_2 的峰值，即 $U_{RM} = \sqrt{2}U_2$。

由以上分析可知，单相桥式整流电路在变压器次级电压相同的情况下，输出电压平均值高、脉动系数小，二极管承受的反向电压和半波整流电路一样。虽然二极管用了 4 只，但由于二极管体积小，价格低廉，因此得到广泛的应用。

4.3　滤波电路

整流输出的电压是一个单方向脉动电压，虽然是直流，但脉动较大，在有些设备中不能适应（如电镀和蓄电池充电等设备）。为了改善电压的脉动程度，需在整流电路后再加入滤波电路。常用的滤波电路有电容滤波、电感滤波和复式滤波等。

4.3.1　电容滤波电路

如图 4.6 所示为一单相半波整流电容滤波电路及输出信号，由于电容两端电压不能突变，因而负载两端的电压也不会突变，使输出电压波形平滑，达到滤波目的。二极管导通时，电容

充电，由于二极管正向导通电阻很小，故充电很快；二极管截止时，电容通过 R_L 放电。

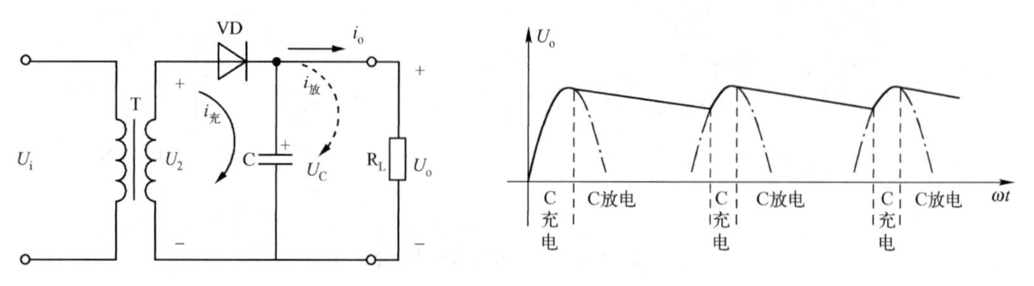

图 4.6　单相半波整流电容滤波电路及输出信号

电容的不断充放电，使得输出电压的脉动性减小，而且输出电压的平均值有所提高。输出电压平均值 U_o 的大小，显然与 R_L、C 的大小有关，R_L 愈大，C 愈大，电容放电愈慢，U_o 愈高。在极限情况下，当 $R_L=\infty$ 时，$U_o=U_C=\sqrt{2}U_2$，不再放电。当 R_L 很小时，C 放电很快，甚至与 u_2 同步下降，则 $U_o=0.9U_2$。可见，电容滤波电路适用于负载较小的场合。当满足 $R_LC\geqslant(3\sim5)T/2$ 时，输出电压的平均值 $U_o=U_2$（半波），$U_o=1.2U_2$（全波），其中 T 为交流电源电压的周期。

利用电容滤波时应注意下列问题。

（1）滤波电容容量较大，一般用电解电容，应注意电容的正极性接高电位，负极性接低电位。如果接反则容易击穿、爆裂。

（2）开始时，电容 C 上的电压为零，通电后电源经整流二极管给 C 充电。通电瞬间二极管流过短路电流，称为浪涌电流。浪涌电流一般是正常工作电流 I_o 的 5 ～7 倍，所以选二极管参数时，正向平均电流的参数应选大一些。

4.3.2　其他形式的滤波电路

1. 电感滤波电路

由于通过电感的电流不能突变，所以用一个大电感与负载串联，流过负载的电流也就不能突变，电流平滑，输出电压的波形也就平稳了。其实质是因为电感对交流呈现很大的阻抗，频率越高，感抗越大，则交流成分绝大部分降到了电感上。若忽略导线电阻，则电感对直流没有压降，即直流均落在负载上，从而达到滤波目的。带电感滤波器的桥式整流电路如图 4.7 所示。在这种电路中，输出电压的交流成分是整流电路输出电压的交流成分经 X_L 和 R_L 分压的结果，只有 $X_L\gg R_L$ 时，滤波效果才好。

2. 输出电压平均值 U_o

输出电压平均值一般小于全波整流电路输出电压的平均值，如果忽略电感线圈的铜阻，则 $U_o\approx0.9U_2$。虽然电感滤波电路对整流二极管没有电流冲击，但为了使 L 值大，多用铁芯电感。但铁芯线圈体积大、笨重，且输出电压的平均值 U_o 较低。

3. 复式滤波电路

为了进一步减小输出电压的脉动程度，可以用电容和铁芯电感组成各种形式的复式滤波电路。桥式整流电感型 LC 滤波电路如图 4.8 所示。整流输出电压中的交流成分绝大部分落在电感上，电容 C 又对交流接近于短路，故输出电压中交流成分很少，几乎是一个平滑的直流电压。由于整流后先经电感 L 滤波，总特性与电感滤波电路相近，故称为电感型 LC 滤波电路。若将电容 C 平移到电感 L 之前，则为电容型 LC 滤波电路。

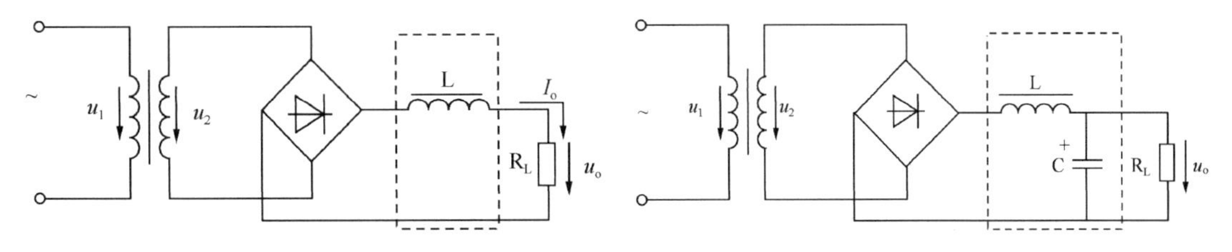

图 4.7　带电感滤波器的桥式整流电路　　图 4.8　桥式整流电感型 LC 滤波电路

4. Π型滤波电路

如图 4.9（a）所示为 LC Π型滤波电路。整流输出电压先经电容 C_1，滤除交流成分后，再经电感 L 滤波，电容 C_2 上的交流成分极少，输出电路几乎是平直的直流电压。但由于铁芯电感体积大、笨重、成本高、使用不便，因此，在负载电流不太大而要求输出脉动很小的场合，可将铁芯电感换成电阻，即 RC Π型滤波电路，如图 4.9（b）所示。电阻 R 对交流和直流成分均产生压降，故会使输出电压下降，但只要 $R_L \gg 1/(\omega C_2)$，电容 C_1 滤波后的输出电压绝大多数降在电阻 R_L 上。R_L 愈大，C_2 愈大，滤波效果愈好。

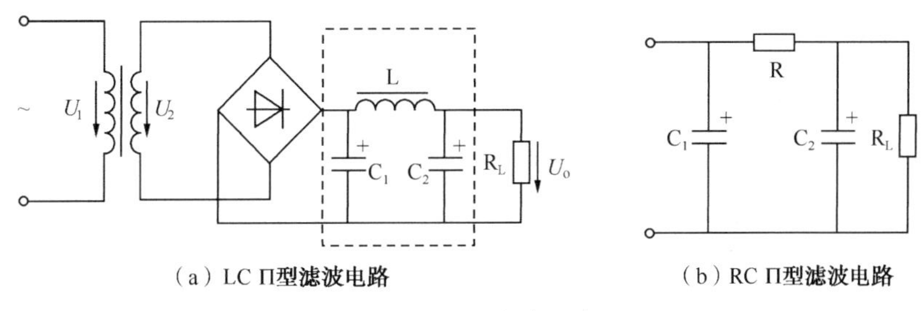

（a）LC Π型滤波电路　　（b）RC Π型滤波电路

图 4.9　Π型滤波电路

4.4　稳压电路

通过整流滤波电路所获得的直流电源电压是相对稳定的，当电网电压波动或负载电流变化时，输出电压会随之改变。电源电压不稳定，将会引起直流放大器的零点漂移，交流噪声增大，因此必须进行稳压。目前，中、小功率设备中广泛采用的稳压电路有并联型稳压电路、串联型稳压电路、集成稳压电路及开关型稳压电路。

4.4.1　稳压二极管稳压电路

1. 电路组成及工作原理

稳压管稳压的并联型稳压电路如图 4.10 所示，经整流滤波后得到的直流电压作为稳压电路的输入电压 U_i，限流电阻 R 和稳压管 VD 组成稳压电路，输出电压 $U_o = U_Z$。

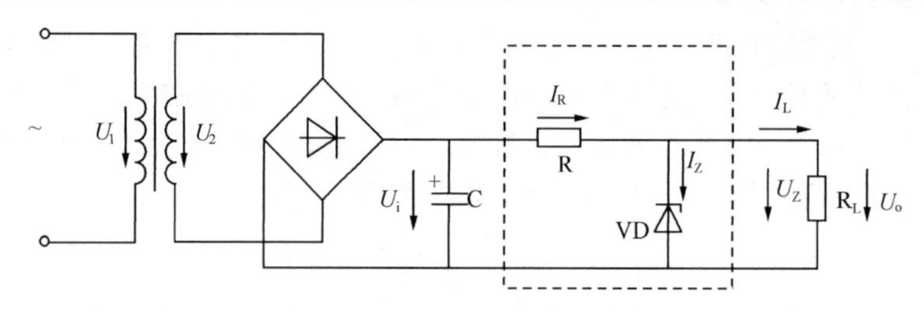

图4.10　稳压管稳压的并联型稳压电路

在这种电路中，不论电网电压波动还是负载电阻 R_L 变化，稳压管稳压电路都能起到稳压作用。U_Z 基本恒定，$U_o = U_Z$。下面从两个方面来分析其稳压原理。

（1）设负载电阻 R_L 不变，电网电压升高使 U_i 升高，导致 U_o 升高，而 $U_o = U_Z$。根据稳压管的特性，当 U_Z 升高一点时，I_Z 将会显著增加，这样必然使电阻 R 上的压降增大，吸收了 U_i 的增加部分，从而保持 U_o 不变。反之亦然。

$$U_i \uparrow \xrightarrow{U_o = U_i - U_R} U_o \uparrow = U_Z \uparrow \rightarrow I_Z \uparrow \xrightarrow{I_R = I_L + I_Z} I_R \uparrow \rightarrow U_R \uparrow \rightarrow U_o \downarrow$$

（2）设电网电压不变，当负载电阻 R_L阻值增大时，I_L减小，限流电阻 R 上的压降 U_R减小。由于 $U_o = U_Z = U_i - U_R$，所以 U_o 升高，即 U_Z升高，这样必然使 I_Z 显著增加。由于流过限流电阻 R 的电流为 $I_R = I_Z + I_L$，这样可以使流过电阻 R 上的电流基本不变，导致压降 U_R基本不变，则 U_o也就保持不变。反之亦然。

$$R_L \uparrow \rightarrow I_L \downarrow \xrightarrow{I_R = I_L + I_Z} I_R \downarrow \rightarrow U_R \downarrow \xrightarrow{U_Z = U_i - U_R} U_Z \uparrow (U_o \uparrow) \rightarrow I_L \uparrow$$

在实际使用中，这两个过程是同时存在的，而两种调整也同样存在。无论电网电压波动还是负载变化，都能起到稳压作用。

2. 稳压电路限流电阻的确定

稳压电路要输出稳定电压，必须保证稳压管正常工作。根据电网电压和负载电阻 R_L 的变化范围，可正确地选择限流电阻 R 的大小。从两个极限情况考虑，则有

$$\frac{U_{\text{imin}} - U_Z}{I_Z + I_{\text{omax}}} < R < \frac{U_{\text{imax}} - U_Z}{I_Z + I_{\text{omin}}}$$

3. 串联型晶体管稳压电路

并联型稳压电路可以使输出电压稳定，但稳压值不能随意调节，而且输出电流很小，$I_{\text{omax}} = \left(\frac{1}{3} \sim \frac{2}{3}\right) I_{\text{Zmax}}$，而 I_{Zmax}一般只有20～40mA。为了加大输出电流，使输出电压可调节，常用串联型晶体管稳压电路，如图4.11所示。

如图4.11（a）所示是由分立元件组成的串联型稳压电路。当电网电压波动或负载变化时，可能使输出电压 U_o上升或下降，为了使输出电压 U_o不变，可以利用负反馈原理使其稳定。假设因某种原因使输出电压 U_o上升，其稳压过程为 $U_o \uparrow \rightarrow U_{B2} \uparrow \rightarrow U_{B1}$（$U_{C2}$）$\downarrow \rightarrow U_o \downarrow$。

串联型稳压电路的输出电压可由 R_P 进行调节：

$$U_o = U_Z \frac{R_1 + R_P + R_2}{R_2 + R'_P} = \frac{U_Z R}{R_2 + R'_P}$$

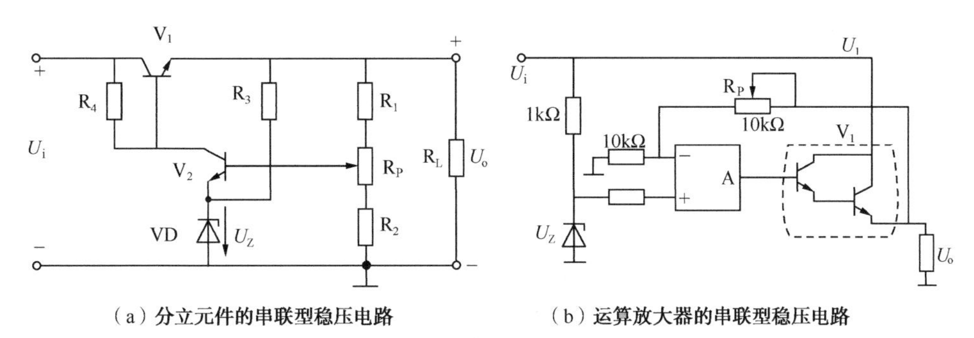

（a）分立元件的串联型稳压电路　　（b）运算放大器的串联型稳压电路

图 4.11　串联型晶体管稳压电路

式中，$R = R_1 + R_P + R_2$，R'_P 是 R_P 的下半部分阻值。

如果将图 4.11（a）中的放大元件改成集成运放，则不但可以提高放大倍数，而且能提高灵敏度，这样就构成了由运算放大器组成的串联型稳压电路，如图 4.11（b）所示。假设由于某种原因使输出电压 U_o下降，其稳压过程为：$U_o\downarrow \rightarrow U_-\downarrow \rightarrow U_{B1}\uparrow \rightarrow U_o\uparrow$。串联型稳压电路包括 4 大部分，其组成框图如图 4.12 所示。

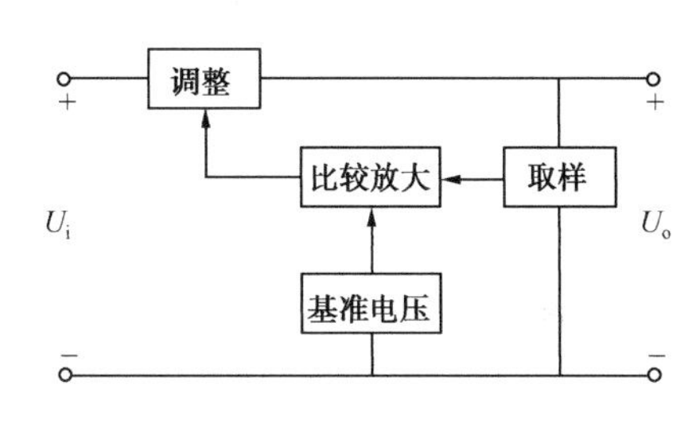

图 4.12　串联型稳压电路组成框图

4.4.2　集成稳压器

集成稳压器将取样、基准、比较放大、调整及保护环节集成于一个芯片，按引出端不同可分为三端固定式、三端可调式和多端可调式等。三端稳压器有输入端、输出端和公共端（接地）3 个接线端点，由于它所需外接元件较少，便于安装调试，工作可靠，因此在实际使用中得到广泛应用，其外形如图 4.13 所示。

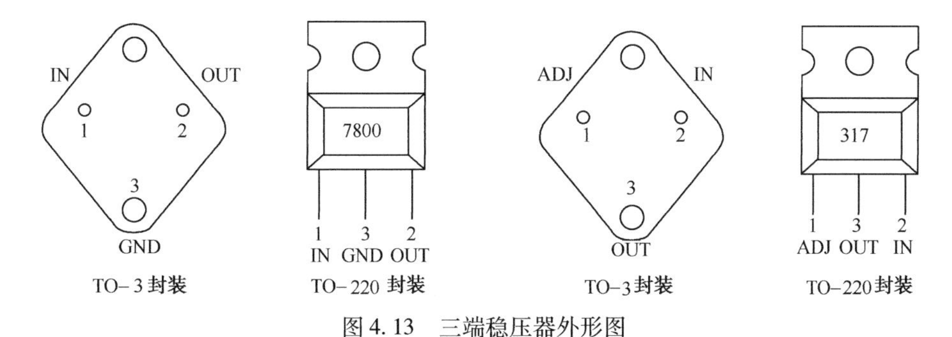

图 4.13　三端稳压器外形图

1. 三端集成稳压器的应用

三端集成稳压器可应用于输出固定电压的稳压电路和输出正、负电压的稳压电路。

（1）输出固定电压的应用电路。输出固定电压的稳压电路如图 4.14 所示，其中图（a）为输出固定正电压，图（b）为输出固定负电压。图中 C_i用以抵消输入端因接线较长而产生的电感效应，为防止自激振荡，其取值范围在 0.1 ～ 1μF（接线不长时可不用）；C_o 用以改善负载的瞬态响应，一般取 1μF 左右，其作用是减小高频噪声。

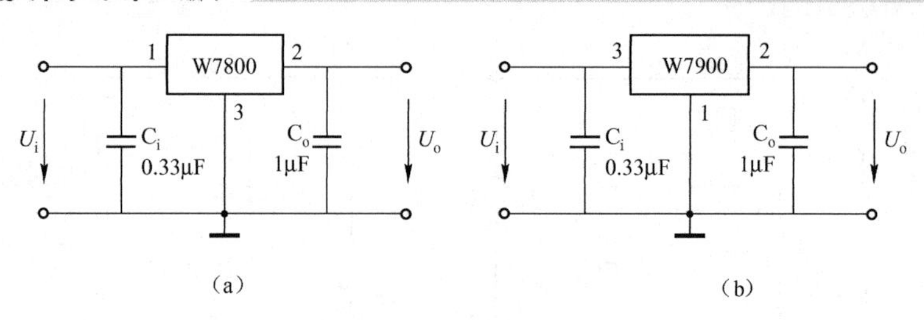

图 4.14　输出固定电压的稳压电路

（2）输出正、负电压的稳压电路。当需要正、负两组电源输出时，采用 W7800 系列和 W7900 系列各一块，按图 4.15 所示方法接线，即可得到正负对称输出的两组电源。

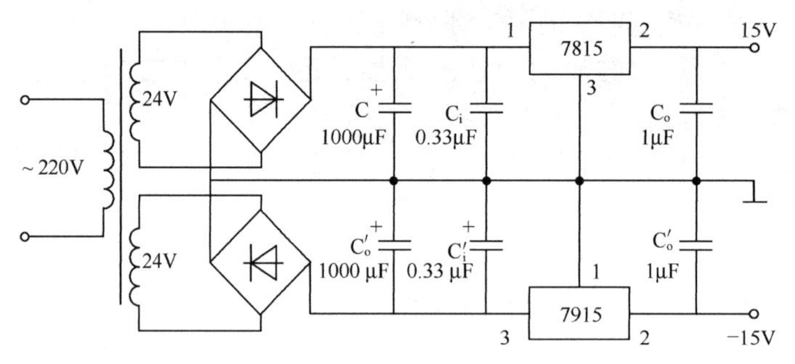

图 4.15　正负对称输出稳压电路

2. 三端可调输出稳压器

前面介绍的 78、79 系列集成稳压器，只能输出固定电压值，在实际应用中不太方便。CW117、CW217、CW317、CW337 和 CW337L 系列为可调输出稳压器，其外形见图 4.13。

CW317 是三端可调式正电压输出稳压器，而 CW337 是三端可调式负电压输出稳压器。三端可调集成稳压器输出电压为 1.25 ～ 37V，输出电流可达 1.5A。

CW317 的基本应用电路如图 4.16 所示，它只需外接两个电阻（R_1 和 R_P）来确定输出电压。为了使电路正常工作，它的输出电流不应小于 5mA，调节端①的电流约为 50μA，输出电压的表达式为 $U_o = 1.25\left(1+\frac{R_P}{R_1}\right) + 50\times10^{-6}\times R_P$。式中 R_P 值很小，可忽略，由此可得 $U_o \approx 1.25\left(1+\frac{R_P}{R_1}\right)$。图 4.16 所示电路中，$C_1$ 为预防自激振荡的产生，C_2 用来改善输出电压波形。

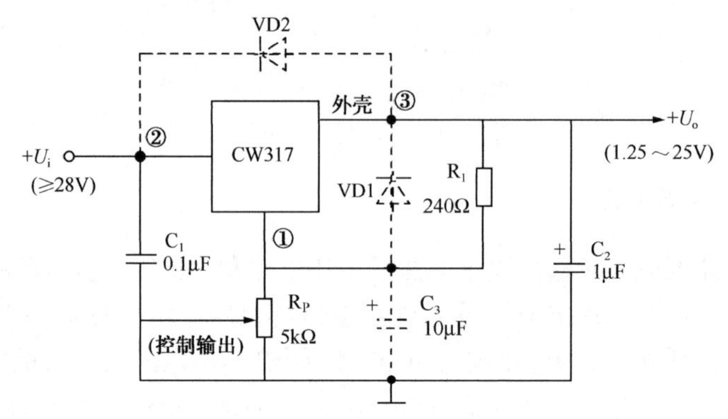

图 4.16　CW317 的基本应用电路

小提示　串联型稳压器中的调整管工作在放大区，由于负载电流连续通过调整管，因此调整管功率损耗大，电源效率低，一般只有（20 ～ 24)%。若用开关型稳压电路，则可使调整管工作在开关状态，损耗很小，效率可提高到（60 ～ 80)%，甚至可达 90% 以上。

4.5　开关电源

1. 开关稳压电源结构框图

开关稳压电源结构框图如图 4.17 所示。它由 6 部分组成，其中，取样电路、比较放大电路、基准电路，在组成及功能上都与普通的串联型稳压电路相同；不同的是增加了开关时间控制器、开关调整管和滤波器等电路。

（1）开关调整管。在开关脉冲的作用下，开关调整管使调整管工作在饱和或截止状态，输出断续的脉冲电压。开关调整管采用大功率管。

（2）滤波器。滤波器可以把矩形脉冲变成连续的平滑直流电压 U_o。

（3）开关时间控制器。开关时间控制器用来控制开关管导通时间长短，从而改变输出电压高低。

2. 开关型电路的工作原理

开关型电路分为串联型和并联型两种，以下分别介绍其工作原理。

（1）串联型开关电路。串联型开关电路如图 4.18 所示。串联型开关电路由开关管 V_1、储能电路（包括电感 L、电容 C 和二极管 VD）及控制器组成。控制器可使 V_1 处于开/关状态并可稳定输出电压。当 V_1 饱和导通时，由于电感 L 的存在，故流过 V_1 的电流线性增加，线性增加的电流给负载 R_L 供电的同时也给 L 储能（L 上产生左正右负的感应电动势），V_1 截止。当 V_1 截止时，由于电感 L 中的电流不能突变（L 中产生左负右正的感应电动势），VD 导通，于是存储在电感上的能量逐渐释放并提供给负载，使负载继续有电流通过，因而 VD 为续流二极管。电容 C 起滤波作用，当电感 L 中的电流增大或减小时，电容存储过剩电荷或补充负载中缺少的电荷，从而减小输出电压 U_o 的纹波。

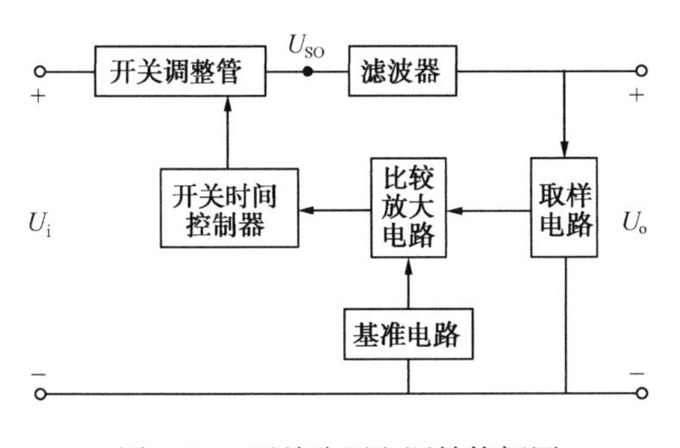

图 4.17　开关稳压电源结构框图

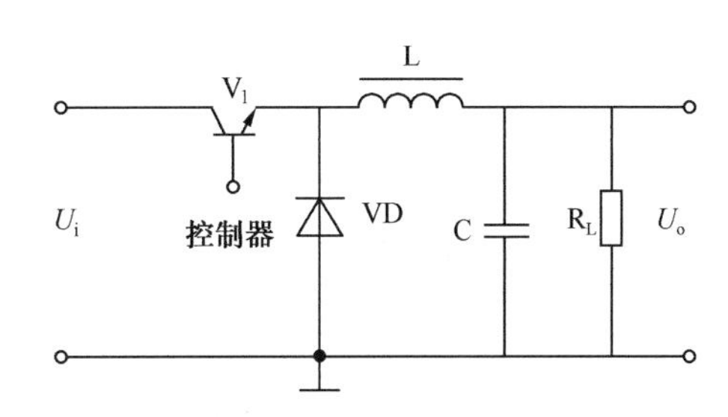

图 4.18　串联型开关电路

（2）并联型开关电路。将串联型开关稳压电源的储能电感 L 与续流二极管位置互换，使储能电感 L 与负载并联，即成为并联型开关稳压电源，其电路如图 4.19 所示。

调整管开启（饱和导通）期间，输入直流电压 U_i 通过调整管 V_1 加到储能电感两端，在 L 中产生上正下负的自感电动势，使续流二极管 VD 反偏截止，以便 L 将 V_1 的能量转换成磁场能储存于线圈中。调整管 V_1 导通时间越长，I_L 越大，L 储存的能量越多。

当调整管从饱和导通跳变到截止瞬间，切断外电源能量输入电路，L 的自感作用将产生上负下正的自感电动势，导致续流二极管 VD 正偏导通，这时 L 将通过 VD 释放能量并向储能电容 C 充电，并同时向负载供电。

当调整管再次饱和导通时，虽然续流二极管 VD 反向截止，但可由储能电容释放能量向负载供电。

通过上面分析可以归纳出开关稳压电源的工作原理。调整管导通期间，储能电感储能，并由储能电容向负载供电；调整管截止期间，储能电感释放能量对储能电容充电，同时向负载供电。这两个元件还同时具备滤波作用，使输出波形平滑。在实际使用时，为了防止交流电源与电子设备整机地板带电，储能电感以互感变压器的形式出现，如图 4.20 所示。

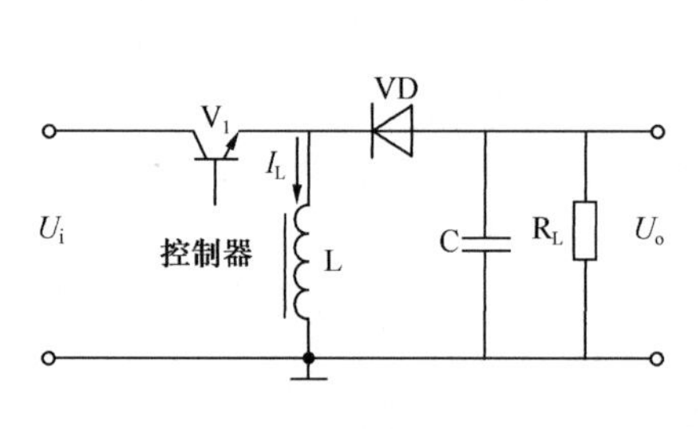

图 4.19　并联型开关电路

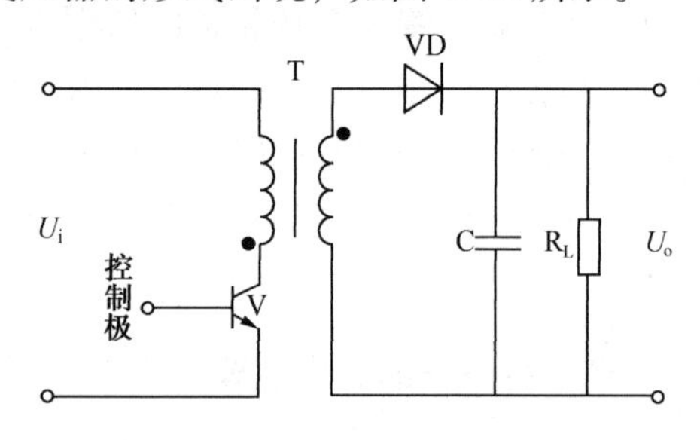

图 4.20　变压器耦合式开关电路

3. 集成开关电源

集成开关电路一直在不断的发展，下面以 L4960/4962 单片集成开关电源为例作介绍。

L4960 与 L4962 的工作原理、引脚功能完全相同，区别只在于封装形式和最大输出电流值。L4960 采用 SIP－7 封装，可输出 2.5A 电流；L4962 采用 DEP-16 封装，最大输出电流可达 1.5A。

1）引脚功能

L4960 和 L4962 的引脚排列如图 4.21 所示。其中 L4960 上的长引线表示后排引脚，短引线表示前排引脚，前后两排引脚是互相错开排列的。塑料外壳上的金属散热板与地连通，板上开有螺钉孔，以便固定在大散热器上。

L4960（L4962）的引脚（括号内为 L4962 的引脚号）功能：2（10）脚为反馈端，通过电阻分压器（检测电阻）可将输出电压的一部分反馈到误差放大器；3（11）脚是补偿端，该端与误差放大器的输出端相连，可利用外部阻容元件对误差放大器进行频率补偿；5（14）脚（RT/CT）接定时电阻和电容，决定开关频率；6（15）脚为软启动引脚，外接软启动电容，可以对芯片起到保护作用；4（4、5、12、13）脚为信号地；1（7）和

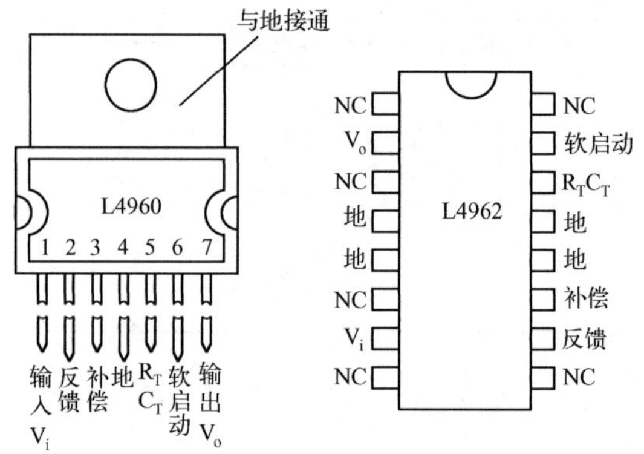

图 4.21　L4960 和 L4962 的引脚排列

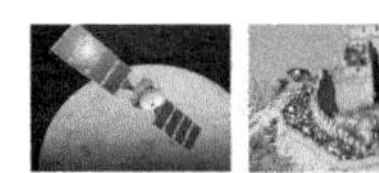

7（2）脚分别为输入和输出引脚。此外，L4962 的 1、3、6、8、9、16 脚为空脚。

2）应用电路

L4960 典型应用电路如图 4.22 所示。交流 220V 电压先经变压器降压，再经桥式整流和滤波后得到直流电压 U_1，U_1即作为 L4960 的输入电压。而当输出电压经过分压器接 2 脚形成闭环时，U_o值则取决于分压比。分压器由采样反馈电阻 R_3、R_4 构成，所以输出电压 U_o可用下式计算：

$$U_o = (R_3 + R_4)\ U_{REF}/R_3$$

基准电压 U_{REF}一般为 5.1V，可调电压输出为 5 ～ 40V。

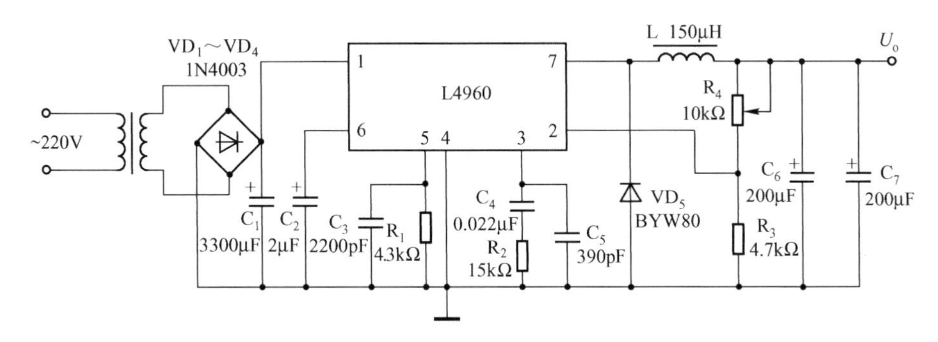

图 4.22 L4960 典型应用电路

知识梳理与总结

本章从直流稳压电源的基本组成开始，阐述了整流、滤波、稳压电路，介绍了开关电源、集成稳压电路与集成开关电源电路。

本章重点内容如下：

（1）整流与滤波电路；

（2）稳压管稳压电路；

（3）串联型稳压电源；

（4）三端集成稳压电路；

（5）开关电源。

习题 4

1. 单项选择题

（1）三端稳压电源输出电压可调的是（　　）。

A. 78 × ×系列　　B. 79 × ×系列　　C. CW317

（2）稳压二极管构成的稳压电路，其接法是（　　）。

A. 稳压管与负载电阻串联

B. 稳压管与负载电阻并联

C. 限流电阻与稳压管串联后，负载电阻再与稳压管串联

D. 限流电阻与稳压管串联后，负载电阻再与稳压管并联

（3）电容滤波器的滤波原理是根据电路状态改变时，其（　　）。

A. 电容的数值不能跃变　　B. 通过电容的电流不能跃变

C. 电容的端电压不能跃变　　D. 电容的容抗不能跃变

2. 填空题

（1）串联型直流稳压电路是由采样电路、基准电压、调整电路和________四部分组成的。

（2）稳压管具有稳定电压的作用，在电子电路中，稳压管通常工作于________状态。

（3）直流稳压电路按电路结构可分为____ 型和____ 型。

（4）稳压电源要求 ________和 ________发生变化时，输出电压基本不变。

（5）稳压管电路如图 4.22 所示，已知 $U_i=23V$，VZ_1、VZ_2 的稳压值分别为6V 和9V，正向压降均为0.7V，则输出电压 U_o为________。

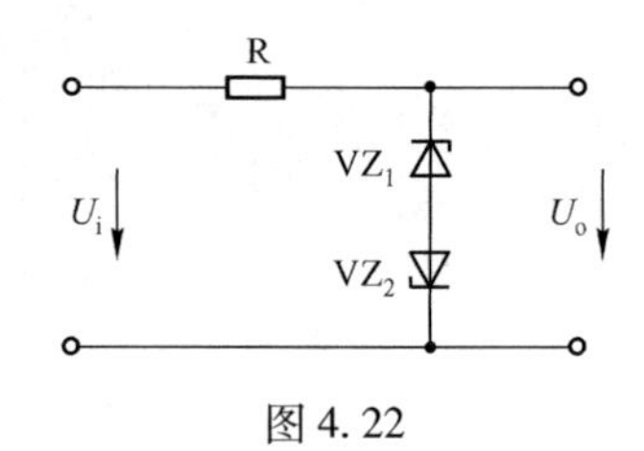

图 4.22

3. 简答题

（1）在串联型稳压电源中与在开关型稳压电源中，调整管工作状态有什么不同？

（2）当电源电压变化时，稳压电源的输出电阻大小对输出电压变化的大小有什么影响？

（3）电容滤波，对负载有什么要求？电容如何选择？

4. 分析题

（1）分析如图 4.23 所示电路的错误，说明原因并改正。

（2）如果将图 4.22 电路中的 VZ_1、VZ_2 并联，分析能得到哪几种输出结果。

（3）分析 L4960 和 L4962 的相同之处与不同之处。

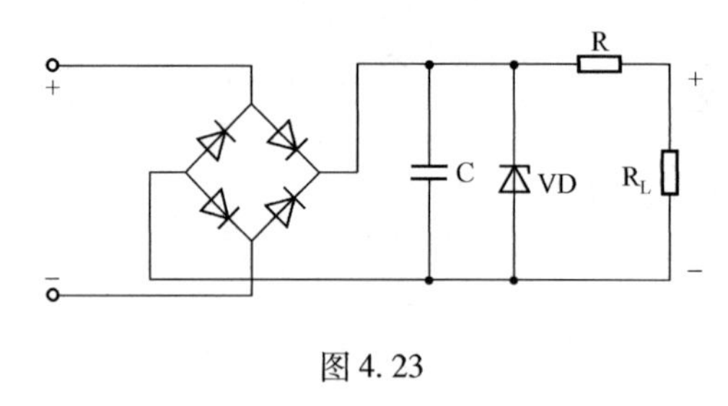

图 4.23

本章以数制与码制、基本逻辑运算、逻辑代数基本定律、逻辑函数的化简作为主要内容，介绍了数字脉冲信号、常用二进制、BCD码、逻辑运算和逻辑代数、逻辑函数化简等。

教学导航

教	知识重点	1. 数字脉冲信号　　3. 基本函数与逻辑运算 2. 二进制与8421BCD码　　4. 逻辑函数的化简和变换
	知识难点	逻辑函数的化简和变换
	推荐教学方式	从二进制与逻辑函数基本规则入手，介绍逻辑运算规则、逻辑函数化简与变换
	建议学时	4学时
学	推荐学习方法	从二进制与逻辑函数基本规则入手，学习逻辑运算规则、逻辑函数化简与变换
	必须掌握的理论知识	1. 二进制与8421BCD码　　2. 逻辑函数化简和变换
	必须掌握的技能	逻辑函数化简和变换

5.1 数字信号

5.1.1 数字信号与数字电路

1. 模拟信号与数字信号

模拟信号一般是指模拟物理量的信号形式。模拟信号在时间上和数值上都是连续的，处理时，考虑的是放大倍数、频率特性、非线性失真等，着重分析波形的形状、幅度和频率如何变化。

数字信号是指时间上和数值上都是离散的信号，表现形式是一系列由高、低电平组成的脉冲波。对于数字信号，重要的是要能根据信号的高、低电平，正确反映电路的输出、输入之间的关系，至于高、低电平值精确到多少则无关紧要。

2. 数字电路

在数字电路中，它的输出、输入电压一般只有两种取值状态：高电平和低电平。这两种状态分别可以逻辑值1和逻辑值0表示。就信号的形式来说，数字信号通常是以时间上或空间上的0、1符号序列来表示的。数字电路输入与输出的0、1符号序列间的逻辑关系，就是数字电路的逻辑功能。数字电路是实现各种逻辑关系的电路。

数字电路分析的重点不是输入、输出波形间的数值关系，而是输入、输出序列间的逻辑关系。数字电路也可称为逻辑电路。

数字电路包括信号的传送、控制、记忆、计数、产生、整形等内容。数字电路在结构、分析方法、功能、特点等方面均不同于模拟电路。数字电路的基本单元是逻辑门电路，分析工具是逻辑代数，在功能上则着重强调电路输入与输出间的因果关系。

数字电路比较简单、抗干扰性强、精度高、便于集成，在电子通信、自动控制系统、测量设备、计算机等领域获得了日益广泛的应用。

5.1.2 数字信号的脉冲波形

数字信号通常用矩形脉冲波形来表示。理想的矩形脉冲波形如图5.1所示，非理想的矩形脉冲波形是一种最常见的脉冲信号，如图5.2所示。

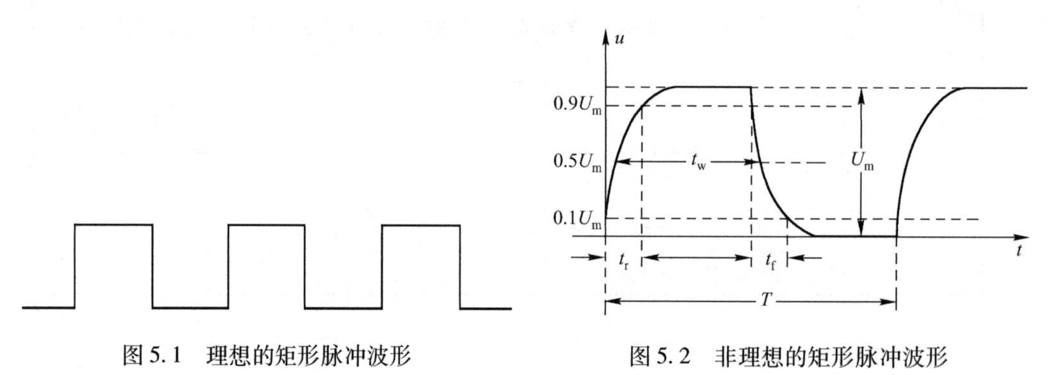

图5.1 理想的矩形脉冲波形　　图5.2 非理想的矩形脉冲波形

从图5.2中可看出，非理想的矩形脉冲波形的主要参数有以下几种。

（1）脉冲幅度 U_m：脉冲电压的最大变化幅度。

（2）脉冲宽度 t_w：脉冲波形前后沿 $0.5U_m$处的时间间隔。

（3）上升时间 t_r：脉冲前沿从 $0.1U_m$上升到 $0.9U_m$所需要的时间。

（4）下降时间 t_f：脉冲后沿从 $0.9U_m$下降到 $0.1U_m$所需要的时间。

（5）脉冲周期 T：在周期性连续脉冲中，两个相邻脉冲间的时间间隔。频率 $f=1/T$ 则表示单位时间内脉冲变化的次数。

（6）占空比 D：脉冲宽度 t_w与脉冲周期 T 之比值，即 $D=t_w/T$。当占空比 $D=0.5$ 时，矩形波为方波。

5.2　数制与码制

我们熟悉十进制数，但是，在工程上要寻找和制作具有 10 个状态的器件表示十进制数的 10 个符号是困难的。而二进制数只有两个符号 0、1，具有两个状态的器件在工程上比较容易实现，例如，开关的通与断、半导体管的导通与截止、脉冲的有与无都可表示 0、1 两个符号。

数字系统广泛采用二进制数。需要指出，0、1 既可代表二进制数的两个符号，又可以在逻辑运算中代表两个逻辑状态。不要将二进制数的符号 0、1 同逻辑运算的两个逻辑状态 0、1 混淆起来，后者只表示两种逻辑状态，完全没有数值概念。

在数字系统中，广泛采用二进制数，需要将十进制数转换成二进制数，以便机器接受。当机器运算结束时，结果仍为二进制数。为便于阅读，常将该二进制数再转换成十进制数，这就需要采用各种数制间的转换及不同的编码方式，以便于实现信息的传输。

5.2.1　数制

数制是计数进位制的简称。

1. 十进制

十进制是人们熟悉的计数体制。十进制的特征是

① 用 0、1、2、3、4、5、6、7、8、9 这 10 个数码表示；

②“逢十进一”。

例如，692 这个 3 位十进制数，可以用数学式表示：

$$692=6\times10^2+9\times10^1+2\times10^0$$

对于任意一个 n 位十进制数的正整数，都可用下式表示：

$$[N]_{10}=a_{n-1}\times10^{n-1}+a_{n-2}\times10^{n-2}+\cdots+a_1\times10^1+a_0\times10^0$$

$$[N]_{10}=\sum_{i=0}^{n-1}a_i\times10^i$$

式中，a_i 为第 i 位的系数，为 0 ～ 9 十个数码中的一个；10^i 为第 i 位的权；$[N]_{10}$中的下标表示 N 是十进制数。

2. 二进制

二进制在数字电路系统中得到了广泛应用。

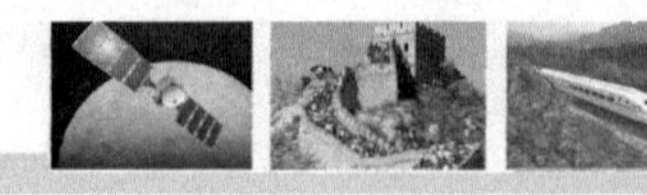

二进制的特征是：

① 用0、1这两个数码表示；

② 计数规则为从低位向高位“逢二进一”。

二进制的计数基数为2，各位数的权是2的幂。例如，101这个3位二进制数，可以用数学式表示：

$$(101)_2 = 1\times2^2+0\times2^1+1\times2^0$$
$$=4+0+1=5$$

相当于十进制数的5。

对于任意一个n位二进制数的正整数，都可用下式表示：

$$[N]_2 = a_{n-1}\times2^{n-1}+a_{n-2}\times2^{n-2}+\cdots+a_1\times2^1+a_0\times2^0$$

$$[N]_2 = \sum_{i=0}^{n-1} a_i\times2^i$$

式中，a_i为第i位的系数，为0和1两个数码中的一个；2^i为第i位的权；$[N]_2$中的下标表示N是二进制数。

3. 任意进制数的表示

虽然二进制数运算规则简单，便于电路实现，是数字系统中广泛采用的一种数制，但是用二进制表示一个数时，所用的位数比用十进制表示的位数多，人们读、写很不方便，容易出错。因此，常采用八进制或十六进制。

八进制数的基数是8，用0，1，2，3，4，5，6，7这8个数码表示。计数规则是从低位向高位“逢八进一”，相邻两位高位的权值是低位权值的8倍。由于八进制的数码和十进制前8个数码相同，所以为了便于区分，通常在其数字的右下角标注8或0。例如，数$(307)_8$就表示一个3位八进制数，可以用数学式表示：

$$(307)_8 = 3\times8^2+0\times8^1+7\times8^0$$

$$(307)_8 = 3\times64+0\times8+7\times1=192+0+7=(199)_{10}$$

十六进制数的基数为16，采用的数是0、1、2、3、4、5、6、7、8、9、A、B、C、D、E、F。其中，A、B、C、D、E、F分别代表十进制数10、11、12、13、14、15。十六进制的计数规则是从低位向高位“逢十六进一”，相邻两位高位的权值是低位权值的16倍，通常在数字的右下角标注16或H。例如，数$(5F)_{16}$就是一个十六进制数，可以用数学式表示：

$$(5F)_{16} = 5\times16^1+15\times16^0=(95)_{10}$$

与二进制数一样，任意一个八进制数和十六进制数均可用权展开式的形式表示。对于一个任意的正整数N，都能表示成以R为基数的R进制数，表示方法如下式：

$$[N]_R = a_{n-1}\times R^{n-1}+a_{n-2}\times R^{n-2}+\cdots+a_1\times R^1+a_0\times R^0$$

$$[N]_R = \sum_{i=0}^{n-1} a_i\times R^i$$

式中，a_i表示各个数字符号为0～$(R-1)$数码中的任意一个；R为进位制的基数（第i位的权），计数规则是从低位向高位“逢R进一”；$[N]_R$中的下标表示N是R进制数。表5.1为几种常见的数制对照表。

表 5.1　几种常见的数制对照表

十进制数（$R=10$）	二进制数（$R=2$）	八进制数（$R=8$）	十六进制数（$R=16$）
0	0000	0	0
1	0001	1	1
2	0010	2	2
3	0011	3	3
4	0100	4	4
5	0101	5	5
6	0110	6	6
7	0111	7	7
8	1000	10	8
9	1001	11	9
10	1010	12	A
11	1011	13	B
12	1100	14	C
13	1101	15	D
14	1110	16	E
15	1111	17	F

5.2.2　数制转换

1. 二进制、八进制、十六进制数转换为十进制数

只需要将二进制、八进制、十六进制数按各位权展开，然后把各项数值按十进制相加，就得到对应的十进制数，如前面所述。

2. 十进制数转换为二进制数

（1）方法 1：将十进制数展开成 $\sum_{i=0}^{n-1} a_i \times 2^i$ 的形式，即可得到二进制数 $a_{n-1}a_{n-2}\cdots a_1a_0$。

【实例 5.1】 $(59)_{10}=32+16+8+0+2+1$

$$=1\times2^5+1\times2^4+1\times2^3+0\times2^2+1\times2^1+1\times2^0$$

$$=(111011)_2$$

（2）方法 2：一般采用除二取余法。方法是将十进制正整数逐次用 2 去除，并依次记下余数，一直除到商为 0 为止，然后将全部余数从后向前排列，即为转换后的二进制数。

【实例 5.2】 将十进制数 23 转换成二进制数。

解：

除数	被除数	余数	位
2	23	……余1	a_0
2	11	……余1	a_1
2	5	……余1	a_2
2	2	……余0	a_3
2	1	……余1	a_4
	0		

读数次序（由下向上）

得到：$(23)_{10}=(10111)_2$。

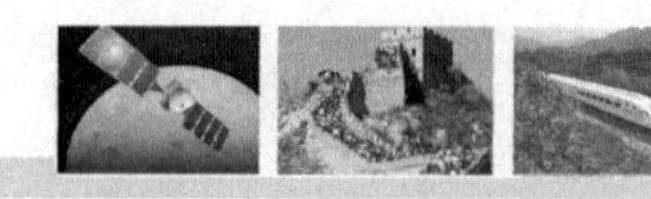

3. 二进制数与八进制、十六进制数间的转换

因为8和16都是2的整次幂，所以二进制正整数与八进制和十六进制正整数间的相互转换是比较容易而有规律的。

（1）二进制数与八进制数之间相互转换。因为3位二进制数正好表示0～7这8个数字，所以一个二进制正整数要转换成八进制数时，可以从最低位开始，每3位分成一组，一组一组地转换成对应的八进制数字。若最后不足3位时，应在前面加0，补足3位再转换。例如，二进制数10110100011，转换为八进制数时：

$$(10110100011)_2 = (010\ 110\ 100\ 011)_2 = (2643)_8$$

相反，如果由八进制正整数转换成二进制数，则只要将每位八进制数字写成对应的3位二进制数即可。例如，八进制数$(563)_8$转换为二进制数：

$$(563)_8 = (101\ 110\ 011)_2 = (101110011)_2$$

（2）二进制数与十六进制数之间相互转换。因为4位二进制数正好可以表示0～F这16个数字，所以转换时可以从最低位开始，每4位二进制数字分为一组，对应进行转换即可。例如，二进制数11110100101转换成十六进制数：

$$(11110100101)_2 = (0111\ 1010\ 0101)_2 = (7A5)_{16}$$

反之，十六进制数6ED转换成二进制数时，只要把每位十六进制数字写成对应的4位二进制数即可，例如：

$$(6ED)_{16} = (0110\ 1110\ 1101)_2 = (11011101101)_2$$

5.2.3 二—十进制码（BCD码）

二进制数在数字系统中得到广泛应用。但人们习惯使用十进制数，且为了便于操作人员使用，常用十进制数输入和输出。这就需要将二进制数与十进制数进行转换。除了前述二进制数与十进制数转换方法外，可用4位二进制数码对1位十进制数进行编码。此方法称为二进制编码的十进制数，简称二—十进制代码，或BCD码（Binary Coded Decimal）。

4位二进制码有16种组合，而每位十进制数只需用10种组合，另6种组合未用。用4位二进制码来表示十进制数时，可以编制出多种BCD码。表5.2中列出了几种常用的BCD码。

表5.2　几种常用的BCD码

十进制数 \ 编码种类	8421	2421（A）	2421（B）	5421	余三码	格雷码
0	0000	0000	0000	0000	0011	0000
1	0001	0001	0001	0001	0100	0001
2	0010	0010	0010	0010	0101	0011
3	0011	0011	0011	0011	0110	0010
4	0100	0100	0100	0100	0111	0110
5	0101	0101	1011	1000	1000	0111
6	0110	0110	1100	1001	1001	0101
7	0111	0111	1101	1010	1010	0100
8	1000	1110	1110	1011	1011	1100
9	1001	1111	1111	1100	1100	1000
权	8、4、2、1	2、4、2、1	2、4、2、1	5、4、2、1	无	无

1. 有权码

有权码是指编码中各位分别代表固定不变的权。

（1）8421 码。8421 码是最常用的一种自然加权 BCD 码。其各位的权分别是 8、4、2、1，故称 8421 码。每个代码的各位之和就是它所表示的十进制数。8421 码选用了 4 位二进制数的前 10 个数 0000 ～ 1001，而 1010 ～ 1111 禁用。

8421 码与十进制数间的对应关系是直接按码组对应，转换非常方便。例如，将十进制数 259 用 8421 码表示。

$$(259)_{10} = (0010\ 0101\ 1001)_{8421BCD}$$

8421 码转换成十进制数，也是采用分组的方法，只需从最低位开始，每 4 位分一组，然后写出每 4 位 8421 码对应的十进制数。

例如：$(001101100101)_{8421BCD} = (365)_{10}$

注意： BCD 码是一种二进制编码，不是二进制数，不能混淆。

（2）2421 码和 5421 码。2421 码和 5421 码从高位到低位各位的权分别是 2、4、2、1 和 5、4、2、1。其中 2421 码又分为（A）和（B）两种代码。

2. 无权码

无权码分为余三码和格雷码两种。

（1）余三码。余三码所组成的 4 位二进制数，正好比它代表的十进制数多 3，故称余三码。

（2）格雷码。格雷码的特点是：相邻两个代码之间仅有一位不同，其余各位均相同。

5.3　逻辑代数中的基本运算

逻辑代数是 1847 年英国数学家乔治 · 布尔把逻辑学进行数学解析所研究的成果，又称为布尔代数（Boolean Algebra）。

逻辑代数最初应用于减少开关电路的接点数，现已成为逻辑设计的有效手段。

可用 1 和 0 分别表示事情的是和非、真和伪、有和无，或者电平的高和低、电灯的亮和暗等。这种仅有两种对立逻辑状态的逻辑关系称为二值逻辑。这里的 1 和 0 没有任何数量概念，仅为被定义的两种不同的逻辑状态，与数制中的二进制数的 0 和 1 是不同的，应区分开来。

逻辑代数中也用字母（如 A、B、C、$D\cdots$）来表示变量，这种变量称为逻辑变量。

在二值逻辑中，每个逻辑变量的取值只有 0 和 1 两种可能。它们可以按照某种指定的逻辑关系（因果关系）进行所谓的逻辑运算。

5.3.1　基本逻辑运算

二值逻辑的基本逻辑关系只有 3 种。这 3 种基本运算就是：逻辑乘——与运算；逻辑加——或运算；逻辑非——非运算。

1. 逻辑与

如图 5.3 所示为 3 种指示灯的控制电路，可用来作为说明与、或、非定义的电路。可以

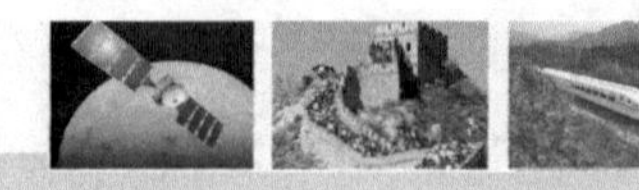
把开关的断开、闭合作为条件（导致事物结果的原因），把灯亮作为结果。

图5.3（a）中电路代表的因果关系为：当决定事物结果的全部条件同时具备时，结果才会发生。这种因果关系称为逻辑与，或者称为逻辑乘。

若以 A、B 表示开关状态，并以1表示开关闭合，以0表示开关断开；以 Y 表示指示灯状态，并以1表示灯亮，以0表示灯不亮，则可以列出用0、1表示的与逻辑关系的图表，如表5.3所示，这种表格称为逻辑真值表（也称为逻辑状态表）。

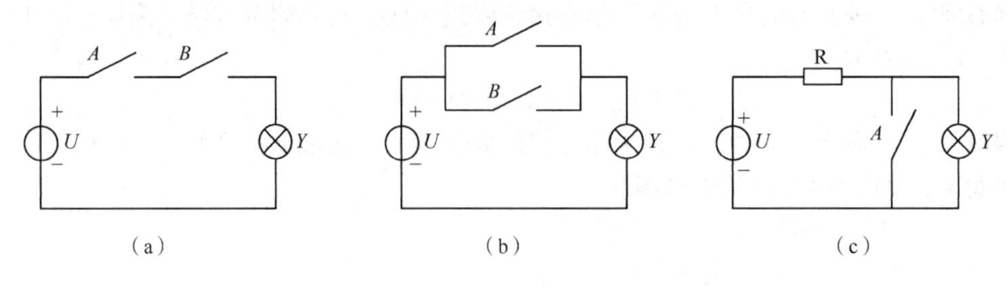

图5.3　说明与、或、非定义的控制电路

在逻辑代数中，逻辑变量 A、B 间进行与逻辑运算时，可以写成：

$$Y = A \cdot B \text{ 或 } Y = AB$$

上式也称为与逻辑的逻辑函数表达式。为了书写方便，可将 $A \cdot B$ 简写成 AB。

从真值表可得到与运算的输入与输出关系为："有0出0，全1为1"。

2. 逻辑或

如图5.3（b）所示电路代表的因果关系为：在决定事物结果的条件中，只要有任何一个满足，结果就会发生。这种因果关系称为逻辑或，也称为逻辑相加。

表5.4为或逻辑运算真值表。或逻辑运算可以写成：

$$Y = A + B$$

上式也称为或逻辑的逻辑函数表达式。从真值表可得到或运算的输入与输出关系为："有1出1，全0为0"。

3. 逻辑非

如图5.3（c）所示电路表示的因果关系为：开关 A 打开，灯 Y 亮；开关 A 闭合，灯 Y 灭，与正常开灯、关灯的控制相反，这种因果关系称为逻辑非。对 A 进行非运算时可写成：

$$Y = \overline{A}$$

非逻辑运算真值表如表5.5所示。

表5.3　与逻辑运算真值表

A	B	Y
0	0	0
0	1	0
1	0	0
1	1	1

表5.4　或逻辑运算真值表

A	B	Y
0	0	0
0	1	1
1	0	1
1	1	1

表5.5　非逻辑运算真值表

A	Y
0	1
1	0

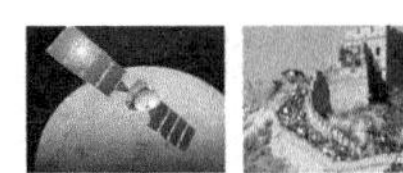

在数字电路中，把实现与、或、非 3 种逻辑运算的单元电路分别称为“与门”、“或门”和“非门”（也称为反相器）。

与门、或门、非门电路的逻辑符号如图 5.4 所示。

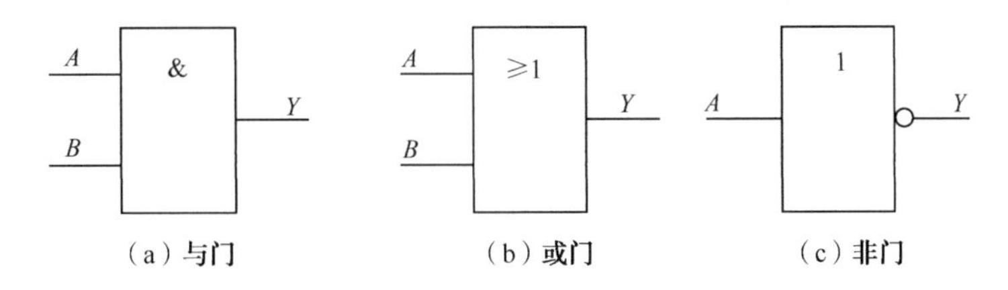

图 5.4　与门、或门、非门电路的逻辑符号

5.3.2　几种常用的复合逻辑运算

在数字电路中，常直接使用一些含两种逻辑运算以上的复合逻辑运算。能实现复合逻辑运算的逻辑函数称为复合逻辑函数。

1. 与非逻辑

与非逻辑是逻辑与和逻辑非的复合运算，是与运算的反函数。它的逻辑功能是：只有输入全部为 1 时，输出才为 0，否则输出为 1。以两变量与非运算为例，它的逻辑表达式为

$$Y=\overline{AB}$$

运算顺序为先与后非。其真值表如表 5.6 所示。

2. 或非逻辑

或非逻辑是逻辑或和逻辑非的复合运算，是或运算的反函数，它的逻辑表达式为

$$Y=\overline{A+B}$$

运算顺序是先或后非。其真值表如表 5.7 所示。

表 5.6　与非逻辑真值表

A	B	Y
0	0	1
0	1	1
1	0	1
1	1	0

表 5.7　或非逻辑真值表

A	B	Y
0	0	1
0	1	0
1	0	0
1	1	0

3. 异或逻辑

异或逻辑的逻辑功能是：当两输入的逻辑值相异时，输出才为 1，否则输出为 0，它的逻辑表达式为

$$Y=A\overline{B}+\overline{A}B$$

可简写成 $Y=A\oplus B$。其真值表如表 5.8 所示。

4. 异或非逻辑

异或非逻辑也称为同或逻辑，它与异或逻辑互为反函数。异或非逻辑的逻辑功能是：当两输入的逻辑值相同时，输出才为1，否则输出为0，它的逻辑表达式为

$$Y=\overline{A\overline{B}+\overline{A}B}\text{或}\ Y=AB+\overline{A}\,\overline{B}$$

可简写成 $Y=A\odot B$。其真值表如表5.9所示。

表5.8 异或逻辑真值表

A	B	Y
0	0	0
0	1	1
1	0	1
1	1	0

表5.9 异或非逻辑真值表

A	B	Y
0	0	1
0	1	0
1	0	0
1	1	1

与非门、或非门、异或门、异或非门电路的逻辑符号如图5.5所示。

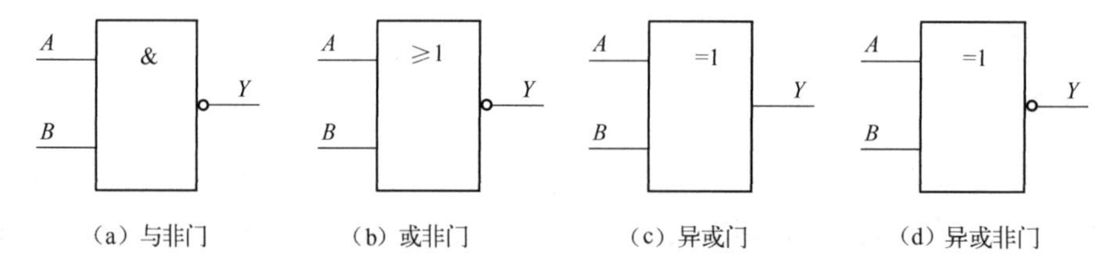

图5.5 与非门、或非门、异或门、异或非门电路的逻辑符号

5.4 逻辑代数与逻辑函数化简

5.4.1 逻辑代数的基本定律和规则

1. 逻辑代数基本定律

逻辑代数可以进行运算，也可以运用基本定律来运算。表5.10列出了逻辑代数基本定律。

表5.10 逻辑代数基本定律

定　律	定律的公式	
0-1律	$A\cdot 0=0$	$A+1=1$
自等律	$A\cdot 1=A$	$A+0=A$
互补律	$A\cdot\overline{A}=0$	$A+\overline{A}=1$
重叠律	$A\cdot A=A$	$A+A=A$
交换律	$A\cdot B=B\cdot A$	$A+B=B+A$
结合律	$A(B\cdot C)=(A\cdot B)C$	$A+(B+C)=(A+B)+C$
分配律	$A(B+C)=AB+AC$	$A+BC=(A+B)\cdot(A+C)$
反演律	$\overline{AB}=\overline{A}+\overline{B}$	$\overline{A+B}=\overline{A}\cdot\overline{B}$
还原律	$\overline{\overline{A}}=A$	

表 5.10 中所列逻辑代数的基本定律，都可以直接利用真值表验证。

反演律公式 $\overline{AB}=\overline{A}+\overline{B}$、$\overline{A+B}=\overline{A}\cdot\overline{B}$也称为狄・摩根公式。

将表 5.10 所列逻辑代数的基本定律和普通代数相比，两种代数的定律存在一些差异。逻辑代数相对普通代数来说，公式不多，比较简单。但应特别记住差异之处，如逻辑代数中的重叠律在普通代数中不成立。重叠律的成立，使逻辑代数表达式中没有指数和系数，$A\cdot A\neq A^2$，$A+A\neq 2A$。分配律中的两个表达式，乘对加的分配律与普通代数相同，而加对乘的分配律则不符合普通代数的规律。减法和除法在逻辑代数中是不存在的。普通代数中不存在非运算。

2. 逻辑代数的 3 项基本规则

为了更好地进行逻辑函数的运算和化简，以及由已知定律推出更多的公式，下面介绍逻辑代数中的 3 项规则。

（1）代入规则。在任何一个逻辑函数等式中，如果将等式两边所有出现的同一变量，都代之以另一逻辑函数，则等式依然成立。这个规则称之为代入规则。

例如，反演律公式 $\overline{AB}=\overline{A}+\overline{B}$，若等式两边的 B 同时以逻辑函数 BC 代入：

$$\overline{ABC}=\overline{A}+\overline{BC}=\overline{A}+\overline{B}+\overline{C}$$

则得到反演律的推广：

$$\overline{ABC}=\overline{A}+\overline{B}+\overline{C}$$

同样可得到：

$$\overline{A+B+C}=\overline{A}\cdot\overline{B}\cdot\overline{C}$$

（2）反演规则。要求一个逻辑函数 Y 的反函数，只要将逻辑函数 Y 中所有的“・”换成“+”、“+”换成“・”、“0”换成“1”、“1”换成“0”、原变量换成反变量、反变量换成原变量，得到的逻辑函数式就是原函数 Y 的反函数 $\overline{Y}$，这就是反演规则。

利用反演规则可以比较容易地写出一个逻辑函数的反函数。例如，$Y=A+B+C$，求反函数$\overline{Y}$，则$\overline{Y}=\overline{A+B+C}=\overline{A}\cdot\overline{B}\cdot\overline{C}$。

（3）对偶规则。将任一个逻辑函数表达式 Y 中的“+”换成“・”、“・”换成“+”、“1”换成“0”、“0”换成“1”、变量保持不变，则得到一个新的逻辑函数 Y'，称为 Y 的对偶式，这就是对偶规则。

实际上，对偶是相互的。Y 的对偶式是 Y'，那么 Y'的对偶式就是 Y，Y 和 Y'是互为对偶式的。

例如，$Y=A+BC$，Y 的对偶式为

$$Y'=A(B+C)$$

$$(Y')'=A+BC$$

从上式可验证，两次对偶可还原。

$$(Y')'=Y$$

如果两个逻辑函数相等，则它们各自的对偶函数也相等，这是对偶规则的一个重要特性。

表 5.10 中，许多基本定律的公式是成对出现的。每一定律的左边公式和右边公式都是一对互为对偶的对偶式。由此可知，如果两个逻辑式相等，那么它们的对偶式也一定相等。

所以，在逻辑代数基本定律中，只要记住一条定律公式，就能利用对偶规则，对偶出相应的另一条公式。

3. 常用公式

利用逻辑代数基本定律和3项基本规则，可以得到更多的公式，下面介绍一些常用公式。

$$AB + A\overline{B} = A \tag{5-1}$$

证明： $AB + A\overline{B} = A(B + \overline{B}) = A$。

公式说明，若两个乘积项中分别包含了某一因子的原变量和反变量，则可将这两项合并，并消去互为反变量的因子。

$$A + AB = A \tag{5-2}$$

证明： $A + AB = A(1 + A) = A$。

公式说明，在一个与或表达式中，如果一个与项是另外一个与项的乘积的因子，则另外一个与项是多余的。

$$A + \overline{A}B = A + B \tag{5-3}$$

证明： 根据分配律，$A + \overline{A}B = (A + \overline{A})(A + B) = A + B$。

公式说明，在一个与或表达式中，如果一个与项的非是另一个与项的乘积因子，则这个因子是多余的。

$$AB + \overline{A}C + BC = AB + \overline{A}C \tag{5-4}$$

公式说明，在一个与或表达式中，如果两个与项中，一项包含了某一原变量，另一项包含它的反变量，而这两个与项的其余因子都是第3个与项的乘积因子，则第3个与项是多余的，称为冗余项。

5.4.2 逻辑函数及其表示方法

1. 逻辑函数

对于逻辑表达式，如 $F = AB + \overline{A}C$。

式中，A、B、C 为输入变量，F 为输出变量。那么，F 是逻辑变量 A、B、C 的逻辑函数。

$$F = f(A、B、C)$$

2. 逻辑函数的表示方法

任意一个逻辑函数，都可用逻辑表达式、逻辑真值表、逻辑图、卡诺图等方法进行描述。

（1）逻辑表达式。逻辑表达式就是用“与”、“或”、“非”等逻辑运算符号的组合来表示逻辑函数的方法。它是自变量和因变量之间逻辑关系的表达式。特点是：简洁、便于化简和转换，便于用逻辑图。

在逻辑表达式中，运算顺序为先运算括号内的式子，再进行与运算，最后进行或运算。对一组变量进行非运算时，不用括号，如 $\overline{A + B}$，表示先或后非。

（2）逻辑真值表。逻辑真值表是将输入变量所有的取值和对应的函数值列成表格。特点是：直观、具有唯一性，是将实际的问题抽象为逻辑问题的首选描述方法。

（3）逻辑图。逻辑图是将输入与输出之间的逻辑关系用逻辑图形符号来描述。特点是：接近实际电路，是组装、维修的必要资料。

（4）卡诺图。卡诺图是专门用来化简逻辑函数的，将在本章 5.4.4 节专门介绍。

3. 表示方法之间的相互转换

逻辑表达式、逻辑真值表、逻辑图、卡诺图都是用来描述逻辑函数的，它们之间可以相互转换。

（1）由真值表转换成表达式。在给出的逻辑函数真值表中，取出函数值等于 1 所对应的变量取值组合，组合中变量为 1 的写成原变量，为 0 的写成反变量，组成与项。将这些与项相加，就得到相应的逻辑函数表达式。

【实例 5.3】 将如表 5.11 所示的真值表转换成表达式。

解 由真值表可以看出，当 A、B、C 取值为以下 4 种情况时，Y = 1。

表 5.11　已知函数真值表

A	B	C	Y
0	0	0	0
0	0	1	0
0	1	0	0
0	1	1	1
1	0	0	0
1	0	1	1
1	1	0	1
1	1	1	1

011 对应：$\overline{A}BC = 1$。

101 对应：$A\overline{B}C = 1$。

110 对应：$AB\overline{C} = 1$。

111 对应：$ABC = 1$。

Y 的逻辑表达式应当是以上 4 个乘积项之和，即

$$Y = \overline{A}BC + A\overline{B}C + AB\overline{C} + ABC$$

上式中每个与项都包含了函数的所有变量（不是原变量形式，就是反变量形式），这样的与项又称为最小项，把这种由最小项组成的与或表达式称为最小项表达式。表达式也是唯一的，又称为标准与或表达式。

为了书写方便，用 m 表示最小项，其下标为最小项的编号。编号的方法是：最小项中的原变量取 1，反变量取 0，则最小项取值为一组二进制数，其对应的十进制数值为该最小项的编号。Y 的逻辑表达式就可以写成：

$$Y = m_3 + m_5 + m_6 + m_7 = \Sigma m(3,5,6,7)$$

（2）由表达式填写真值表。由已知逻辑函数表达式求真值表比较简单，只要将输入变量取值的所有组合分别代入表达式，求出对应的函数值，即可填写真值表。

需要指出，有 n 个变量，应有 2^n 个变量取值组合，列真值表时，按二进制数的顺序排列。

从例5.1中得到的逻辑函数表达式 $Y=\overline{A}BC+A\overline{B}C+AB\overline{C}+ABC$，可以列出如表5.11所示的真值表。

5.4.3 逻辑函数的公式法化简

1. 最简的概念

化简逻辑函数的意义：逻辑函数表达式越简单，所对应的逻辑图和实际电路越简单，就越经济、可靠。

（1）最简的与或表达式。最简的与或表达式表现为：表达式中的与项最少，而且每个与项中的变量数最少。

（2）最简的或与表达式。最简的或与表达式表现为：表达式中的或项最少，而且每个或项中的变量数最少。

2. 逻辑函数表达式的化简

逻辑函数表达式的化简有以下6种方法。

（1）并项法。利用公式定理 $B+\overline{B}=1$ 及公式 $AB+A\overline{B}=A$ 进行并项。

【实例5.4】 化简逻辑函数 $Y=A\overline{B}C+A\overline{B}\,\overline{C}$。

解 $Y=A\overline{B}C+A\overline{B}\,\overline{C}=A\overline{B}(C+\overline{C})=A\overline{B}$

（2）吸收法。利用公式 $A+AB=A$ 消去多余的项。

【实例5.5】 化简逻辑函数 $Y=A\overline{B}+A\overline{B}C$。

解 $Y=A\overline{B}+A\overline{B}C=A\overline{B}$

（3）消去因子法。利用公式 $A+\overline{A}B=A+B$ 消去多余的因子。

【实例5.6】 化简逻辑函数 $Y=\overline{A}+AC+\overline{C}D$。

解 $Y=\overline{A}+AC+\overline{C}D=\overline{A}+C+\overline{C}D=\overline{A}+C+D$

（4）消项法。利用公式 $AB+\overline{A}C+BC=AB+\overline{A}C$ 消去冗余项。

【实例5.7】 化简逻辑函数 $Y=\overline{A}C+B\overline{C}+\overline{A}BD$。

解 $\overline{A}C$ 和 $B\overline{C}$ 的冗余项为 $\overline{A}BD$，可以得到：

$$Y=\overline{A}C+B\overline{C}+\overline{A}BD=\overline{A}C+B\overline{C}$$

（5）配项法。利用 $A=A\cdot1$ 及 $A+\overline{A}=1$ 进行配项，以消去更多的项。

【实例5.8】 试证明公式 $AB+\overline{A}C+BC=AB+\overline{A}C$。

证 采用配项法，利用（$A+\overline{A}=1$）进行配项。

$$\begin{aligned}AB+\overline{A}C+BC&=AB+\overline{A}C+(A+\overline{A})BC=AB+\overline{A}C+ABC+\overline{A}BC\\&=(AB+ABC)+(\overline{A}C+\overline{A}BC)=AB+\overline{A}C\end{aligned}$$

（6）综合法。化简复杂些的逻辑函数时，往往要综合应用多种方法。

【实例 5.9】 化简逻辑函数 $Y = AB + \bar{A}C + \bar{B}C$。

解 $Y = AB + \bar{A}C + \bar{B}C = AB + (\bar{A} + \bar{B})C = AB + \overline{AB}C$
$= AB + C$

3. 或与表达式的化简

相对与或表达式的化简，或与表达式的化简不是很方便。可以采用两次对偶的方法进行化简，即利用 $(Y')' = Y$。

具体方法：先将要化简的或与表达式对偶成为与或表达式，再将与或表达式化简为最简式，然后对化简后的与或表达式进行再次对偶，即得到最简的或与表达式。

【实例 5.10】 化简逻辑函数 $Y = (A + B)(A + \bar{B})(B + C)(B + C + D)$。

解 对 Y 进行对偶，得到 $Y' = AB + A\bar{B} + BC + BCD$

化简得 $Y' = A + BC$

再次对偶得 $Y = (Y')' = (A + BC)' = A(B + C)$

5.4.4 逻辑函数卡诺图化简

1. 逻辑函数的卡诺图表示法

逻辑函数的卡诺图表示法有以下步骤。

（1）最小项的相邻性。如果两个最小项只有一个变量取值不同，就可以说这两个最小项在逻辑上相邻。

例如，$AB\bar{C}$、ABC 就是两个逻辑相邻的最小项。这两个最小项可以合并成一项，消去变量取值不同的变量（因子）。见下式：

$$AB\bar{C} + ABC = AB$$

（2）卡诺图。卡诺图是将最小项按一定规律排列而成的方格阵列。为了使相邻的最小项具有逻辑相邻性（即相邻方格变量状态只有一个不同），行和列的变量取值应以 00、01、11、10 循环码的顺序排列。

n 个变量，由 2^n 个小方格组成，如图 5.6 所示为 3 ～ 4 个变量的卡诺图。

A \ BC	00	01	11	10
0	m_0	m_1	m_3	m_2
1	m_4	m_5	m_7	m_6

（a）3变量卡诺图

AB \ CD	00	01	11	10
00	m_0	m_1	m_3	m_2
01	m_4	m_5	m_7	m_6
11	m_{12}	m_{13}	m_{15}	m_{14}
10	m_8	m_9	m_{11}	m_{10}

（b）4变量卡诺图

图 5.6　3 ～ 4 个变量的卡诺图

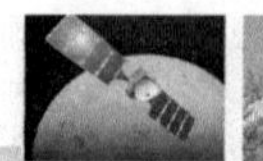

从图 5.6 可以看出，除了几何位置（上下左右）相邻的最小项逻辑相邻以外，一行或一列的两端也有相邻性。

为了画图方便，卡诺图的左侧和上侧的数字，表示对应最小项变量的取值，如图 5.7 所示。

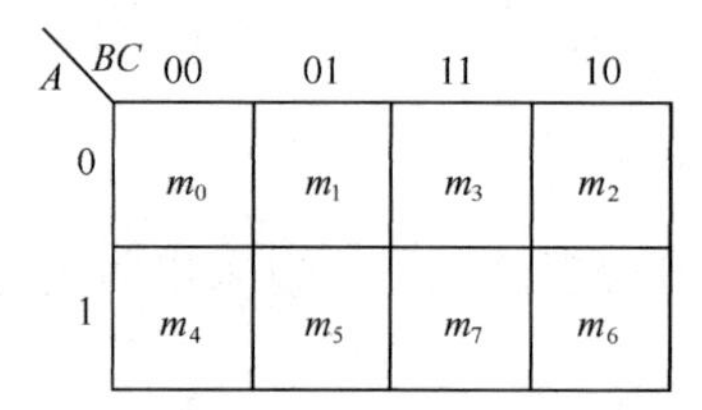

A \ BC	00	01	11	10
0	$\bar{A}\bar{B}\bar{C}$	$\bar{A}\bar{B}C$	$\bar{A}BC$	$\bar{A}B\bar{C}$
1	$A\bar{B}\bar{C}$	$A\bar{B}C$	ABC	$AB\bar{C}$

图 5.7　变量的取值与最小项编号

（3）用卡诺图表示逻辑函数。首先把逻辑函数转换成最小项之和的形式，然后在卡诺图上与这些最小项对应的方格中填 1，而其余的方格中填 0（也可以不填），就得到了表示这个逻辑函数的卡诺图。

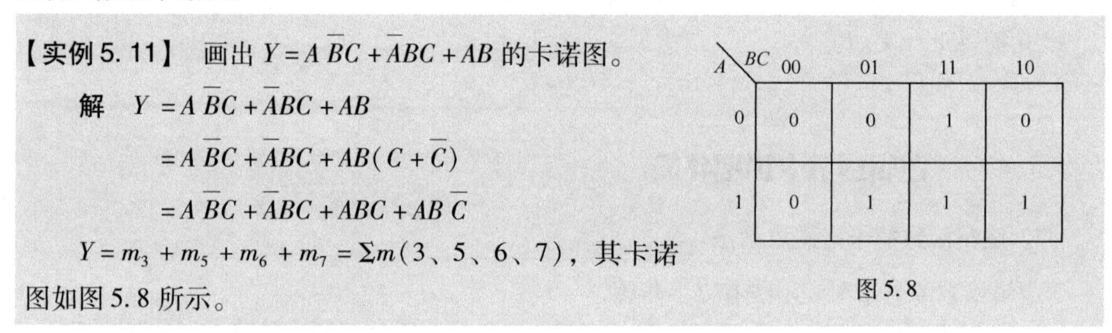

【实例 5.11】 画出 $Y = A\bar{B}C + \bar{A}BC + AB$ 的卡诺图。

解 $Y = A\bar{B}C + \bar{A}BC + AB$

$= A\bar{B}C + \bar{A}BC + AB(C + \bar{C})$

$= A\bar{B}C + \bar{A}BC + ABC + AB\bar{C}$

$Y = m_3 + m_5 + m_6 + m_7 = \Sigma m(3、5、6、7)$，其卡诺图如图 5.8 所示。

A \ BC	00	01	11	10
0	0	0	1	0
1	0	1	1	1

图 5.8

2. 用卡诺图化简逻辑函数

用卡诺图化简逻辑函数的步骤如下。

（1）合并最小项的规律。根据卡诺图相邻性的特点，可依据公式 $AB + A\bar{B} = A$ 将两个相邻的最小项合并，并消去一个变量。合并规律：

2 个相邻的最小项合并，可消去 1 个变量；

4 个相邻的最小项合并，可消去 2 个变量；

8 个相邻的最小项合并，可消去 3 个变量。

这里的“4 个相邻”和“8 个相邻”，形状必须是一个矩形，如图 5.9 所示。

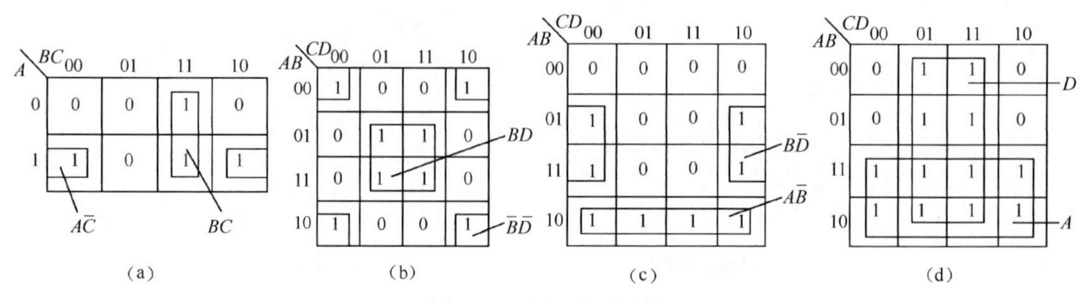

图 5.9　最小项的合并

图 5.9（a）中的两个圈合并后分别是 $A\overline{C}$ 和 BC；

图 5.9（b）中的两个圈合并后分别是 BD 和 $\overline{BD}$；

图 5.9（c）中的两个圈合并后分别是 $A\overline{B}$ 和 $B\overline{D}$；

图 5.9（d）中的两个圈合并后分别是 A 和 D。

（2）用卡诺图化简逻辑函数的具体步骤：

① 画出逻辑函数的卡诺图。

② 将相邻的 2 的整数次方个为 1 的方格圈成若干个矩形圈，直到所有的 1 方格被圈完为止。

③ 将每个圈合并后的与项相加得到最简的与或表达式。

注意　① 圈的个数要尽量少，得到的与项个数才最少。

② 圈要尽量大，以消去更多的变量因子。

③ 为 1 的方格可以重复被圈，但每个圈中至少要有一个 1 方格只被圈过一次，以免出现冗余项。

④ 由于圈法的不同，化简后得到的最简式不一定是唯一的。

【实例 5.12】　化简逻辑函数 $F(A、B、C)=\Sigma m(1、3、6、7)$。

解　画出逻辑函数的卡诺图，将所有的 1 方格圈起来，试画出两种圈法，如图 5.10 所示。

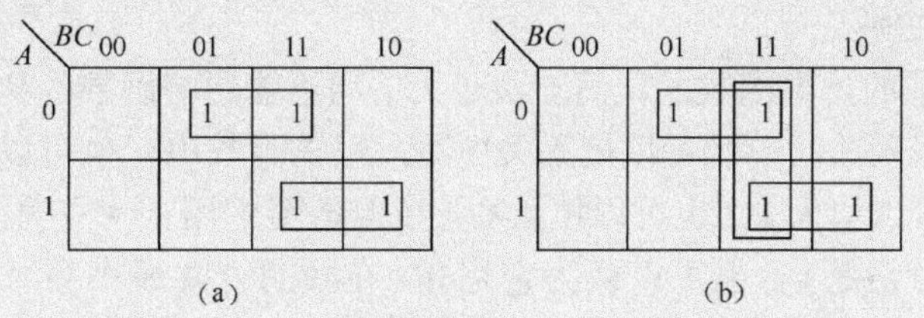

图 5.10

由图 5.10（a）得到 $F(A、B、C)=AB+\overline{A}C$

由图 5.10（b）得到 $F(A、B、C)=AB+\overline{A}C+BC$

显然，由图 5.10（b）得到 $F(A、B、C)=AB+\overline{A}C+BC$ 不是最简式，存在冗余项 BC，需要进一步化简。原因是多画了一个圈，在这个多余的圈中所有的 1 方格都被圈过不止 1 次，产生了冗余项。圈的个数要最少，初学者应当特别注意。

【实例 5.13】　化简 $F(A、B、C、D)=\Sigma m(2、3、6、7、8、10、12)$

解　画出逻辑函数的卡诺图，将所有的 1 方格圈起来。有两种圈法，如图 5.11 所示。

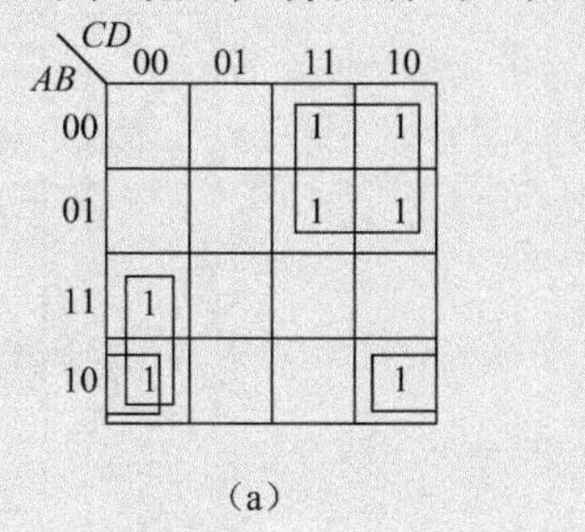

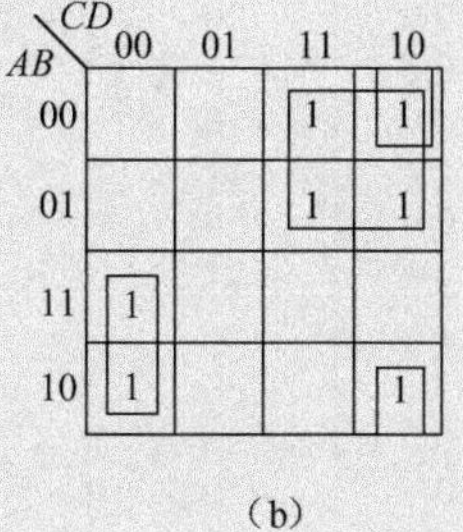

图 5.11

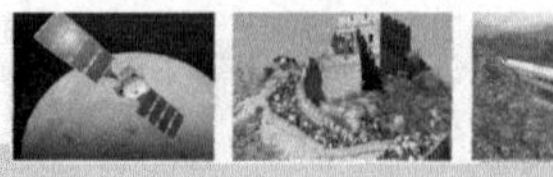

由图5.11（a）得到$F(A、B、C、D)=\overline{A}C+A\overline{C}\,\overline{D}+A\overline{B}\,\overline{D}$

由图5.11（b）得到$F(A、B、C、D)=\overline{A}C+A\overline{C}\,\overline{D}+\overline{B}C\overline{D}$

从得到的结果分析，最简表达式有两个。

例5.11表明逻辑函数的最简式不一定是唯一的。

3. 具有无关项的逻辑函数的化简

以下介绍具有无关项的逻辑函数的化简。

（1）逻辑函数中的无关项。在实际的逻辑问题中，有时会碰到不允许出现或客观上不会出现的变量的某些取值组合。如8421BCD编码中，1010～1111这6种代码是不允许出现的。这种变量取值组合所对应的最小项称为约束项。具有约束条件的逻辑函数的化简，在工程中会经常用到。

有时还会遇到另一种情况，就是在某些输入变量组合下，函数值是1还是0均可，并不影响功能。把这些组合对应的最小项称为任意项。

由于约束项对应的输入变量组合是不允许出现的，因此，既可以把任意项写入函数式中，也可以不写进去，这并不影响电路逻辑功能。

由于约束项和任意项既可写入函数中，也可不写入，而且不影响函数功能，因此把约束项和任意项称为无关项。

（2）具有无关项的逻辑函数的化简。由于无关项不能影响函数的功能，因此，我们在化简具有无关项的逻辑函数时，既可以把无关项写入逻辑函数中，也可以不写入。所以在卡诺图中对应的位置上可以填入1，也可以填入0。在卡诺图中用“×”表示无关项。在化简逻辑函数时既可以认为它是1，也可以认为它是0。在画圈合并最小项时，根据化简需要，既可以把无关项圈入，也可以不圈入。

【实例5.14】 表5.12给出了用8421BCD码表示的十进制数0～9。其中1010～1111不可能出现，为无关项。当十进制数为奇数时，输出$F=1$；为偶数时，输出$F=0$。求实现此逻辑函数的最简与或表达式。

表5.12　8421BCD码表示十进制数

十进制	*A B C D*	*F*
0	0000	0
1	0001	1
2	0010	0
3	0011	1
4	0100	0
5	0101	1
6	0110	0
7	0111	1
8	1000	0
9	1001	1
约束项	1010	×
	1011	×
	1100	×
	1101	×
	1110	×
	1111	×

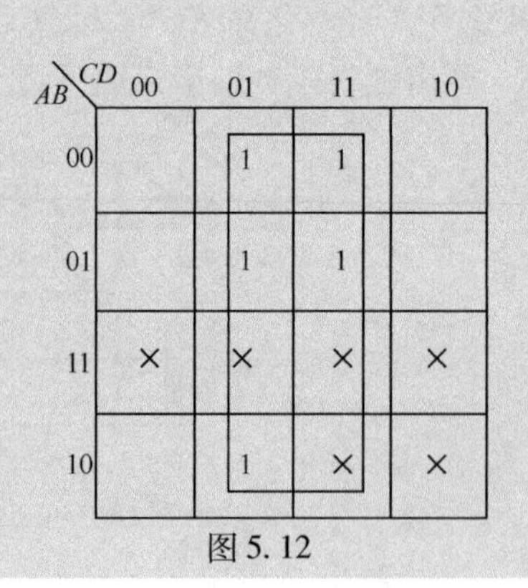

图5.12

解　根据题意，写出逻辑函数 Y 的真值表，如表 5.12 所示。由真值表得到 F 的表达式：

$$\begin{cases}F=\sum m(1, 3, 5, 7, 9)\\ \sum m(10, 11, 12, 13, 14, 15)=0\end{cases}$$

画出 F 的卡诺图，对于约束项打上“×”，如图 5.12 所示。考虑无关项，可将无关项当成 1，将 8 个小方格圈起来，化简得：

$$F=D$$

$$D=1、F=1$$

表明是奇数。

知识梳理与总结

本章阐述了数字电路基本知识，是后面章节学习数字电路的基础。

本章重点内容如下：

（1）数的常用进制；

（2）基本逻辑运算；

（3）逻辑代数的公式、定律和基本规则；

（4）逻辑函数的表示方法；

（5）逻辑函数化简。

习题 5

1. 简述 8421BCD 码与 4 位二进制数的主要区别。

2. 将下列二进制数转换成十进制数。

（1）1101　　（2）10110　　（3）11111　　（4）100000

3. 将下列十进制数转换成二进制数。

（1）8　　（2）22　　（3）31　　（4）123

4. 完成下列的数制转换。

（1）$(59)_{10}=(\quad)_2=(\quad)_{16}$

（2）$(11011)_2=(\quad)_{16}=(\quad)_{10}$

（3）$(963)_{10}=(\quad)_{8421BCD}$

（4）$(1000\ 0101\ 0010)_{8421BCD}=(\quad)_{10}$

5. 某逻辑函数的真值表如表 5.13 所示，试写 Y 的表达式。

表 5.13　真值表

A B C	Y
0 0 0	0
0 0 1	1
0 1 0	1
0 1 1	0
1 0 0	1
1 0 1	0
1 1 0	0
1 1 1	1

6. 用真值表验证下列等式。

（1）$\overline{ABC} = \overline{A} + \overline{B} + \overline{C}$

（2）$\overline{ABC} = \overline{A}\,\overline{B}\,\overline{C}$

7. 求下列函数的对偶式。

$Y_1 = AB + \overline{D}$

$Y_2 = A\overline{B} + B\overline{C}$

8. 用代数法证明下列逻辑等式。

（1）$AB\ (A + BC)\ = AB$

（2）$(A + B + C)(A + B + \overline{C}) = A + B$（用两次对偶方法）

（3）$A + \overline{A}\,\overline{B + C} = A + \overline{B}\,\overline{C}$

（4）$\overline{A\overline{B} + \overline{A}B} = AB + \overline{A}\,\overline{B}$

9. 用代数法化简下列逻辑表达式。

（1）$Y_1 = AB + A\overline{B} + \overline{A}B$

（2）$Y_2 = A + B + C + \overline{A}\,\overline{B}\,\overline{C}$

（3）$Y_3 = (A + B)(\overline{A} + B)$

（4）$Y_4 = \overline{A}\,\overline{B} + \overline{A}\,\overline{C} + BC + \overline{A}\,\overline{C}D$

10. 逻辑函数卡诺图如图5.13所示，将其化简为最简与或表达式。

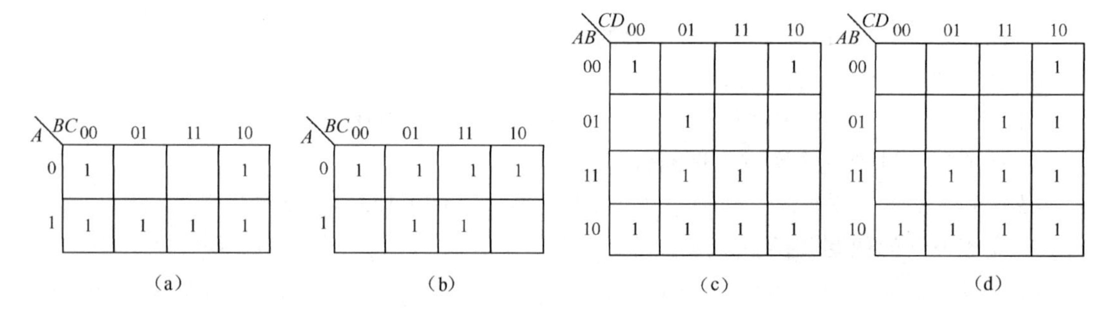

图5.13 逻辑函数卡诺图

11. 用卡诺图化简下列函数。

$Y_1 = \overline{A}\,\overline{B}\,\overline{C} + \overline{A}B\overline{C} + \overline{A}C$

$Y_2 = ABC + AB\overline{C} + A\overline{B}C + \overline{A}BC$

$F_1(A、B、C、D) = \sum m(0、2、4、5、6、7、8、10)$

$F_2(A、B、C、D) = \sum m(0、1、4、5、6、8、9、10、11、12、13、14、15)$

第6章

集成门电路与组合逻辑电路

本章以集成门电路、组合逻辑电路基本知识、加法器、码转换电路等作为主要内容，主要介绍 TTL 门电路和 CMOS 门电路、组合逻辑电路的设计和分析方法、半加器和全加器、编码器和译码器、数据选择器和数据分配器等。本章还重点介绍逻辑符号的读图知识。

教学导航

教	知识重点	1. 基本逻辑符号及意义　3. 组合逻辑电路的分析 2. 门电路的逻辑功能和基本特性　4. 常用组合逻辑电路的逻辑功能
	知识难点	1. 逻辑符号及意义　2. 组合逻辑电路
	推荐教学方式	从基本原理与逻辑符号读解入手，重点介绍电路的逻辑功能与外部特性
	建议学时	10 学时
学	推荐学习方法	重要的是掌握电路和器件的逻辑功能，熟悉其逻辑符号，而不注重掌握内部电路的组成原理分析
	必须掌握的理论知识	1. 基本逻辑符号及意义　2. 门电路的逻辑功能和基本特性 3. 常用组合逻辑电路的逻辑功能
	必须掌握的技能	1. 基本逻辑符号读图　2. 门电路和组合逻辑电路

6.1 集成门电路

门电路是数字逻辑电路的基本单元，用来实现逻辑运算。门电路是一种开关电路。由于只有当输入信号满足某一特定关系时，门电路才有信号输出，就像是满足一定条件时自动打开的门闸，能有效控制信号的通过，因此称为门电路。门电路是数字电路的基础。

TTL 集成门电路和 CMOS 集成门电路分别是双极型和单极型集成门电路的代表，将是本章介绍的重点。

6.1.1 门电路相关逻辑符号解读

第 5 章曾简单介绍了与门、或门、非门、与非门、或非门、异或门和同或门的逻辑符号。解读了器件的逻辑符号，可以很好地帮助理解器件的逻辑功能，了解更多的器件。

1. 基本组合元件的功能限定符号

基本组合元件是指各种门电路及其简单组合而成的数字集成电路器件符号。

GB/T 4728. 12 和 IEC 60617 给出了这类元件的功能限定符号，其品种型号很多，主要包括与门、与非门、或门、或非门、非门（反相器）、异或门、异或非门；驱动器、缓冲器、单向和双向或三向传送总线驱动器、收发器和寄存器；电平转换器、驱动器；接口电路；奇偶产生器、校验器等各种数字集成电路的图形符号。

从实用观点出发，图形中的符号可分为总限定符号和输入/输出符号两大类。门电路常见的总限定符号有下列 9 种。

（1）&：与单元（与门）总限定符号。表示所有输入为“1”状态时，输出才为“1”状态。

（2）≥1：或单元（或门）总限定符号。表示输入呈现“1”状态的个数大于等于 1 时，输出才为“1”状态。

（3）=1：异或门总限定符号。只有两个输入之一为“1”状态时，输出才为“1”状态。

（4）=：逻辑恒等单元。只有所有输入呈现出相同的状态时，输出才呈现“1”状态。

（5）1：缓冲单元（缓冲器）。只有输入为“1”状态时，输出才为“1”状态，输出无专门放大。

（6）$=m$：等于 m 单元。输入呈现“1”状态的数目等于 m 表示的数值时，输出才为“1”状态。m 取值为 1 时，即为异或门。

（7）$\geqslant m$：逻辑门槛单元。输入呈现“1”状态的数目大于或等于 m 表示的数值时，输出才为“1”状态。m 取值为 1 时，即为或门。

（8）▷：驱动器符号。例如，&▷，即为具有驱动（放大）能力的与门。

（9）⎍：双向门槛元件（施密特元件），是具有磁滞特性（滞回特性）的单元。例如，&⎍，表示是具有施密特触发器的与门。

2. 输入/输出限定符号

门电路常见的输入/输出限定符号主要有下列 10 种。

(1) ⌐◁：逻辑非。可出现在输出端，表示反相之意。

(2) ▷⌐：逻辑非。可出现在输入端，表示反相之意。

(3) ⌐⊢ ⊣⌐：逻辑极性指示符。可出现在输入或输出端，表示信息流方向从左到右，两者都表示反相之意。

(4) ⊣⌐ ⌐⊢：逻辑极性指示符。可出现在输入或输出端，表示信息流方向从右到左，两者都表示反相之意。

(5) ◇：开路输出（L 型）。

(6) ◇：开路输出（H 型）。

(7) ◇：无源上拉输出。

(8) ◇：无源下拉输出。

(9) ▽：3 态输出。表示能呈现第 3 种没有逻辑意义的高阻抗条件的外部状态，例如，使能控制输入 EN 为“0”时呈现的状态。

(10) EN：使能控制输入。EN = 1 表示允许动作；EN = 0 表示禁止动作。

说明：如果没有其他占优势的相反作用的输入或输出，若本次输入处在其内部“1”状态，则所有输出处在它们通常规定的内部逻辑状态；若本次输入处在其内部“0”状态，则开路输出时，这些类型的全部输出处在高阻抗条件。

小知识　国家标准 GB/T4728. 12—2008 为电气简图用图形符号第 12 部分二进制逻辑元件。

其等同采用 IEC 60617 database《电气简图用图形符号》数据库标准（IEC 60617_Snapshot_ 2007 - 01 - 10 英文版）。

GB/T4728. 12—2008 代替了 GB/T4728. 12—1996。同 GB/T 4728. 12—1996 相比，增加了 26 个新符号。

6. 1. 2　TTL 集成门电路

TTL（Transistor - Transistor - Logic）是双极型半导体集成电路中的一种，由于它的输入端和输出端的结构形式都采用晶体管，所以又称做晶体管 - 晶体管 - 逻辑集成电路。

1. TTL 集成电路的主要系列

按照国际通用标准划分，依工作温度不同，TTL 集成电路分为 TTL54 系列（ - 55 ～ 125℃）和 TTL74 系列（0 ～ 70℃）。每一系列按工作速度、功耗的不同，又分为标准系列、H 系列、S 系列、LS 系列和 ALS 系列等。

2. TTL 与非门

在 TTL 集成电路中，与非门是个基础，其他门电路与其大同小异。虽然其他集成门电路的种类很多，但是大部分是由与非门稍加改动得到的，或者由与非门的若干部分组合而成的，而有的就是与非门的一部分。这里重点介绍与非门。

（1）TTL 与非门。以 74LS00（7400）为例，74LS00 的引线与逻辑符号如图 6.1 所示。74LS00（7400）为 4 二输入 TTL 与非门。图 6.1（b）所示为与非门的逻辑符号。总的限定符号“&”表示与单元，输出限定符号 表示逻辑非，该电路为与非门。

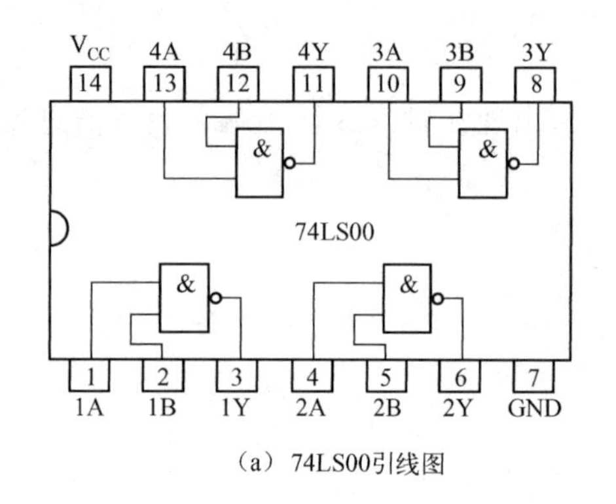

（a）74LS00引线图

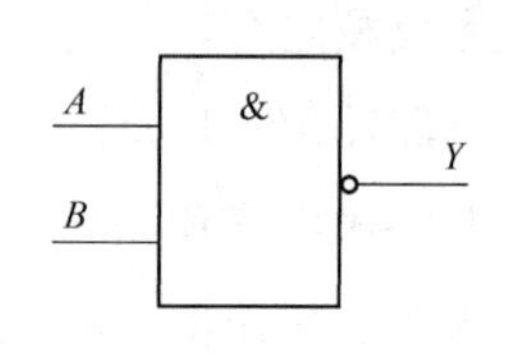

（b）与非门的逻辑符号

图 6.1　74LS00

（2）TTL 与非门的电压传输特性。门电路的基本特性是输入/输出特性，用电压传输特性来表示。如图 6.2 所示为 TTL 与非门（和非门）的电压传输特性曲线图。

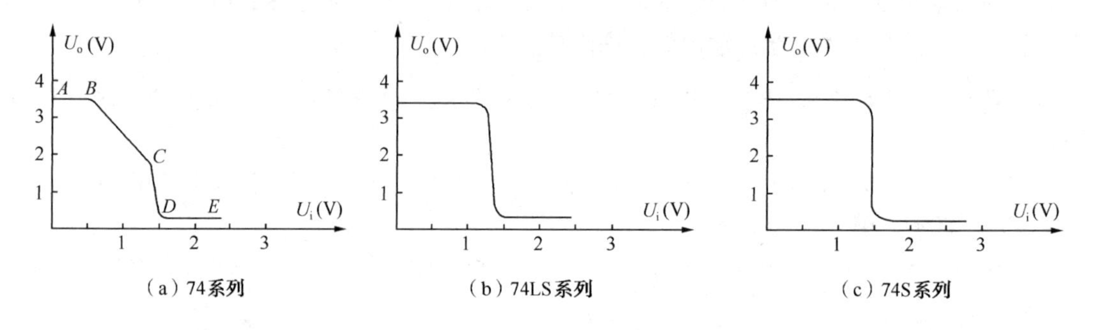

（a）74系列　　（b）74LS 系列　　（c）74S 系列

图 6.2　TTL 与非门的电压传输特性曲线图

图 6.2（a）所示为 74 系列与非门（和非门）的电压传输特性曲线图。其中 *AB* 段为截止区，当输入电压较低时，门电路截止，输出高电平（$U_{oH} \approx 3.5V$）。随着输入电压上升，进入 *BC* 段，*BC* 段为线性区。输入电压再上升，进入了 *CD* 段，输出电压迅速下降，*CD* 段为转折区。输入电压进一步上升到 *DE* 段，该段为饱和区，门电路饱和导通，输出低电平（$U_{oL} \approx 0.3V$）。

通常将 *CD* 区域中 U_i(输入电压) = U_o(输出电压）这一点称为“门限值”或“阈值电压（Threshold Voltage，记为 U_{TH} 或 U_{th}）”。这里，$U_{th} \approx 1.4V$。在分析逻辑电路时，常用 U_{th} 作为门电路导通与截止的分水岭。

门电路饱和时，电荷会积累。退饱和时电荷的消散需要时间，这会影响门电路的开关速度。为了加快速度，需要改进电路，以降低饱和深度，让门电路处于浅饱和状态，可在电路中增加有源泄放回路（如 74H 系列），以加快积累电荷的泄放。74S 系列、74LS 系列 TTL 门电路采用了抗饱和的肖特基势垒半导体管，电路的开关特性明显改善。从图 6.2（b）、图 6.2（c）中可看出，特性曲线中消除了线性区。74S 系列的开关特性更接近于理想开关。

但 74LS 系列功耗比 74S 系列小很多。速度与功耗都是门电路的重要参数。TTL 门电路各系列的速度与功耗参数对比如表 6.1 所示。

表 6.1　TTL 门电路各系列的速度与功耗参数对比

性能 \ 型号	54/74	54S/74S	54LS/74LS	54AS/74AS	54ALS/74ALS
t_{pd}/门（ns）	10	3	9.5	1.5	4
P/门（mW）	10	19	2	19	1

（3）输出延迟。由于电荷积累以及分布电容的存在，与非门在信号传输过程中会产生一定的时间延迟，如图 6.3 所示。

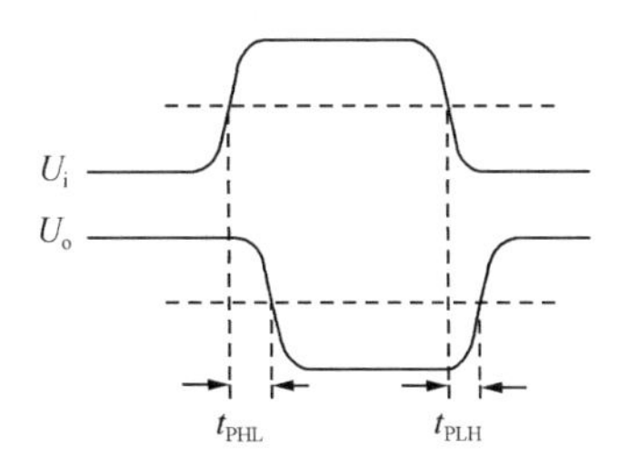

图 6.3　时间延迟

当输入 U_i 由低电平变为高电平时，输出 U_o 由高电平变为低电平。将输入波形上升沿的 50% 与输出波形下降沿的 50% 之间的时间称为导通延迟时间 t_{PHL}；同样，输入波形下降沿的 50% 与输出波形上升沿的 50% 之间的时间称为截止延迟时间 t_{PLH}。导通延迟时间与截止延迟时间的平均值为平均延迟时间 t_{pd}。

$$t_{pd} = (t_{PHL} + t_{PLH})/2$$

平均延迟时间是决定门电路开关速度的重要参数。平均延迟时间的存在，限制了门电路的最高工作频率。

3. 其他功能的 TTL 门电路

常用其他功能的 TTL 门电路主要有非门（反相器）、与门、或非门、或门、异或门、同或门、与或非门，其逻辑符号多数在第 5 章中做了初步介绍，与或非门的逻辑组合及逻辑符号如图 6.4 所示。与或非门的逻辑功能为：$Y = \overline{AB + CD}$。

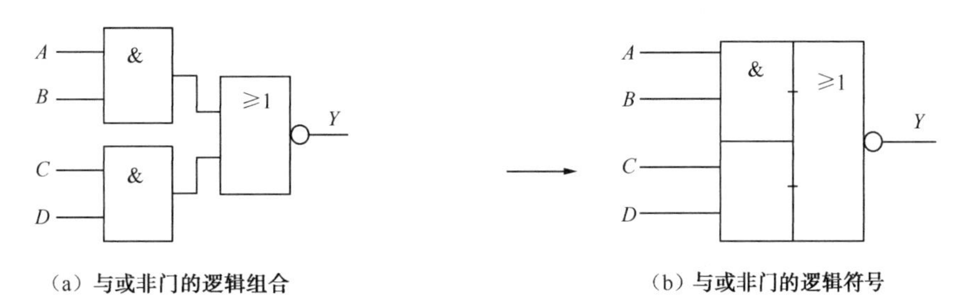

（a）与或非门的逻辑组合　　（b）与或非门的逻辑符号

图 6.4　与或非门

在图 6.4（b）中，两个与门是邻接的。当邻接元件的总的限定符号相同时，只需在第一个方框内显示出总的限定符号。如果邻接元件框内输入、输出限定符号都相同，则只需在第一个方框内标示。图中与信息流方向垂直的公共线上的短横线，称为内部连接符号，表示组合在一起的右边元件输入端的内部逻辑状态与左边元件输出端的内部逻辑状态相同，这个符号有时可以省略。

元件的邻接，在数字电路逻辑符号中是常见的。以 74LS04 六非门电路为例，如图 6.5 所示为 74LS04 六非门的引脚图和图形符号。

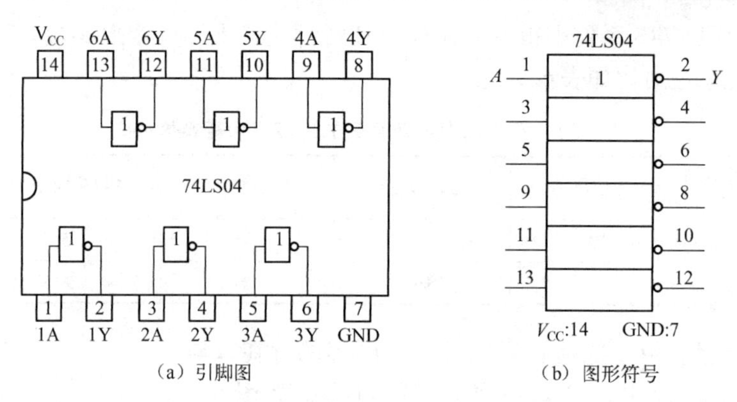

（a）引脚图　　（b）图形符号

图 6.5　74LS04 六非门

4. 三态门

三态门不是以逻辑运算功能的分类，只是电路的输出结构不同。与前面介绍的门电路不同，三态门的输出除了“1”状态、“0”状态（高电平、低电平）外，还有一个状态：高阻态。现以三态非门为例作介绍。三态非门的逻辑符号如图 6.6 所示。

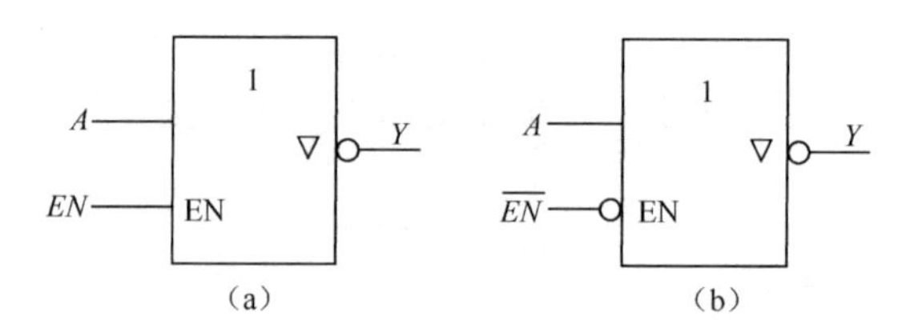

图 6.6　三态非门的逻辑符号

内部限定符号“EN”为使能控制。$EN=1$ 表示允许动作；$EN=0$ 表示禁止动作。当 $EN=1$ 时，$Y=\overline{A}$，相当于非门。而当 $EN=0$ 时，输出为高阻态，相当于输出端开路。在图 6.6（b）中，$\overline{EN}=0$ 时，内部 $EN=1$；$\overline{EN}=1$ 时，内部 $EN=0$。使能控制输入，低电平有效。

5. 集电极开路门（OC 门）

同样，开路门也不是以逻辑运算功能的分类，只是电路的输出结构不同。

以集电极开路与非门（L 型）为例，输出管的集电极内部开路，如图 6.7 所示。实际上这种电路只有带上拉负载才能工作，注意负载的电源一般不一定是 5V，可以高于 5V，多数可工作在 12 ～ 15V，个别型号的可以工作在更高电压。这样就可以带一些特殊的负载，如小型的继电器（工作电压一般是 12V 或 24V）。

它的逻辑功能不变。当 $AB=1$ 时，输出管 V_3 饱和输出低电平（0.3V），$Y=0$；而当 $AB=0$ 时，输出管 V_3 截止，实际上门电路已和外围电路“脱离”。

特别说明：OC 门不是功能的分类，只是电路的输出结构不同，在输出的接法上和前面介绍的门电路是有区别的。除了实现电平转换以外，输出还可以并联。如图 6.8 所示是 OC 与非门的符号及输出并联的接法，这种接法称为“线与”。所谓“线与”就是将几个 OC 门的输出端直接连接，完成各 OC 门输出相与的逻辑功能。从图 6.8（a）看出，任何一个 OC 门的输出管饱和导通都会使输出 Y 被钳制在低电平“0”；只有所有 OC 门的输出管均截止，

输出 Y 才为高电平"1"，即 $Y=Y_1\cdot Y_2$。

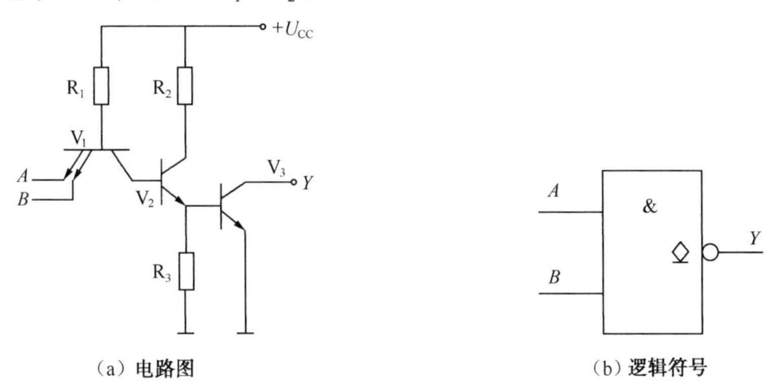

（a）电路图　　（b）逻辑符号

图 6.7　集电极开路与非门

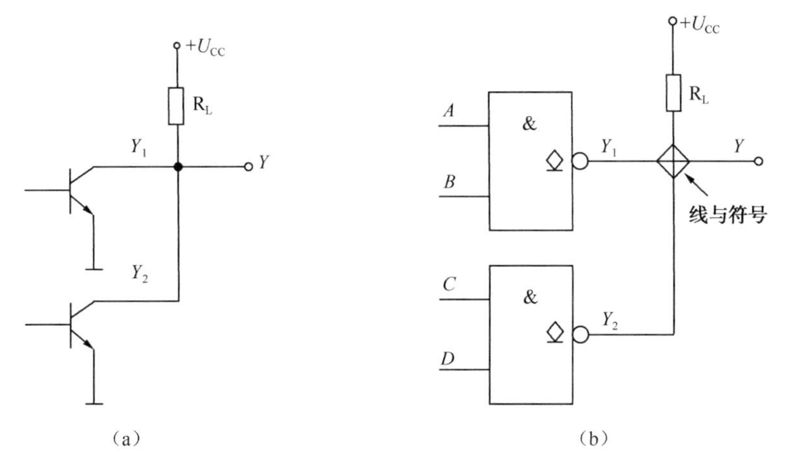

（a）　　（b）

图 6.8　OC 与非门的符号及线与接法

图 6.8（b）所实现的逻辑功能是：

$$Y = Y_1 \cdot Y_2 = \overline{AB} \cdot \overline{CD} = \overline{AB + CD}$$

OC 门的输出端可以直接接负载，如继电器、LED 元件，如图 6.9 所示。外接电源 U_{CC2} 可以根据需要选择，而一般的 TTL 门电路不允许直接驱动高于 5V 的负载，以免导致门电路的损坏。

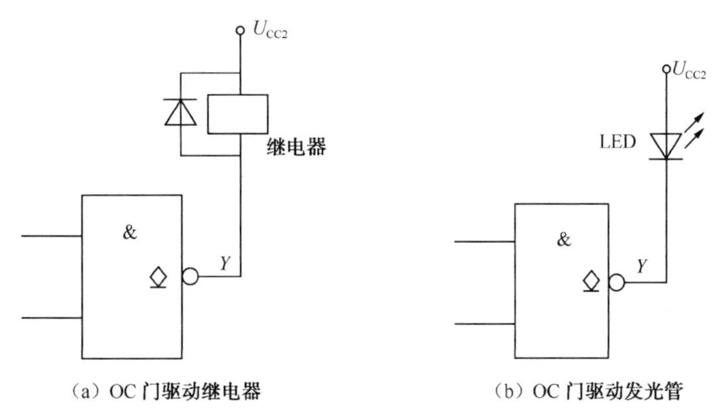

（a）OC 门驱动继电器　　（b）OC 门驱动发光管

图 6.9　OC 门作为驱动电路

6.1.3 CMOS 集成门电路

CMOS（N沟道MOS与P沟道MOS构成互补，Complementary）集成门电路，其一般特点是非常低的静态功耗和很高的输入阻抗，主要产品系列有4000B（包括4500B）、40H、74HC系列。NS公司有74C系列，其性能与4000B系列相同而引脚可与TTL类相容。

1. CMOS 集成电路的主要系列

CMOS集成电路有以下主要系列。

（1）4000B系列。4000B系列是CMOS的国际上流行的通用标准系列，与LS－TTL系列并列为20世纪80年代数字IC系列产品的代表。一般来说其速度较低、功耗小，并且价格低、品种多。

（2）74HC系列（简称为HS或H－CMOS等）。74HC系列是具有CMOS低功耗性和LS－TTL高速性的产品。其引脚与TTL类相容，有少数属4000B系列中的高速版品种与相应4000B品种的引脚相容（其型号是74HC后4位序号同4×××B的数字）。

2. CMOS 门电路的电压传输特性

以下介绍CMOS门电路的电压传输特性。

（1）CMOS非门的工作原理简介。CMOS器件是由NMOS和PMOS构成的互补型电路，以CMOS非门（反相器）为例作简介。CMOS非门的工作原理如图6.10所示。

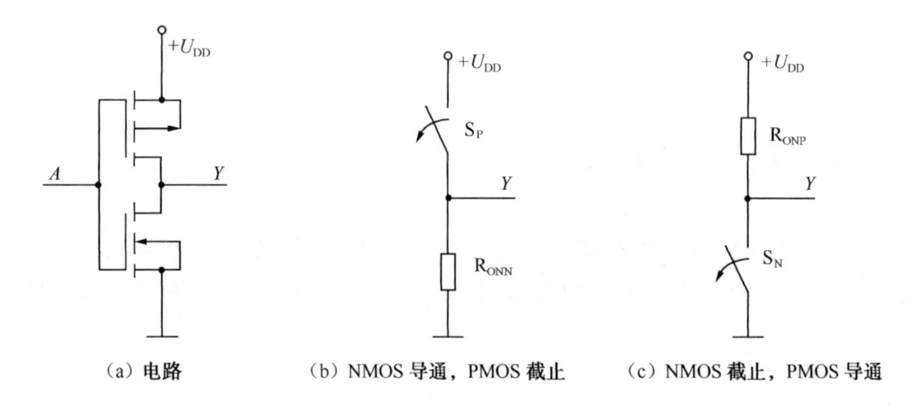

图6.10　CMOS非门的工作原理

如图6.10（a）所示为增强型的NMOS管和PMOS管组成的CMOS反相电路，电源电压为U_{DD}。要求$U_{DD}>U_{TN}+U_{TP}$（U_{TN}、U_{TP}分别为NMOS管和PMOS管的开启电压）。

当$A=0$时，NMOS截止，PMOS导通，输出为$Y=1$（$U_Y\approx U_{DD}$）。

当$A=1$时，NMOS导通，PMOS截止，输出为$Y=0$（$U_Y\approx 0$）。

（2）74HC系列CMOS非门的输入/输出特性。以74HC系列CMOS非门为例，其输入/输出特性如图6.11所示。

从图6.11所示的输入/输出特性分析，可见过渡非常窄小，其特性接近理想开关。应当

注意，与 TTL 门电路不同，阈值电压 U_{TC}（U_{TH}）随电源 U_{DD}变化，$U_{TC} \approx 1/2U_{DD}$。如图 6.12 所示为 74HC04 六非门，与图 6.5 对照，其引脚与 74LS04（7404）相容。

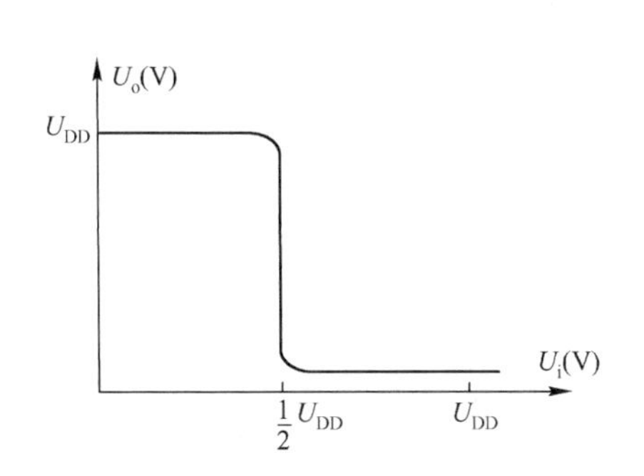

图 6.11　输入/输出特性

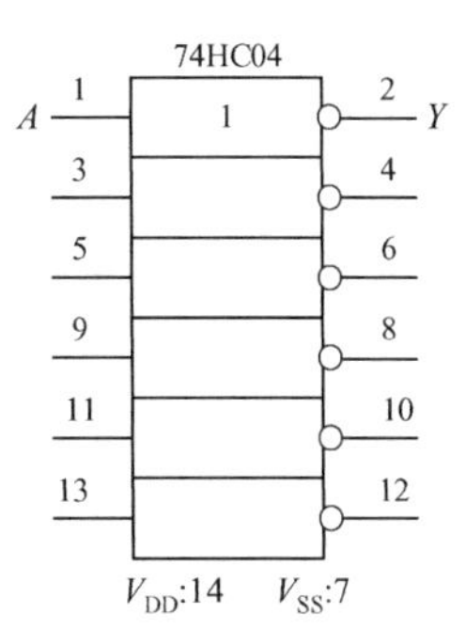

图 6.12　74HC04 六非门

3. CMOS 电路的主要特点

CMOS 电路具有以下主要特点。

（1）具有非常低的静态功耗。在电源电压为 5V 时，中规模集成电路的静态功耗小于 100mW，单个门电路的功耗典型值仅为 20mW，动态功耗（在 1MHz 工作频率时）也仅为几毫瓦。

（2）具有非常高的输入阻抗。正常工作的 CMOS 集成电路，其输入保护二极管处于反偏状态，直流输入阻抗大于 100MΩ。

（3）宽的电源电压范围。CMOS 集成电路标准 4000B/4500B 系列产品的电源电压为3 ～ 18V。

（4）扇出能力强。在低频工作时，一个输出端可驱动 50 个以上 CMOS 器件输入端。

（5）抗干扰能力强。CMOS 集成电路的电压噪声容限可达电源电压值的 45%，且高电平和低电平的噪声容限值基本相等。

（6）逻辑摆幅大。CMOS 电路在空载时，输出高电平 $U_{oH} \geqslant (U_{DD} - 0.05V)$，输出低电平 $U_{oL} \leqslant 0.05V$。CMOS 集成电路的电压利用系数在各类集成电路中是较高的。

（7）接口方便。因为 CMOS 集成电路的输入阻抗高和输出摆幅大，所以易于被其他电路所驱动，也容易驱动其他类型的电路或器件。

6.1.4　集成门电路的使用

1. 工作电源电压范围

TTL 类型逻辑器件，标准工作电压是 +5V。CMOS 逻辑器件的工作电源电压大都有较宽的允许范围，如 CMOS 中的 4000B 系列可以工作在 3 ～ 18V 范围内。

各类常用逻辑器件的工作电压范围如表 6.2 所示。在同一系统中相互连接工作的器件必须使用同一电源电压，否则就可能不满足“0”、“1”（或“L”，“H”）电平的定义范围而不能保证正常工作。

表6.2 各种常用逻辑器件的工作电压范围

系　列	工作电压范围	备　注
4000B	3～18V	按3～20V考核
40H	2～8V	
74HC	2～6V	按2～10V考核
74LS、S、F	5V±5%	
74ALS、AS	5V±10%	

2. 接口电路

在数字系统中，常有不同类型的集成电路混合使用的情况。由于TTL电路与CMOS电路在输入、输出电平及负载能力等方面参数不同，所以在相互连接时，主要是考虑逻辑信号电平的配合（前级电路输出的电平要满足后级电路对输入电平的要求）；其次要考虑负载电流的配合（前级电路的输出电流应大于后级电路对输入电流的要求，同时不应造成器件的损坏）。

（1）TTL电路驱动CMOS电路。由于当CMOS电路使用5V电源时TTL电路的输出高电平 $U_{oH}\leqslant3.5V$，不能满足CMOS电路输入高电平（$U_{iH}\approx3.5V$）的要求。因此，用TTL电路去驱动CMOS电路时，必须将TTL电路的输出高电平升高。最简单的方法是在TTL输出端与电源之间加入上拉电阻，如图6.13（a）所示。

当CMOS电路的电源电压高于TTL的电源电压（为5V）时，一种方法是用OC门作为驱动门；另一种方法是使用具有电平转移功能的CMOS电路（如CD40109），如图6.13（b）所示。

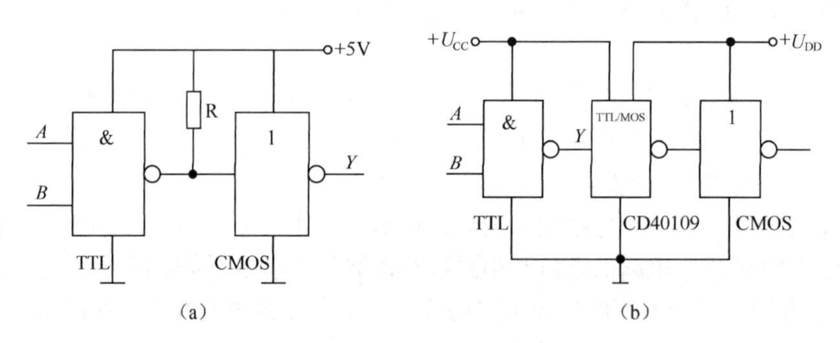

图6.13 TTL驱动CMOS

（2）CMOS电路驱动TTL电路。CMOS电路驱动TTL电路的主要矛盾是CMOS电路不能提供足够的驱动电流。为了克服这个矛盾，需要扩大CMOS门电路输出低电平时吸收负载灌电流能力，可采取下列方法。

① 将CMOS门电路输入/输出分别并联，以扩大输出低电平时的驱动电流，如图6.14所示。

② 在CMOS电路的输出端增加一级CMOS驱动器，如CD4009反相缓冲器/变换器、CD4010同相缓冲器/变换器等，其负载电流为4mA，可满足驱动TTL电路的要求，如图6.15所示。

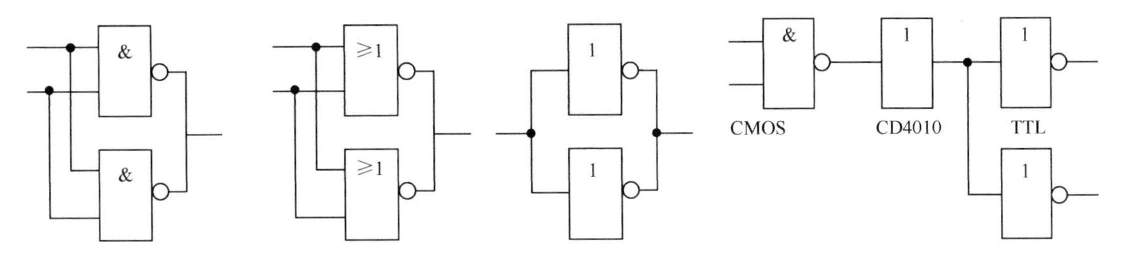

图6.14　CMOS门电路并联

图6.15　用CD4010作接口电路

3. TTL集成电路使用注意事项

使用TTL集成电路时应注意以下问题。

（1）正确选择电源电压。TTL集成电路的电源电压允许变化范围比较窄，一般为4.5～5.5V。在使用时更不能将电源与地颠倒接错，否则将会因为电流过大而造成器件损坏。

（2）对输入端的处理。TTL集成电路的各个输入端不能直接与高于+5.5V和低于-0.5V的低内阻电源连接。多余的输入端最好不要悬空。虽然悬空相当于高电平，并不影响"与门、与非门"的逻辑关系，但悬空容易接受干扰，有时会造成电路的误动作。多余输入端要根据实际需要作适当处理。例如，"与门、与非门"的多余输入端可直接接到电源电压上；也可将不同的输入端共用一个电阻连接到电压上，或将多余的输入端并联使用。对于"或门、或非门"的多余输入端应直接接地。对于触发器等中规模集成电路来说，不使用的输入端尽量不要悬空，可根据逻辑功能接入适当电平。

（3）对输出端的处理。除"三态门、集电极开路门"外，TTL集成电路的输出端不允许并联使用。如果将几个"集电极开路门"电路的输出端并联，实现线与功能，则应在输出端与电源之间接入一个计算好的上拉电阻。

（4）集成门电路的输出更不允许与电源或地短路，否则可能造成器件损坏。

4. 使用CMOS集成电路应注意的问题

使用CMOS集成电路时应注意以下问题。

（1）正确选择电源。由于CMOS集成电路的工作电源电压范围比较宽（CD4000B/4500B：3～18V），所以选择电源电压时首先考虑要避免超过极限电源电压。其次要注意电源电压的高低将影响电路的工作频率。降低电源电压会引起电路工作频率下降或增加传输延迟时间。例如，CMOS触发器，当U_{DD}由+15V下降到+3V时，其最高频率将从10MHz下降到几十千赫兹。

（2）防止CMOS电路出现可控硅效应的措施。当CMOS电路输入端施加的电压过高（大于电源电压）或过低（小于0V），或者电源电压突然变化时，电源电流可能会迅速增大，烧坏器件，这种现象称为可控硅效应。

预防可控硅效应的措施主要有：

① 输入端信号幅度不能大于U_{DD}和小于0V；

② 要消除电源上的干扰；

③ 在条件允许的情况下，尽可能降低电源电压；如果电路工作频率比较低，则用+5V

电源供电最好；

④ 对使用的电源加限流措施，使电源电流被限制在30mA以内。

（3）对输入端的处理。在使用CMOS电路器件时，对输入端一般要求如下：

① 应保证输入信号幅值不超过CMOS电路的电源电压，即满足 $U_{SS} \leqslant U_i \leqslant U_{DD}$，一般 $U_{SS}=0V$；

② 输入脉冲信号的上升和下降时间一般应小于数毫秒，否则电路工作不稳定或损坏器件；

③ 所有不用的输入端不能悬空，应根据实际要求接入适当的电压（U_{DD}或0V）；CMOS集成电路输入阻抗极高，一旦输入端悬空，极易受外界噪声影响，从而破坏电路的正常逻辑关系，也可能感应静电，造成栅极被击穿。

（4）对输出端的处理。

① MOS电路的输出端不能直接连到一起，否则导通的P沟道MOS场效应管和导通的N沟道MOS场效应管形成低阻通路，造成电源短路。

② 在CMOS逻辑系统设计中，应尽量减少电容负载。电容负载会降低CMOS集成电路的工作速度和增加功耗。

③ CMOS电路在特定条件下可以并联使用。当同一芯片上有两个以上同样器件并联使用（如各种门电路）时，可增大输出灌电流和拉电流负载能力，同样也提高电路的速度。但器件的输出端并联时，输入端也必须并联。

④ 从CMOS器件的输出驱动电流大小来看，CMOS电路的驱动能力比TTL电路要差很多，一般CMOS器件的输出只能驱动一个LS-TTL负载。CMOS电路驱动其他负载时，一般要外加一级驱动器接口电路。

6.2 组合逻辑电路的基础知识

根据逻辑电路有无记忆功能，可将电路分成两大类：一类是组合逻辑电路，另一类是时序逻辑电路。组合逻辑电路简称组合电路，其主要特点是：

（1）组合逻辑电路任一时刻的输出状态，只取决于该时刻的输入信号状态的组合，而与输入信号作用前电路的原来状态无关；

（2）组合逻辑电路在电路结构上，全部由门电路组成，电路中无记忆单元，而且由输出到各级门电路的输入无任何反馈。

6.2.1 组合逻辑电路的分析与设计的基本方法

1. 组合逻辑电路的分析方法

组合逻辑电路的一般分析方法如下。

（1）根据给定的组合逻辑电路的逻辑图，从输入到输出逐级写出逻辑函数表达式。

（2）对逻辑函数表达式进行化简和变换整理。

（3）为了使电路的逻辑功能更加清晰，有时还需要列出真值表。

（4）根据化简后的表达式或真值表，分析逻辑功能。

【实例 6.1】　试分析如图 6.16 所示电路的逻辑功能。

解：（1）根据逻辑图写出逻辑表达式。

$$Y_3 = \overline{\overline{A} + B} = A\overline{B} \qquad Y_4 = \overline{A + \overline{B}} = \overline{A}B$$

$$Y = \overline{Y_3 + Y_4} = \overline{A\overline{B} + \overline{A}B}$$

（2）对表达式进行化简与变换。

$$Y = \overline{A\overline{B} + \overline{A}B} = \overline{A}\,\overline{B} + AB$$

（3）列出真值表，如表 6.3 所示。

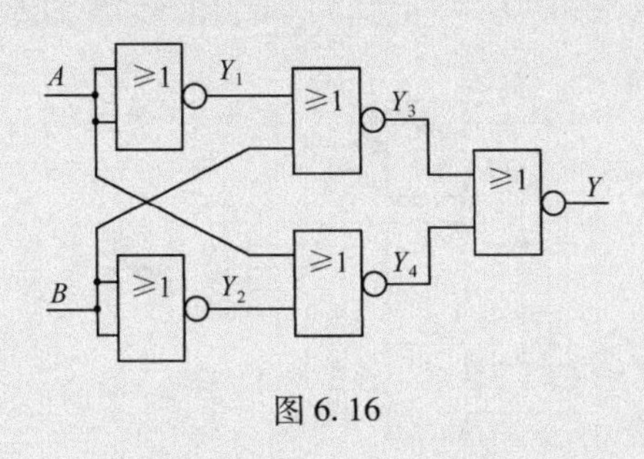

图 6.16

表 6.3　真值表

A	B	Y
0	0	1
0	1	0
1	0	0
1	1	1

（4）分析逻辑功能。由化简后的表达式和真值表可知，该电路为同或门。

2. 组合逻辑电路的设计方法

组合逻辑电路的设计方法一般有以下步骤。

（1）分析逻辑功能要求。分析设计要求，根据设计要求中提出的逻辑功能，确定输入变量和输出变量。

（2）列出真值表。根据输入变量与输出变量之间的对应关系列出真值表。

（3）写出逻辑函数式。根据真值表写出逻辑函数表达式。

（4）对逻辑函数表达式进行化简并变换整理成适当的形式。根据题目的要求、器件的资源等情况决定选用哪类器件。若用门电路设计，则最好使用同一类门。如全部用与非门，就需要把逻辑函数式转换成与非 - 与非表达式。

（5）根据化简和变换后的最简式画出逻辑图。

应指出：以上步骤并不是固定不变的程序，在实际设计中应根据具体情况灵活应用。

【实例 6.2】　试设计一个由与非门组成的三变量多数表决电路，即 3 个变量 A、B、C 中有两个以上同意，则表决才能通过。

解：（1）分析要求：输入变量为 A、B、C，输出变量为 Y。A、B、C 同意用 1 表示，不同意用 0 表示。输出变量 $Y=1$ 表示通过，$Y=0$ 表示不通过。

（2）列真值表：如表 6.4 所示。

（3）根据真值表写出逻辑函数表达式。

$$Y = \overline{A}BC + A\overline{B}C + AB\overline{C} + ABC$$

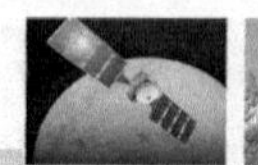

（4）化简和变换：用卡诺图进行化简，如图 6. 17 所示。

表6. 4 真值表

A	B	C	Y	A	B	C	Y
0	0	0	0	1	0	0	0
0	0	1	0	1	0	1	1
0	1	0	0	1	1	0	1
0	1	1	1	1	1	1	1

得到最简式：$Y=AB+AC+BC$。

变换为与非式：$Y=\overline{\overline{AB}\ \overline{BC}\ \overline{AC}}$。

（5）用与非门实现，逻辑图如图 6. 18 所示。

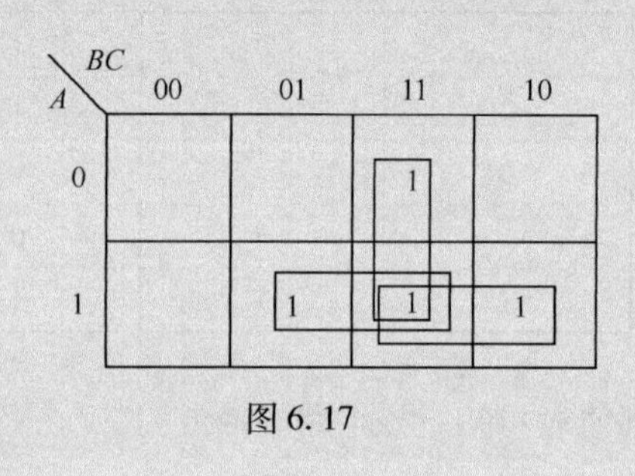

图 6. 17

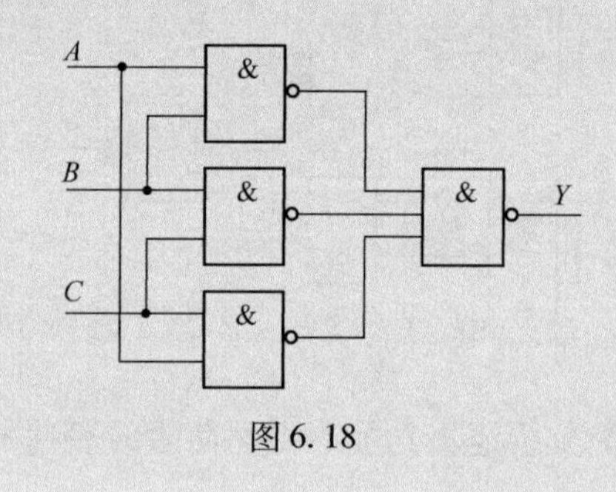

图 6. 18

6. 2. 2 组合逻辑电路相关限定符号

与模拟电路相比，数字电路品种、型号特别多。在学习使用数字电路时，会遇到大量的图形符号。

数字电路新图形符号与旧图形符号（GB/T4728. 12—1996 以前）的差别较大，最主要的差别在于：旧的图形符号要查器件手册才能了解器件的功能和工作情况，而新的图形符号（新的逻辑符号）无须查阅器件手册就能从图形符号中直接读得器件具有的逻辑功能和工作情况。

数字电路新的图形符号采用国际标准和国家标准来灵活、明确地表达器件的功能，并可以从图形符号上读得器件的工作状态情况（微机芯片等大规模、超大规模数字集成电路除外）。掌握基本的图形符号，对于学习和使用逻辑电路来说非常重要。

在这里介绍一些常用的、最基本的组合逻辑电路限定符号，作为入门知识。

小提示 熟悉基本的限定符号，对于理解和掌握组合逻辑的逻辑功能起到事半功倍的效果。学习组合逻辑，并不需要注重掌握器件的内部电路工作原理，应当更注重逻辑符号的解读和使用。随着技术进步及标准化要求的提高，掌握基本的标准图形符号，也是电子技术的重要基本技能。

1. 图形符号组成框图

逻辑电路图形符号的组成框图如图 6. 19 所示。

图中单个“ * ”号表示输入和输出有关的限定符号允许的位置。数据的输入与输出的信息流一般是从左到右、从上到下。

2. 元件框的组合

元件框的组合主要有邻接和镶嵌两种方式。元件框的邻接组合，已在门电路内容中作了初步介绍。元件框的镶嵌组合画法如图 6.20 所示。

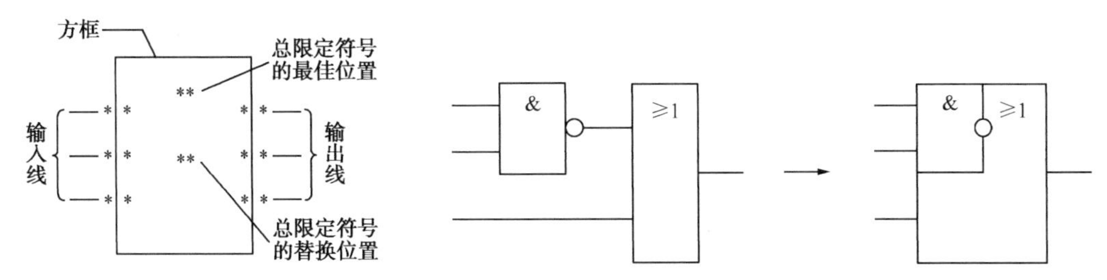

图 6.19　逻辑电路图形符号的组成框图　　　图 6.20　元件框的镶嵌组合画法

框内与信息流方向垂直的公共线上的小圆圈是具有逻辑非的内部连接符号，表示在其右边的逻辑状态与左边的逻辑状态相反。

3. 公共控制单元与公共输出单元

以下分别介绍公共控制单元与公共输出单元。

(1) 公共控制单元。电路由多个元件框组合而成时，若各元件框具有公共输入，则可采用公共控制单元以简化图形，如图 6.21 所示。

图 6.21 (b) 所示是利用公共控制框来简化图形的一个应用示例。注意，除非另有标注，一般和公共控制框相邻的单元为阵列中序号最小的单元，并按顺序排列，如图 6.21 (b) 所示的 Y_1、Y_2和 Y_3。

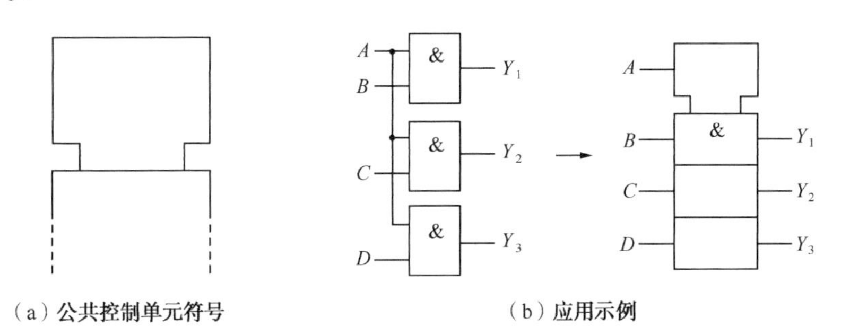

(a) 公共控制单元符号　　　(b) 应用示例

图 6.21　公共控制单元及应用示例

(2) 公共输出单元。与元件有关的公共输出，可用一个公共输出单元符号表示。如图 6.22 (a)所示为公共输出单元，图 6.22 (b) 所示是利用公共输出单元来简化图形的应用示例。注意：与阵列输出（即原码输出）对应的公共输出单元的每一个输入端，均具有与该输出（即每个阵列原码）相同的内部逻辑状态。

4. 组合元件的总限定符号

根据 GB/T4728.12 标准规定，常用的组合元件的总限定符号主要有如下 11 种。

① X/Y：编码器、代码转换器、信号电平转换器。X 和 Y 可分别表示输入和输出信息的代码符号代替；也可以表示输入和输出信号电平代替。

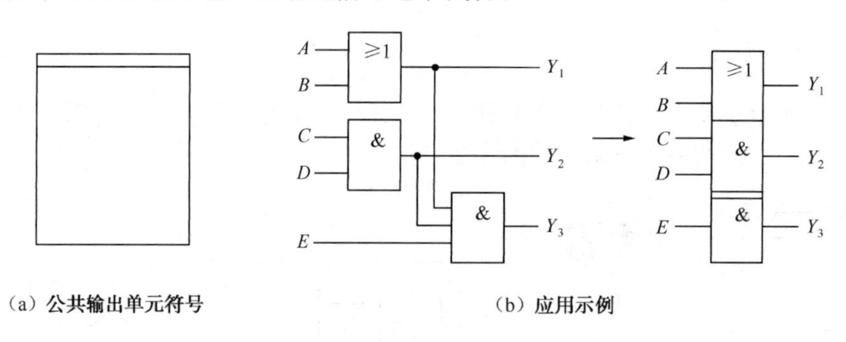

（a）公共输出单元符号　　（b）应用示例

图 6.22　公共输出单元及应用示例

② DX：多路数据分配器。

③ MUX：多路数据选择器。

④ MDX：双向多路选择器/多路分配器。

⑤ ∑：加法器。

⑥ Π：乘法器。

⑦ P－Q：减法器。P 和 Q 为操作数。

⑧ COMP：数值比较器。

⑨ ALU：运算器。

⑩ $2k$：偶数（校验）单元。只有输入呈现“1”状态的数目为偶数时，元件内部才为“1”。

⑪ $2k+1$：奇数（校验）单元。只有输入呈现“1”状态的数目为奇数时，元件内部才为“1”。

5. 代码转换器和信号电平转换器中常用的符号

根据 GB/T4728.12 规定，以下介绍代码转换器和信号电平转换器中常用的符号。

(1) 代码转换器中常用的符号有如下 10 种。

① BIN：二进制码。

② DEC：十进制码。

③ OCT：八进制码。

④ HEX：十六进制码。

⑤ BCD：二—十进制码（BCD 码）。

⑥ SEG：7 段显示码。

⑦ EX3：余 3 码。

⑧ GRAY：格雷码。

⑨ HPRI：优先编码。

⑩ RTX：总线。例如，4RTX 为 4 总线。

(2) 信号电平转换器中常用的符号有如下 4 种。

① MOS：MOS 电平。

② TTL：TTL 电平。
③ HTL：HTL 电平。
④ ECL：ECL 电平。

6. 关联标记

GB/T4728.12—2008 中规定，描述输入影响输入、输入影响输出、输出影响输入和输出影响输出关联的有 11 种类型，见表 6.5。

表 6.5　GB/T4728.12—2008 中的 11 种关联类型

关联类型	符　号	“影响输入”处在其“1”状态时，对“受影响输入”或“受影响输出”所起的作用	“影响输入”处在其“0”状态时，对“受影响输入”或“受影响输出”所起的作用
地址	A	允许动作（选出地址）	禁止动作（未选地址）
控制	C	允许动作	禁止动作
使能	EN	允许动作	禁止动作，或输出处于高阻抗，或其他输出被置于“0”状态
与	G	允许动作	置“0”状态
方式	M	允许动作（已选方式）	禁止动作（未选方式）
非	N	求补状态	不起作用
复位	R	“受影响输出”恢复到 S =“0”、R =“1”时的状态	不起作用
置位	S	“受影响输出”恢复到 S =“1”、R =“0”时的状态	不起作用
或	V	置“1”状态	允许动作
传输	X	已建立传输通路	未建立传输通路
互连	Z	置“1”状态	置“0”状态

注：标识序号上有横线的“受影响输入、输出”受到上述表中表明的“影响输入”补状态的影响。

由表可知，11 种关联类型的排列次序为：地址（A）、控制（C）、使能（EN）、与（G）、方式（M）、非（N）、复位（R）、置位（S）、或（V）、传输（X）和互连（Z）。它们是以字母顺序排列的，不容易记住。为便于记忆，对 11 种关联类型可作如下分析和理解。

从数字集成电路基本逻辑关系看，有与、或、非 3 种基本逻辑关系。器件输入和输出的相互控制、相互影响关系也可用与（G）、或（V）、非（N）3 种基本逻辑关系来描述。

从数字集成电路基本工作需要来看，有复零、置“1”和既能置“1”又能置“0”3 种基本工作功能。在图形符号中有与其对应的复位（R）、置位（S）和互连（Z）3 种可预置的关联类型和标志。

从数字集成电路工作的控制方式看，有 A、C、M、X（以字母顺序排列的）允许动作和使能 EN 工作方式。这里 A 为地址关联（已选地址时允许动作），C 为控制关联（以控制方式允许动作），M 为方式关联（已选方式时允许动作），EN 为使能关联（以使能或片选方式允许动作），X 为传输关联（以已建立传输通路的方式允许动作）。共有 5 种方式。

11 种关联类型介绍如下（信号以 B 表示）。

（1）与关联 G＝“1”状态，表示和1相与让信号通过，即允许动作（G＝“1”时为 $G \cdot B=1 \cdot B=B$）；G＝“0”状态，信号和0相与，相当于置“0”状态（G＝“0”时为 $G \cdot B=0 \cdot B=0$）。

（2）或关联 V＝“1”状态，表示信号和1相或，相当于置“1”（V＝“1”时为 $V+B=1+B=1$）；V＝“0”状态，和0相或，相当于允许（信号通过）动作（V＝“0”时为 $V+B=0+B=B$）。

（3）非关联 N＝“1”状态，为求补状态，或者说1和该受影响信号异或（N＝“1”时有 $N\overline{B}+\overline{N}B=1 \cdot \overline{B}+0 \cdot B=\overline{B}$）；N＝“0”状态为不起控制作用（N＝“0”时有 $N\overline{B}+\overline{N}B=0 \cdot \overline{B}+1 \cdot B=B$）。

（4）复位关联 R＝“1”状态，相当于 S＝“0”，R＝“1”，即 Q＝“0”（为复零状态）；R＝“0”状态为不起作用。

（5）置位关联 S＝“1”，相当于 S＝“1”，R＝“0”，即 Q＝“1”（为置“1”状态）；S＝“0”状态为不起作用。

（6）互连关联 Z＝“1”状态，为强加置1（Z＝“1”时 $Z+B=1+B=1$）；Z＝“0”状态，为强加置“0”（若 Z＝“0”，则 $Z \cdot B=0 \cdot B=0$）。

（7）地址关联 A＝“1”状态，为已选地址（允许动作）；A＝“0”状态，为未选地址（禁止动作）。

（8）控制关联 C＝“1”状态，为允许动作，即和1相与；C＝“0”状态，为和0相与，相当于禁止信号通过，即禁止动作。

（9）方式关联 M＝“1”状态，为已选方式（允许动作）；M＝“0”状态为未选方式（禁止动作）。

（10）使能关联 EN＝“1”状态，为使能（允许动作）；EN＝“0”为禁止动作，或输出处于高阻抗，或其他输出被置于“0”状态。

（11）传输关联 X＝“1”状态，为已建立传输通路；X＝“0”状态为未建立传输通路。

分析和理解11种关联类型，对数字集成电路图形符号的理解和读图是极为重要的。

6.3 编码器与译码器

编码器与译码器都可归类为代码转换器。

6.3.1 编码器

在数字电路中，用二进制信息表示特定对象的过程称为编码。能实现编码的逻辑电路称为编码器。常用的编码器有二进制编码器、二—十进制编码器、优先编码器等。

1. 二进制编码器

二进制编码器是用 n 位二进制表示 2^n 个信号的编码器。以3位二进制编码器（8线—3线编码器）为例进行介绍。

3 位二进制编码器有 8 个输入端、3 个输出端，所以常称为 8 线—3 线编码器，其功能真值表如表 6.6 所示（输入为高电平有效）。

表 6.6　8 线—3 线编码器的真值表

输入								输出		
I_7	I_6	I_5	I_4	I_3	I_2	I_1	I_0	Y_2	Y_1	Y_0
0	0	0	0	0	0	0	1	0	0	0
0	0	0	0	0	0	1	0	0	0	1
0	0	0	0	0	1	0	0	0	1	0
0	0	0	0	1	0	0	0	0	1	1
0	0	0	1	0	0	0	0	1	0	0
0	0	1	0	0	0	0	0	1	0	1
0	1	0	0	0	0	0	0	1	1	0
1	0	0	0	0	0	0	0	1	1	1

由真值表写出各输出的逻辑表达式为

$$Y_0 = I_1 + I_3 + I_5 + I_7 = \overline{\bar{I}_1\bar{I}_3\bar{I}_5\bar{I}_7} \qquad Y_1 = I_2 + I_3 + I_6 + I_7 = \overline{\bar{I}_2\bar{I}_3\bar{I}_6\bar{I}_7}$$

$$Y_2 = I_4 + I_5 + I_6 + I_7 = \overline{\bar{I}_4\bar{I}_5\bar{I}_6\bar{I}_7}$$

用门电路实现逻辑电路，如图 6.23 所示。

作为八进制转换为 3 位二进制的代码转换器，其逻辑符号如图 6.24 所示。OCT 表示八进制；BIN 表示二进制；OCT/BIN 为八进制代码转换为二进制代码的代码转换器。元件框右侧内的 0、1、2 分别表示输出为 2^0、2^1、2^2。

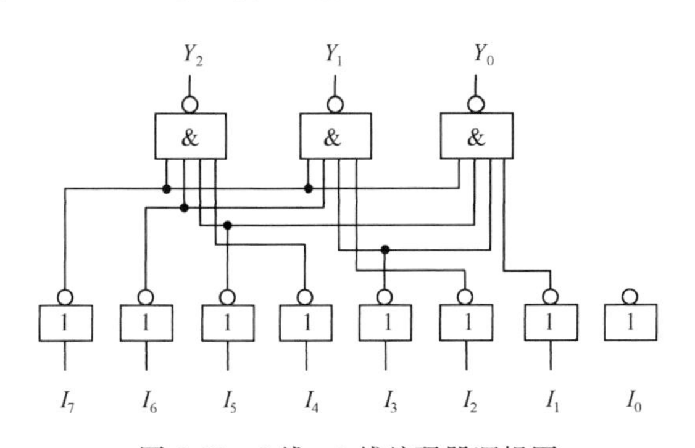

图 6.23　8 线—3 线编码器逻辑图

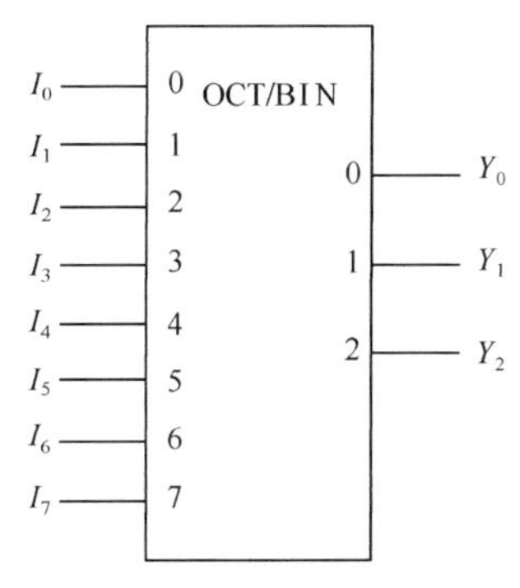

图6.24　8 线—3 线编码器逻辑符号

2. 二—十进制编码器

用 BCD 码对十进制数进行编码的电路，称为二—十进制编码器。以 8421BCD 码编码器为例，其逻辑符号如图 6.25 所示。

在图 6.25 中，DEC/BCD 表示十进制数转换为 BCD 码。元件框右侧内的 1、2、4、8 表示为 8421BCD 码的 4 个输出 1、2、4、8（2^0、2^1、2^2、2^3）。

3. 优先编码器

前面讨论的二进制编码器和二—十进制编码器的输入信号是相互排斥的，同一时刻只允

许有一个有效输入信号，若同时有两个以上的输入信号要求编码时，输出端就会出现错误。而优先编码器可以有多个输入信号同时有效，编码器按照输入信号的优先级别进行编码。

以 CD40147 为例作介绍。CD40147 为 10 线—4 线优先编码器（BCD 输出），其逻辑符号如图 6.26 所示。

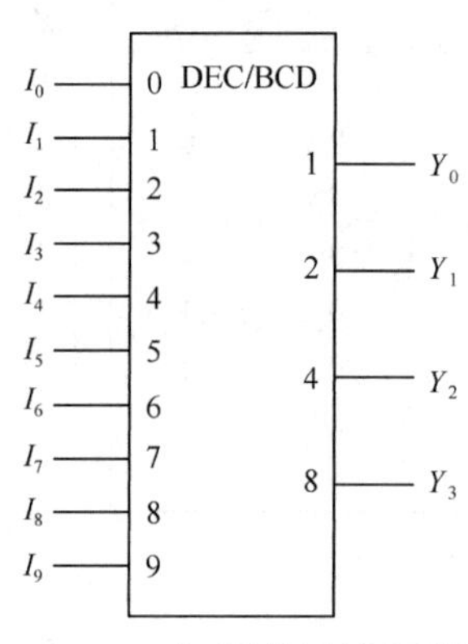

图 6.25　二—十进制编码器逻辑符号

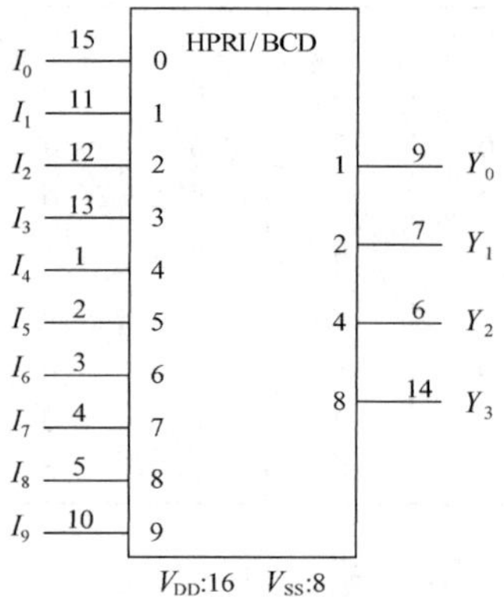

图 6.26　CD40147 逻辑符号

图 6.26 中的限定符号 HPRI 表示优先编码。BCD 和元件框右侧内的 8、4、2、1 表示为 8421BCD 码输出。所以 CD40147 为 8421BCD 码输出的优先编码器。CD40147 的功能表如表 6.7 所示，I_9的级别最高，I_0的级别最低。

表 6.7　CD40147 的功能表

输　入										输出（8421BCD 码）			
I_9	I_8	I_7	I_6	I_5	I_4	I_3	I_2	I_1	I_0	Y_3	Y_2	Y_1	Y_0
1	×	×	×	×	×	×	×	×	×	1	0	0	1
0	1	×	×	×	×	×	×	×	×	1	0	0	0
0	0	1	×	×	×	×	×	×	×	0	1	1	1
0	0	0	1	×	×	×	×	×	×	0	1	1	0
0	0	0	0	1	×	×	×	×	×	0	1	0	1
0	0	0	0	0	1	×	×	×	×	0	1	0	0
0	0	0	0	0	0	1	×	×	×	0	0	1	1
0	0	0	0	0	0	0	1	×	×	0	0	1	0
0	0	0	0	0	0	0	0	1	×	0	0	0	1
0	0	0	0	0	0	0	0	0	1	0	0	0	0

6.3.2　译码器

在代码转换器中，译码是编码的逆过程，即将二进制信息转换为特定对象的过程。常用的译码器有二进制译码器、二—十进制译码器和显示译码器。

1. 二进制译码器

（1）二进制译码器简介。若输入变量为 n 个，则有 2^n个变量代码的组合状态，变量译码

器的输出状态就有 2^n 个。每个用一条输出线对应一个输入变量代码的组合状态，对应地等于输入变量的一个最小项。

以 2 线—4 线译码器为例，有两个输入变量，则有 $2^2=4$ 条输出线。如带有使能端 EN，则逻辑功能真值表如表 6.8 所示。

表 6.8　2 线—4 线译码器（带有使能端 EN）的逻辑功能真值表

输　入			输　出			
EN	A_1	A_0	Y_3	Y_2	Y_1	Y_0
0	×	×	0	0	0	0
1	0	0	0	0	0	1
1	0	1	0	0	1	0
1	1	0	0	1	0	0
1	1	1	1	0	0	0

由真值表得到逻辑表达式：

$$Y_0 = EN\overline{A_1}\,\overline{A_0} \quad Y_1 = EN\overline{A_1}A_0 \quad Y_2 = ENA_1\overline{A_0} \quad Y_3 = ENA_1A_0$$

由逻辑表达式画出逻辑图，如图 6.27 所示，其中 EN 为使能控制。

（2）74LS138 3 线—8 线译码器。如图 6.28 所示，图中总的限定符号 BIN/OCT 表示二进制转换为八进制的代码；A_0、A_1、A_2 为数据输入；S_1、$\overline{S_2}$、$\overline{S_3}$ 为使能控制，$EN=S_1\overline{S_2}\,\overline{S_3}$，当 $S_1\overline{S_2}\,\overline{S_3}=100$ 时，$EN=1$。$\overline{Y_0}\sim\overline{Y_7}$ 为 8 个输出端，输出低电平有效。其逻辑功能真值表如表 6.9 所示。

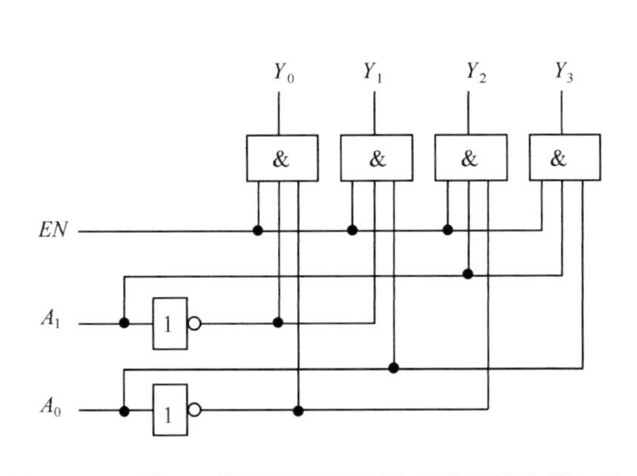

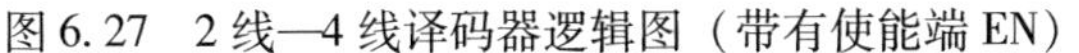
图 6.27　2 线—4 线译码器逻辑图（带有使能端 EN）

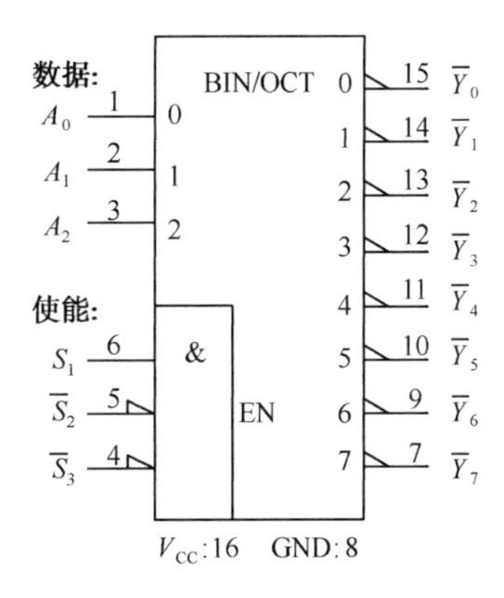

图 6.28　74LS138 3 线—8 线译码器

表 6.9　74LS138 3 线—8 线译码器逻辑功能真值表

输　入					输　出							
S_1	$\overline{S_2}+\overline{S_3}$	A_2	A_1	A_0	$\overline{Y_7}$	$\overline{Y_6}$	$\overline{Y_5}$	$\overline{Y_4}$	$\overline{Y_3}$	$\overline{Y_2}$	$\overline{Y_1}$	$\overline{Y_0}$
0	×	×	×	×	1	1	1	1	1	1	1	1
×	1	×	×	×	1	1	1	1	1	1	1	1
1	0	0	0	0	1	1	1	1	1	1	1	0

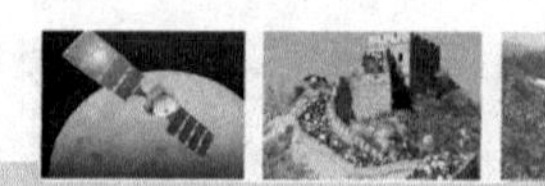

续表

输入					输出							
S_1	$\overline{S}_2+\overline{S}_3$	A_2	A_1	A_0	$\overline{Y}_7$	$\overline{Y}_6$	$\overline{Y}_5$	$\overline{Y}_4$	$\overline{Y}_3$	$\overline{Y}_2$	$\overline{Y}_1$	$\overline{Y}_0$
1	0	0	0	1	1	1	1	1	1	1	0	1
1	0	0	1	0	1	1	1	1	1	0	1	1
1	0	0	1	1	1	1	1	1	0	1	1	1
1	0	1	0	0	1	1	1	0	1	1	1	1
1	0	1	0	1	1	1	0	1	1	1	1	1
1	0	1	1	0	1	0	1	1	1	1	1	1
1	0	1	1	1	0	1	1	1	1	1	1	1

【实例6.3】 用一个74LS138实现逻辑函数 $Y=\overline{A}\,\overline{B}\,\overline{C}+A\overline{B}\,\overline{C}+ABC$。

解：

$$Y_0=\overline{A}\,\overline{B}\,\overline{C} \qquad Y_4=A\overline{B}\,\overline{C} \qquad Y_7=ABC$$

$$Y=Y_0+Y_4+Y_7=\overline{\overline{Y}_0\,\overline{Y}_4\,\overline{Y}_7}$$

其逻辑图如图6.29所示。

2. 二—十进制译码器

74LS42是二—十进制译码器，输入为8421BCD码，有10个输出，又称为4线—10线译码器，输出低电平有效。74LS42的逻辑符号如图6.30所示，功能表如表6.10所示。

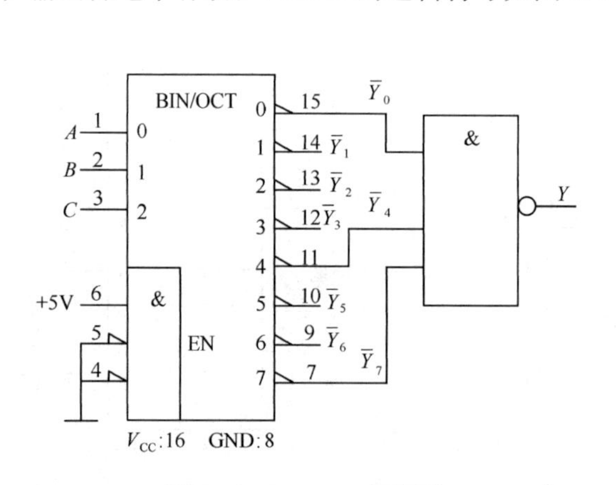

图6.29 74LS138逻辑图

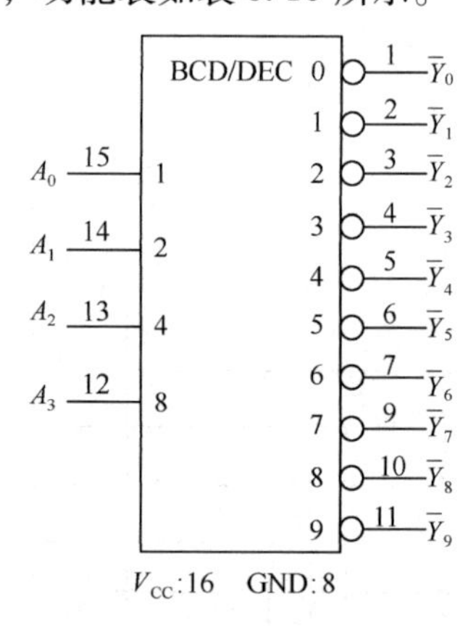

图6.30 74LS42的逻辑符号

表6.10 74LS42的功能表

序号	输入				输出									
	A_3	A_2	A_1	A_0	$\overline{Y}_9$	$\overline{Y}_8$	$\overline{Y}_7$	$\overline{Y}_6$	$\overline{Y}_5$	$\overline{Y}_4$	$\overline{Y}_3$	$\overline{Y}_2$	$\overline{Y}_1$	$\overline{Y}_0$
0	0	0	0	0	1	1	1	1	1	1	1	1	1	0
1	0	0	0	1	1	1	1	1	1	1	1	1	0	1
2	0	0	1	0	1	1	1	1	1	1	1	0	1	1
3	0	0	1	1	1	1	1	1	1	1	0	1	1	1

续表

序号	输入				输出									
	A_3	A_2	A_1	A_0	$\overline{Y}_9$	$\overline{Y}_8$	$\overline{Y}_7$	$\overline{Y}_6$	$\overline{Y}_5$	$\overline{Y}_4$	$\overline{Y}_3$	$\overline{Y}_2$	$\overline{Y}_1$	$\overline{Y}_0$
4	0	1	0	0	1	1	1	1	1	0	1	1	1	1
5	0	1	0	1	1	1	1	1	0	1	1	1	1	1
6	0	1	1	0	1	1	1	0	1	1	1	1	1	1
7	0	1	1	1	1	1	0	1	1	1	1	1	1	1
8	1	0	0	0	1	0	1	1	1	1	1	1	1	1
9	1	0	0	1	0	1	1	1	1	1	1	1	1	1
伪码	1	0	1	0	1	1	1	1	1	1	1	1	1	1
	1	0	1	1	1	1	1	1	1	1	1	1	1	1
	1	1	0	0	1	1	1	1	1	1	1	1	1	1
	1	1	0	1	1	1	1	1	1	1	1	1	1	1
	1	1	1	0	1	1	1	1	1	1	1	1	1	1
	1	1	1	1	1	1	1	1	1	1	1	1	1	1

3. 显示译码器

显示译码器是用来驱动各种显示器件，从而将用二进制代码表示的数字、文字和符号翻译成人们习惯的形式直观显示的电路。

常用的显示器件有半导体数码管、液晶数码管及荧光数码管等。虽然各种数码管的结构和发光原理不同，但它们的功能基本类似。下面以半导体数码管为例，说明显示译码器的工作原理。

（1）半导体数码管。半导体数码管（简称 LED 数码管）的功能是把十进制数 0 ～ 9 直观地显示出来。它的内部有 7 个条状发光二极管（a、b、c、d、e、f 和 g），用做 7 个字段，按图 6.31 所示字形结构安装而成。只要适当控制这些发光二极管的导通，便可构成不同字段发光的组合，显示出 0 ～ 9 这 10 个数字。

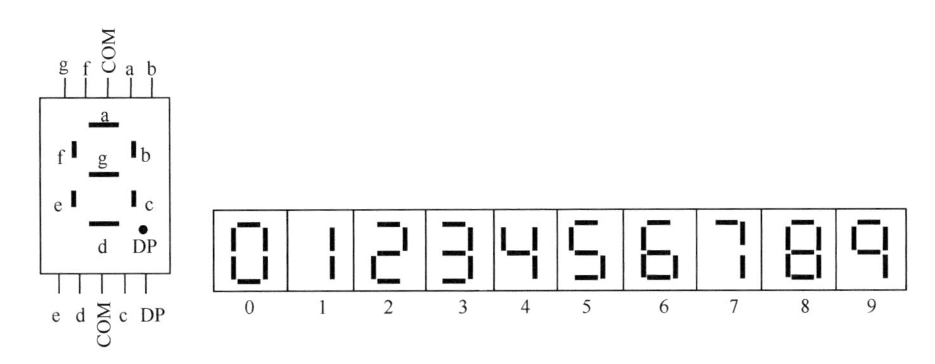

图 6.31　LED 数码管及字形显示笔画表

半导体数码管中 7 个发光二极管有共阴极和共阳极两种接法，分别如图 6.32（a）、（b）所示。要使某字段发光，在共阳极接法中应使相应段发光二极管的阴极接低电平；若为共阴

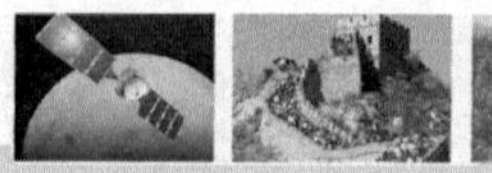

极接法，则应使相应段发光二极管的阳极接高电平。

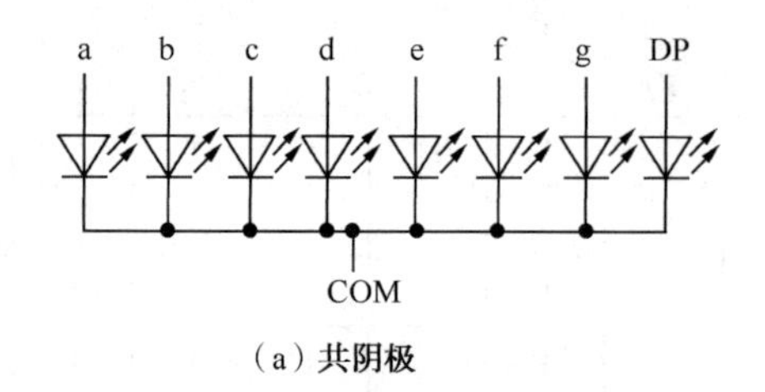

（a）共阴极

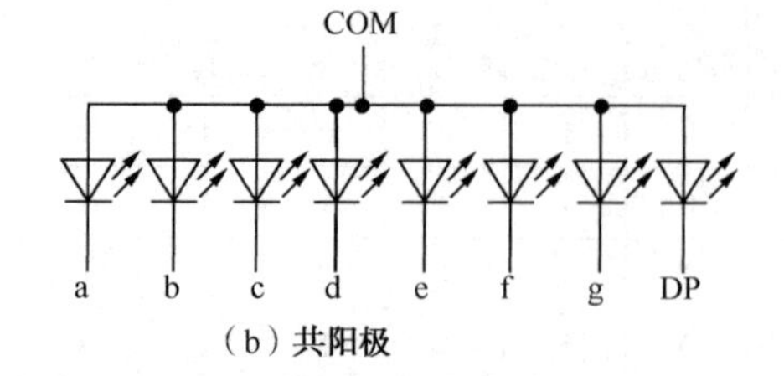

（b）共阳极

图 6.32　共阴极和共阳极两种接法

（2）显示译码器。以 CD4547（CC14547）4 线—7 段译码器为例，其图形符号如图 6.33 所示。

限定符号 BCD/7SEG 表示码转换器为 BCD－7 段显示转换。附加信息 T_1 表示字形表与图 6.31 相似，除 6 字形（少了 a 字段）外，其他 0 ～ 5、7 ～ 9 字形均相同，另外当 A_0 ～ A_3 输入超过“1001”后（即大于十进制数 9），输出全部为“0”，显示器数字消隐。

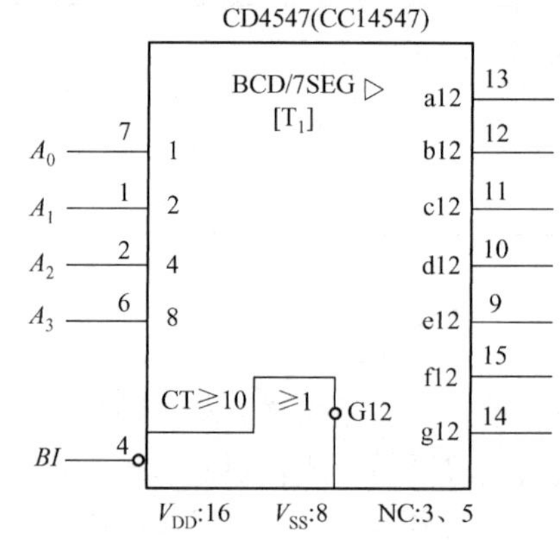

图 6.33　CD4547 4 线—7 段译码器的图形符号

G12 为与关联。G12 表示标注“12”分别和输出内部 a ～ g 相与。当 G12＝1 时，a ～ g 正常输出；当 G12＝0 时，各输出为“0”。

框内限定符号 CT≥10 表示：当译码输入产生的内部数字等于或大于 10 时，CT≥10 处的内部处于“1”，经内部连接使或门的输入内部也处于“1”，从而使 G12＝0，置各输出内部为“0”状态，使各输出全部为“0”。

引脚 4 为消隐输入，低电平有效。当$\overline{BI}=0$时，框内或门的输入内部也处于“1”，从而使 G12＝0，置各输出内部为“0”状态，使各输出全部为“0”。

引脚 3 和引脚 5 为空引脚。

CD4547 的真值表如表 6.11 所示。

表 6.11　CD4547 的真值表

序号	输入					输出						
	$\overline{BI}$	A_3	A_2	A_1	A_0	a	b	c	d	e	f	g
	0	×	×	×	×	0	0	0	0	0	0	0
0	1	0	0	0	0	1	1	1	1	1	1	0
1	1	0	0	0	1	0	1	1	0	0	0	0
2	1	0	0	1	0	1	1	0	1	1	0	1
3	1	0	0	1	1	1	1	1	1	0	0	1
4	1	0	1	0	0	0	1	1	0	0	1	1
5	1	0	1	0	1	1	0	1	1	0	1	1

续表

序号	输入					输出						
	$\overline{BI}$	A_3	A_2	A_1	A_0	a	b	c	d	e	f	g
6	1	0	1	1	0	0	0	1	1	1	1	1
7	1	0	1	1	1	1	1	1	0	0	0	0
8	1	1	0	0	0	1	1	1	1	1	1	1
9	1	1	0	0	1	1	1	1	0	0	1	1
10	1	1	0	1	0	0	0	0	0	0	0	0
11	1	1	0	1	1	0	0	0	0	0	0	0
12	1	1	1	0	0	0	0	0	0	0	0	0
13	1	1	1	0	1	0	0	0	0	0	0	0
14	1	1	1	1	0	0	0	0	0	0	0	0
15	1	1	1	1	1	0	0	0	0	0	0	0

6.4　运算器件

6.4.1　半加器

所谓半加是指 1 位二进制数相加。能实现半加的逻辑电路称为半加器。

1. 半加器的逻辑功能

半加器的逻辑功能用真值表表示，如表 6.12 所示。

表 6.12　半加器的逻辑功能真值表

A	B	C	S
0	0	0	0
0	1	0	1
1	0	0	1
1	1	1	0

用 S 表示和数输出，C 表示进位输出，逻辑式为：

$$\begin{cases} S = \overline{A}B + A\overline{B} \\ C = AB \end{cases}$$

还可用逻辑图表示，如图 6.34（a）所示。

2. 半加器的标准逻辑符号

半加器的标准逻辑符号如图 6.34（b）所示。

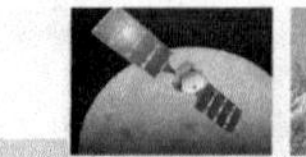

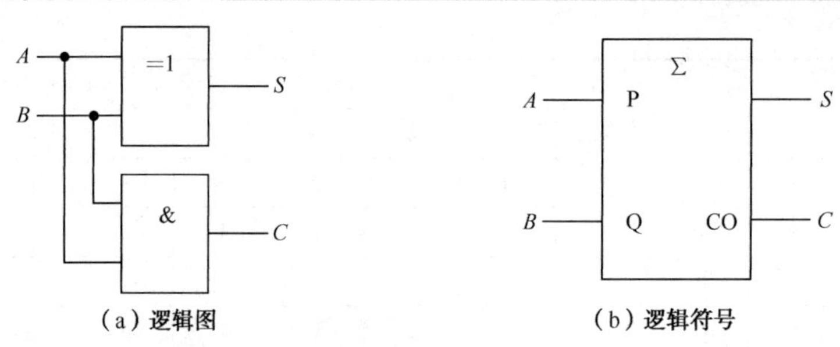

图 6.34　半加器

总限定符号“Σ”表明该元件是加法器。限定符号 CO 表示进位输出。当 CO = 1 时，表示运算元件执行的加法运算产生 1 个算术进位。符号框内的限定符号 P 和 Q 为操作数输入，分别表示执行加法运算的两个 1 位操作数。当运算元件的操作数只有 1 位不会引起误会时，P 和 Q 可以省略。

6.4.2　全加器

全加器的功能是在多位二进制数相加时，将第 i 位的加数 A_i 和 B_i 及来自相邻低位的进位数 C_{i-1} 三者相加，得到本位和数 S_i 及向相邻高位的进位数 C_i。

1. 全加器的逻辑符号

全加器的逻辑符号如图 6.35 所示。

限定符号 CI 为进位输入。CI = 1，表示由低位运算元件执行二进制加法产生一个进位。

2. 全加器真值表

全加器真值表如表 6.13 所示。

表 6.13　全加器真值表

输　入			输　出	
A_i	B_i	$C_i - 1$	C_i	S_i
0	0	0	0	0
0	0	1	0	1
0	1	0	0	1
0	1	1	1	0
1	0	0	0	1
1	0	1	1	0
1	1	0	1	0
1	1	1	1	1

3. 74LS183 双全加器

74LS183 为双全加器电路，如图 6.36 所示。其中，2、9 引脚为空引脚。

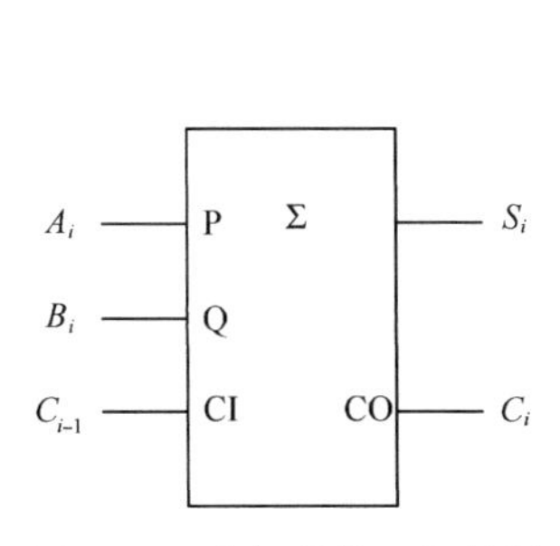

图 6.35　全加器的逻辑符号

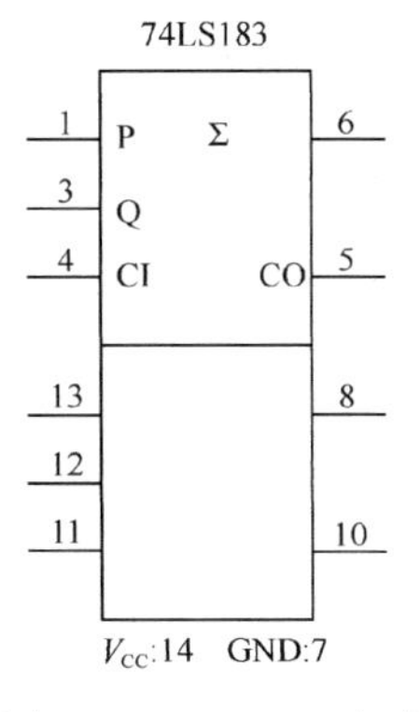

图 6.36　74LS183 电路

4. 多位加法器

以 4 位串行进位并行加法器为例进行介绍。

【实例 6.4】 用 4 个全加器组成一个 4 位二进制加法器，实现 1101 和 1011 相加。

解： 电路如图 6.37 所示。设 $A = A_3A_2A_1A_0 = 1101$，$B = B_3B_2B_1B_0 = 1011$，$S = A + B = C_3S_3S_2S_1S_0$，由于最低位全加器的进位输入为 0，所以可以接地。

运算结果为：$S = A + B = C_3S_3S_2S_1S_0 = 11000$

串行进位的加法器电路虽然比较简单，但运算速度不快。要提高运算速度，可采用超前进位全加器，如 74LS283，如图 6.38 所示。

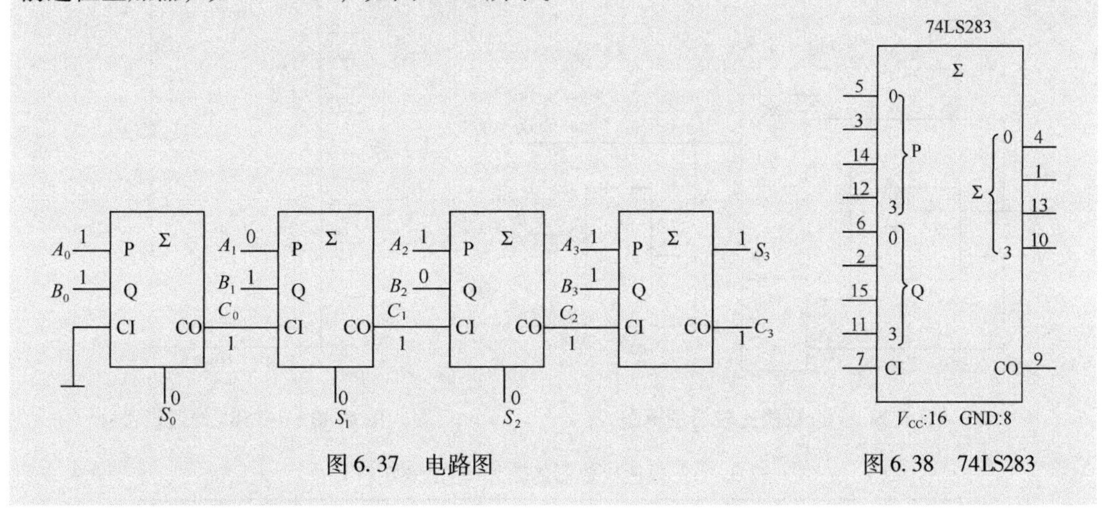

图 6.37　电路图　　　　图 6.38　74LS283

6.4.3　数值比较器

在数控系统中，经常用到数值量的比较。用来比较两个数字大小的逻辑电路称为数值比较器。

1. 1 位数值比较器

两个 1 位二进制数 A 和 B 比较结果，可能存在 3 种情况：

（1）$A=1$，$B=0$，即 $A\overline{B}=1$，则 $A>B$；

（2）$A=0$，$B=1$，即$\overline{A}B=1$，则 $A<B$；

（3）$A=B=0$ 或 $A=B=1$，即 $\overline{A}\,\overline{B}+AB=1$，则 $A=B$。

根据以上分析，可列出1位比较器真值表，如表6.14所示。

表6.14　1位比较器真值表

A	B	$A>B$	$A<B$	$A=B$
0	0	0	0	1
0	1	0	1	0
1	0	1	0	0
1	1	0	0	1

1位数值比较器的逻辑图如图6.39所示。

2. 多位比较器

如图6.40所示为4位级联数值比较器74LS85的逻辑符号。总的限定符号COMP表示为数值比较器。P、Q是操作数。输入/输出限定符号如表6.15所示。

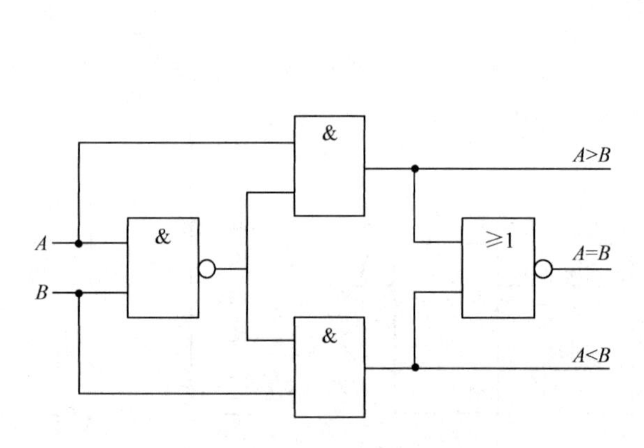

图6.39　1位数值比较器逻辑图

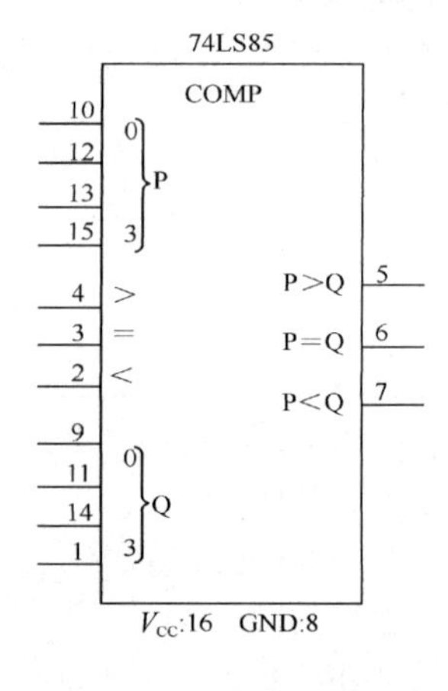

图6.40　74LS85的逻辑符号

表6.15　数值比较器的输入/输出限定符号

符　号	名　称	符　号	名　称
$P>Q$ $P=Q$ $P<Q$	“大于”输出 “等于”输出 “小于”输出	> = <	“大于”输入 “等于”输入 “小于”输入

两个多位二进制数字的比较，是逐位进行的。通常先从高位开始，若高位能够比较出大小，便得到比较结论；若高位相等，再去比较次高位……

6.5　数据选择器与数据分配器

6.5.1　数据选择器

1. 数据选择器的逻辑功能及逻辑符号

所谓数据选择器，就是根据地址控制信号，从多路输入数据中选择其中的一路数据输出，它也称做多路调制器。其基本功能相当于一个多选开关。以 4 选 1 数据选择器为例，其原理示意图如图 6.41 所示，通过地址 A_0A_1 控制，选择输入信号 D_0 ～ D_3 中的一个传送到输出端 Y。4 选 1 数据选择器逻辑符号如图 6.42 所示，D_0 ～ D_3 是 4 个数据输入端，内部标注数字 0、1、2、3 都是关联的标识序号，数据能否输入均由 G 关联控制。A_0、A_1 是选择器地址输入端，内部用 G $\frac{0}{3}$ 标注的多位输入的位组合符号表示：由它组合的这两个输入产生一个数（数是处在其内部“1”状态输入的各自权之和）定义 G 关联的 0、1、2、3 这 4 个标识序号。例如，选择输入 A_1A_0 为 10 时，在其内部产生的这个数是 $1\times2^2+0\times2^1=2$，表示此时 G2 = 1，其余 G0、G1、G3 均为“0”，带有标识序号为 2 的数据输入被选中，其他数据输入内部被置“0”而封闭。

2. 74LS151 8 路数据选择器

74LS151 8 路数据选择器图形符号如图 6.43 所示。EN 为使能，通过地址 $A_0A_1A_2$ 控制，选择输入信号 D_0 ～ D_7 这 8 个中的 1 个传送到输出端 Y。

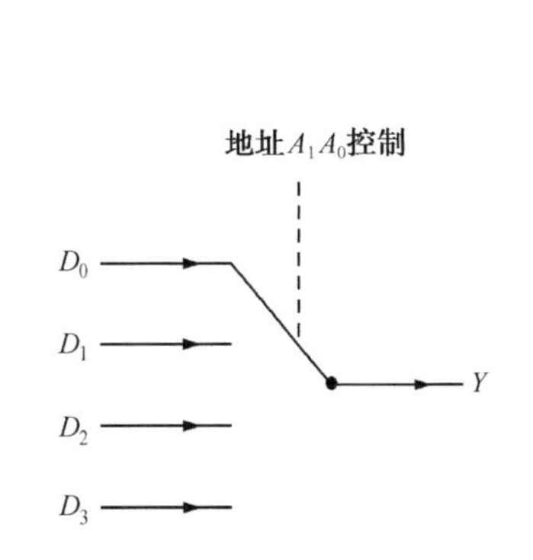

图 6.41　数据选择器原理示意图

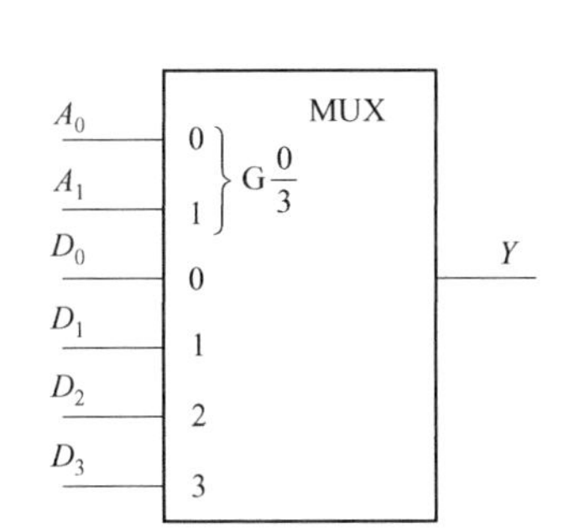

图 6.42　4 选 1 数据选择器逻辑符号

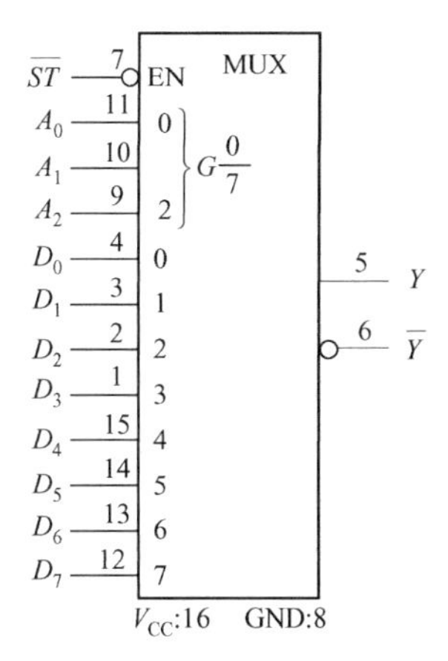

图 6.43　74LS151 8 路数据选择器图形符号

6.5.2　数据分配器

1. 数据分配器的逻辑功能及逻辑符号

所谓数据分配器，就是根据地址控制信号，将一路输入数据分配到多路输出中去的逻辑

电路，也称多路解调制器。其基本功能也相当于一个多选开关。以 4 路数据分配器为例，其原理示意图与逻辑图如图 6.44 所示，通过地址 A_0A_1 控制，将一路输入信号传送到多路输出端 $Y_0 \sim Y_3$ 中的一个输出。

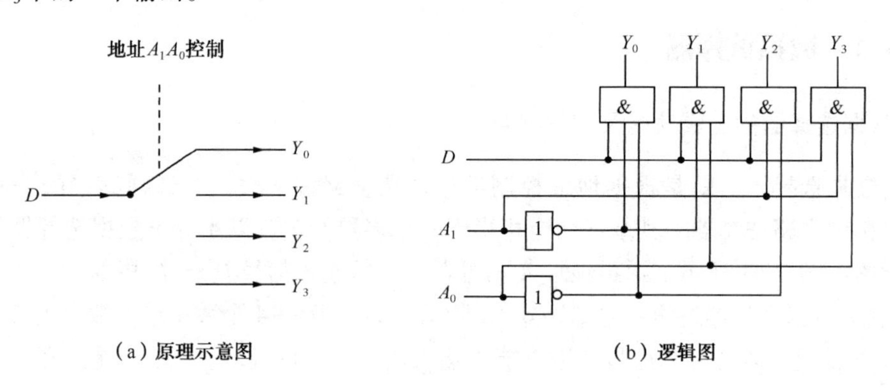

图 6.44　4 路数据分配器的原理示意图与逻辑图

由如图 6.44（b）所示得到逻辑表达式：

$$Y_0 = D\overline{A}_1\overline{A}_0 \quad Y_1 = D\overline{A}_1A_0$$

$$Y_2 = DA_1\overline{A}_0 \quad Y_3 = DA_1A_0$$

当 $A_1A_0 = 00$ 时，$Y_0 = D$；

当 $A_1A_0 = 01$ 时，$Y_1 = D$；

当 $A_1A_0 = 10$ 时，$Y_2 = D$；

当 $A_1A_0 = 11$ 时，$Y_3 = D$。

从而实现数据的 4 路分配。

4 路数据分配器的逻辑符号如图 6.45 所示。

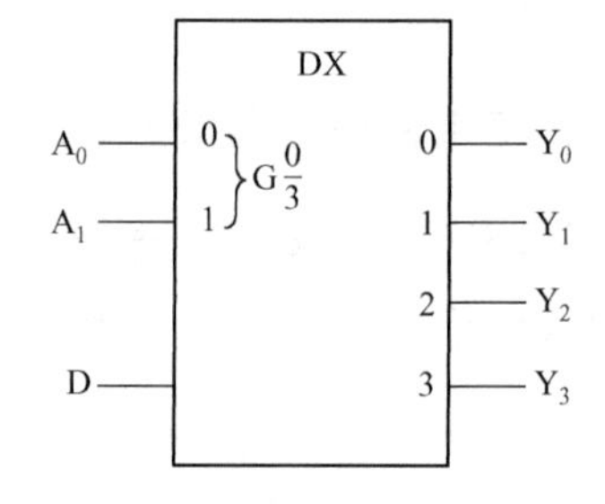

图 6.45　4 路数据分配器的逻辑符号

对照图 6.27 与图 6.44（b）可以看出，这两个逻辑图是一样的。这说明数据分配器与具有使能控制的二进制译码器是可以互换的，从而可使数字集成电路的同一元件多用。互换时，译码器的数据输入端与分配器的地址控制端互换；译码器的使能端与分配器的数据输入端互换。

2. 74LS138 作为 8 路数据分配器

74LS138 作为 3 线—8 线译码器，在本章介绍过。74LS138 也可作为 8 路数据分配器，其逻辑符号如图 6.46 所示。

由图 6.46 可知，同一元件，由于用处不同，其图形符号也不同。74LS138 作为分配器时，有 3 个数据输入端可供选用，使用时灵活性较好，但注意与门多余输入端的处理。

3. 选择器与分配器数据传输

由同一地址控制，利用数据选择器与数据分配器可以单线传输多路数据，如图 6.47 所示。

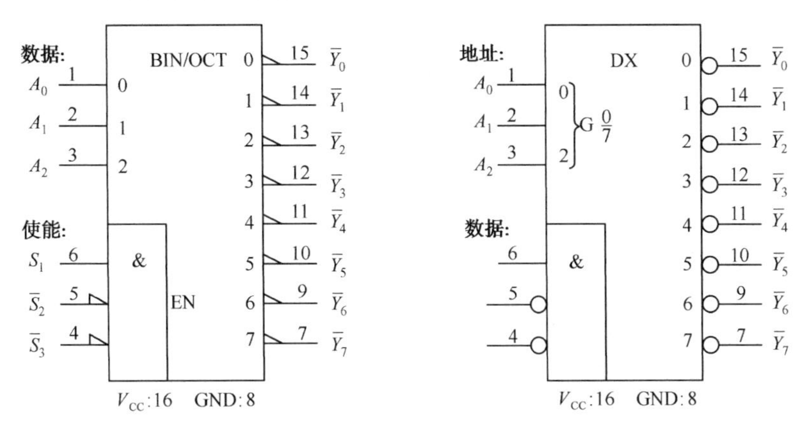

图 6.46　74LS138 分别作为译码器和 8 路数据分配器

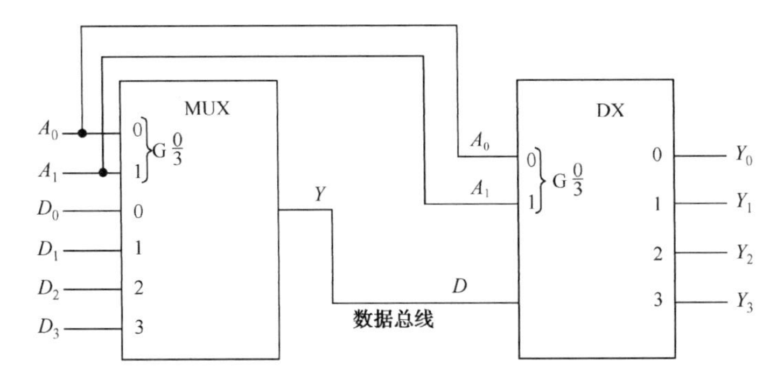

图 6.47　数据选择器与数据分配器间单线传输多路数据

6.5.3　多路选择/分配器（多路模拟开关）

图 6.48 所示为多路选择/分配器（多路模拟开关）CD4051。限定符号 MUX/DX 表示双向多路选择器/多路分配器。作为多路模拟开关，也可用 MDX 表示；X 关联表示建立传输通路。限定符号“⟷”表示交替发送和接收（参考 GB/T 4728.2—1998，02 - 05 - 03）。

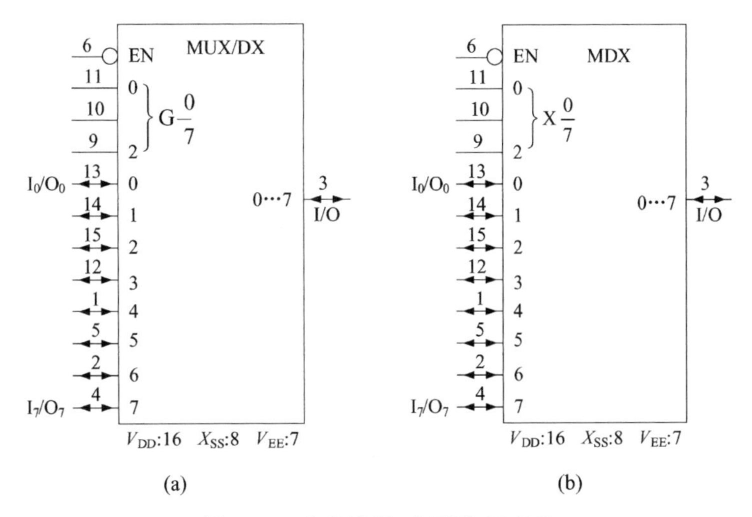

图 6.48　多路选择/分配器 CD4051

CD4051相当于一个单刀八掷开关，开关接通哪一通道，由输入的3位地址码来决定。EN为使能控制。V_{EE}是作为电平位移时使用，从而使得通常在单组电源供电条件下工作的CMOS电路所提供的数字信号能直接控制这种多路开关，并使这种多路开关可传输峰-峰值达15V的交流信号。例如，若模拟开关的供电电源$V_{DD}=+5V$，$V_{SS}=0V$，则当$V_{EE}=-5V$时，只要对此模拟开关施加0～5V的数字控制信号，就可控制幅度范围为-5～+5V的模拟信号。

知识梳理与总结

本章阐述了相关逻辑符号的解读，介绍了TTL和CMOS集成门电路的主要产品系列，以及常用门电路与常用的组合逻辑单元电路。

本章重点内容如下：

（1）相关逻辑符号的解读；

（2）集成门电路；

（3）组合逻辑电路的分析和设计方法；

（4）常用的组合逻辑单元电路，如编码器和译码器、加法器、数值比较器、数据选择器和数据分配器；

（5）常用器件。

实训5　集成门电路的功能测试

1. 实训目的

（1）熟悉集成门电路的电压传输特性。

（2）熟悉几种常用集成门电路的逻辑功能。

2. 实训器材

（1）数字电路实验系统（箱）；

（2）74LS00、74LS02、74LS04、74LS09、74LS86、74LS125；

（3）电位器；

（4）万用表。

3. 实训内容

（1）集成门电路的电压传输特性测试

测量电路如图6.49所示，门电路采用74LS00。调节R_P，改变U_i值，按表6.16的要求逐个设定电压值，读出每个设定值对应的输出值，并描绘电压传输特性曲线。

表6.16　测量数据

U_i(V)	0	0.5	1.0	1.1	1.2	1.3	1.4	1.5	1.6	1.7	2	2.5	3	3.5
U_o(V)														

（2）常用集成门电路的逻辑功能测试

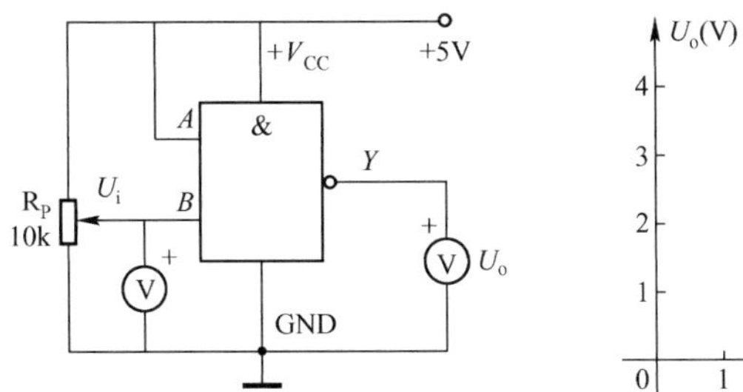

图 6.49　测量电路

几种常用门电路如图 6.50 所示，分别将其中的 74LS00、74LS02、74LS04、74LS86、74LS125 插入数字实验箱上的 IC 插座，选取器件的其中 1 组门电路进行测试。输入端接逻辑电平“0”或“1”，输出端接发光二极管，灯亮为 1，灯不亮为 0，即可逐个进行验证实验。

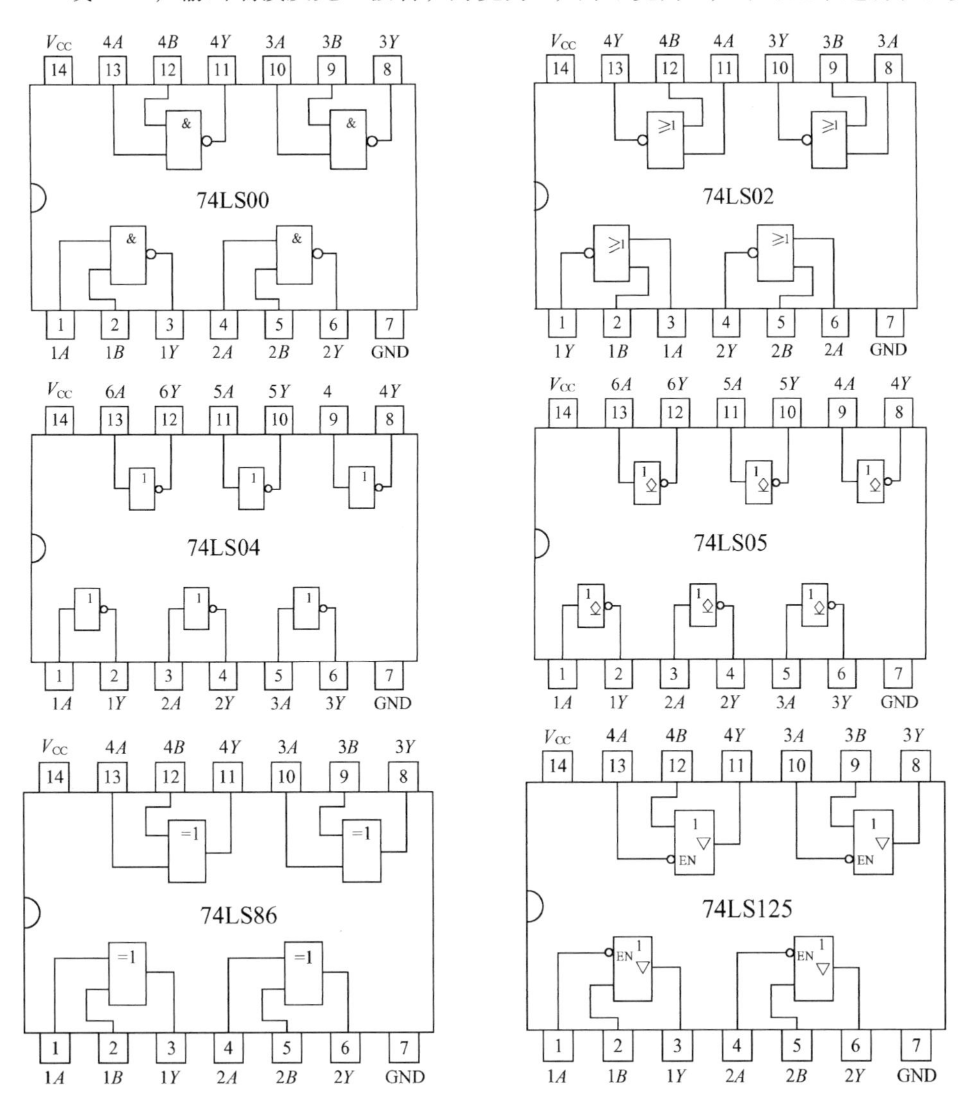

图 6.50　几种常用门电路

（3）门电路应用

① 由单片74LS00组成或门、异或门。画出逻辑图，并验证逻辑功能。

② 利用OC门74LS05线与，实现 $Y=\overline{A+B}$，画出逻辑图，并验证逻辑功能。

4. 实训报告要求

（1）根据图1所示电路，将测量数值填入表1，并画出电压传输特性曲线。

（2）根据实训结果，分别列出74LS00、74LS02、74LS04、74LS86、74LS125的真值表。

（3）门电路应用，实现的逻辑功能要求实验验证。

实训6　组合逻辑电路的功能测试与应用

1. 实训目的

（1）进一步熟悉掌握译码器的逻辑功能和基本应用；

（2）学会选择器、分配器的应用；

（3）熟悉几种常用IC的典型应用。

2. 实训仪器

（1）数字电路实验系统（箱）；

（2）集成电路74LS138、74LS48、74LS283、74LS151、CD4052；

（3）共阴极数码管。

3. 实训内容

（1）3线—8线译码器74LS138的逻辑功能测试与应用

① 74LS138的逻辑功能测试。3线—8线译码器74LS138的逻辑符号如图6.51所示。验证其逻辑功能，写出真值表。

② 用74LS138组成一个3变量多数表决电路，即3个变量 A、B、C 中有两个以上同意，则表决才能通过。画出逻辑图，并验证其逻辑功能。

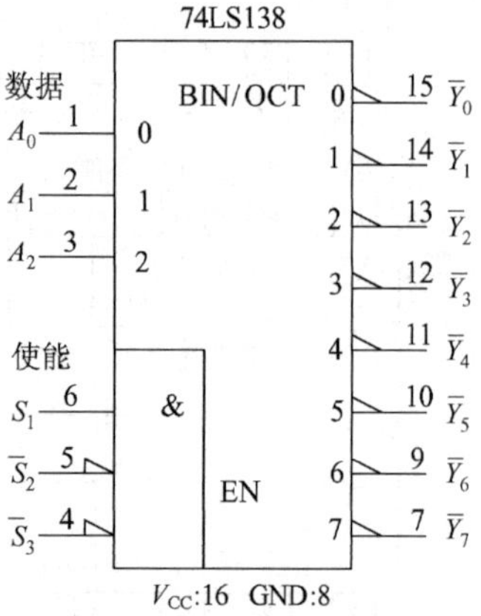

图6.51　74LS138

（2）显示译码器74LS48（74LS248）

74LS48译码器以BCD码输入，输出高电平驱动共阴数码管。集成电路外引脚图如图6.52所示。灯测端 $\overline{\mathrm{LT}}$，用于检测数码管，灭灯端为 $\overline{\mathrm{BI}}/\overline{\mathrm{RBO}}$、灭零端为 $\overline{\mathrm{RBI}}$（灭无效零）。

灯测：当 $\overline{\mathrm{LT}}=$“0”时，显示器显示“8”字符。

灭灯：当 $\overline{\mathrm{BI}}/\overline{\mathrm{RBO}}=$“0”时，显示器熄灭。

灭零：当 $\overline{\mathrm{RBI}}=$“0”，且 A、B、C、D 同时输入“0”（欲显示十进制数“0”）时，显示器熄灭。

其逻辑图如图 6.53 所示，输入数据，测试其逻辑功能。

① 检查数码管的好坏。使$\overline{LT}=0$，其余为任意状态，这时数码管各段全部点亮。否则数码管是坏的。再用一根导线将$\overline{BI}/\overline{RBO}$接地，这时如果数码管全灭，说明译码显示是好的。

② D、C、B、A 分别接数据开关，$\overline{LT}$、$\overline{RBI}$和$\overline{BI}/\overline{RBO}$分别接逻辑高电平。改变数据开关的逻辑电平，在不同的输入状态下，将从数码管中观察到字形。

③ 使$\overline{LT}=1$，$\overline{BI}/\overline{RBO}$接一个发光二极管，在$\overline{RBI}$分别为 1 和 0 的情况下，使数码开关的输出为 0000，观察灭零功能。

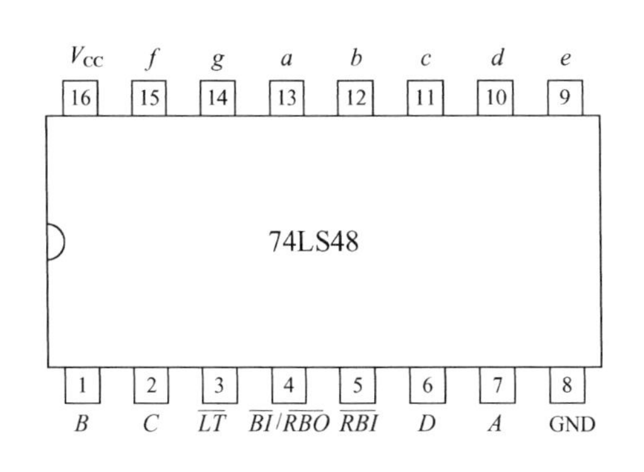

图 6.52　引脚图

图 6.53　逻辑图

将观测结果填入表 6.17。

表 6.17　74LS48 逻辑功能测试

输入						$\overline{BI}/\overline{RBO}$	输出								十进制数	输出状态
$\overline{LT}$	$\overline{RBI}$	D	C	B	A		a	b	c	d	e	f	g			
0	×	×	×	×	×	1	1	1	1	1	1	1	1	8	灯测	
×	×	×	×	×	×	0	0	0	0	0	0	0	0	暗	灭灯	
1	0	0	0	0	0	1	0	0	0	0	0	0	0	暗	灭零	
1	1	0	0	0	0	1										
1	1	0	0	0	1	1										
1	1	0	0	1	0	1										
1	1	0	0	1	1	1										
1	1	0	1	0	0	1										
1	1	0	1	0	1	1										
1	1	0	1	1	0	1										
1	1	0	1	1	1	1										
1	1	1	0	0	0	1										
1	1	1	0	0	1	1										

（3）74LS283 加法器电路

超前进位全加器 74LS283 的逻辑符号如图 6.54 所示。P 和 Q 为 2 个操作数，Σ 为和数，CO 为进位输出。输入 2 个 4 位二进制值，观测和数值与进位值。

（4）选择器与分配器应用

由 74LS138 和 74LS151 组成一复用电路，实现单线传输 8 路数据。74LS151 逻辑符号如

图 6.55 所示，74LS138 作为分配器使用。画出实验逻辑图，并观测逻辑功能。

（5）选择分配器（模拟开关）应用

① CD4052 为双 4 路选择分配器（模拟开关），其逻辑符号及引脚如图 6.56 所示。取 $V_{DD}=5V$，$V_{EE}=0$，测试其逻辑功能。

② 由单片 CD4052 组成一复用电路，实现单线双向传输 4 路数据。

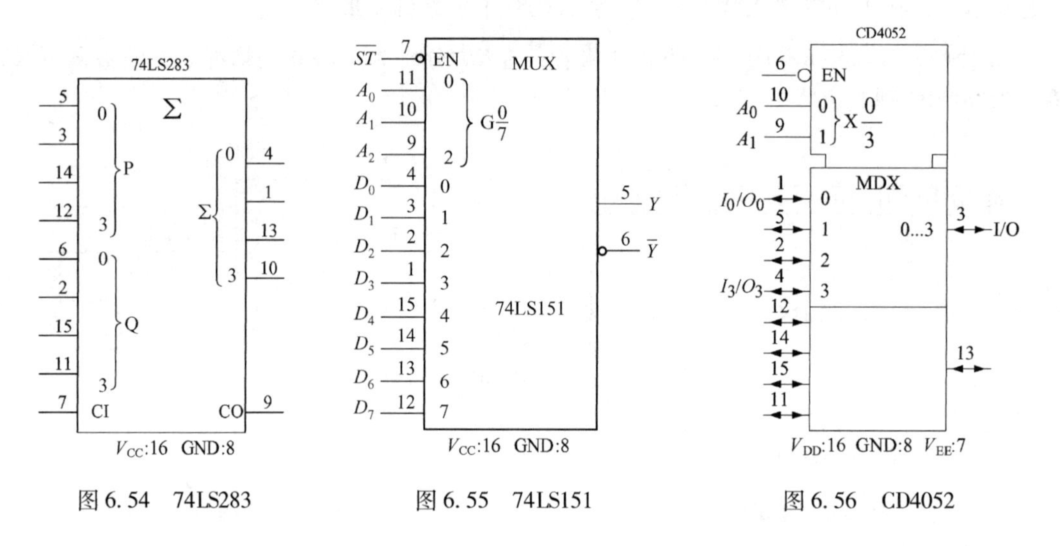

图 6.54　74LS283　　图 6.55　74LS151　　图 6.56　CD4052

4. 实训报告

根据上述实训结果，整理实验数据，写出实训报告。

思考：

（1）由 74LS138 组成 4 线/16 线译码器电路。

（2）由 CD4051 组成一复用电路，实现单线双向传输 8 路数据。

习题 6

1. 单项选择题

（1）下列门电路属于双极型的是（　　）。

A. OC 门　　B. PMOS　　C. NMOS　　D. CMOS

（2）七段显示译码器的输出 $Y_a \sim Y_g$ 为 0010010 时可显示数（　　）。

A. 9　　B 5　　C. 2　　D. 0

（3）将 TTL 与非门作非门使用，则多余输入端应做（　　）处理。

A. 全部接高电平　　B. 部分接高电平，部分接地

C. 全部接地　　D. 部分接地，部分悬空

（4）下列电路中，不属于组合逻辑电路的是（　　）。

A. 译码器　　B. 全加器　　C. 寄存器　　D. 编码器

（5）下列各型号中属于优先编译码器的是（　　）。

A. 74LS85　　B. 74LS138　　C. 74LS148　　D. 74LS48

2. 填空题

(1) 将 TTL 的与非门作非门使用，则多余输入端应做（　　）处理。
(2) TTL 门的输入端悬空，逻辑上相当于接（　　）电平。
(3) 常用的七段数码显示器有（　　）和（　　）两种。
(4) 限定符号 HPRI 表示（　　）编码。
(5) 用来比较两个数字大小的逻辑电路称为（　　）。

3. 简答题

(1) 不同系列的 TTL 门电路，在其开关特性和功耗方面有哪些主要差别？
(2) CMOS 门电路使用时应注意哪些问题？
(3) 和一般门电路相比，OC 门、三态门有哪些主要特点？
(4) 组合逻辑电路分析一般有哪些步骤？
(5) 优先编码器和二进制编码器、二—十进制编码器相比，有哪些区别？

4. 分析题

(1) 输入波形如图 6.57 所示，试画出下列输出波形。

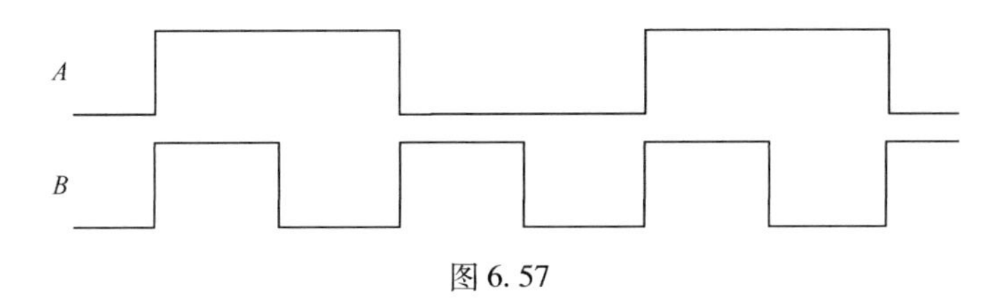

图 6.57

$$Y_1 = \overline{A+B} \quad Y_2 = \overline{AB} \quad Y_3 = A\overline{B} + \overline{A}B$$

(2) 电路如图 6.58 所示，试分析其逻辑功能。

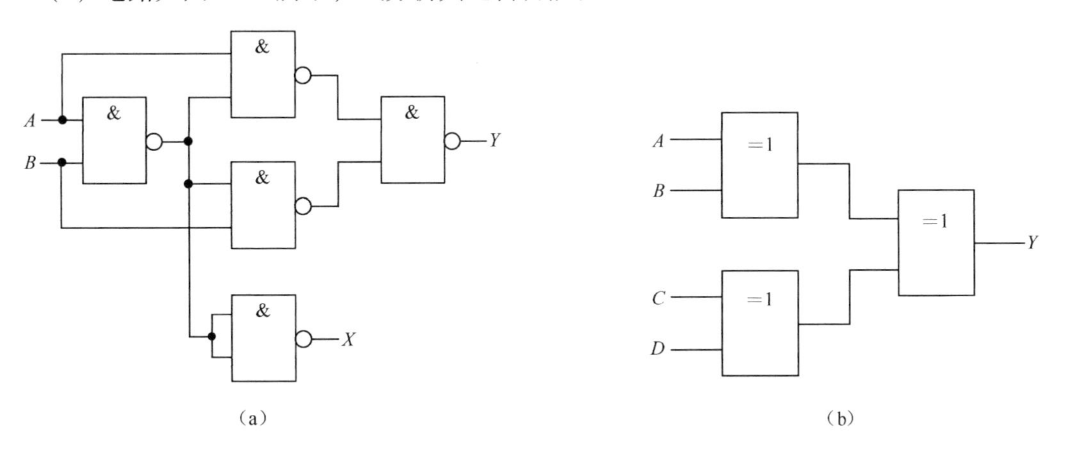

图 6.58

(3) 电路如图 6.59 所示，试写出其逻辑表达式，并分析逻辑功能。

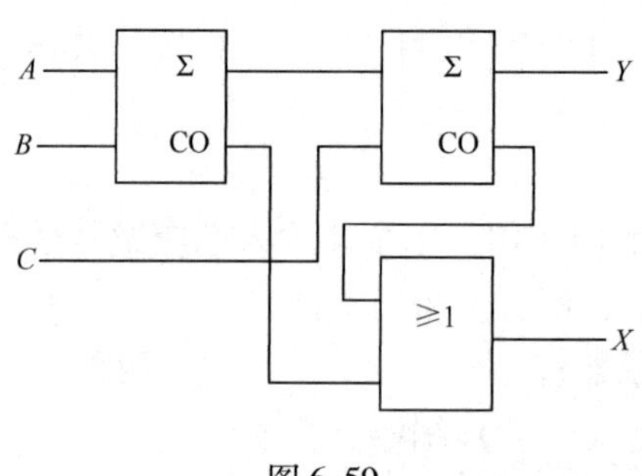

图 6.59

（4）集成电路的图形符号（逻辑符号）如图 6.60 所示，试通过解读图形符号来分析其逻辑功能。

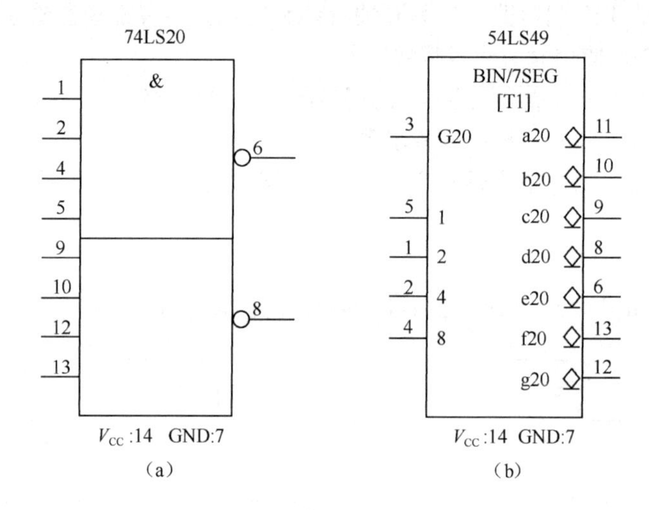

图 6.60

5. 应用题

（1）试用 74LS138 实现函数 $Y = A\overline{B}C + AB\overline{C}$。

（2）试用 CD4051 组成一电路，实现单线传输多路数据。

第7章 触发器

本章以基本RS触发器、同步触发器、主从触发器、边沿触发器、触发器的转换作为主要内容，介绍了常用的RS触发器、D触发器、JK触发器、T触发器等。

教学导航

教	知识重点	1. 各类触发器的逻辑功能　3. 熟悉触发器间的转换关系 2. 触发器限定符号及其意义
	知识难点	触发器间的转换关系
	推荐教学方式	借助限定符号意义读解，帮助理解各种触发器的逻辑功能与控制方式。结合实践教学，重点掌握电路外特性
	建议学时	4学时
学	推荐学习方法	借助限定符号意义加深对触发器的逻辑功能的理解。结合实践教学，重点掌握电路的外部特性
	必须掌握的理论知识	1. 限定符号　2. 触发器的逻辑功能
	必须掌握的技能	触发器的逻辑功能测试

触发器是构成时序逻辑电路的基本逻辑部件。触发器有两个稳定的状态：0 状态和 1 状态。约定以输出端 Q 的状态代表触发器的状态。在不同的输入情况下，它可以被置成 0 状态或 1 状态。当输入信号消失后，所置成的状态保持不变，触发器能够记忆二进制信息 0 和 1，可用做二进制数的存储单元。

对于使用者，最重要的是掌握各种触发器的逻辑功能，熟悉其逻辑符号。

7.1 基本 RS 触发器

基本 RS 触发器在各种触发器中结构最简单，但它却是各种时钟触发器的基本组成部分。

7.1.1 基本 RS 触发器的组成

基本 RS 触发器电路由两个与非门组成，也可由两个或非门组成。

1. 由与非门组成的基本 RS 触发器

基本 RS 触发器可由两个与非门交叉耦合组成，如图 7.1（a）所示。它有两个输入端 $\overline{R}$、$\overline{S}$ 和一对互补输出端 $\overline{Q}$、Q，其逻辑符号如图 7.1（b）所示。输入端中的小圈及输入端 $\overline{R}$、$\overline{S}$ 的非号都表示：输入信号只在低电平时对触发器起作用，即低电平有效。

2. 由或非门组成的基本 RS 触发器

由或非门组成的基本 RS 触发器如图 7.2（a）所示，如图 7.2（b）所示是其逻辑符号。

注意：由或非门组成的基本 RS 触发器是采用正脉冲置 0 或置 1 的（高电平有效），故输入端 R、S 上没有非号。

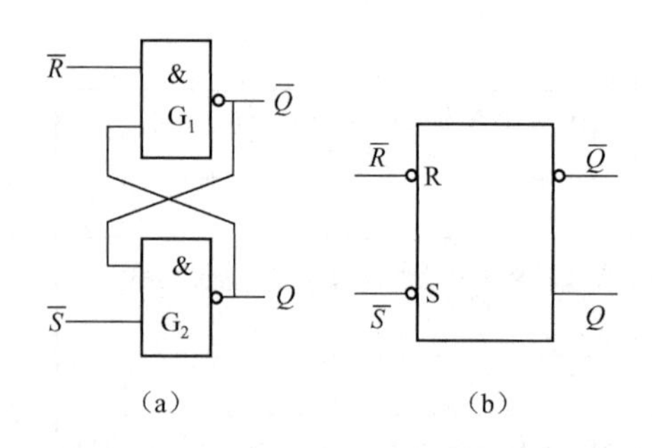

图 7.1　与非门组成的基本 RS 触发器

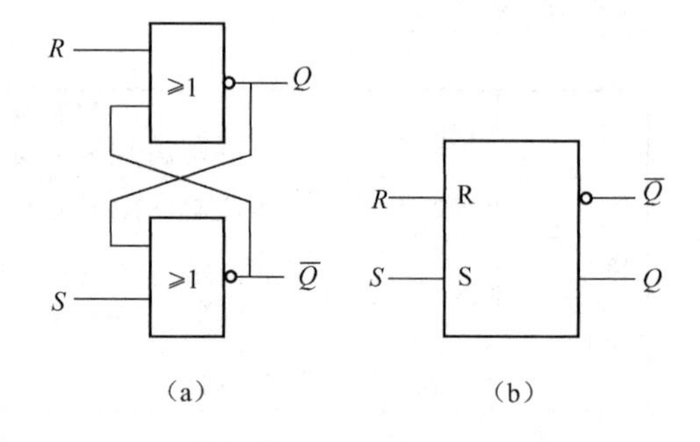

图 7.2　或非门组成的基本 RS 触发器

7.1.2 工作原理

与非门、或非门都可以组成基本 RS 触发器，其功能有所差异。以与非门组成的基本 RS 触发器为例，分析其工作原理。

1. 置 0 功能

在图7.1中，若输入$\overline{R}=0$、$\overline{S}=1$，则G_1的输入端至少有一个为0，因而使其输出$\overline{Q}=1$，这时，G_2的输入就全为“1”，它的输出$Q=0$，触发器进入$Q=0$、$\overline{Q}=1$的稳定状态。由于Q端的低电平“0”通过交叉耦合反馈到G_1门的输入端，此时即使将$\overline{Q}$的低电平撤除，即$\overline{R}$由0变1，G_1门也仍然有一个输入端为0，从而维持$\overline{Q}=1$不变，因此触发器仍然保持$Q=0$、$\overline{Q}=1$的状态不变。通常把$Q=0$（$\overline{Q}=1$）的状态称为触发器“0”状态（复位），$\overline{R}$称为置0端（低电平有效）。

2. 置 1 功能

若输入$\overline{R}=1$、$\overline{S}=0$，则G_2门的输入端至少有一个为0，因而使其输出$Q=1$，这时，G_1门的输入就全为“1”，输出$\overline{Q}=0$，触发器进入另一稳定状态$Q=1$、$\overline{Q}=0$。由于$\overline{Q}$端的低电平“0”通过交叉耦合反馈到G_2门的输入端，所以，即使将$\overline{S}$的低电平撤除，即$\overline{S}$由0变1，G_2门至少有一个输入端为0，从而维持$Q=1$不变，触发器仍然保持$Q=1$、$\overline{Q}=0$的状态不变。通常把$Q=1$（$\overline{Q}=0$）的状态称为触发器的“1”状态（置位），$\overline{S}$称为置1端（也是低电平有效）。

3. 保持功能

当输入$\overline{R}=1$、$\overline{S}=1$时，触发器保持0态或1态不变，但保持哪一状态则取决于前一时刻（$\overline{R}=1$、$\overline{S}=1$之前）输入信号的情况。如前一时刻$\overline{R}=0$（$\overline{S}=1$）使$Q=0$，则此$\overline{R}=\overline{S}=1$时，触发器就稳定在0态；若前一时刻$\overline{R}=1$（$\overline{S}=0$）使$Q=1$，则此时触发器就稳定在1态。

上述情况表明，基本RS触发器能接收和存储1位二进制数码（0或1）。若要在触发器内存入0，则只要使置0端有效，即在$\overline{R}$端加一负脉冲（$\overline{S}=1$不变），触发器即被置0，亦即数码0已被存入触发器，而后只要维持$\overline{R}=\overline{S}=1$，数码0就能长久保持下去；若想在触发器内存入1，则可使置1端有效，即在$\overline{S}$端加一负脉冲（$\overline{R}=1$不变），触发器即被置1，将数码1存入触发器。同理，可利用$\overline{S}=\overline{R}=1$保持数码1不变。

4. 应避免 $\overline{R}$ 和 $\overline{S}$ 同时为 0

若$\overline{R}$和$\overline{S}$同时有效，即在$\overline{R}$与$\overline{S}$端同时加负脉冲，使$\overline{R}$与$\overline{S}$都为0，则G_1门与G_2门的输入端都至少有一个为0，因此两个门的输出都为1，即$Q=1$、$\overline{Q}=1$，这破坏了触发器应为互补输出的正常逻辑关系。而且，如果$\overline{R}$与$\overline{S}$的负脉冲同时撤除，即$\overline{R}$与$\overline{S}$同时由0变1，那么，在撤除后的瞬间，两个与非门的4个输入端都为1，因而两个门的输出都要从原来的高电平向低电平转化，由于半导体器件参数的离散性，因而产生了竞争，哪个门的转化速度快，哪个门就抢先输出低电平0，并迫使另一个门输出高电平1。然而门的转化速度是由半

导体器件参数的离散性决定的，很难事先确定，因而使触发器的下一状态不可确定。把这种无法判定新状态的情况简称为状态不确定。不确定状态是禁止使用的。

5. 波形图

基本 RS 触发器的工作波形可用如图 7.3 所示的波形为例来说明，图中的虚线部分表示不确定状态。

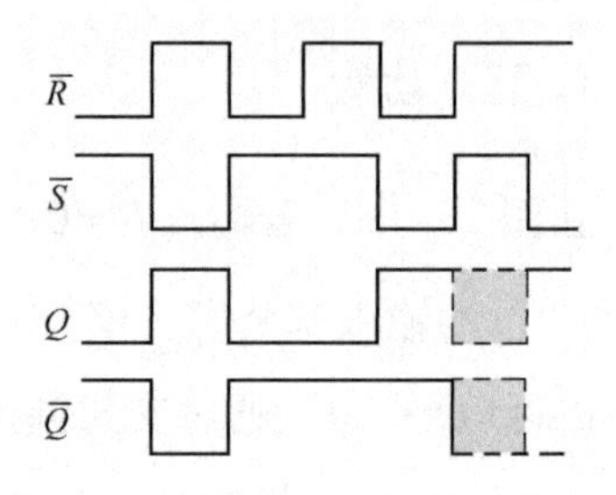

图 7.3　基本 RS 触发器的工作波形

7.1.3　基本 RS 触发器功能表

通常约定，Q^n 称为现态，表示触发器在接收信号前所处的状态；Q^{n+1}称为次态，表示触发器在接收信号后建立的新的稳定状态。触发器的次态 Q^{n+1}由输入信号值和触发器的现态决定。

由与非门组成的基本 RS 触发器功能表如表 7.1 所示。

表 7.1　由与非门组成的基本 RS 触发器功能表

$\overline{R}$	$\overline{S}$	Q^{n+1}	说　明
0	0	×	禁止
0	1	0	置 0
1	0	1	置 1
1	1	Q^n	保持

由或非门组成的基本 RS 触发器功能表如表 7.2 所示。

表 7.2　由或非门组成的基本 RS 触发器功能表

R	S	Q^{n+1}	说　明
0	0	Q^n	保持
0	1	1	置 1
1	0	0	置 0
1	1	×	禁止

7.2　同步触发器

在数字系统中，常用时钟脉冲（Clock Pulse，用 CP 表示）控制触发器的状态转换，使各触发器按一定的节拍同步动作，以取得系统的协调。这种采用时钟脉冲的触发器，简称钟控触发器或同步触发器。

7.2.1　同步 RS 触发器

同步 RS 触发器是由基本 RS 触发器改进的。

1. 电路组成

同步 RS 触发器电路可由基本 RS 触发器和与非门电路组成，如图 7.4（a）所示，两个与非门构成控制门。时钟脉冲由 CP 端输入，信号由 R、S 端输入，输入高电平有效。如

图7.4（b）所示为其逻辑符号。限定符号 CP 表示控制，R、S 与 CP 关联，输入受 CP 控制。C1、1R、1S 表明1R、1S 输入受C1 控制。

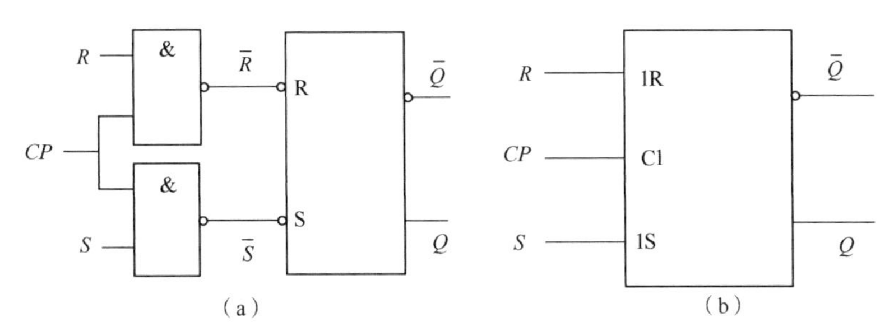

图7.4　同步 RS 触发器

2. 工作原理

同步 RS 触发器的工作原理如下。

（1）当 $CP=0$ 时，触发器状态保持。当 $CP=0$ 时，两个与非门被低电平封锁，R、S 无法输入。此时 $\overline{R}$、$\overline{S}$ 均为1，触发器状态保持。

（2）当 $CP=1$ 时，触发器的状态由输入信号 R、S 决定。两个与非门打开，与非门相当于非门，触发器的状态由输入信号 R、S 决定。输入信号与基本 RS 触发器的输入 $\overline{R}$、$\overline{S}$ 正好相反，输入高电平有效。

3. 功能表

当 $CP=1$ 时，同步 RS 触发器的状态转换可用功能表来表示，如表7.3所示。

表7.3　同步 RS 触发器功能表

R	S	Q^{n+1}	说　明
0	0	Q^n	保持
0	1	1	置1
1	0	0	置0
1	1	×	禁止

4. 特征方程

由功能表分析，当 $CP=1$ 时，同步 RS 触发器满足方程：

$$Q^{n+1}=S+\overline{R}Q^n$$

由于 $R=S=1$ 时，触发器的状态不定，应当加上限制条件 $RS=0$。所以特征方程为：

$$Q^{n+1}=S+\overline{R}Q^n \quad (7\text{-}1a)$$

$$RS=0\ （限制条件） \quad (7\text{-}1b)$$

7.2.2　D 触发器

从前面介绍的 RS 触发器可以得知，RS 触发器会出现状态不定的情况，电路需要改进。

而D触发器、JK触发器，则不会出现状态不定的情况。

1. 电路组成

D触发器可由RS触发器转换，在R、S两输入端间连接一个非门，形成RS触发器的输入值为互补关系。D触发器只有一个信号输入端“D”，其逻辑图如图7.5（a）所示。如图7.5（b）所示为其逻辑符号。

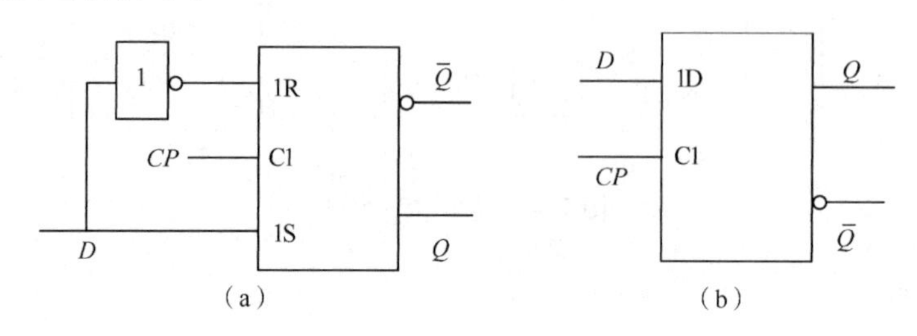

图7.5　同步D触发器

2. 逻辑功能分析

$CP=1$ 期间，当 $D=1$ 时，RS触发器的输入为 $S=1$、$R=0$，触发器置1；当 $D=0$ 时，RS触发器的输入为 $S=0$、$R=1$，触发器置0，不会出现触发器状态不定。

也可以通过特征方程来分析。RS触发器的特征方程为：

$$Q^{n+1}=S+\overline{R}Q^{n}$$

由于 $S=D$、$R=\overline{D}$，代入上式，则得到下式：

$$Q^{n+1}=D+DQ^{n}=D$$

所以D触发器的特征方程为：

$$Q^{n+1}=D \tag{7-2}$$

3. 功能表

由特征方程可得到D触发器的功能表，如表7.4所示。

表7.4　D触发器的功能表

D	Q^{n+1}
0	0
1	1

D触发器具有置0和置1两种确定的状态，克服了RS触发器会产生状态不定的缺点。

7.2.3　JK触发器

在实际应用中，常用到D触发器和JK触发器。D触发器和JK触发器是组成时序逻辑电路的基本单元。

1. 电路组成

JK 触发器也可由 RS 触发器转换而成，如图 7.6（a）所示，图 7.6（b）所示为 JK 触发器的逻辑符号。

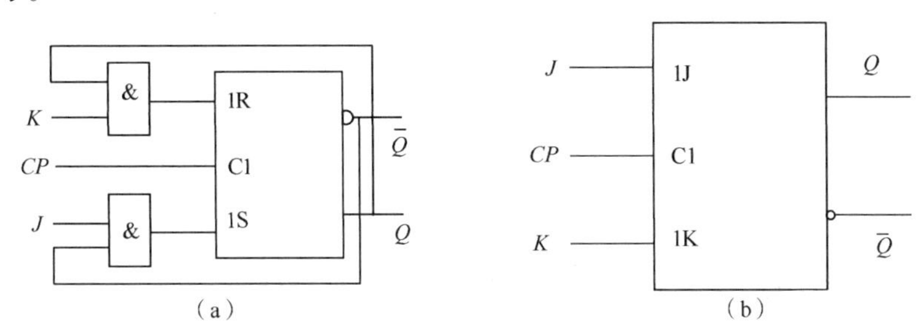

图 7.6　JK 触发器

2. 逻辑功能分析

JK 触发器可由 RS 触发器转换而成，逻辑功能可从其特征方程来分析。

（1）特征方程。RS 触发器的特征方程为：

$$Q^{n+1}=S+\overline{R}Q^n$$

由图 7.6（a）得到：

$$S=J\overline{Q^n}\quad R=KQ^n$$

代入上式得：

$$Q^{n+1}=J\overline{Q^n}+\overline{KQ^n}Q^n$$

化简：

$$Q^{n+1}=J\overline{Q^n}+(\overline{K}+\overline{Q^n})Q^n=J\overline{Q^n}+\overline{K}Q^n$$

得到 JK 触发器的特征方程：

$$Q^{n+1}=J\overline{Q^n}+\overline{K}Q^n \tag{7-3}$$

（2）逻辑功能分析。从 JK 触发器的特征方程可以分析触发器的逻辑功能。由式（7-3）可以得到 JK 触发器的功能表，如表 7.5 所示。

表 7.5　JK 触发器的功能表

J	K	Q^{n+1}	说　明
0	0	Q^n	保持
0	1	0	置 0
1	0	1	置 1
1	1	$\overline{Q^n}$	翻转

JK 触发器输入端的 4 种组合，都具有互不重复的确定状态，具有置 0、置 1、保持和翻转 4 种功能，也还会出现状态不定，但逻辑功能比较完善。

7.2.4　同步触发器的空翻现象

上述的同步触发器时钟控制功能不完善，存在“空翻”现象。所谓“空翻”是指在

$CP=1$期间，输入信号状态变化，会引起触发器输出 Q 状态的变化，不能保证在一个时钟脉冲周期内触发器只能翻转一次，而是会出现两次或两次以上的翻转，如图 7.7 所示。

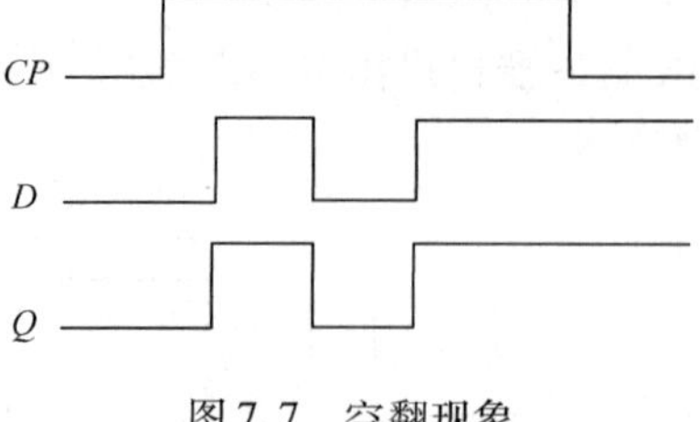

图 7.7　空翻现象

> **小提示**　触发器的空翻会破坏系统中各触发器的统一工作节拍，应当避免。解决方法是改进触发器的电路结构，可采用边沿触发方式或主从结构方式。

7.3　触发器相关输入、动态输入限定符号

GB/T 4728.12 中对触发器输入/输出限定符号做出了明确规定。解读这些限定符号，可以帮助我们从触发器的逻辑符号来了解触发器的逻辑功能。

7.3.1　数据输入限定符号

数据输入限定符号主要有 D、J、K、R、S 和 T 等，其功能如表 7.6 所示。

表 7.6　数据输入限定符号的功能

符　　号	输入处于其内部为“1”时	输入处于其内部为“0”时	注
D	元件存储“1”	元件存储“0”	$J=K=1$ 时，输出的内部逻辑状态变为其补状态一次 $R=S=1$ 的作用不由符号规定。其结果由“置位”、“复位”关联注明
J	元件存储“1”	对元件不起作用	
K	元件存储“0”	对元件不起作用	
R	元件存储“0”	对元件不起作用	
S	元件存储“1”	对元件不起作用	
T	每次本输入为“1”时，输出内部状态就变为原来的补状态	对元件不起作用	

7.3.2　动态输入

在一些时序电路中，输出状态的改变发生在输入状态由“0”→“1”或由“1”→“0”的瞬间，这样的输入称为动态输入。动态输入限定符号如图 7.8 所示，是以符号框线为底边的等腰小三角。

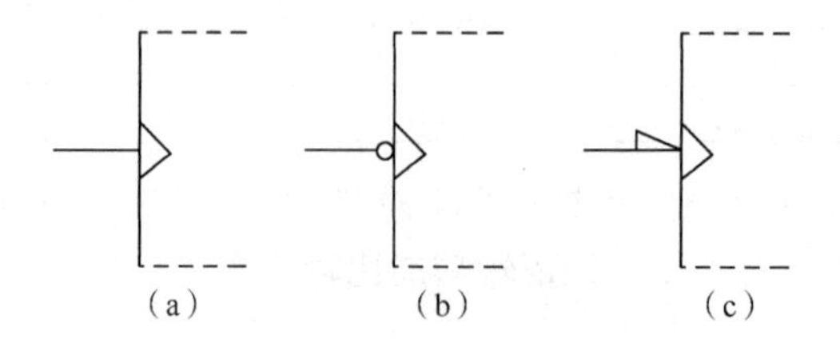

图 7.8　动态输入限定符号

如图 7.8（a）所示为只有在输入外部由“0”→“1”的瞬间，输入内部才呈现“1”，其他时间输入内部均处于“0”。

如图7.8（b）所示为只有在输入外部由“1”→“0”的瞬间，输入内部才呈现“1”，否则输入内部处于“0”。

如图7.8（c）所示为只有在输入外部电平由高→低的瞬间，输入内部才呈现“1”，否则输入内部处于“0”。

7.3.3 延迟输出

延迟输出符号如图7.9（a）所示。为了避免与其他符号相混，其符号应为两臂等长的小直角，但要注意，这里所讲的延迟是指逻辑状态的延迟，不是指信号传输的延迟。延迟输出符号表示：输出内部状态的变化延迟到引起它变化的输入信号恢复到其起始外部逻辑状态（或逻辑电平）时才开始，如图7.9（a）所示波形图。从波形图可知，当 CP 由“0”变到“1”后，输入内部 C1 = 1，允许数据 D 输入，而此时的 $D=1$，使输入内部 1D = 1，根据表7.6所述 D 输入的功能知道，单元应存储“1”，即 Q 应从“0”变为“1”。但由于输出内部有延迟输出符号，所以 Q 的这一变化要延迟到 CP 恢复到原来的“0”状态时才发生。如果输出内部没有延迟输出符号，则 Q 从“0”变为“1”无须延迟，如图7.9（b）所示。

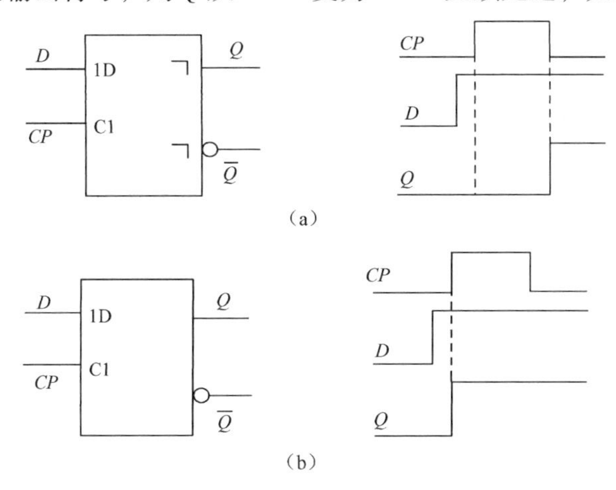

图7.9　延迟输出符号的意义

7.4 主从触发器

前面所述的同步触发器时钟控制功能不完善，存在“空翻”现象。触发器的空翻会影响系统中各触发器的统一工作节拍，需要改进触发的电路结构。采用边沿触发器或主从触发器可克服“空翻”现象。

1. 主从触发器的结构与逻辑符号

以主从 D 触发器为例，其逻辑图与逻辑符号如图 7.10 所示。

2. 工作过程

触发器串行连接，便可构成主从触发器，如图7.10（a）所示。由于主触发器的时钟 CP

和从触发器的时钟 $\overline{CP}$ 是互为反相的，所以 $CP=1$ 时主触发器打开，从触发器被 $\overline{CP}=0$ 封锁；$CP=0$ 时主触发器被 $CP=0$ 封锁，从触发器被 $\overline{CP}=1$ 打开，也就是把接收端的输入信号和输出 Q 状态的更新分两步进行，这就可以保证在一个时钟脉冲 CP 周期内，触发器的输出状态只可能改变一次，而不至于像同步触发器那样，在一个时钟脉冲 $CP=1$ 期间，输出 Q 的状态随输入信号的变化而多次改变，从而克服了“空翻”现象。

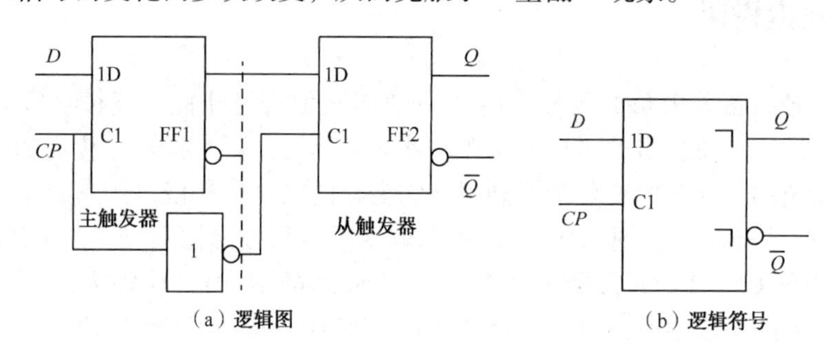

图 7.10　主从 D 触发器

3. 逻辑符号读解

读解主从触发器的逻辑符号，便于更好地理解主从触发器。

如图 7.10（b）所示是脉冲触发（主从）D 触发器的图形符号，输出内部有延迟输出符号，所以当 CP 由“0”变到“1”后，虽然 C1 =1，允许触发器接收 D 输入的数据，但输出内部的逻辑状态仍保持不变，直到 CP 恢复到原来的状态——“0”状态时，输出内部的逻辑状态才按刚才接收到的数据发生变化，如图 7.9（a）所示的波形图，可见输出状态的变化延迟了一个 CP 脉冲宽度。

注意，主从触发器在 $CP=1$ 期间，输入不能发生变化，否则产生的输出状态不由延迟输出符号决定。

4. 工作波形

根据前面所述，主从触发器具有 CP 前沿输入、延迟到 CP 后沿触发的特性。其工作波形如图 7.11 所示。

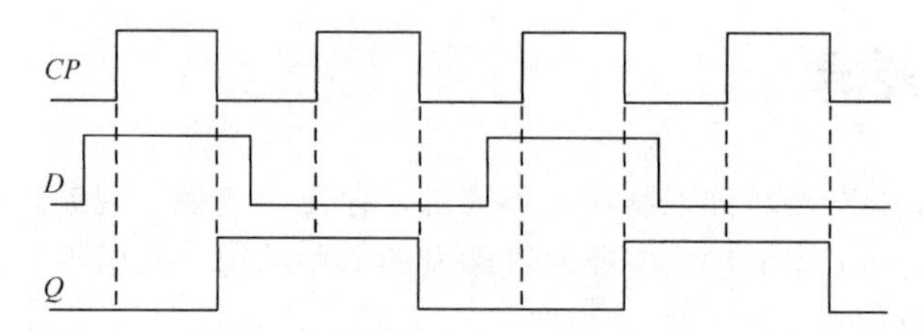

图 7.11　主从 D 触发器工作波形

7.5　边沿触发器

边沿触发器只在时钟脉冲的上升沿或下降沿接收输入信号，并根据输入信号控制触发器的翻转，而在其他时间，触发器保持状态不变。

7.5.1　边沿触发器相关限定符号及意义

了解边沿触发器相关限定符号及意义，可以更好地帮助我们理解边沿触发器的功能。

1. 时钟脉冲上升沿控制的动态输入

如图 7.12 所示为时钟脉冲上升沿控制的动态输入限定符号意义。

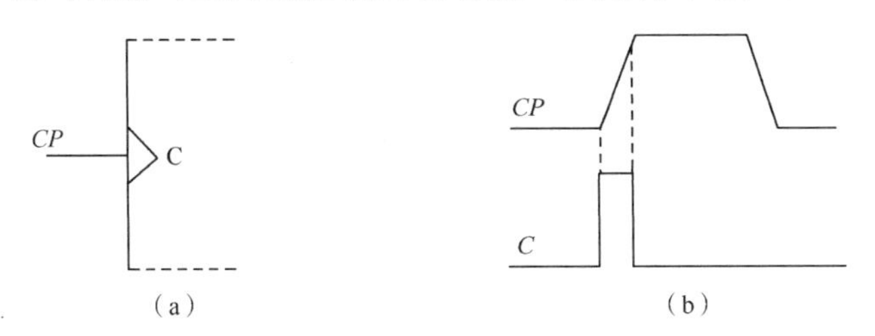

图 7.12　时钟脉冲上升沿控制的动态输入限定符号意义

由图可见，只有在 *CP* 从“0”→“1”的瞬间，内部的 *C* 控制才能为“1”，其他时间 *C* 为“0”。*C* 为控制关联，*C* 为“1”时，所关联的输入信号才能有效。

2. 时钟脉冲下降沿控制的动态输入

如图 7.13 所示为时钟脉冲下降沿控制的动态输入限定符号意义。

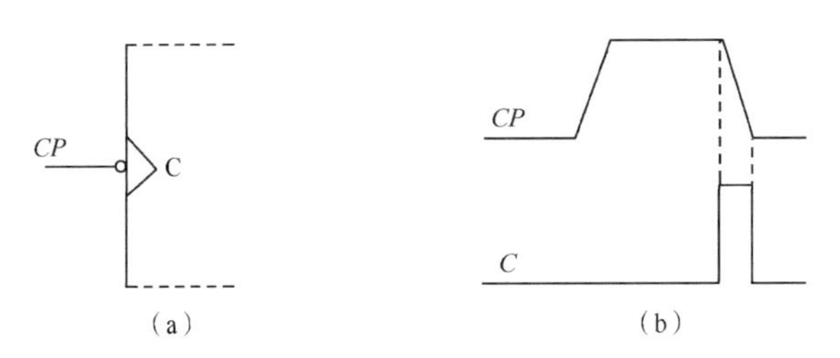

图 7.13　时钟脉冲下降沿控制的动态输入限定符号意义

由图可知，只有在 *CP* 从“1”→“0”的瞬间，内部的 *C* 控制才能为“1”，其他时间 *C* 为“0”。

7.5.2　上升沿触发的边沿触发器

上升沿触发的边沿触发器是在 CP 脉冲的上升沿触发的，以上升沿触发的边沿 D 触发器为例作介绍。

1. 上升沿触发的边沿 D 触发器

上升沿触发的边沿 D 触发器的逻辑符号如图 7.14 所示。

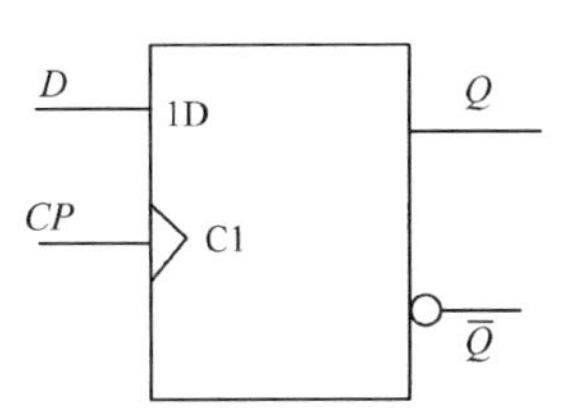

图 7.14　上升沿触发的边沿 D 触发器逻辑符号

当外部 CP 脉冲的上升沿到来时的瞬间，内部的 C1 为“1”，控制 1D 接收输入信号 *D*，此时触发器状态由输入信

号 D 决定。在其他时间，内部的 C1 为“0”，1D 由 C1 控制，输入不起作用。

2. 工作波形

根据前面所述，上升沿触发的边沿触发器只有在 CP 脉冲的上升沿到来时的瞬间，才能使状态 Q 发生变化，具有边沿触发的特点。其工作波形如图 7.15 所示。

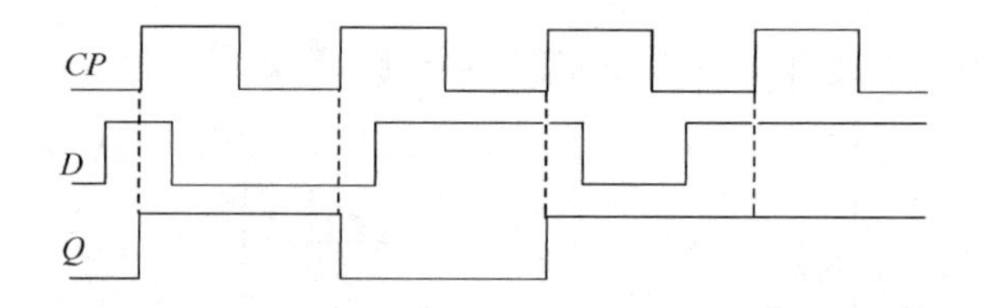

图 7.15　上升沿触发的边沿 D 触发器工作波形

3. 带有预置端的上升沿触发的边沿 D 触发器

带有预置端的上升沿触发的边沿 D 触发器的逻辑符号如图 7.16 所示。

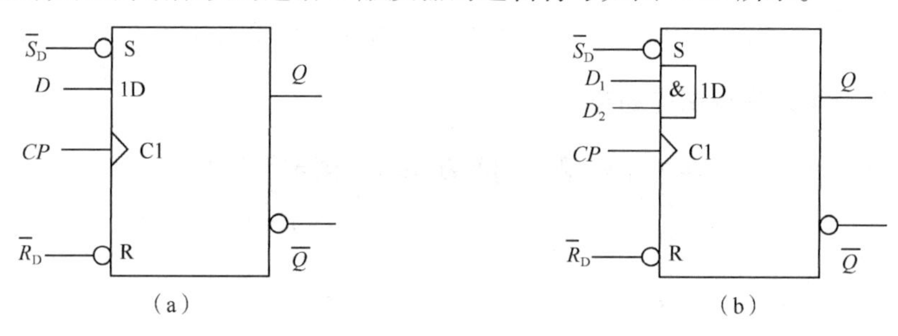

图 7.16　带有预置端的上升沿触发的边沿 D 触发器的逻辑符号

$\overline{R}_D$、$\overline{S}_D$ 分别称为直接置“0”输入端、直接置“1”输入端，低电平有效。内部的限定符号 R、S，不受 C1 控制，分别为置“0”控制、置“1”控制。

当 $\overline{R}_D=0$ 时内部 R = 1，触发器被复位到 0 状态。在时序逻辑电路中常需要系统复位，可用 $\overline{R}_D=0$ 来实现。

如图 7.16（b）所示为具有多个输入端的前沿触发的边沿 D 触发器。1D = D_1D_2，输入外部 $D_1D_2=1$ 时，内部 1D 才为“1”。多个输入端的集成触发器，在时序逻辑电路中可以简化电路。

7.5.3　下降沿触发的边沿触发器

下降沿触发的边沿触发器是在 CP 脉冲的下降沿触发的，以下降沿触发的边沿 JK 触发器为例作介绍。

1. 下降沿触发的边沿 JK 触发器

下降沿触发的边沿 JK 触发器的逻辑符号如图 7.17 所示。

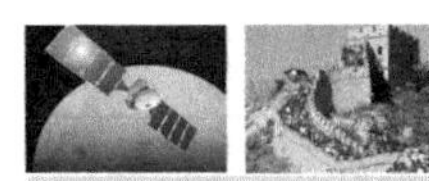

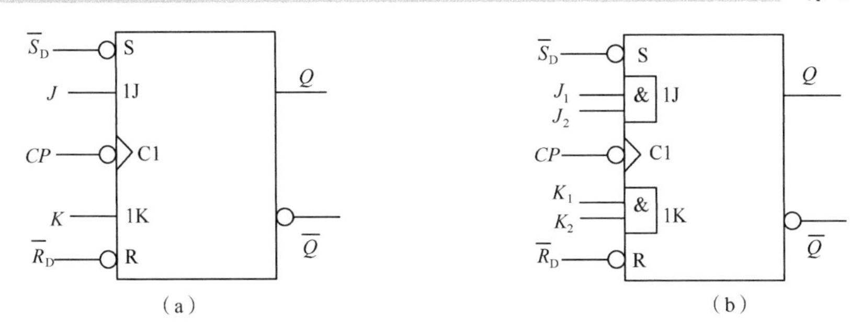

图 7.17　下降沿触发的边沿 JK 触发器的逻辑符号

2. 逻辑符号意义

当外部 CP 脉冲的下降沿到来的瞬间，内部的 C1 为“1”，控制 1J、1K 接收输入信号 J、K，此时触发器状态由输入信号 J、K 决定。在其他时间，内部的 C1 为“0”，1J、1K 由 C1 控制，J、K 输入不起作用。

如图 7.17（b）所示为多个输入端的下降沿触发的边沿 JK 触发器。

3. 工作波形

根据前面所述，下降沿触发的边沿 JK 触发器只有在 CP 脉冲的下降沿到来的瞬间，才能使状态 Q 发生变化，其工作波形如图 7.18 所示。

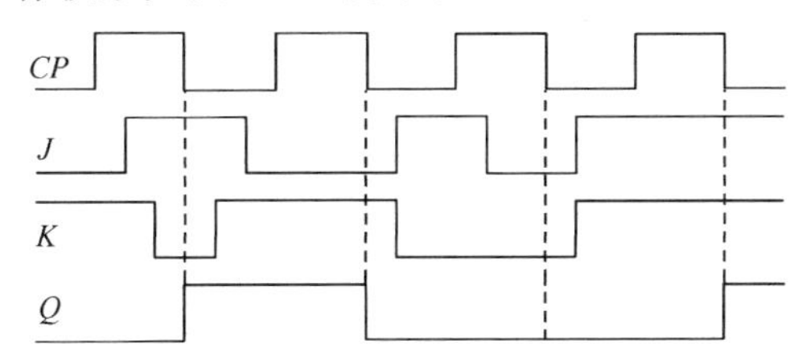

图 7.18　下降沿触发的边沿 JK 触发器的工作波形

小提示　同一逻辑功能的触发器，可以有不同的电路结构形式。同一种电路结构形式，也可以构成不同功能的触发器。不同逻辑功能的触发器或不同结构的触发器，其逻辑符号存在明显差异。理解和掌握逻辑符号及其意义，对于集成触发器电路的学习和应用有很大的帮助。

7.6　触发器的功能转换

不同的触发器间可以进行功能的转换。

7.6.1　JK 触发器转换为 D、T、T′型触发器

JK 触发器可以转换为 D、T、T′型触发器。

1. JK 触发器转换为 D 触发器

JK 触发器转换为 D 触发器电路如图 7.19 所示。

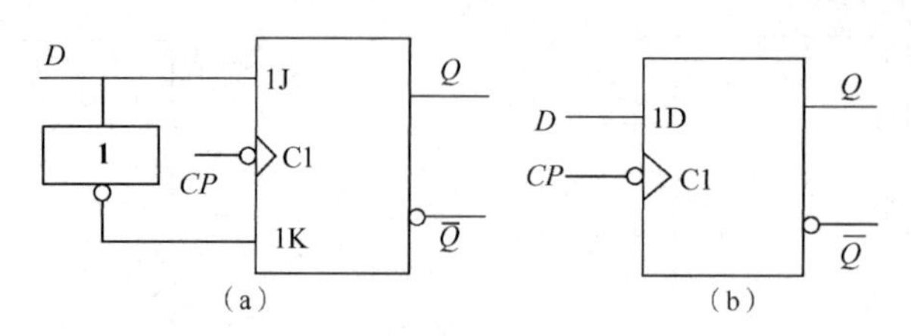

图 7.19　JK 触发器转换为 D 触发器电路

由图 7.19（a）分析触发器的逻辑功能。J 端与 K 端之间连接了非门，两输入形成互补关系。

当 $D=1$ 时，$J=1$，$K=0$，触发器置“1”；当 $D=0$ 时，$J=0$，$K=1$，触发器置“0”。触发器为 D 触发器。

触发沿没有改变，变换后的电路仍为下降沿触发。

2. JK 触发器转换为 T 触发器

JK 触发器转换为 T 触发器电路如图 7.20 所示。

由图 7.20 得到 $T=J=K$。

当 $T=0$ 时，$J=K=0$，$Q^{n+1}=Q^n$，触发器保持原状态不变；

当 $T=1$ 时，$J=K=1$，$Q^{n+1}=\overline{Q}^n$，触发器翻转。

将 $J=T$、$K=T$ 代入 JK 触发器的特征方程 $Q^{n+1}=J\overline{Q}^n+\overline{K}Q^n$，可得到 T 触发器的特征方程：

$$Q^{n+1}=T\overline{Q}^n+\overline{T}Q^n \tag{7-4}$$

T 触发器的功能表如表 7.7 所示。

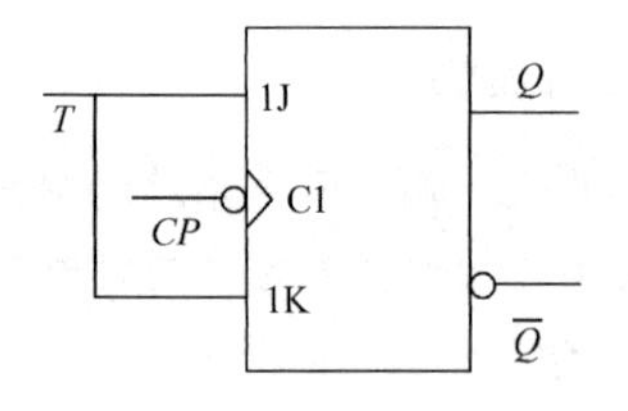

图 7.20　JK 触发器转换为 T 触发器电路

表 7.7　T 触发器的功能表

T	Q^{n+1}
0	Q^n
1	$\overline{Q}^n$

3. JK 触发器转换为 T′触发器

如图 7.21（a）所示，T 触发器的输入固定为 $T=1$ 时，$Q^{n+1}=\overline{Q}^n$。每当时钟脉冲 CP 到来一次，触发器状态就翻转一次。这种触发器称为 T′触发器。T′触发器将 CP 作为唯一的输入端。

T′触发器的特征方程为：

$$Q^{n+1}=\overline{Q}^n \tag{7-5}$$

JK 触发器转换为 T′触发器可有多种变换方式，如图 7.21 所示为 3 种不同方式的实例。对于 TTL 电路，JK 输入可以悬空，相当于高电平，如图 7.21（b）所示。对于 CMOS 电路，输入端不能悬空，如图7.21（a）和图7.21（c）所示，转换时应当注意。

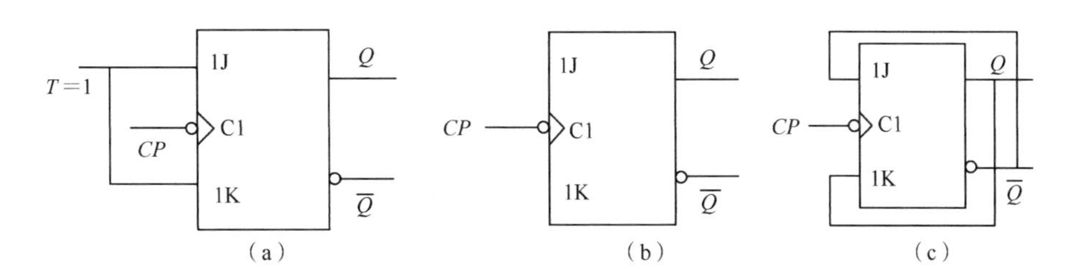

图7.21　JK触发器转换为T′触发器电路

注意　该T′触发器是CP下降沿触发的。

T′触发器（下降沿）的工作波形如图7.22所示。

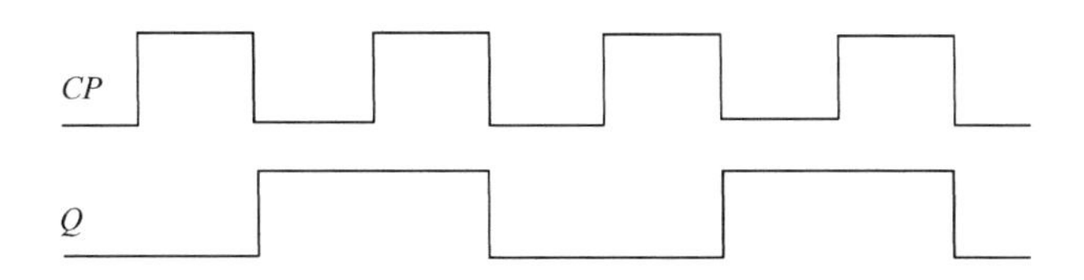

图7.22　T′触发器（下降沿）的工作波形图

7.6.2　D触发器转换为T′触发器

T′触发器也可由D触发器转换，如图7.23所示。

D触发器的特征方程为：$Q^{n+1}=D$。

由于 $D=\overline{Q}^n$，因此 $Q^{n+1}=D=\overline{Q}^n$，得到：$Q^{n+1}=\overline{Q}^n$。

注意：该T′触发器是CP上升沿触发的。

T′触发器（上升沿）的工作波形如图7.24所示。

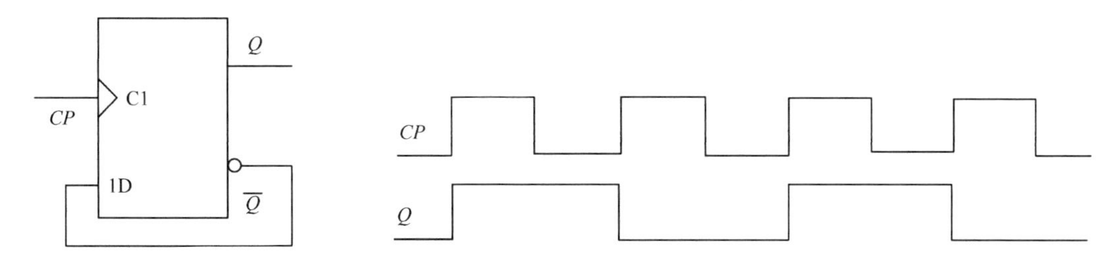

图7.23　D触发器转换成T′触发器　　图7.24　T′触发器（上升沿）的工作波形图

注意　不同的触发器间可以进行逻辑功能的转换。但是要注意，转换后的触发器的触发沿没有产生变化。

7.7 几种常用的集成触发器

几种常用的集成触发器如图 7.25 所示。

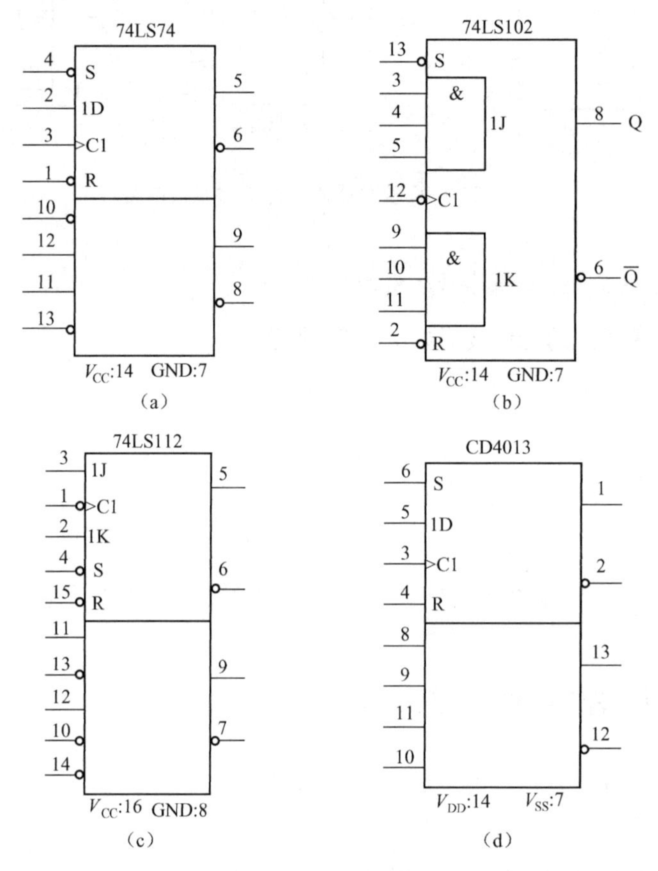

图 7.25 几种常用的集成触发器

（1）74LS74：双上升沿 D 触发器（有预置 0、预置 1 端），如图 7.25（a）所示。

（2）74LS102：3 输入端下降沿 JK 触发器（有预置 0、预置 1 端），如图 7.25（b）所示。

（3）74LS112：双下降沿 JK 触发器（有预置 0、预置 1 端），如图 7.25（c）所示。

（4）CD4013：COMS 双上升沿触发器，如图 7.25（d）所示。CD4013 也有预置 0 端和预置 1 端，为高电平有效，使用时要特别注意。

知识梳理与总结

本章主要阐述了触发器的基本原理及各类触发器的逻辑功能。为学习后面时序逻辑电路打基础。

本章重点内容如下：

（1）基本 RS 触发器；

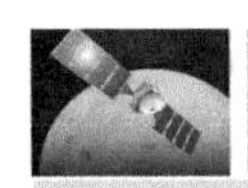

（2）同步触发器；
（3）主从触发器；
（4）边沿触发器；
（5）RS、D、JK、T、T′触发器逻辑功能；
（6）触发器限定符号。

实训 7 集成触发器的功能测试

1. 实训目的

（1）进一步了解触发器的逻辑功能。
（2）掌握集成触发器的基本使用方法。
（3）熟悉 74L74、74LS112、7LS102 电路。

2. 实训器材

（1）数字电路实验系统（箱）；
（2）集成电路 74L74、74LS112、7LS102。

3. 实训内容

触发器逻辑功能与应用。
（1）测试逻辑功能
触发器 74LS74、74LS112、74LS102 如图 7.26 所示，分别测试其逻辑功能。

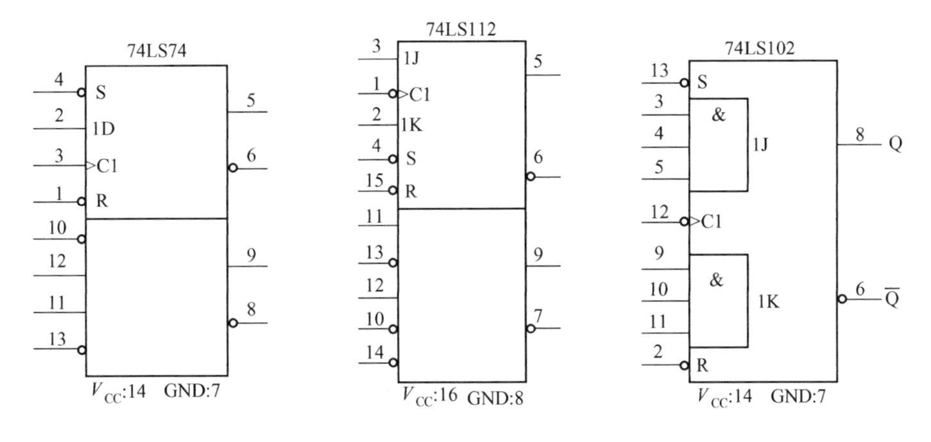

图 7.26 几种触发器

（2）分别将触发器 74LS112 变换为 D 触发器、T 触发器、T′触发器，并验证逻辑功能。
（3）将触发器 74LS74 变换为 T′触发器。

4. 实验报告要求

（1）整理实验数据与结果，整理实验体会；

（2）根据实验结果写出各触发器的功能表；
（3）写出实训报告。

习题 7

1. 单项选择题

（1）钟控 RS 触发器，若要求其输出“0”状态不变，则输入的 RS 信号应为（　　）。
A. RS = X0　　B. RS = 0X　　C. RS = X1　　D. RS = 1X

（2）下列表达式中是 JK 触发器的状态方程的是（　　）。
A. $Q^{n+1}=S+Q^n$　　B. $Q=J+K$　　C. $Q^{n+1}=J\overline{Q^n}+\overline{K}Q^n$　　D. $Q^{n+1}=D$

（3）下列触发器中输入有约束的是（　　）。
A. RS 触发器　　B. D 触发器　　C. JK 触发器　　D. T 触发器

（4）R-S 型触发器不具有（　　）功能。
A. 保持　　B. 翻转　　C. 置 1　　D. 置 0

2. 填空题

（1）用（　　）表示触发器接收输入信号之前所处的状态。
（2）触发器可以记忆（　　）位二进制数。
（3）常用的触发方式，一般有电平触发和（　　　）触发。
（4）边沿触发器可避免电平式触发器多次（　　　）的弊端。
（5）T 触发器的输入固定为 $T=$（　　　）时，$Q^{n+1}=\overline{Q^n}$，构成了 T′触发器。

3. 简答题

（1）按触发器逻辑功能来分，可分为哪几种类型?
（2）根据触发器的结构形式的不同，可分为哪几种形式?
（3）主从触发器，对输入信号有什么要求?
（4）什么样结构的触发器存在空翻现象？采用什么结构可以克服空翻?
（5）一种触发器转换为另一种触发器时，触发沿有何变化?

4. 分析题

（1）分别写出 RS、JK、D、T 触发器的特征方程，分析其逻辑功能并列出功能表。
（2）基本 RS 触发器的输入波形如图 7.27 所示，试对应画出触发器的输出波形。

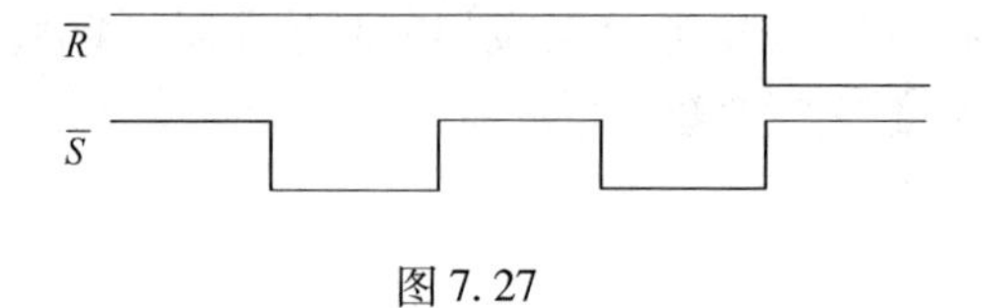

图 7.27

（3）下降沿 T 触发器的输入波形如图 7.28 所示，设触发器的初态为 $Q=0$，试对应画出触发器的输出波形。

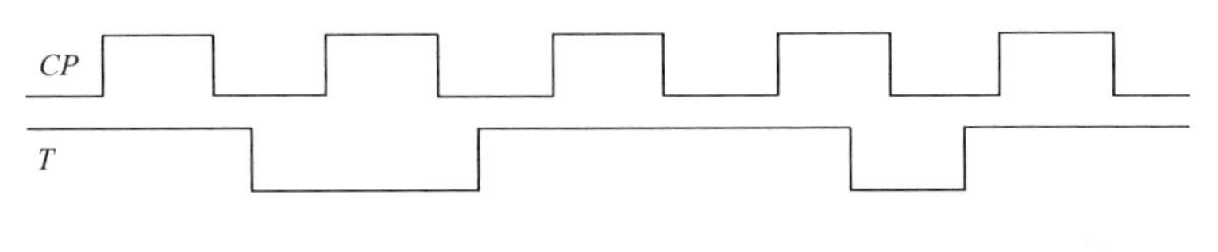

图 7.28

（4）一集成边沿触发器 74LS74，输入 CP、D、$\overline{S}_D$ 的波形如图 7.29 所示，设触发器的初态为 $Q=0$，试对应画出触发器的输出波形。

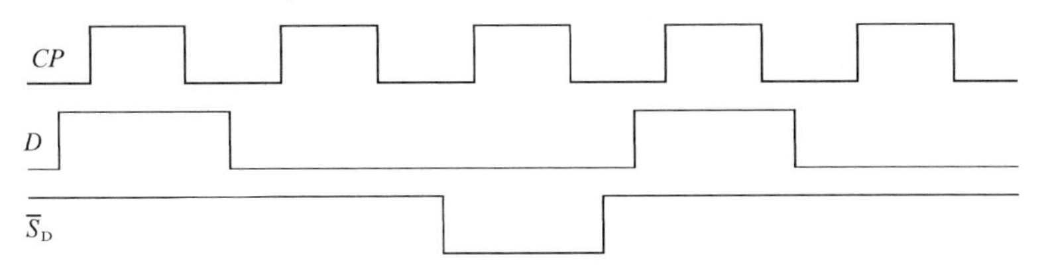

图 7.29

（5）触发器电路如图 7.30 所示，输入信号 A、B、C 的波形如图 7.30 所示，设触发器的初态为 $Q=0$，试对应画出触发器的输出波形。

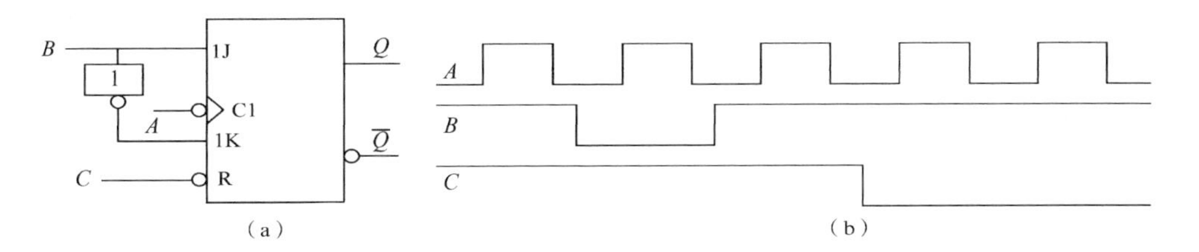

图 7.30

（6）电路和 CP 信号如图 7.31 所示，设各触发器的初态为 $Q=0$，试对应画出 Q_1、Q_2 的输出波形。

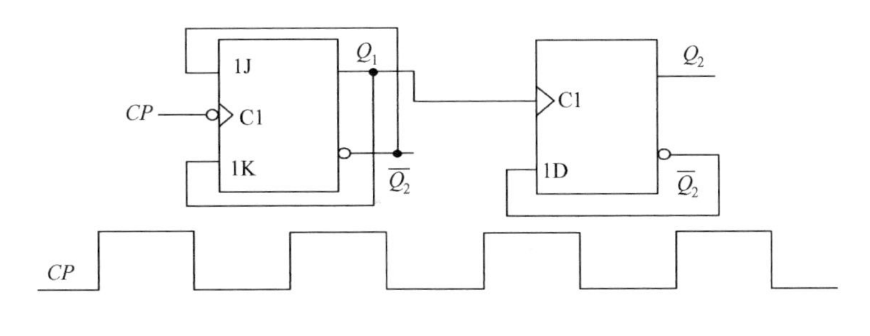

图 7.31

第8章 时序逻辑电路

本章以寄存器、计数器为主要学习内容，介绍了几种常用的时序逻辑电路。

教学导航

教	知识重点	1. 时序逻辑电路的特点　　3. 寄存器 2. 时序逻辑电路限定符号及其意义　　4. 集成计数器应用
	知识难点	1. 集成计数器应用　　2. 限定符号及其意义
	推荐教学方式	从触发器入手，由D触发器构成寄存器；由T和T′触发器分别构成同步和异步二进制计数器。借助限定符号的意义来理解时序电路的逻辑功能。结合实践教学，重点掌握电路的外部特性
	建议学时	8学时
学	推荐学习方法	借助限定符号的意义加深对触发器逻辑功能的理解。结合实践教学，重点掌握电路的外部特性
	必须掌握的理论知识	1. 限定符号　　2. 寄存器和计数器的逻辑功能
	必须掌握的技能	常用的相关集成电路的应用

8.1　时序逻辑电路基础知识

组合逻辑电路和时序逻辑电路是数字电路的两大重要组成部分。

8.1.1　时序逻辑电路的概念及分析方法

1. 时序逻辑电路的特点

时序逻辑电路在任何时刻的输出不仅取决于该时刻的输入，而且还与电路的原状态有关，即具有记忆功能。时序逻辑电路方框图如图8.1所示。

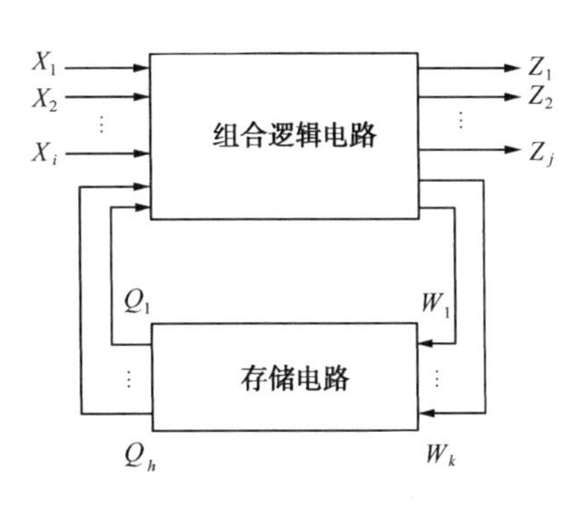

图8.1　时序逻辑电路方框图

由图8.1可知，时序逻辑电路包含组合逻辑电路和存储电路两部分。图中 $X_1 \sim X_i$ 代表时序电路的输入，$Z_1 \sim Z_j$ 代表时序电路的输出，组合电路的一部分输出 $W_1 \sim W_k$ 和存储电路的原状态共同决定存储电路的输出，$Q_1 \sim Q_h$ 代表存储电路的输出，同时又反馈到组合电路的输入端。这是时序电路的一般结构，某些时序电路会和该方框图有一些差别，但存储电路是必不可少的，其中存储电路是由具有记忆功能的触发器组成的，可以说触发器是最简单的时序逻辑电路。

2. 时序逻辑电路的分类

时序逻辑电路可按时钟控制时间和逻辑功能分类。

（1）按各触发器的时钟控制时间分类，可分为同步时序逻辑电路和异步时序逻辑电路。同步时序逻辑电路中，各触发器的状态变化是在同一时钟信号控制下同时发生的；而异步时序逻辑电路中，所有触发器的时钟端不是全接在一个时钟信号上，其状态转换有先有后。

（2）按逻辑功能分类，可分为数码寄存器、移位寄存器、计数器等。

3. 时序逻辑电路的分析方法

时序逻辑电路的分析方法一般有以下5个步骤。

（1）根据给定电路写出其驱动方程、时钟方程、输出方程。

（2）将各触发器的驱动方程代入相应触发器的特征方程，得出状态方程。

（3）由状态方程画出状态转换真值表。

（4）画出状态图、时序图。

（5）逻辑功能说明。

【实例8.1】 试分析如图8.2所示电路的逻辑功能。

解：（1）根据逻辑图写出驱动方程：

$$\left.\begin{aligned} J_0 = K_0 = 1 \\ J_1 = K_1 = 1 \\ J_2 = K_2 = 1 \end{aligned}\right\}$$

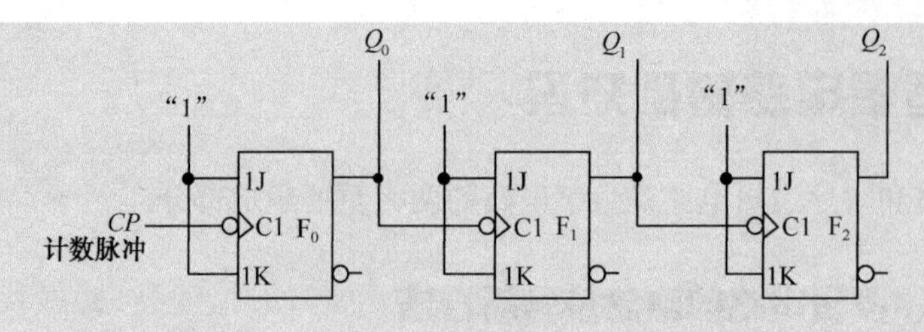

图 8.2　例 8.1 图

时钟方程：

$$\left.\begin{array}{l} CP_0 = CP\downarrow \\ CP_1 = Q_0^n\downarrow \\ CP_2 = Q_1^n\downarrow \end{array}\right\}$$

（2）将其代入特征方程 $Q^{n+1} = J\overline{Q}^n + \overline{K}Q^n$，求出状态方程：

$$\left.\begin{array}{l} Q_0^{n+1} = \overline{Q_0^n}CP\downarrow \\ Q_1^{n+1} = \overline{Q_1^n}Q_0^n\downarrow \\ Q_2^{n+1} = \overline{Q_2^n}Q_1^n\downarrow \end{array}\right\}$$

表 8.1　例 8.1 的状态转换真值表

CP	Q_2	Q_1	Q_0
0	0	0	0
1	0	0	1
2	0	1	0
3	0	1	1
4	1	0	0
5	1	0	1
6	1	1	0
7	1	1	1
8	0	0	0

（3）由状态方程画出状态转换真值表，如表 8.1 所示。

（4）画出状态图、时序图，如图 8.3 所示。

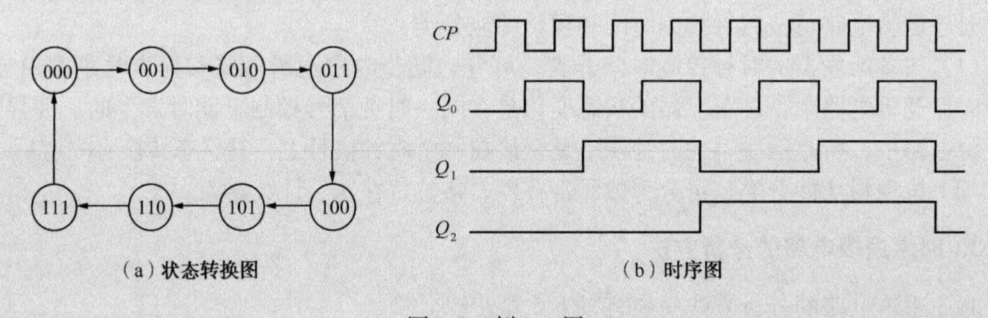

（a）状态转换图　　（b）时序图

图 8.3　例 8.1 图

（5）分析逻辑功能。由状态图和时序图可知，本电路为异步 3 位二进制加法计数器。

8.1.2　时序逻辑电路的相关限定符号

有一些限定符号在组合逻辑电路中已经描述过，这里不再重复，主要介绍一些常用的、最基本的时序逻辑电路的限定符号。

1. 时序元件的总限定符号

时序元件的总限定符号有以下 4 种。

（1）SRGm：表示 m 位移位寄存器的总限定符号，如 SRG8 表示 8 位移位寄存器。

（2）CTRm：表示 m 位二进制计数器，如 CTR4 表示 4 位二进制计数器。

（3）CTRDIVm：表示计数长度为 m 的计数器，如 CTRDIV10 表示十进制计数器。在具有不同计数长度的元件阵列中（例如，二—五—十进制计数器），DIVm 标注在每个单元中，而只需在公共框中标出 CTR。

（4）RAM *：表示随机存储器，符号 * 要用地址和位数的适当符号来替代。

2. 其他关联符号

其他关联符号有以下 3 种。

（1）C1/→：表示该信号既作为控制关联影响信号，又作为右移（从左向右或从上向下）触发信号。

（2）1→/2←：分别表示受相应关联控制的右移和左移（从右到左，或从下向上）的移位触发信号。

（3）2－/3＋：“－”表示减法计数，“＋”表示加法计数。2 和 3 表示减法和加法计数分别受相应关联作用控制。

8.2 寄存器

寄存器是一类非常重要的时序电路部件，它能将一些数码或指令存放起来，以便随时调用，它由具有存储功能的触发器构成。一个触发器能存放 1 位二进制数码，如要存储 n 位二进制数码就需要 n 个触发器。

寄存器存放数码的方式有并行和串行两种。并行方式是指数码从各对应输入端同时输入到寄存器中；串行方式是指数码从一个输入端逐位输入到寄存器中。

寄存器取出数码的方式也有并行和串行两种。并行方式是指存储数码从各对应输出端同时取出；串行方式是指存储数码从一个输出端逐位输出。

寄存器按功能不同可分为：数码寄存器和移位寄存器。

8.2.1 数码寄存器

数码寄存器的功能是暂存数据，现以 4 位数码寄存器为例进行分析。

1. 电路组成

如图 8.4 所示，4 个 D 触发器构成 4 位数码寄存器，4 个触发器的输入端 $D_3D_2D_1D_0$ 作为寄存器的数码输入端，4 个触发器的时钟 CP 接在一起作为送数脉冲控制端。

2. 工作原理

图 8.4 中，触发器是上升沿触发的边沿 D 触发器，它们接受同一个 CP，故为同步时序逻辑电路。在 CP 上升沿到来的瞬间，数码 $D_3D_2D_1D_0$ 被同时存放到了相应触发器的输出端，所以电路采用的是并行输入、并行输出的方式。

除 D 触发器以外，RS 触发器和 JK 触发器都可以构成寄存器，不过用 D 触发器构成数码寄存器最简单。目前常用的寄存器多采用 D 触发器构成。

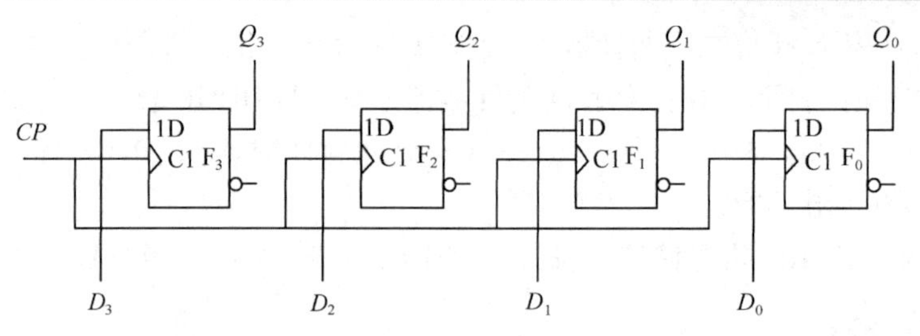

图 8.4　4 位数码寄存器

8.2.2　移位寄存器

移位寄存器具有存储数码和数码移位两种功能。数码移位是指寄存器中所存数码在脉冲 CP 作用下能依次左移或右移。

根据数码移动情况的不同，寄存器可分为单向移位寄存器和双向移位寄存器。

1. 单向移位寄存器

单向移位寄存器可分为左移寄存器和右移寄存器。以 4 位左移寄存器为例进行分析。

（1）电路组成。如图 8.5 所示，触发器 F_0 的 D 端接收存储数码，其他高位触发器的 D 端依次接低位的输出端 Q，所有触发器的复位端 R 接在一起作为寄存器的清零端，4 个触发器的时钟 *CP* 接在一起作为移位脉冲输入端。

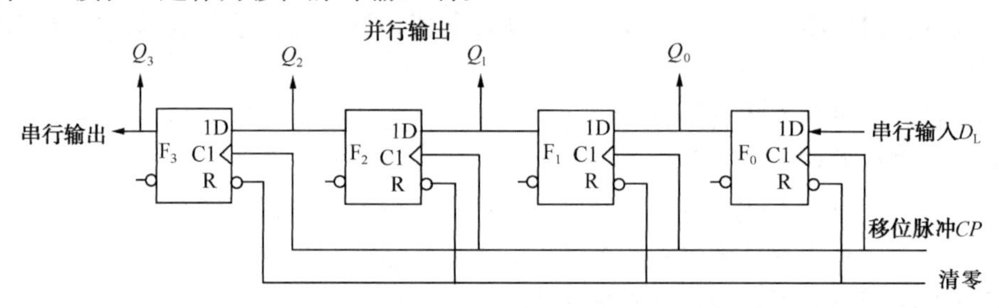

图 8.5　4 位左移寄存器

（2）工作原理。现将数码 $D_3D_2D_1D_0$（如 1010）从高位 D_3 至低位 D_0 依次串行送到串行输入 D_L 端。第一个 *CP* 上升沿之后，$Q_0=D_3=1$，第二个 *CP* 上升沿之后，$Q_0=D_2=0$，$Q_1=D_3=1$。依次类推，可得 4 位左移寄存器的状态转换表，如表 8.2 所示。为进一步加深理解，可画出时序图，如图 8.6 所示（假设初始时所有触发器的 Q 端都为 0）。

表 8.2　4 位左移寄存器状态转换表

CP	Q_3	Q_2	Q_1	Q_0	D_L
初始	0	0	0	0	D_3　1
1	0	0	0	1	D_2　0
2	0	0	1	0	D_1　1
3	0	1	0	1	D_0　0
4	1	0	1	0	

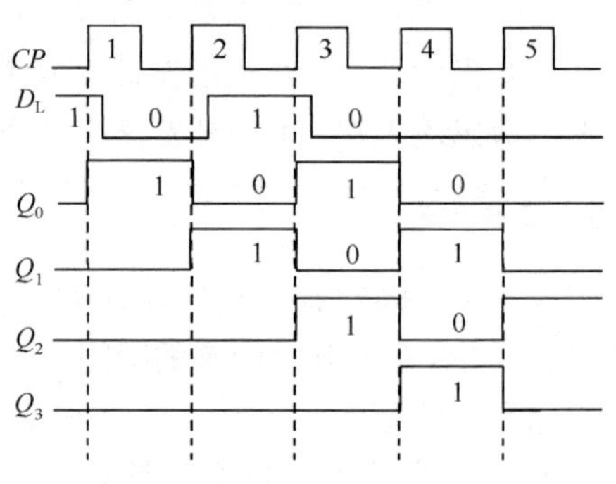

图 8.6　时序图

显然，4 个 CP 脉冲以后，4 个数据全部存入寄存器，$Q_3Q_2Q_1Q_0=1010$，该电路采用的是串行输入方式。这时可以采用并行输出，也可以将 Q_3 端作为串行输出口采用串行输出，所以该电路可以称为串入－串/并出单向移位寄存器。

(3) 其他单向寄存器。除左移寄存器外，还有串入－串/并出单向右移寄存器，分析方法相同，这里不再叙述。另外，加一些控制门还可以形成串/并入－串/并出单向移位寄存器。

2. 双向移位寄存器

双向移位寄存器的功能是既能左移，又能右移，如下面介绍的集成电路 74LS194。

8.2.3 集成移位寄存器

1. 74LS194

74LS194 为 4 位双向移位寄存器（有清零、串/并入、串/并出、保持的逻辑功能），其逻辑符号如图 8.7 所示。

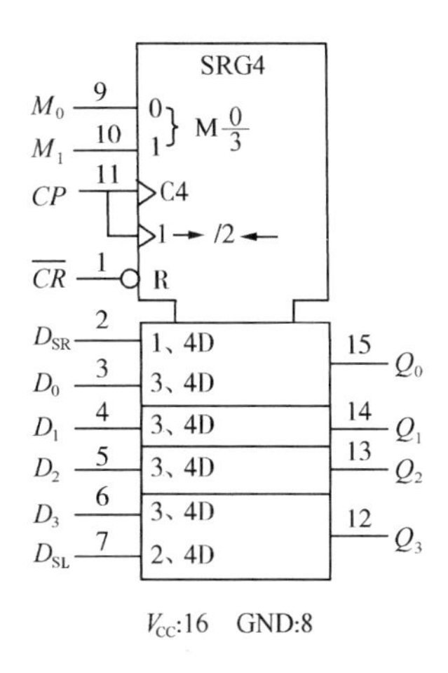

图 8.7　74LS194 的逻辑符号

其中，$\overline{CR}$为复位端，低电平有效；D_{SR}为右移串行数据输入端；D_{SL}为左移串行数据输入端；

D_0、D_1、D_2、D_3 为并行数据输入端；Q_0、Q_1、Q_2、Q_3 为并行数据输出端。

公共框中的 M 是方式关联符号，在这里的作用是选定移位方式，图中 M $\frac{0}{3}$标注的位组合符号表示被组合的两个输入 M_0、M_1 能定义 M0、M1、M2、M3 这 4 个关联标记，而这 4 个关联标记分别确定一种操作方式。当 $M_1M_0=01$ 时，M1＝1，其余均为“0”，从带有标识序号为“1”的限定符号“1→”可知，此时元件具有右移功能；当$M_1M_0=10$ 时，M2＝1，由标识符号“2←”可知，此时元件具有左移功能。

当 M1＝1，每次 CP 从“0→1”使“C4”和“1→”为“1”时，存储在元件中的数据就右移 1 位，而数据则从 D_{SR}端串行输入（该端内部有限定符号 1、4D）。同理，当 M2＝1 时，伴随 CP 上升沿，数据从 D_{SL}端串行输入（该端内部有限定符号 2、4D）。操作方式选择 M3＝1，C4＝1 时，只有带有标识序号为 3、4 的受影响端才能动作，此时，数据从 $D_0 \sim D_3$ 端并行输入，实现了预置。操作方式选择 M0＝1，因没有标识序号为 0 的受影响端，所以当 C4＝1 时，元件不动作，保持原来的状态。如表 8.3 所示为 74LS194 的逻辑功能表。

表 8.3　74LS194 逻辑功能表

输　入					输出功能
$\overline{CR}$	CP	M_1	M_0	$M\frac{0}{3}$	$Q_3 \sim Q_0$
0	×	×	×		清零
1	×	0	0	(M0)	保持
1	↑	0	1	(M1)	右移，串入并出
1	↑	1	0	(M2)	左移，串入并出
1	↑	1	1	(M3)	预置，并入并出

2. CC4015

CC4015 为双 4 位移位寄存器（串入并出），其逻辑符号如图 8.8 所示。

3. SN74164

SN74164 为 8 位移位寄存器（串入并出），具有清零、移位（右移）、保持的功能。输入数据 D 是 1、2 端的信号相与；$\overline{CR}=0$ 时，寄存器清零；$\overline{CR}=1$，CP 上升沿到来时，数据串行进入寄存器，同时右移 1 位。SN74164 的逻辑符号如图 8.9 所示。

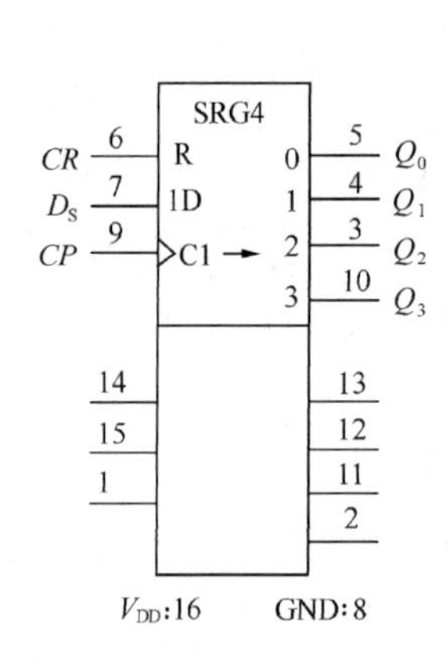

图 8.8　CC4015 的逻辑符号

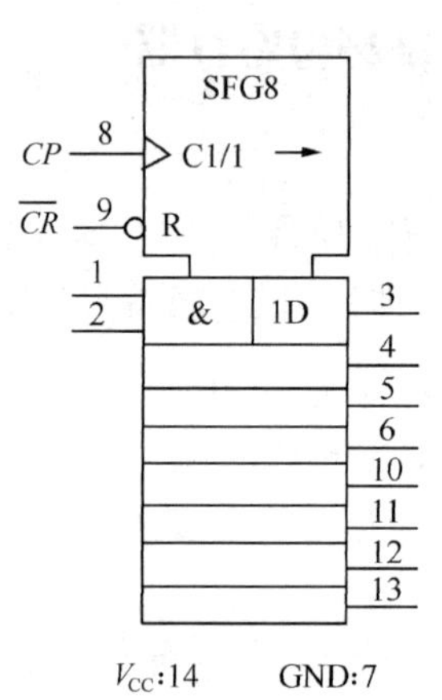

图 8.9　SN74164 的逻辑符号

8.3　计数器

计数器按计数容量可分为二进制、十进制、任意进制计数器；按各触发器的时钟控制时间可分为异步计数器和同步计数器；按计数过程中数是增加还是减少可分为加法、减法和可逆计数器。

8.3.1　二进制计数器

二进制计数器是计数器中最基本的电路，它是指计数容量为 2^n 的计数器，n 是指触发器的个数。二进制计数器又可分为同步二进制计数器和异步二进制计数器。

1. 同步二进制计数器

同步二进制计数器就是将输入计数脉冲同时加到各触发器的时钟输入端，使各触发器在计数脉冲到来时同时触发。

（1）同步二进制加法计数器。如图 8.10 所示是一个同步 3 位二进制加法计数器（2^3，即八进制计数器）。CP 是计数脉冲，现分析其逻辑功能。

同步二进制计数器的触发器是由 JK 触发器构成的 T 触发器组成。驱动方程为：

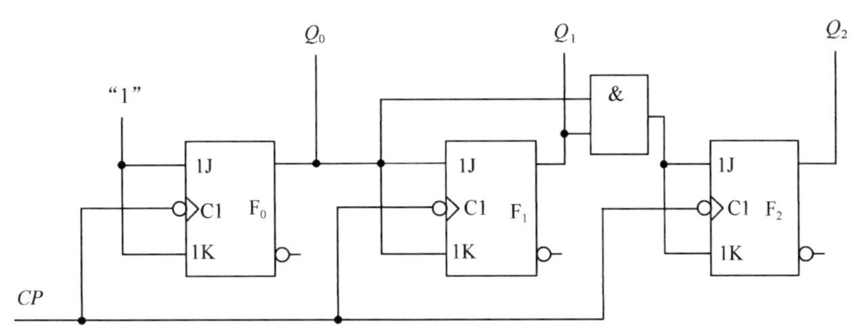

图 8.10　同步3位二进制加法计数器

$$T_0=1$$
$$T_1=Q_0^n$$
$$T_2=Q_1^nQ_0^n$$

从驱动方程可看出，当低位状态全为1时，$T=1$ 造成T触发器状态翻转，完成进位。

状态转换真值表见表8.1。

状态转换图见图8.3（a）。

得出结论：该电路为3位二进制加法计数器（或八进制加法计数器）。

状态转换图是以图形的方式描述各触发器的状态转换关系，如图8.3（a）所示，一个圆圈表示一种状态，圈内的数字分别表示 $Q_2Q_1Q_0$ 的状态，一个箭头表示一个计数脉冲 CP，箭头方向表示 CP 到来时各触发器的状态转换方向。由图可以看出8个脉冲一个循环，所以是八进制计数器，也可称为3位二进制计数器。

假设触发器起始状态为000，由图可看出每来一个计数脉冲，计数器状态加1，所以它是一个同步八进制加法计数器。Q_2 端的脉冲频率是 CP 脉冲频率的1/8，所以该计数器也是一种分频器。

（2）同步二进制减法计数器。3位二进制减法计数器电路如图8.11所示，分析其逻辑功能。

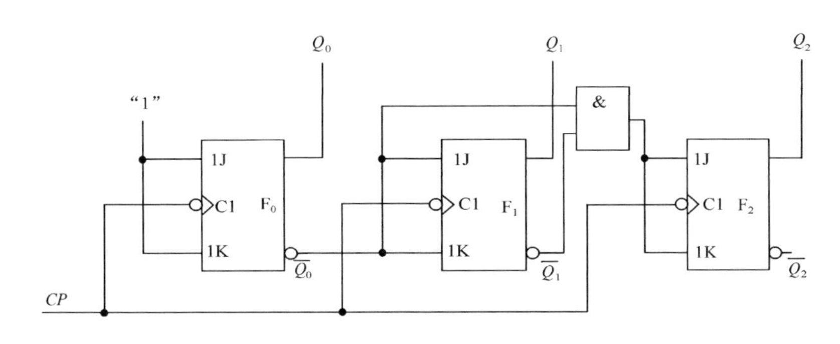

图 8.11　3位二进制减法计数器

分析步骤同加法计数器，当低位状态全为0时，$T=1$ 造成T触发器状态翻转，完成借位。不难得出电路的状态转换表，如表8.4所示，时序图如图8.12所示。

表8.4　同步二进制减法计数器状态转换表

CP	Q_2	Q_1	Q_0
0	0	0	0
1	1	1	1
2	1	1	0
3	1	0	1
4	1	0	0
5	0	1	1
6	0	1	0
7	0	0	1
8	0	0	0

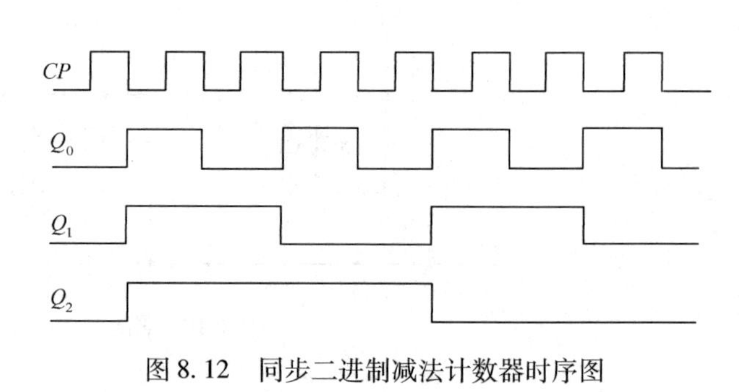

图8.12　同步二进制减法计数器时序图

由状态转换真值表和时序图可看出，每输入一个 CP，计数状态就减1，8个计数脉冲 CP 后，电路完成一个循环，可见该电路是同步3位二进制减法计数器。

2. 异步二进制计数器

异步二进制计数器是指计数脉冲不是同时加到所有触发器的时钟输入端，各触发器状态的变换有先有后。

电路如例8.1的图8.2所示，外来脉冲 CP 加到最低位触发器的时钟输入端，而低位触发器的输出作为相邻高位触发器的时钟脉冲。每个触发器的J、K端均接“1”，构成T′触发器。由例8.1分析可知，这是一个异步二进制加法计数器。异步二进制计数器可由T′触发器组成，其级间连接规律见表8.5。

表8.5　异步二进制计数器级间连接规律

触发沿 / 计数方式	T′触发器的触发沿	
	上升沿	下降沿
加法（递增）计数	$CP_i=\overline{Q}_{i-1}$	$CP_i=Q_{i-1}$
减法（递减）计数	$CP_i=Q_{i-1}$	$CP_i=\overline{Q}_{i-1}$

8.3.2　十进制计数器

十进制计数器较二进制计数器更方便、更熟悉。数字系统中常用十进制计数器。十进制计数器有10个状态，组成它需要4个触发器。4个触发器共有16种状态，应保留10个状态（称为有效状态，其余6个是无效状态）。十进制计数器用BCD码来表示计数的状态。BCD码有多种，其中最常用的是8421BCD码。

十进制计数器状态转换真值表如表8.6所示，状态转换图如图8.13所示，时序图如图8.14所示。

由于从状态图可看出它的有效状态转换符合8421码的规律，所以称为8421码十进制加法计数器。

表 8.6　十进制计数器状态转换真值表

CP	Q_3	Q_2	Q_1	Q_0	CP	Q_3	Q_2	Q_1	Q_0
0	0	0	0	0	6	0	1	1	0
1	0	0	0	1	7	0	1	1	1
2	0	0	1	0	8	1	0	0	0
3	0	0	1	1	9	1	0	0	1
4	0	1	0	0	10	0	0	0	0
5	0	1	0	1					

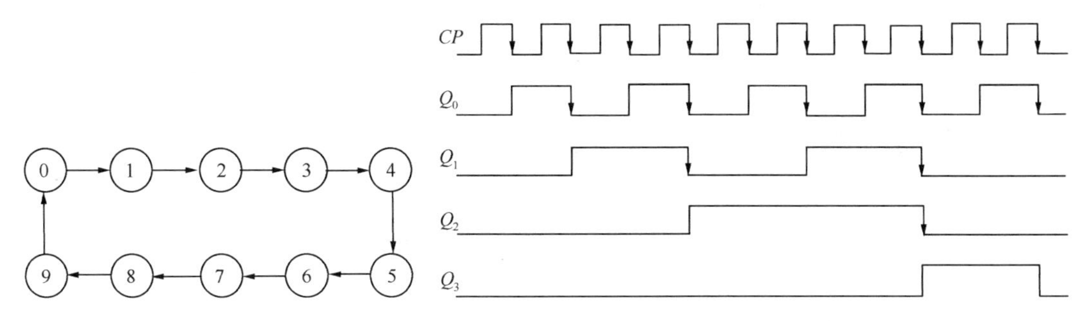

图 8.13　同步十进制加法计数器状态转换图

图 8.14　同步十进制加法计数器时序图

8.3.3　任意进制计数器

除二进制和十进制以外的计数器，统称为任意进制计数器。在实际工作中，经常需要任意进制的计数器，例如，钟表的秒、分是六十进制计数。任意进制计数器是在二进制计数器的基础上利用反馈扣除多余项（无效状态）后实现的。任意进制计数器也可分为同步和异步计数器。如图 8.15 所示是一个异步五进制加法计数器。

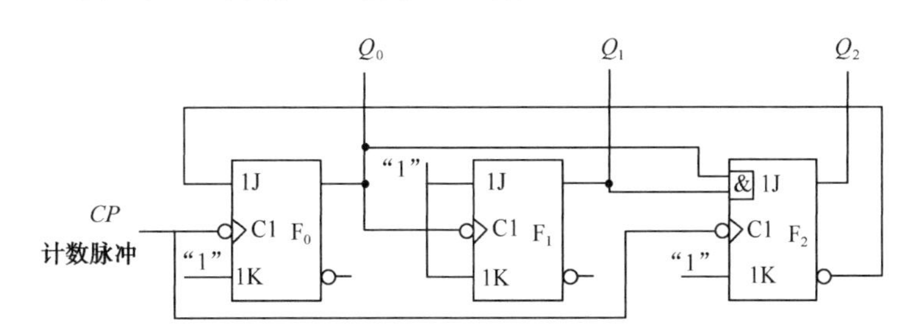

图 8.15　异步五进制加法计数器

由图 8.15 可知，触发器 F_0 和 F_1 中，$K_0=1$，$J_0=\overline{Q}_2^n$，$J_1=K_1=1$。当触发器 F_2（为 0 态）发生翻转前，$\overline{Q}_2^n=1$ 时，触发器 F_0 和 F_1 构成一个 2 位二进制加法计数器。

计数状态的变化为 000→001→010→011，因为 $J_2=Q_1^nQ_0^n$，所以当计数到 011 时，$J_2=1$，$K_2=1$，为 F_2 的翻转做好准备。当第 4 个计数脉冲到来后，F_2 由 0 变为 1，F_0 和 F_1 也翻转，状态变为 100。此时$\overline{Q}_2^n=0$，反馈到 J_0 端，阻塞了 F_0 的翻转，$Q_1^nQ_0^n=00$。触发器 F_2 的 $J_2=0$，这样第 5 个计数脉冲到来后，F_2 由 1 变为 0，计数器回到原状态 000。计数器经 5 个脉冲后完成一个循环，该电路称为五进制计数器。如表 8.7 所示为五进制计数器状态转换真值

表，如图 8.16 所示为五进制加法计数器的状态转换图。

表 8.7　五进制计数器状态转换真值表

CP	Q_2	Q_1	Q_0
0	0	0	0
1	0	0	1
2	0	1	0
3	0	1	1
4	1	0	0
5	0	0	0

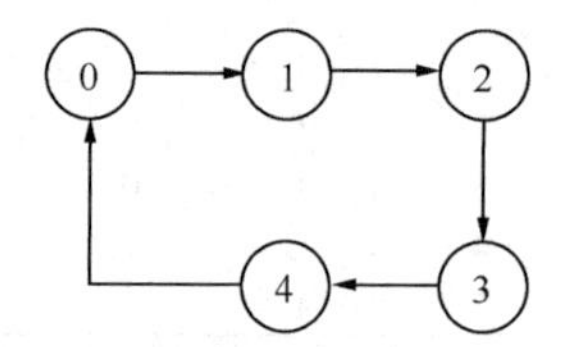

图 8.16　五进制加法计数器状态转换图

8.4　集成计数器的功能及应用

随着集成电路的发展，集成计数器的应用变得越来越普及，越来越方便。

8.4.1　集成计数器的功能

1. 74LS160 ~ 74LS163

74LS160 ~ 74LS163 为同步计数器，具有清零、置数、计数和保持的功能。74LS160 ~ 74LS163 功能比较如表 8.8 所示，引脚功能基本相同。74LS161 逻辑符号如图 8.17 所示，其功能如表 8.9 所示。

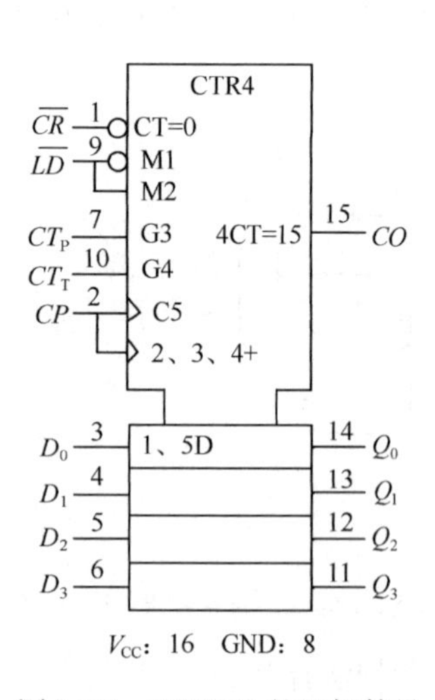

图 8.17　74LS161 的逻辑符号

表 8.8　74LS160 ~ 74LS163 功能比较

型号＼功能	进制	清零	预置数
74LS160	十进制	低电平异步	低电平同步
74LS161	二进制	低电平异步	低电平同步
74LS162	十进制	低电平同步	低电平同步
74LS163	二进制	低电平同步	低电平同步

表 8.9　74LS161 功能表

输　入					输出功能
$\overline{CR}$	CP	$\overline{LD}$	CT_P	CT_T	$Q_3 \sim Q_0$
0	×	×	×	×	清零
1	↑	0	×	×	同步预置
1	↑	1	1	1	计数
1	×	1	0	×	保持
1	×	1	×	0	保持

在图 8.17 中，$D_0 \sim D_3$ 为并行输入数码；$Q_0 \sim Q_3$ 为计数器输出端。

图 8.17 中的总限定符号 CTR4 表示 4 位二进制计数器；1 端内的内容输入符号 CT = 0 表示只要 1 端输入“0”，元件就被清零，1 端是异步清零端。9 端内部有 M1、M2 两个方式关联标记，表明此元件有两种操作方式，从并行数据输入端 $D_0 \sim D_3$ 内部的限定符号 1、5 可

知，当 M1 = 1，即$\overline{LD}$ = 0 时，数据才可能被元件存储，即并行置数，从 2 端内部的限定符号 2、3、4 + 可知，元件进行计数的首要条件是 M2 = 1，即$\overline{LD}$ = 1。M2 = 1 的操作方式是计数。元件进行计数，还必须使 G3 = 1、G4 = 1，这样，当 CP 上升沿到来时，进行一次加计数（加 1）。15 端内部的输出符号 CT = 15 表示元件内容值为 15（即计数到 15）时，15 端送出一个进位脉冲，另外从 CT = 15 前的标注序号 4 可知，15 端还受 G4 控制，当 G4 = 1 时才允许该输出端动作。

2. 74LS290

74LS290 为二—五—十进制异步加法计数器，具有清零、置 9、计数的功能。其逻辑符号如图 8.18 所示，功能如表 8.10 所示。另外，74LS90 与 74LS290 功能一样，引脚分布不同。

在图 8.18 中，阵列框中的限定符号 DIV2 和 DIV5 分别表示该单元是二进制计数器和五进制计数器。

$R_{0(1)}$、$R_{0(2)}$ 是异步清零端，$S_{9(1)}$、$S_{9(2)}$ 是异步置 9 端，当 $R_{0(1)}$、$R_{0(2)}$ 和 $S_{9(1)}$、$S_{9(2)}$ 中有一个为低电平时，即可计数。

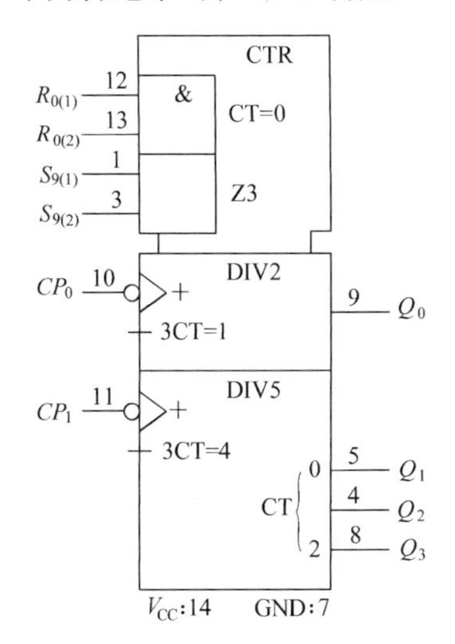

图 8.18　74LS290 逻辑符号

表 8.10　74LS290 功能表

输入				输出
$R_{0(1)}$	$R_{0(2)}$	$S_{9(1)}$	$S_{9(2)}$	Q_3　Q_2　Q_1
1	1	0	×	清零
1	1	×	0	清零
0	×	1	1	置“9”
×	0	1	1	置“9”
0	×	×	0	计数
0	×	0	×	计数
×	0	×	0	计数
×	0	0	×	计数

阵列框中与输入边框线垂直相交的短横线称为内部输入限定符号。内部输入是逻辑元件内部连接的一种形式，没有引出端，必须用关联标记表明该输入的来源，图中两个内部输入处的关联标识序号都是 3，当 Z3 = 1 时（此时 CT = 0 处应为“0”状态），就使标注 3CT = 1 的内部处于“1”，从而使 9 端内部处于“1”，同时使标注 3CT = 4 的内部处于“1”，从而使 DIV5 元件内容的值为 4，即使 8、4、5 端内部处于“100”。当 $S_{9(1)} = S_{9(2)} = 1$ 时，因 Z3 = 1 而实现了置 9（8、4、5、9 端的内部处于 1001）。

输出内部的限定符号是用 CT 标注的多位输出的位组合符号。括号内的 0、2（1 被省略）表示被组合的各输出的权。

当 CP_0 输入计数脉冲时，Q_0 为输出，此时集成电路是 1 位二进制计数器；当 CP_1 输入计数脉冲时，Q_3、Q_2、Q_1 为输出，此时集成电路是 1 个五进制计数器；当 CP_0 输入计数脉

冲时，把 CP_1 和 Q_0 连接起来，此时集成电路构成8421码十进制计数器。连接方法不同时也可构成5421码十进制计数器。

3. 74LS393

74LS393为双4位二进制计数器，异步清零，其逻辑符号如图8.19所示，其功能如表8.11所示。

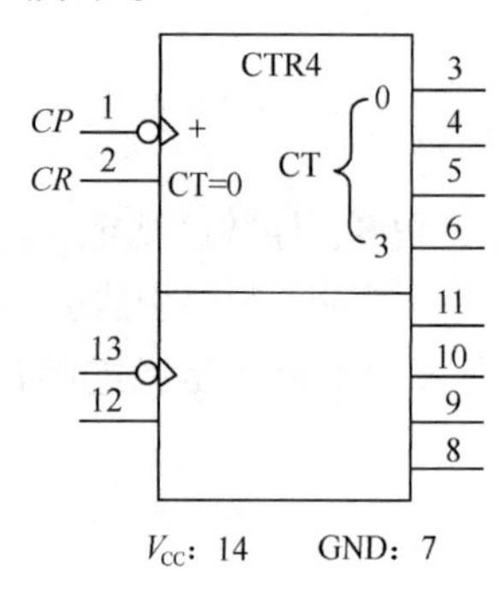

图8.19 74LS393的逻辑符号

表8.11 74LS393功能表

输　入		输出功能
CR	*CP*	$Q_3 \sim Q_0$
1	×	清零
0	↓	加计数

4. 74LS192

74LS192为十进制同步加/减计数器，其逻辑符号如图8.20所示，其功能如表8.12所示。

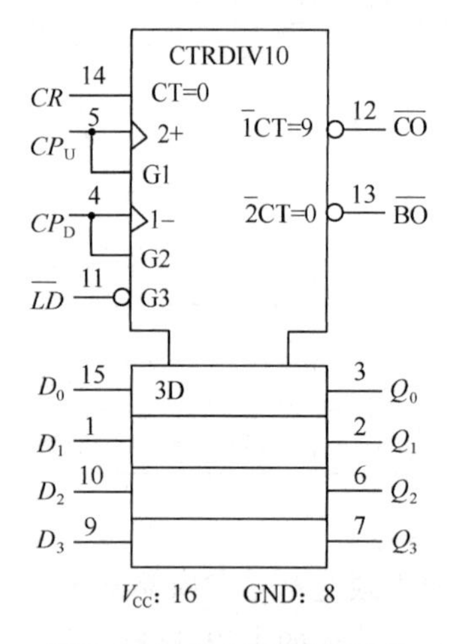

图8.20 74LS192逻辑符号

表8.12 74LS192功能表

输　入				输出功能
CR	$\overline{LD}$	CP_U	CP_D	$Q_3 \sim Q_0$
1	×	×	×	清零
0	0	×	×	预置
0	1	↑	1	加计数
0	1	1	↑	减计数
0	1	1	1	保持

图8.20中，公共控制框中的总限定符号CTRDIV10表示十进制计数器；5端内部的限定符号表示这是加时钟脉冲输入端（CP_U），在G2 =1的条件下，当 CP_U 从“0”→“1”时就进行加计数（加1）；4端是减时钟脉冲输入端（CP_D），在G1 =1的条件下，CP_D 从“0”→“1”时就进行减计数（减1）；12端内部的限定符号$\bar{1}$CT =9表示当元件加计数到9且 CP_U 从“1”回到“0”（即$\overline{\text{G1}}$ =1）时，12端就送出一个进位负脉冲；13端内部的限定符号$\bar{2}$CT =0表示当元件减计数到0且 CP_D 从“1”回到“0”（即$\overline{\text{G2}}$ =1）时，13端就送出一个借位负脉冲。

8.4.2　集成计数器的应用

1. 可构成任意进制计数器

利用集成二进制计数器和集成十进制计数器芯片可以很方便地构成任意进制计数器，采用的方法有两种。

（1）反馈置“0”法。利用 74LS290 有置“0”端的集成计数器，将第 N 个状态反馈到置“0”端 $R_{0(1)}$、$R_{0(2)}$ 端，迫使计数器清“0”，第 N 个状态消失，不再计数。用 74LS290 构成九进制计数器的电路如图 8.21 所示，其中 1001 不计数。

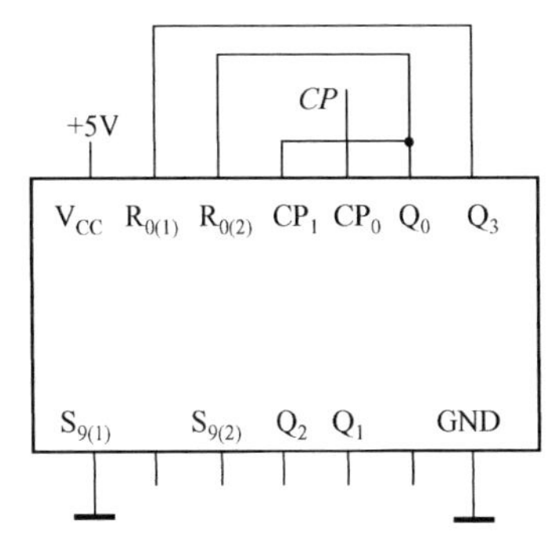

图 8.21　74LS290 构成九进制计数器

（2）反馈预置法。利用具有置数功能的集成计数器，如 74LS161，可将预置数置为 0000，进行计数，等第 N 个脉冲到来时，利用 $\overline{LD}=0$ 同步置数 0000，输出变为 0000，即可构成 N 进制计数器。

【实例 8.2】 74LS161 采用复位法构成十二进制计数器。

采用预置端送 0 法，如图 8.22 所示。计数器计数到 $Q_3Q_2Q_1Q_0=1011$ 时，应具备送数条件。当第 12 个计数脉冲触发沿到来时，利用 $\overline{LD}=0$ 同步置数 0000。

采用置 0 复位法，如图 8.23 所示。当输入 12 个计数脉冲后，短暂的状态 $Q_3Q_2Q_1Q_0=1100$，使 $\overline{CR}=0$，计数器清 0，回到全 0 状态。

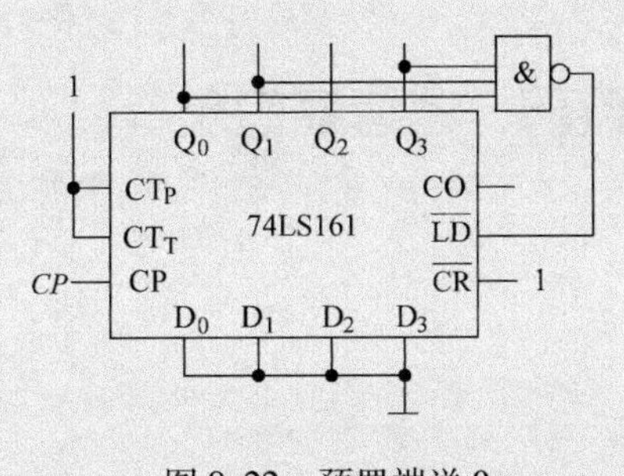

图 8.22　预置端送 0

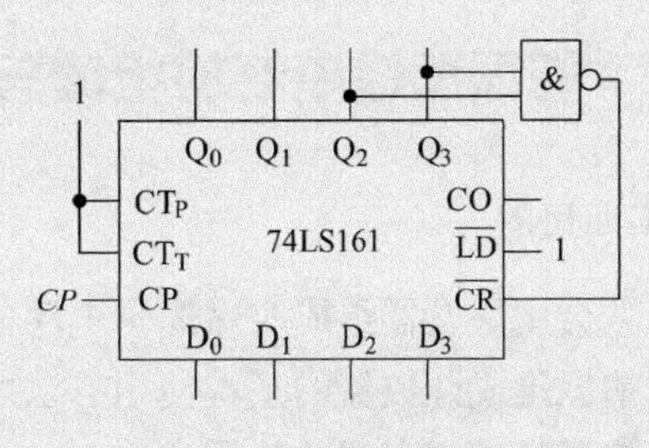

图 8.23　置 0 复位

小提示　异步控制不需要时钟有效沿的配合，只要控制端满足条件就能实现控制功能。同步控制当控制端满足条件后，还需要等待时钟有效沿，且时序不能颠倒，只能这样才能实现控制功能。

2. 可构成数字表中的分、秒计数器

如图 8.24 所示是由两片 74LS290 构成的六十进制计数器，个位（1）为十进制，十位（2）为六进制。个位十进制计数器经过 10 个脉冲循环一次，同时 Q_3 由 1 变为 0，十位的 CP_0 得到一个下降沿，开始计数变为 0001，个位再计 10 个脉冲，十位变为 0010，依次类推；经过 60 个脉冲，十位计数器变为 0110，接着，个位和十位计数器全部恢复为 0000。

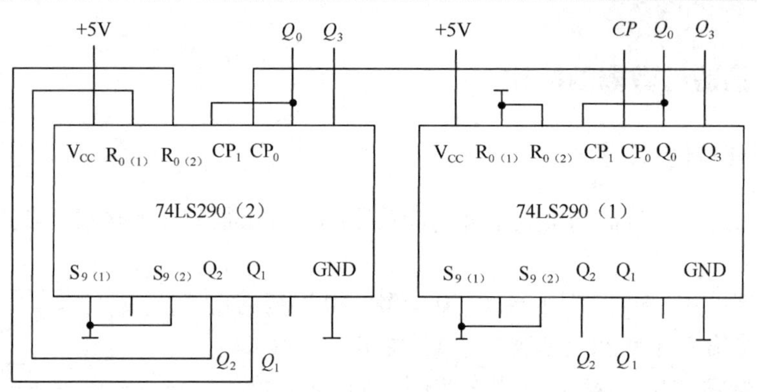

图8.24　六十进制计数器

知识梳理与总结

本章主要介绍的电路有寄存器、计数器的逻辑功能、特点及其应用，还阐述了时序电路的一般分析方法。

本章重点内容如下：

（1）时序电路的特点和一般分析方法；

（2）寄存器电路；

（3）二进制计数器；

（4）集成计数器；

（5）集成计数器应用；

（6）时序电路相关限定符号。

实训8　时序逻辑电路的组成与集成计数器、寄存器应用

1. 实训目的

（1）学会用触发器组成时序逻辑电路的方法。

（2）掌握集成计数器的基本使用方法。

（3）掌握集成寄存器的使用方法。

（4）学会组成任意进制计数器。

2. 实训器材

（1）数字电路实验系统（箱）。

（2）集成电路74L74、74LS112、7LS102、74LS48、74LS290、74LS161、74LS00。

（3）共阴极数码管。

3. 实训内容

（1）由触发器组成时序逻辑电路。

① 分别由触发器74LS74、74LS112构成异步二进制加、减计数器，并验证逻辑功能。

② 由触发器 74LS102 构成 4 位同步二进制计数器，并验证逻辑功能。

③ 由 74LS74 构成 4 位移位寄存器，并验证逻辑功能。

（2）74LS290 应用

① 计数译码显示电路。74LS290 为二—五—十进制异步计数器，其引脚分布与逻辑符号如图 8.25 所示，与 74LS48、共阴数码管组成十进制译码显示电路，如图 8.26 所示。

$R_{0(1)}$、$R_{0(2)}$是异步清零端，$S_{9(1)}$、$S_{9(2)}$是异步置 9 端，高电平有效。当 $R_{0(1)}$、$R_{0(2)}$不全为 1，且 $S_{9(1)}$、$S_{9(2)}$不全为 1 时，即可计数。

$Q_3Q_2Q_1Q_0$ 为计数器的输出端，但 Q_0 是独立的单元，如果欲实现十进制计数器的功能，须将 Q_0 与 CP_1 相连或将 Q_3 与 CP_0 相连，这两种连法均构成十进制计数器。

实训要求：测试并验证逻辑功能。

② N 进制计数器。一片 74LS290 可构成 10 以内的任意进制计数器；两片可构成 100 以内的任意进制计数器；N 片 74LS290 可以构成 10^N 以内的任意进制计数器。

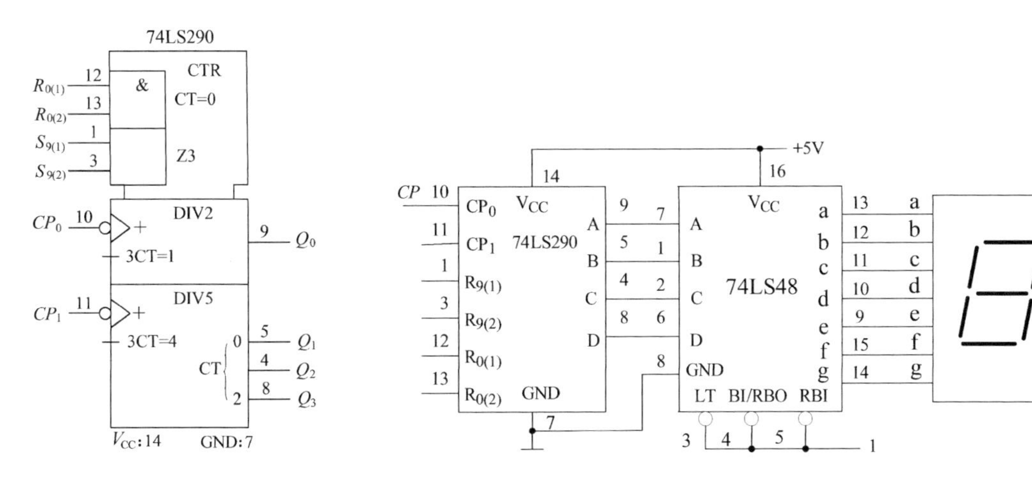

图 8.25　74LS290 逻辑符号　　　　图 8.26　计数译码显示电路

采用反馈归零法（利用异步清零功能），可以获得任意计数器。

实训要求：

- 试用 74LS290 构成六进制计数器。
- 试用 74LS290 构成 24 进制计数器。

（3）74LS161 的应用

74LS161 二进制计数器的逻辑符号与引脚图如图 8.27 所示。

① $\overline{CR}$：清零端，低电平有效，其为异步清零，即该输入为低电平时，无论当时的时钟状态及其他输入状态如何，其输出端全变为零，即 $Q_3Q_2Q_1Q_0=0000$。

② $\overline{LD}$：置数端，低电平有效，其同步置数，即使该输入为低电平，其输入的状态并不反映到输出端，而是等到 CP 上升沿时输出才发生变化。

③ $Q_3Q_2Q_1Q_0$：计数器的输出端。

④ $D_3D_2D_1D_0$：计数器预置输入，通过该端可将其输入状态反映在输入端。

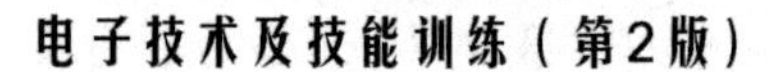

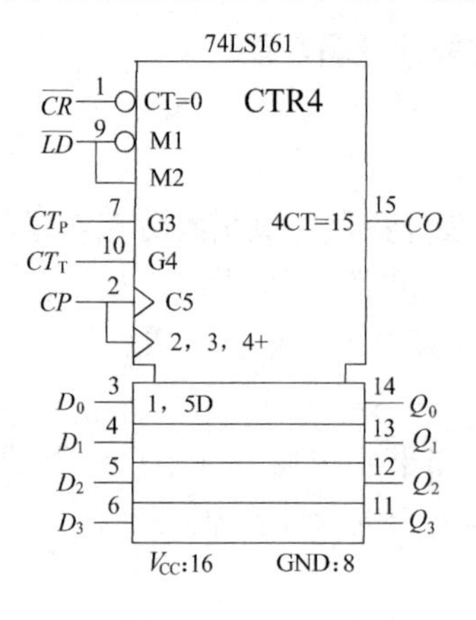

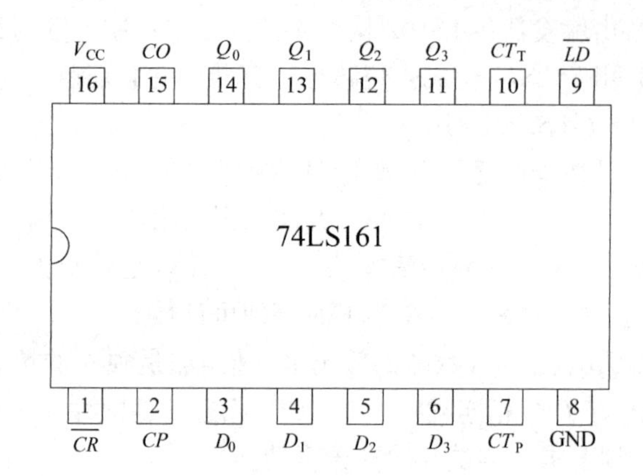

图 8.27　74LS161

⑤ CO：进位输出，当计数计满一个周期时输出一个高电平。

⑥ CP：时钟输入端，上升沿有效。

⑦ CT_P，CT_T：两个功能扩展使能端，可合理设置这两个输入端的状态，实现各种计数器功能的扩展。

74LS161 功能表如表 8.13 所示。

表 8.13　74LS161 功能表

CP	$\overline{CR}$	$\overline{LD}$	CT_T	CT_P	功　能
d	0	d	d	d	异步清零
↑	1	0	d	d	同步置数
d	1	1	0	1	保持
d	1	1	1	0	保持但 $CO=0$
↑	1	1	1	1	正常计数

实训要求：

分别采用反馈归零法和置 0 法，由 74LS161 构成 9 进制计数器。

(4) 74LS194

图 8.28 所示为四位双向移位寄存器 74LS194 引脚。

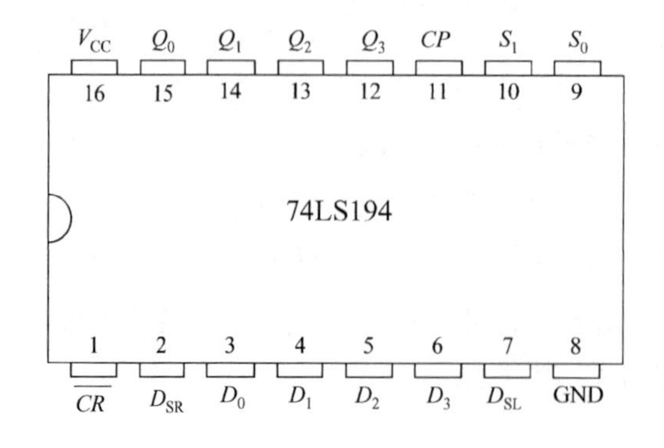

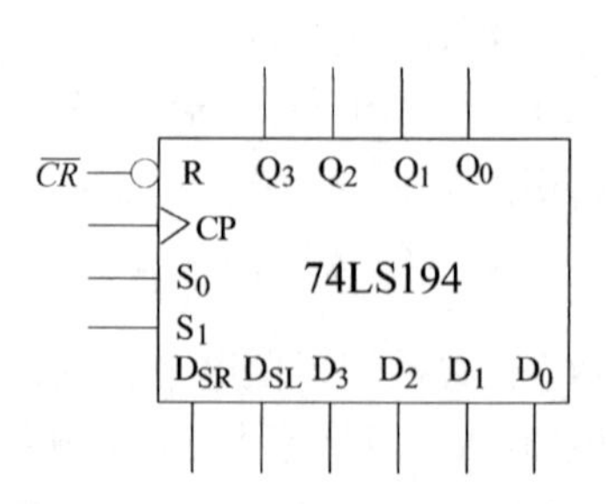

图 8.28　74LS194 引脚与简化逻辑图

其功能表见表 8.14。只要$\overline{CR}=0$，移存器无条件清 0。只有当$\overline{CR}=1$，CP 上升沿到达时，电路才可能按 S_1S_0 设置的方式执行移位或置数操作：$S_1S_0=11$ 为并行置数，$S_1S_0=01$ 为右移，$S_1S_0=10$ 为左移。时钟无效或虽然时钟有效，但 $S_1S_0=00$，则电路保持原态。

表 8.14　74LS194 功能表

$\overline{CR}$	S_1	S_2	CP	功能
0	×	×	×	清零
1	0	0	×	保持
1	0	1	×	左移
1	1	0	×	右移
1	1	1	×	并行输入

实训要求：

① 测试并证逻辑功能；

② 环形计数器。

自拟实验线路，用并行送数法预置寄存器为二进制数码（如 0100），然后进行右移循环，观察寄存器输出状态的变化。

4. 实验报告要求

（1）整理实验数据与结果，整理实验体会；

（2）部分实验结果可填入相应表格中；

（3）写出实训报告。

实训 9　随机掷数发生电路的制作

1. 实训目标

（1）进一步熟悉 CD4013、CD4510 和 CD4511 电路。

（2）能够构建与调试随机掷数发生电路。

2. 实训器材

（1）数字电路实验系统（箱）；

（2）集成电路 74HC04、CD4013、CD4510 和 CD4511；

（3）共阴极数码管；

（4）电阻；

（5）电容器；

（6）按钮开关。

3. 实训内容

本实训所用的集成电路见图 8.29。图（a）为 74HC04 逻辑符号与外引线排列；图（b）为 CD4013 逻辑符号与外引线排列；图（c）、图（d）分别为 CD4510、CD4511 的外引线排列图。

实训电路如图 8.30 所示。电路是由可预置数 BCD 加/减法计数器 CD4510、锁存译码驱动器 CD4511、双 D 触发器 CD4013 等构成的随机置数发生器，它可根据需要改变计数器输入的预置数，使掷出的数在 1 ～ 9、1 ～ 6 或 1 ～ 2 范围内随机变化，通常用于游戏机电路中。

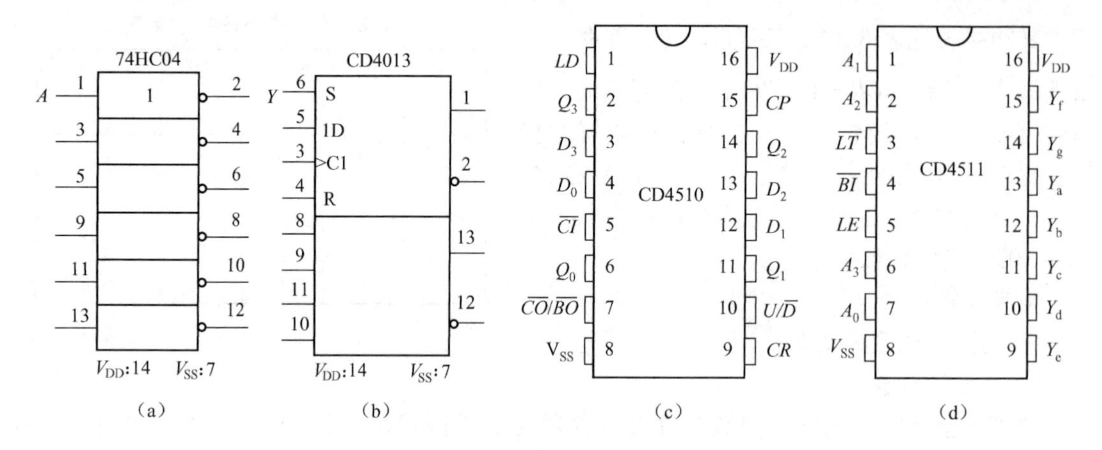

图 8.29　所用的集成电路

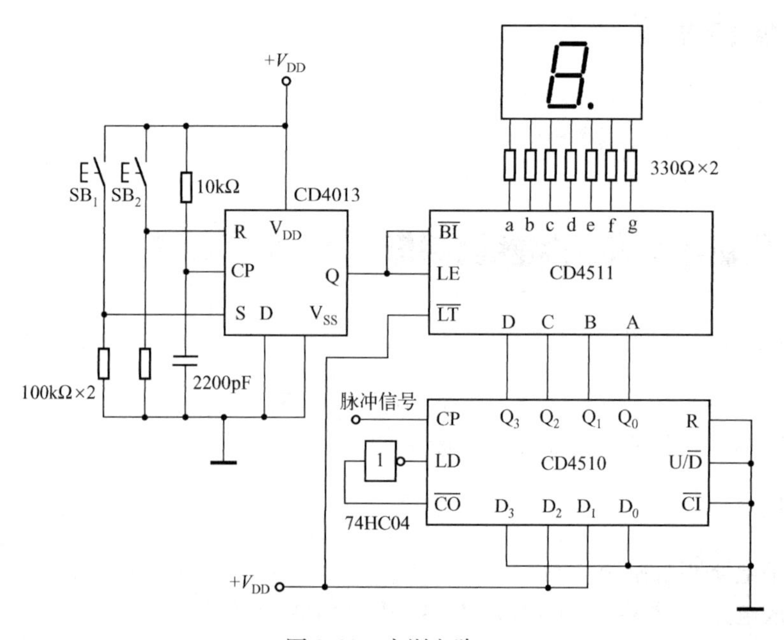

图 8.30　实训电路

电路中 CD4510 的复位端 R、加/减控制端 U/$\overline{\mathrm{D}}$和进位输入端$\overline{\mathrm{CI}}$均接地，使其以减计数方式工作；借位输出端$\overline{\mathrm{CO}}$输出的脉冲信号经反相后加到预置控制端 LD，作为置入脉冲信号；$\mathrm{D_0}$、$\mathrm{D_3}$ 接地，$\mathrm{D_1}$、$\mathrm{D_2}$ 接高电平，使其预置数为 6（$D_3D_2D_1D_0=0110$）；输出端 $Q_3 \sim Q_0$ 接 CD4511 的输入端。CD4511 的输出端接 7 段 LED 数码管，其工作状态由 CD4013 的输出端 Q 控制。CD4013 构成开关电路，D 接地，CP 端接微分电路，用于上电复位，输出端 Q 接到 CD4511 的熄灭控制端$\overline{\mathrm{BI}}$和允许锁存端 LE。

电路上电后，脉冲信号源不断为 CD4510 送入计数脉冲，每输入 6 个计数时钟脉冲，使减计数至零，借位端$\overline{\mathrm{CO}}$送出低电平，经反相使置数端 LD 为高电平，把预置数再次置入，CD4510 又开始作减计数。上电后 CD4013 的输出 Q 为低电平，CD4511 处于显示熄灭状态。当按下掷数按钮 $\mathrm{SB_1}$ 时，CD4013 翻转，Q 变为高电平，CD4511 处于锁存显示状态，数码管

显示出电路翻转前一时刻的数据状态，该数据为1～6中的随机数。当按下复位按钮SB_2时，CD4013被强制复位，可进行下一次的掷数。

4. 实训报告

（1）整理操作数据与结果。

（2）写出项目小结。

实训10　8路抢答器电路的制作

1. 实训目标

（1）熟悉优先编码器74LS148；

（2）熟悉4RS触发器74LS279；

（3）能够构建8路抢答器电路。

2. 实训器材

（1）数字电路实验系统（箱）；

（2）74LS48、74LS148、74LS279；

（3）共阴极数码管；

（4）10kΩ电阻、1kΩ电阻；

（5）LED；

（6）按钮开关，双选开关。

3. 实训内容

（1）电路组成

抢答器电路如图8.31所示，主要由74LS148、74LS279、74LS48组成。

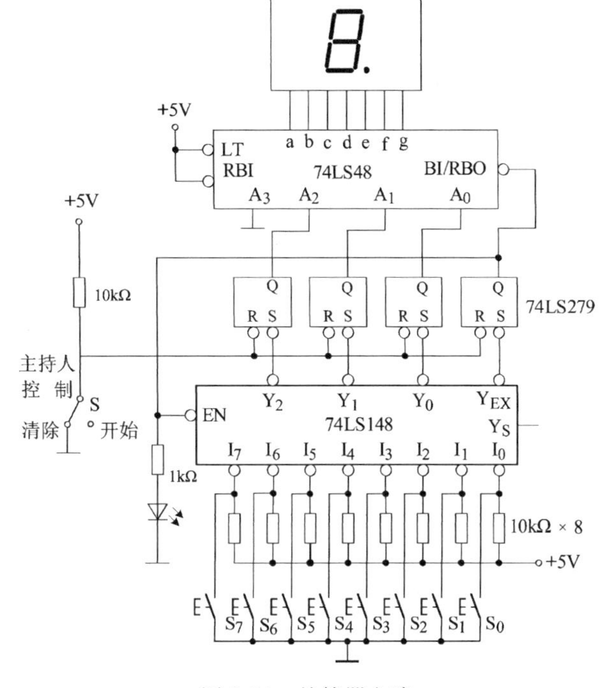

图8.31　抢答器电路

（2）电路说明

74LS148为8线-3线优先编码器，集成电路引脚图如图8.32所示。芯片设有8个数据输入端，1个使能输入端$\overline{EN}$，3个数据输出端$\overline{Y}_2$、$\overline{Y}_1$、$\overline{Y}_0$，2个使能输出端$\overline{Y}_{EX}$、Y_S。编码优先级别顺序依次是7、6、5、4、3、2、1、0。

当$\overline{EN}$＝“1”时，$\overline{Y}_{EX}=Y_S$＝“1”，无编码输入。

当$\overline{EN}$＝“0”时，且数据输入端0～7全为高电平输入，$\overline{Y}_{EX}$＝“1”、Y_S＝“0”，无编码输入。

当$\overline{EN}$＝“0”时，数据输入端0～7有数据输入（低电平），$\overline{Y}_{EX}$＝“0”、Y_S＝“1”，有编码输入。

74LS279为4RS触发器，电路引脚分布如图8.33所示。

74LS48与共阴数码管构成显示电路。

抢答器的实现功能如下。

① 抢答器同时供8名选手或8个代表队比赛，分别用8个按钮S_0～S_7表示。

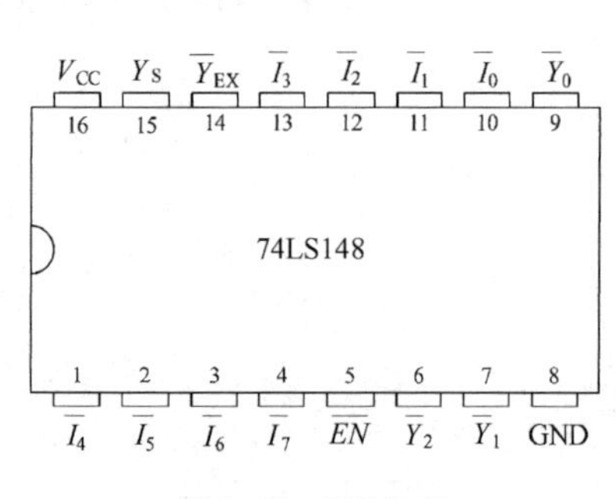

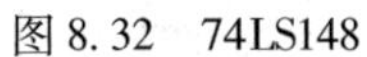
图 8.32　74LS148

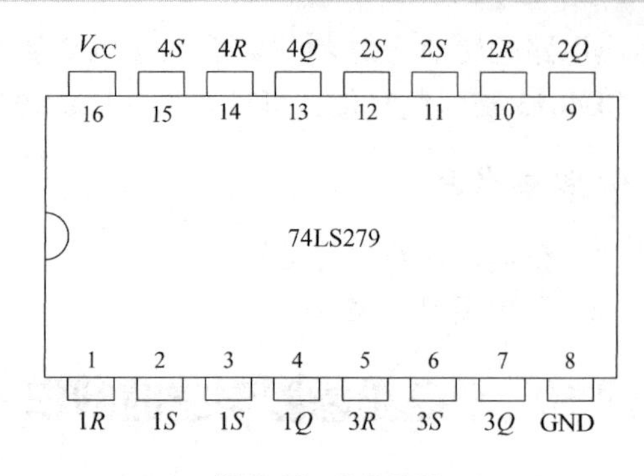

图 8.33　74LS279

② 设置一个系统清除和抢答控制开关 S，该开关由主持人控制。

③ 抢答器具有锁存与显示功能，即选手按动按钮，锁存相应的编号，并在 LED 数码管上显示。选手抢答实行优先锁存，优先抢答选手的编号一直保持到主持人将系统清除为止。

4. 实训报告

（1）整理操作数据与结果，整理操作体会；

（2）写出项目小结。

习题 8

1. 单项选择题

（1）下列电路中不属于时序电路的是（　　）。

A. 同步计数器　　B. 异步计数器　　C. 数据分配器　　D. 数据寄存器

（2）一个 4 位的二进制加计数器，由 0000 状态开始，经过 25 个时钟脉冲后，计数器的状态为（　　）。

A. 1100　　B. 1000　　C. 1001　　D. 1010

（3）组成一位 8421BCD 码计数器，至少需要（　　）个触发器。

A. 3　　B. 4　　C. 5　　D. 10

（4）8 位移位寄存器，串行输入时经（　　）个脉冲后，8 位数码全部移入寄存器中。

A. 1　　B. 2　　C. 4　　D. 8

（5）组成 1 个五进制计数器，至少需要（　　）个触发器。

A. 2　　B. 4　　C. 3　　D. 5

2. 填空题

（1）时序逻辑电路当前输出不仅与当时的（　　　　）有关，而且还与过去时刻的（　　　　）有关。

（2）时序逻辑电路中主要包括（　　　　）和（　　　　）电路。

（3）按寄存器接收数码的方式不同，可分为（　　　　）和（　　　　）两种。

（4）时序逻辑电路按照其触发器是否有统一的时钟控制分为（　　　　）时序电路和

(　　　　) 时序电路。

(5) 74LS194 是典型的四位 (　　　) 型集成双向移位寄存器芯片，具有 (　　　　)、并行输入、保持数据和清除数据等功能。

3. 分析题

(1) 已知电路如图 8.5 所示，4 位左移寄存器的脉冲输入 CP 及输入数据 D_L 的波形如图 8.34 所示，试画出 Q_0、Q_1、Q_2、Q_3 的波形（设各触发器的初态均为 0）。

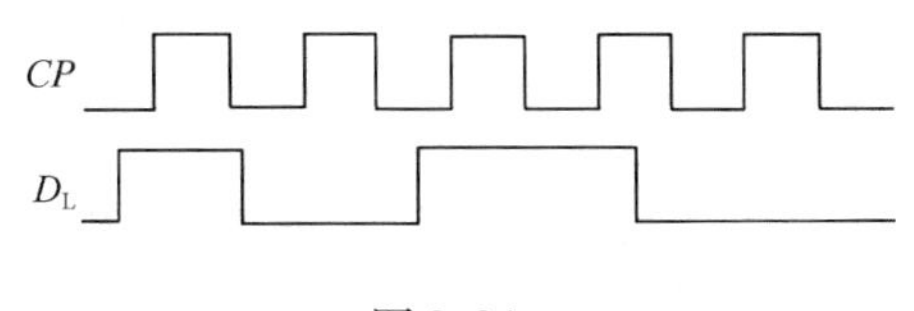

图 8.34

(2) 分析如图 8.35 所示电路的逻辑功能，试画出 Q_0、Q_1、Q_2 的波形（设各触发器的初态均为 0）。

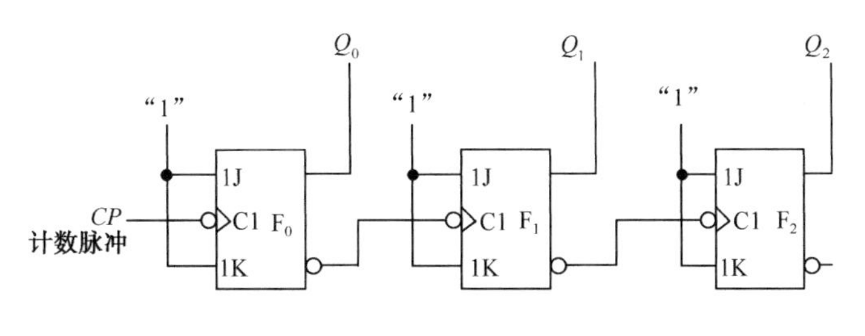

图 8.35

(3) 如图 8.36 所示是某计数器的波形图，分析它是几进制计数器，并列出其状态转换真值表。

(4) 如图 8.37 所示是利用集成计数器 74LS161 构成的电路，试分析该电路为几进制计数器。

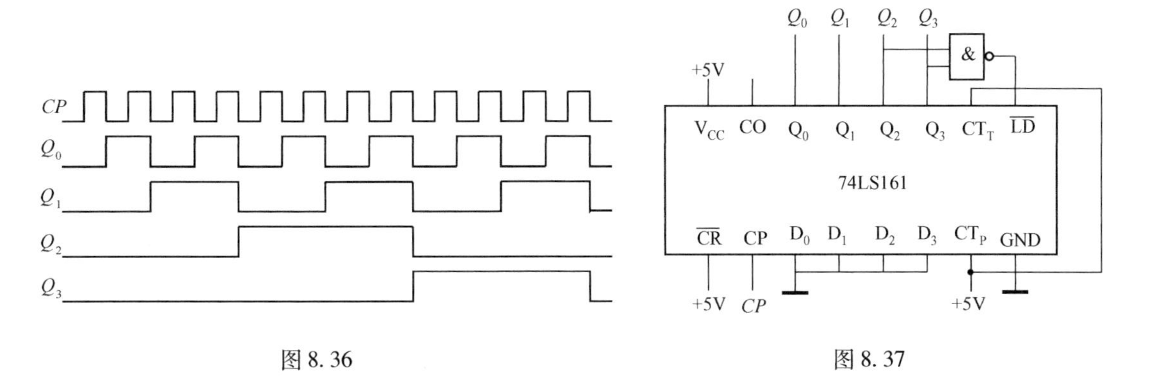

图 8.36　　　　图 8.37

4. 应用题

(1) 采用清“0”法，将 74LS290 接成七进制计数器。

(2) 试用两片 74LS161 构成六十进制计数器。

第9章 波形产生与整形

本章以波形的产生与整形为主要内容，重点介绍了555定时器，以及由555定时器组成的多谐振荡器、单稳态触发器及施密特触发器等。

教学导航

教	知识重点	1. 555定时器 2. 多谐振荡器与单稳态电路	3. 施密特触发器 4. 石英晶体振荡器电路
	知识难点	1. 555定时器	2. 多谐振荡器
	推荐教学方式	以555定时器为重点，介绍多谐振荡器、单稳态电路和施密特触发器的功能。集成施密特电路结合限定符号意义讲授，重点掌握电路的外部特性。石英晶体振荡器电路从阻抗频率特性入手	
	建议学时	4学时	
学	推荐学习方法	重点掌握555定时器功能，并进一步掌握多谐振荡器、单稳态电路和施密特触发器的功能。集成施密特电路结合限定符号的意义学习，重点掌握电路的外部特性。石英晶体振荡器电路的关键在于掌握阻抗频率特性	
	必须掌握的理论知识	1. 限定符号	2. 波形的产生与整形
	必须掌握的技能	常用的相关电路的应用	

在数字系统中，常需要各种宽度和幅值且边沿陡峭的脉冲信号，得到这种脉冲信号的方法通常有两种：一种是直接产生；另一种是对已有信号进行整形。第一种方法主要利用多谐振荡器；第二种方法主要利用单稳态触发器和施密特触发器。

9.1　555 定时器

555 定时器是一种用途广泛的模拟数字混合集成电路，只要在其外部配上几个阻容元件，就可以构成多谐振荡器、单稳态触发器、施密特触发器等多种应用电路，所以在工业自动控制、检测、电子玩具等许多领域得到了广泛的应用。

555 定时器有双极型的 555（单定时器集成块）及 556（双定时器集成块）和 CMOS 型的 7555（单定时器集成块）及 7556（双定时器集成块）等品种。双极型和 CMOS 型定时器的逻辑功能、外部引脚排列完全相同。CMOS 型定时器功耗低、定时元件的选择范围大、电源电压范围宽（通常在 3 ～ 18V）。此外，7555 和 7556 的输出端均有缓冲级，可以与大多数的其他逻辑电路相连。CMOS 型定时器现在应用较多，下面以 CMOS 产品 CC7555 为例进行分析。

9.1.1　555 定时器电路的组成框图

如图 9.1（a）所示为 CC7555 定时器的电路框图。它包括两个电压比较器 C_1 和 C_2、一个 RS 触发器、一个放电管 T、3 个等值电阻组成的分压器、3 个反向器和一个或非门。$\overline{R}$为直接复位端。如图 9.1（b）所示为 CC7555 定时器的引脚排列图。

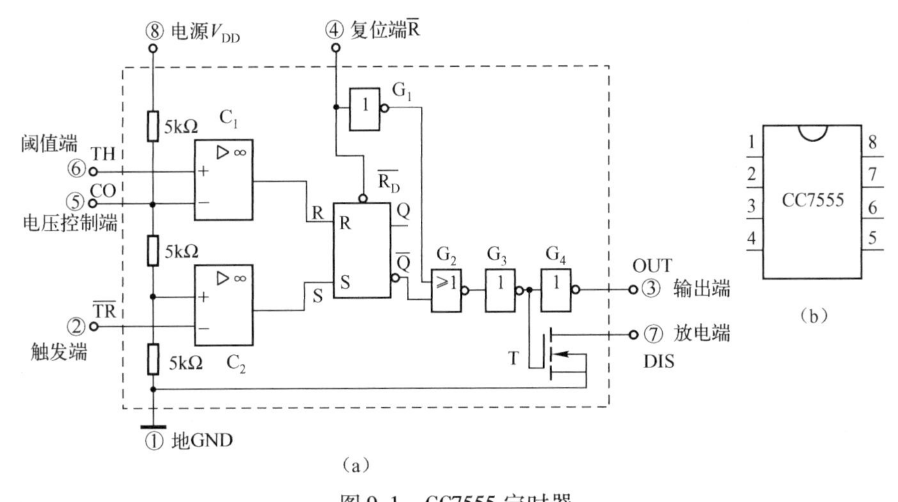

图 9.1　CC7555 定时器

9.1.2　555 定时器的基本逻辑功能

1. 直接复位功能

由图 9.1（a）所示的电路图可知，直接复位端$\overline{R}$ =0 时，G_1 门输出为“1”，经 G_2、G_3

门后，G_4 门输出为“0”，即定时器复位。以下分析中$\overline{R}=1$。

2. 复位功能

因3个相同的电阻分压，故比较器 C_1 的（电压控制端）参考电位为 $2V_{DD}/3$，比较器 C_2 的参考电位为 $V_{DD}/3$。

当阈值端 TH 的电位高于 $2V_{DD}/3$ 时，比较器 C_1 的输出为“1”，同时触发端$\overline{TR}$的电位高于 $V_{DD}/3$ 时，比较器 C_2 的输出为“0”，RS 触发器复位，$Q=0$，$\overline{Q}=1$，缓冲门 G_3 输出“1”，放电管 T 导通。

3. 置位功能

当阈值端 TH 的电位低于 $2V_{DD}/3$ 时，比较器 C_1 的输出为“0”，同时触发端$\overline{TR}$的电位低于 $V_{DD}/3$ 时，比较器 C_2 的输出为“1”，RS 触发器置位，$Q=1$，$\overline{Q}=0$，缓冲门 G_3 输出“0”，放电管 T 截止。

4. 保持功能

当阈值端 TH 的电位低于 $2V_{DD}/3$、触发端$\overline{TR}$的电位高于 $V_{DD}/3$ 时，比较器 C_1 和 C_2 的输出均为“0”，RS 触发器保持不变。

如果电压控制端（CO）外接一个控制电压，则可改变比较器 C_1 和 C_2 的参考电位。

根据上述分析，555 定时器的逻辑功能如表 9.1 所示。

表 9.1　7555 定时器功能表

输　入			输　出	
TH	$\overline{TR}$	$\overline{R}$	OUT	放电管 T
×	×	0	0	导通
$>2V_{DD}/3$	$>V_{DD}/3$	1	0	导通
$<2V_{DD}/3$	$<V_{DD}/3$	1	1	截止
$<2V_{DD}/3$	$>V_{DD}/3$	1	保持	保持

9.2　多谐振荡器与单稳态触发器

多谐振荡器的特点是：电路没有稳态，只有两个暂稳态，无须外加信号，电路就能在两个暂稳态之间相互翻转，产生一定频率和脉宽的矩形脉冲，故可用多谐振荡器来产生波形。

单稳态触发器的特点是：电路有一个稳态和一个暂稳态；在外来触发脉冲作用下电路能从稳态翻转到暂稳态，暂稳态持续一段时间后又自动返回稳态，故称为单稳态电路。

以上这两种电路可由门电路组成，也可由 555 定时器构成。

9.2.1　由门电路组成的环行振荡器

如图 9.2 所示为 TTL 与非门和阻容元件 R、C 组成的环行多谐振荡器，R 为限流电阻，

一般取 $R=100\Omega$，电位器 $R_P \leqslant 1k\Omega$。

1. 工作原理

（1）第一暂稳态：假定接通电源的瞬间，电路处于 G_1 开启、G_2 关闭的状态（设这是电路的第一暂稳态），即 $u_A=0$，$u_B=1$，此时 $u_O=1$。这时 B 点经电位器 R_P 向电容 C 充电，随着 C 的充电，D 点电位逐渐升高达到 U_{TH}后，G_3 开启，$u_O=0$，u_O 反馈到 G_1 输入端，G_1 关闭，$u_A=1$，电路进入第二暂稳态。电路中各点对应的波形如图 9.3 中 $O \sim t_1$ 时间段所示。

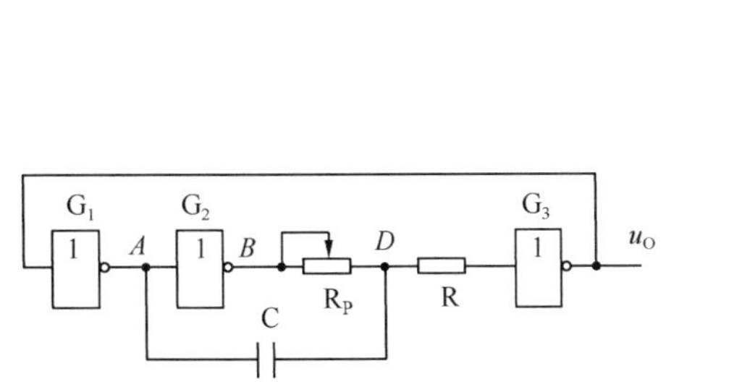

图 9.2 环行振荡器

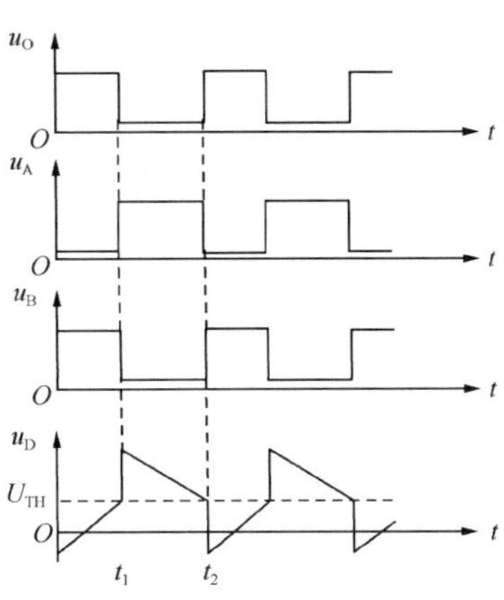

图 9.3 环行振荡器波形图

（2）第二暂稳态：电路进入第二暂稳态的瞬间，一方面电容两端电压不能突变，随 A 点电位上跳，使 D 点的电位上跳，保证 G_3 继续开启；另一方面使 G_2 开启，$u_B=0$，电容 C 开始放电，使 D 点的电位不断下降，当降至 U_{TH}后，G_3 关闭，$u_O=1$，u_O 反馈到 G_1 输入端，G_1 开启，$u_A=0$，电路返回第一暂稳态。电路中各点对应的波形如图 9.3 中 $t_1 \sim t_2$ 时间段所示。

此后，电路重复上述过程，在输出端即可获得矩形脉冲波。

2. 振荡周期的估算

如取 $U_{OH}=3V$，$U_{OL}=0.35V$，$U_{TH}=1.4V$，则振荡周期可按式 $T \approx 2.2RC$ 估算。

可见，环行多谐振荡器的振荡频率取决于 RC 值的大小，R 指电位器 R_P 的实际取值，通过调节 R_P 可实现频率的细调，通过换接电容 C 可实现频率的粗调。

9.2.2 由 555 定时器组成的多谐振荡器

将定时器按如图 9.4（a）所示外接电阻 R_1、R_2 和电容 C 即可构成多谐振荡器。电路中 C_5 是接在 5 脚的电容，它具有去耦的作用。

1. 多谐振荡器

以下介绍多谐振荡器的工作原理及振荡周期的估算。

（1）工作原理。假设接通电源瞬间，电容 C 上的电压 $u_C=0$，则阈值、触发值均为 0，查功能表 9.1 可得，定时器输出 $u_O=1$；接着 V_{DD}经电阻 R_1、R_2 向电容 C 充电，使 u_C 不断升

高，当升到 $V_{DD}/3 < u_C < 2V_{DD}/3$ 时，定时器保持输出高电平不变；电容 C 继续充电，当升到 $u_C > 2V_{DD}/3$ 时，定时器翻转，输出低电平 $u_O = 0$，放电管 T 开始导通。此后电容 C 经电阻 R_2、放电管 T 开始放电，使 u_C 不断下降，当降到 $V_{DD}/3 < u_C < 2V_{DD}/3$ 时，定时器保持输出低电平不变；电容 C 继续放电，当降到 $u_C < V_{DD}/3$ 时，定时器翻转，输出返回高电平 $u_O = 1$，放电管 T 截止，电容 C 又开始充电。如此循环下去，电路输出矩形脉冲信号，输出波形如图 9.4（b）所示。

（2）振荡周期的估算。

$$t_{P1} \approx 0.7(R_1 + R_2)C$$

$$t_{P2} \approx 0.7R_2\mathrm{C}$$

振荡周期：$T = t_{P1} + t_{P2} \approx 0.7(R_1 + 2R_2)C$。

振荡频率：$f = 1/T = 1/[0.7(R_1 + 2R_2)C]$。

2. 占空比可调的多谐振荡器

在如图 9.4 所示的电路中，一旦定时元件 R_1、R_2、C 的值确定，t_{P1} 及 T 就不能再改变，输出波形的占空比 $q = t_{P1}/T$ 也不能改变。如果在如图 9.4 所示电路的基础上做一些改变，就可构成一个占空比可调的矩形脉冲发生器，如图 9.5 所示。电路中 C_5 具有去耦功能。

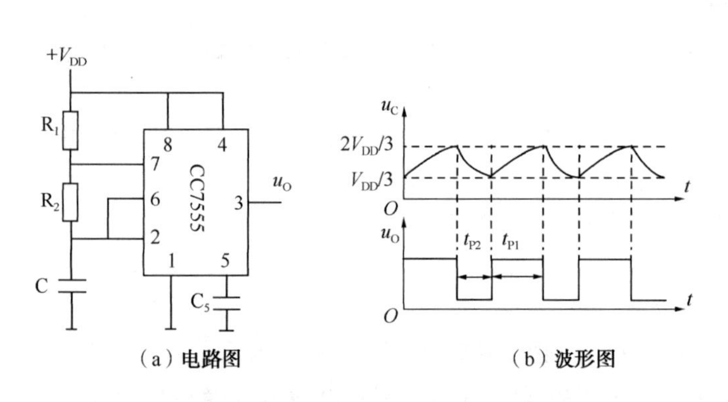

（a）电路图　　（b）波形图

图 9.4　用定时器构成的多谐振荡器

图 9.5　占空比可调的矩形脉冲发生器

分析电路可得如下结论。

充电回路为：$V_{DD} \rightarrow R_1 \rightarrow VD_1 \rightarrow C \rightarrow$ 地。

放电回路为：$C \rightarrow VD_2 \rightarrow R_2 \rightarrow$ ⑦T→地。

忽略二极管正向导通电阻，可以估算：$t_{P1} \approx 0.7R_1C$

$$t_{P2} \approx 0.7R_2C$$

振荡周期：$T = t_{P1} + t_{P2} \approx 0.7(R_1 + R_2)C$

占空比：$q = \dfrac{t_{P1}}{T} \times 100\% \approx \dfrac{R_1}{R_1 + R_2} \times 100\%$

由上面的公式可看出，当调 R_P 时，振荡周期 T 不变；随 R_1、R_2 比值的变化，占空比 q 会改变。

9.2.3　由 555 定时器组成的单稳态触发器

555 定时器可组成单稳态触发器，电路如图 9.6(a) 所示，R、C 为定时元件，触发信号 u_i 加在 2 脚。电路中 C_5 具有去耦作用。

1. 工作原理

(1) 稳态：无触发信号时，u_I 为高电平（大于 $V_{DD}/3$）。接通电源后，$+V_{DD}$ 经电阻 R 给电容 C 充电，u_C 逐渐升高，当升到 $u_C > 2V_{DD}/3$ 时，查定时器功能表可知，触发器输出 $u_O = 0$，放电管 T 开始导通；电容 C 开始放电，使 $u_C = 0 < 2V_{DD}/3$，电路保持原状态不变，$u_O = 0$，电路处于稳态。

(2) 暂稳态：当触发端 2 输入负脉冲（小于 $V_{DD}/3$）时，此时阈值端 6 的电压 $u_C < 2V_{DD}/3$，查定时器功能表可知，定时器翻转，输出 $u_O = 1$，放电管 T 开始截止，电路进入暂稳态；随后，电容 C 开始充电，u_C 逐渐升高，当升到 $u_C > 2V_{DD}/3$ 时（此时，触发信号 u_i 已恢复为高电平），$u_O = 0$，定时器返回到稳态，其工作波形如图 9.6（b）所示。

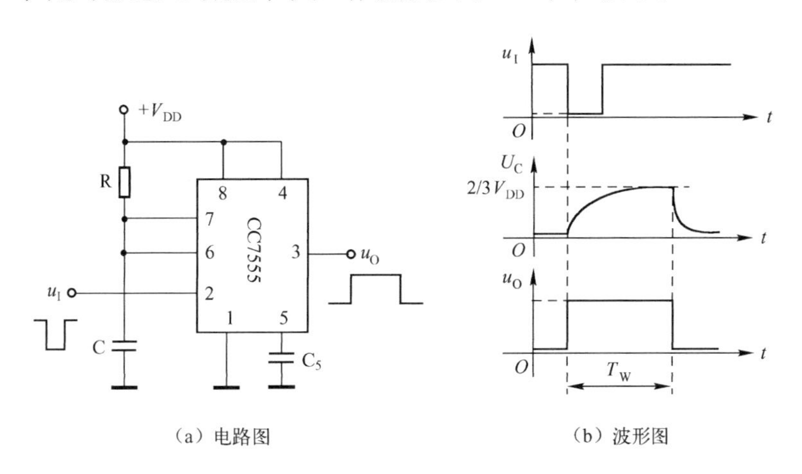

（a）电路图　　（b）波形图

图 9.6　用定时器构成的单稳态触发器

2. 输出脉冲宽度

单稳态触发器的输出脉冲宽度为

$$t_W = 1.1RC$$

3. 应用

用定时器构成的单稳态触发器具有以下应用。

(1) 脉冲的整形。当现有波形不符合要求时，把它输入单稳态触发器，只要能使单稳态触发器翻转，就能在输出端得到一定宽度、一定幅度、前后沿较陡的规则矩形脉冲，称为脉冲的整形。举例波形如图 9.7 所示。

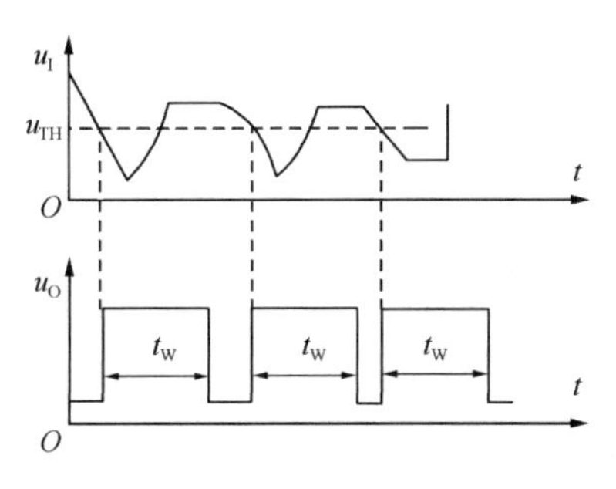

图 9.7　单稳态触发器的整形作用

(2) 脉冲的定时。单稳态触发器能输出具有一定宽度 t_W 的矩形脉冲，可利用此脉冲控制其他电路，使其在 t_W 的时间内动作（或不动作），称为脉冲的定时，如图9.8所示。

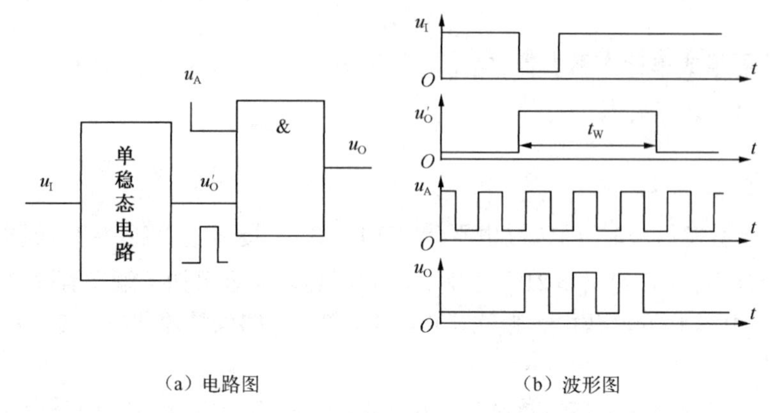

(a) 电路图　　(b) 波形图

图9.8　单稳态触发器用做定时电路

(3) 脉冲的延时。观察图9.8（b）可以看出，单稳态触发器的输出信号 u'_O 比输入信号 u_I 的下降沿滞后了 t_W，如果利用 u'_O 的下降沿去触发其他电路，则比直接用 u_I 触发延迟了 t_W。

9.3 施密特触发器

施密特触发器的特点是：它有两个稳态，电路状态的翻转由外触发信号的电平决定，当外加触发信号达到 U_{T+} 时，触发器从一种稳态翻转到另一种稳态，翻转后，外加信号不能撤除；当外加触发信号低于 U_{T-} 时，触发器返回原稳态。通常把 U_{T+} 称做正向阈值电压，U_{T-} 称做反向阈值电压，显然，U_{T+} 和 U_{T-} 不相等，这一现象称为施密特触发器的回差特性或滞回特性。$U_H = U_{T+} - U_{T-}$，U_H 称做回差电压或滞回电压。

9.3.1 由555定时器组成的施密特触发器

电路如图9.9（a）所示，将555定时器的7脚悬空，2、6脚连在一起接输入信号 u_I。电路中 C_5 具有去耦作用。

1. 工作原理

当 $u_I < V_{DD}/3$ 时，阈值端和复位端的电位都小于 $V_{DD}/3$，此时，输出 $u_O = 1$，这是第一种稳态；当 $V_{DD}/3 < u_I < 2V_{DD}/3$ 时，定时器保持 $u_O = 1$。当 $u_I > 2V_{DD}/3$ 时，定时器输出 $u_O = 0$，这是第二种稳态；当 u_I 下降到 $V_{DD}/3 < u_I < 2V_{DD}/3$ 时，定时器保持 $u_O = 0$。当 u_I 继续下降到小于 $V_{DD}/3$ 时，$u_O = 1$，电路返回到第一种稳态。波形如图9.9（b）所示。

综上所述，电路状态的翻转由外触发信号决定，当 u_I 上升到 $U_{T+} = 2V_{DD}/3$ 时，触发器从第一种稳态翻转到第二种稳态，当 u_I 下降到 $U_{T-} = V_{DD}/3$ 时，触发器从第二种稳态翻转到第一种稳态。该电路回差电压 $U_H = U_{T+} - U_{T-} = V_{DD}/3$，传输特性如图9.9（c）所示。如图9.9（d）所示为施密特触发器的逻辑符号。

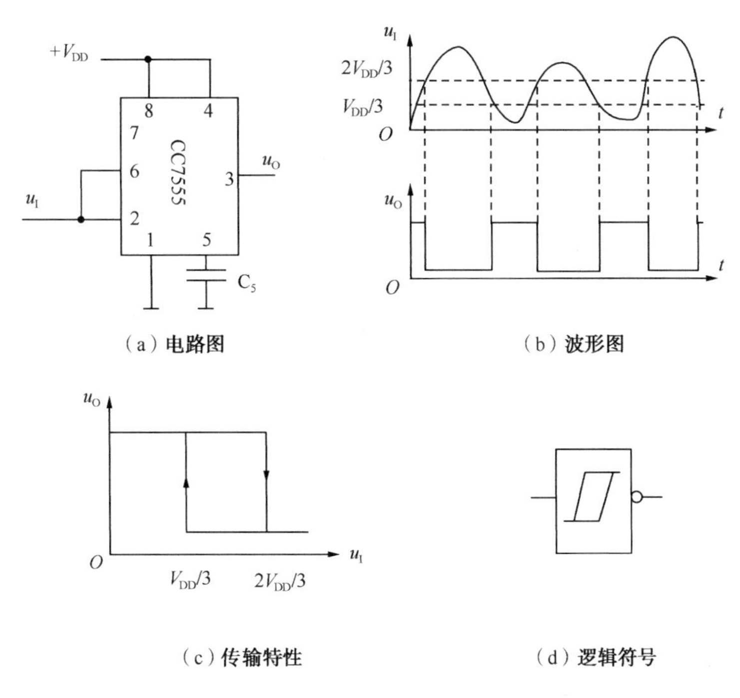

图9.9 用定时器构成的施密特触发器

2. 应用

施密特触发器的应用有以下方面。

(1) 波形的变换。利用施密特触发器进行波形变换如图9.10所示。设输入信号为三角波，当输入达到U_{T+}时，触发器由第一种稳态翻转到第二种稳态；当u_I下降到U_{T-}时，触发器从第二种稳态翻回到原来的稳态。利用施密特触发器可以很方便地将正弦波、三角波等变换成矩形波。

(2) 波形的整形。将不规则的波形变换为规则的波形称为整形。波形的整形如图9.11所示，回差电压$U_H = U_{T+} - U_{T-}$时，电路输出波形为u_O的波形；回差电压$U_H = U_{T+} - U'_{T-}$时,电路输出波形为u'_O的波形。显然,当输入信号存在图示的顶部干扰时,只要选择合适的回差电压,就可去除干扰。

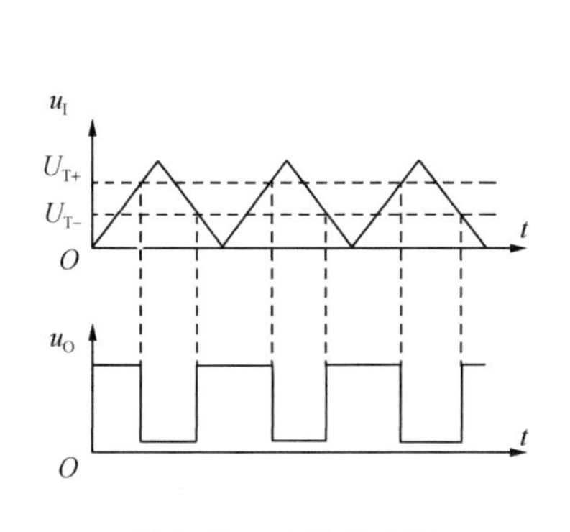

图9.10 波形的变换

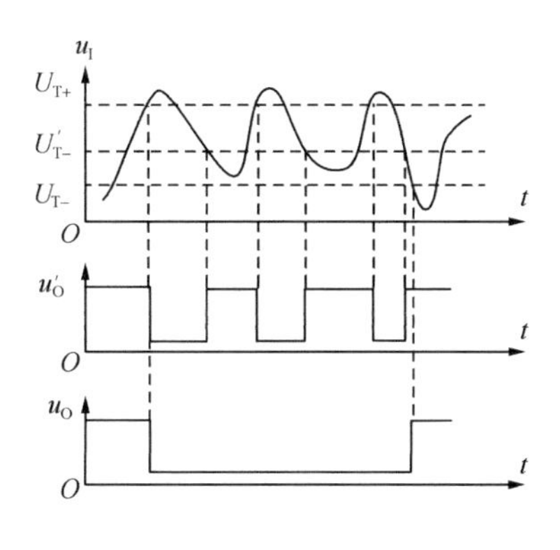

图9.11 波形的整形

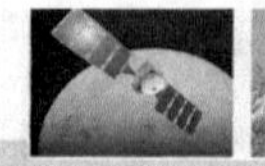

(3) 脉冲幅度鉴别。因为施密特触发器输出状态取决于输入信号的幅度，因此可以用它来作为幅度鉴别电路，如图9.12所示。当输入信号为幅度不等的脉冲时，需要保留幅值超过某数值的脉冲，此时，只要将施密特触发器的 U_{T+} 调到要求的数值上，电路就能将幅值超过 U_{T+} 的脉冲鉴别出来，而把低于 U_{T+} 的脉冲消除。

(4) 可构成多谐振荡器。电路如图9.13所示，只需外接一个电阻和一个电容即可。设接通电源瞬间，电容上的电压为0，这时施密特触发器输出 u_O 为高电平。接着，u_O 通过电阻R对电容C充电，电容C上的电压 u_C 逐渐升高，当 $u_C=U_{T+}$ 时，电路翻转，u_O 变为低电平。此后，电容C通过电阻R开始放电，电容上的电压逐渐降低，当 $u_C=U_{T-}$ 时，电路又翻转，输出 u_O 变为高电平。于是，形成振荡，输出矩形波。

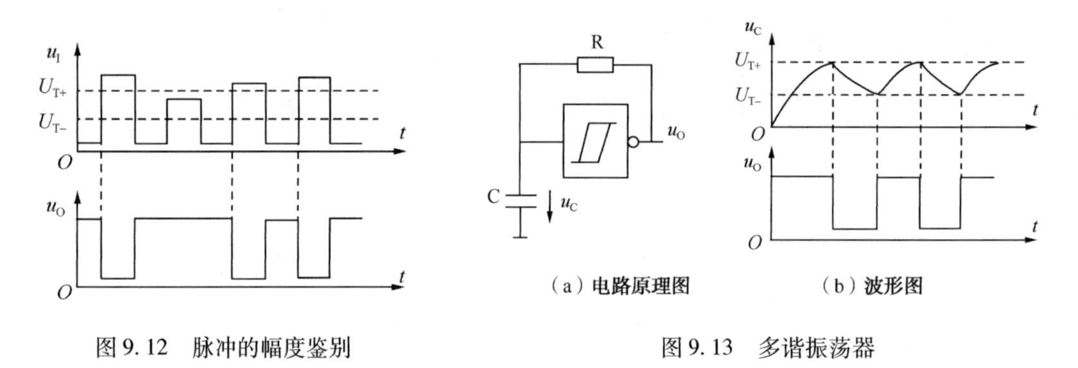

图9.12　脉冲的幅度鉴别　　　　图9.13　多谐振荡器

9.3.2　施密特触发器的限定符号及意义

1. 阈值电压限定符号及意义

阈值电压限定符号有 U_{T+} 和 U_{T-}。正向阈值电压 U_{T+} 的意义是当输入电压上升到 U_{T+} 时，输出状态才发生翻转；负向阈值电压 U_{T-} 的意义是当输入电压下降到 U_{T-} 时，输出状态才返回到原来的状态。回差电压 $U_H=U_{T+}-U_{T-}$ 是施密特触发器的一个重要参数，回差电压越大，电路抗干扰能力越强。

2. 施密特触发器相关限定符号及意义

如图9.14所示是施密特触发器滞后特性的限定符号及意义。

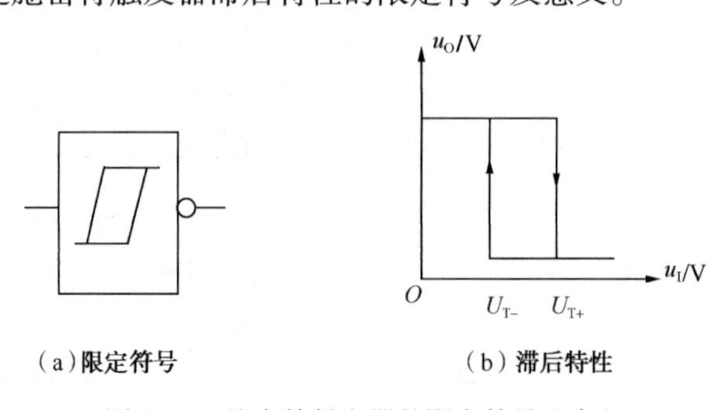

图9.14　施密特触发器的限定符号及意义

在如图 9.14（a）所示方框中的符号表示施密特触发器的滞后特性，方框外的小圆圈表示非的功能。

9.3.3　集成施密特触发器

前面介绍了 555 定时器构成的施密特触发器。近年来集成施密特触发器的产生给使用带来了很大的方便。下面以 CMOS 集成触发器 CC40106 为例进行介绍。

1. CC40106 六施密特触发器的介绍

如图 9.15（a）所示为 CC40106 六施密特触发器的逻辑符号图，如图 9.15（b）所示为其传输特性。

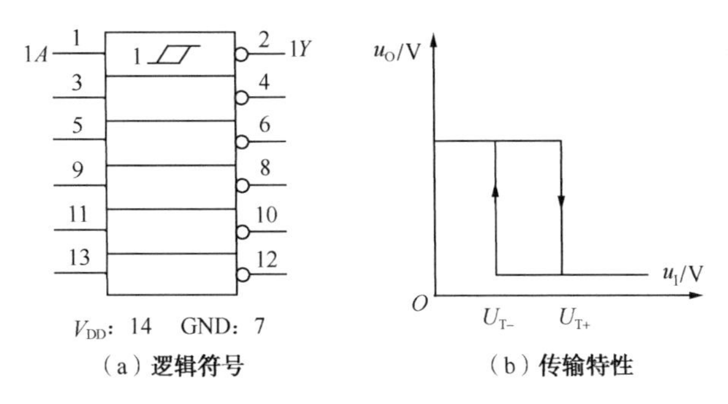

图 9.15　CC40106 六施密特触发器

当集成施密特触发器所加电源电压改变时，正向阈值电压 U_{T+} 和反向阈值电压 U_{T-} 随之变化。当电源电压确定时，由于器件内部电路的离散性，正向阈值电压 U_{T+} 和反向阈值电压 U_{T-} 也都有一个变化范围。

2. 集成施密特触发器的应用

集成施密特触发器的应用同前面所讲的 555 定时器构成的施密特触发器的应用相同。

9.4　石英晶体振荡器

前面介绍的多谐振荡器，振荡频率不仅和电路充放电时间常数 RC 有关，还与逻辑门的阈值电压 U_{TH} 有关。因为 U_{TH} 容易受温度、电源电压变化等因素的影响，所以这些电路的振荡频率稳定性较差，不适合在频率稳定性要求较高的场合使用。

1. 石英晶体的基本特性

石英晶体具有以下基本特性。

（1）石英晶体的结构和符号。石英晶体是将石英材料按一定的方位角切成薄片，然后在薄片的两面涂上银层作为板极，引出两个电极，加以封装而成的。如图 9.16（a）所示为石英晶体的符号。

（2）石英晶体的阻抗频率特性。由于石英晶体的频率稳定性很高，误差只有 $10^{-11} \sim 10^{-6}$，品质因数高，选频特性好，因此石英组成的多谐振荡器具有很高的频率稳定性。由如图 9.16（b）所示的石英晶体的阻抗频率特性可知，当信号频率等于串联谐振频率 f_S 时，石英晶体的等效阻抗

$X_S=0$；当信号频率等于并联谐振频率f_P时，石英晶体的等效阻抗$X_P\approx\infty$。

2. 石英晶体振荡器

石英晶体振荡器有串联型和并联型两种。

（1）串联型石英晶体多谐振荡器。如图9.17所示的串联型石英晶体多谐振荡器中，石英晶体接在G_2的输出端与G_1的输入端之间。振荡器是利用串联谐振时，石英晶体的等效阻抗最小，信号最易通过，而其他频率的信号均会被衰减来工作的。当电路接通电源的瞬间，反向器G_2输出噪声信号，经石英晶体后，只从噪声信号中选出频率为f_S的正弦信号，并反馈到反向器G_1的输入端，经G_1线性放大后，再经G_2线性放大，经多次反复放大后，使幅值达到最大而被削顶失真，近似于方波输出，即形成多谐振荡器。电路的振荡频率仅取决于石英晶体的固有谐振频率f_S，而与RC的值基本无关。

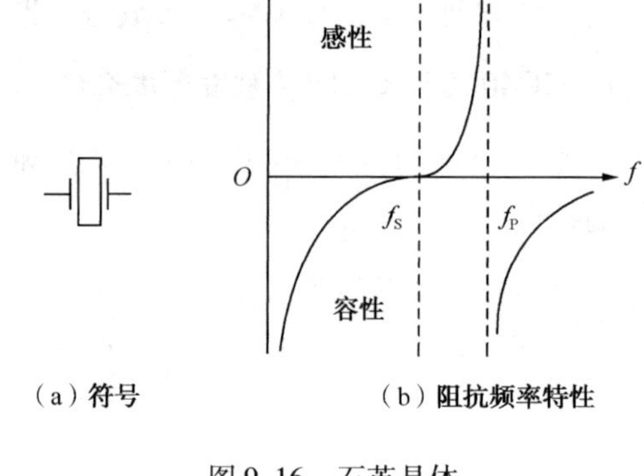

（a）符号　　（b）阻抗频率特性

图9.16　石英晶体

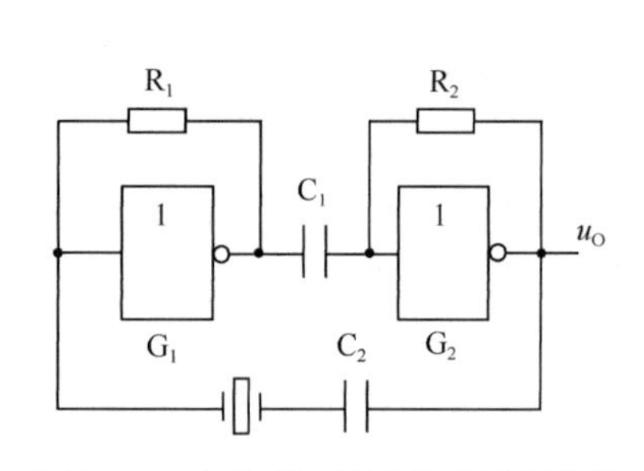

图9.17　串联型石英晶体多谐振荡器

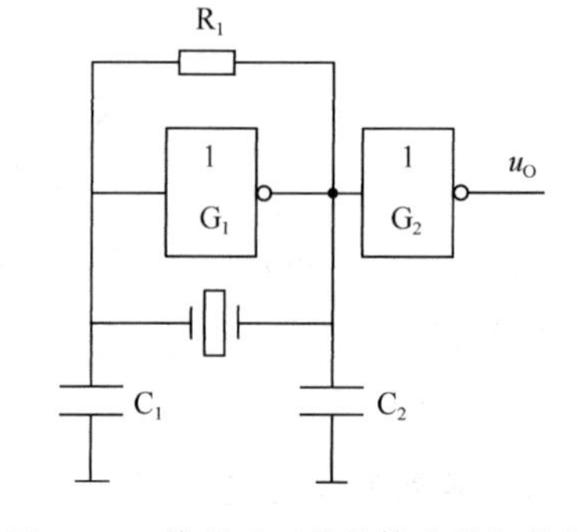

图9.18　并联型石英晶体多谐振荡器

（2）并联型石英晶体多谐振荡器。如图9.18所示是一种并联型石英晶体多谐振荡器，图中石英晶体和电容C_1、C_2共同构成选频电路，谐振于石英晶体的并联谐振频率f_P附近，石英晶体在f_P附近呈感性。当电路接通电源的瞬间，反向器G_1输出噪声信号，经过选频电路后，只从噪声信号中选出频率为f_P的正弦信号，并反馈到反向器G_1的输入端，经G_1多次反复放大后，使幅值达到最大而被削顶失真，近似于方波输出，即形成多谐振荡器。R_1的作用是使G_1工作在线性放大区，G_2为输出门。

知识梳理与总结

本章阐述了波形的产生与整形电路基本知识。

本章重点内容如下：

（1）555定时器电路；

（2）多谐振荡器与单稳态电路；

（3）施密特电路与集成施密特电路；

（4）石英晶体振荡器。

实训 11　波形的产生与整形电路

1. 实训目的

(1) 熟悉 555 定时器的性能与典型应用。
(2) 进一步掌握集成施密特电路的功能
(3) 熟悉波形的产生与整形电路。

2. 实训设备

(1) 数字电路实验系统（箱）1 台；
(2) 示波器 1 台；
(3) 函数信号发生器 1 台；
(4) 稳压电源 1 台；
(5) 万用表 1 只；
(6) 集成电路 74LS04、NE555；
(7) 其他元件：电容、电阻、电位器、石英晶体振荡器。

3. 实训内容

1) 矩形波振荡器电路

(1) 由门电路组成环形多谐振荡器电路，如图 9.19 所示，振荡周期理论值 $T \approx 2.2RC$。
① 用示波器观察输出波形。
② 改变电位器阻值，用示波器观察振荡周期变化，测算出振荡周期变化范围。
(2) 由门电路组成多谐振荡器电路，如图 9.20 所示，振荡周期理论值 $T \approx 1.4RC$ 。
用示波器观察输出波形，按时间对应关系记录；测出振荡周期 T，并与理论值比较。
(3) 由 555 定时器组成多谐振荡器电路，如图 9.21 所示，$T \approx 0.7(R_1 + 2R_2)C$ 。
① 用示波器观察输出波形,按时间对应关系记录,测出振荡周期 T,并与理论值比较。
② 改变电容 C,观测振荡周期 T 的变化。
(4) 晶体振荡电路,如图 9.22 所示。
用示波器观察输出波形,按时间对应关系记录,测出振荡周期 T。

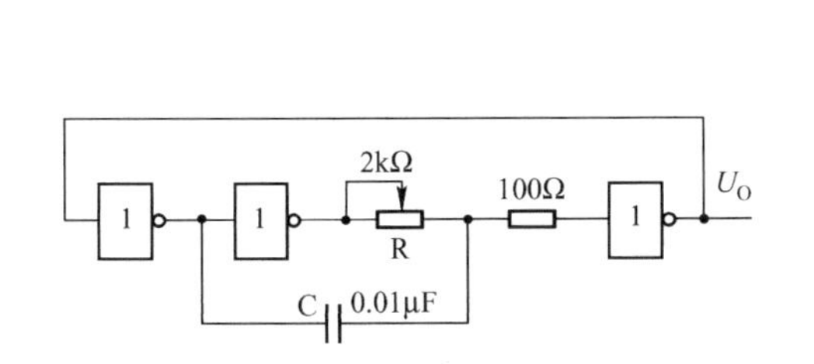

图 9.19　环形多谐振荡器

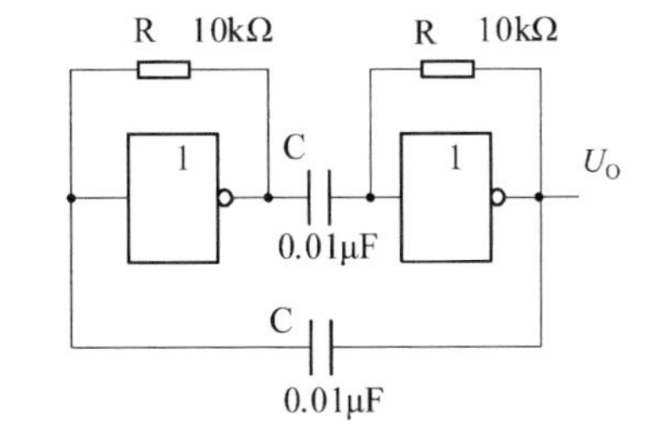

图 9.20　多谐振荡器

2) 施密特触发器

由 555 定时器组成施密特触发器,电路如图 9.23 所示。

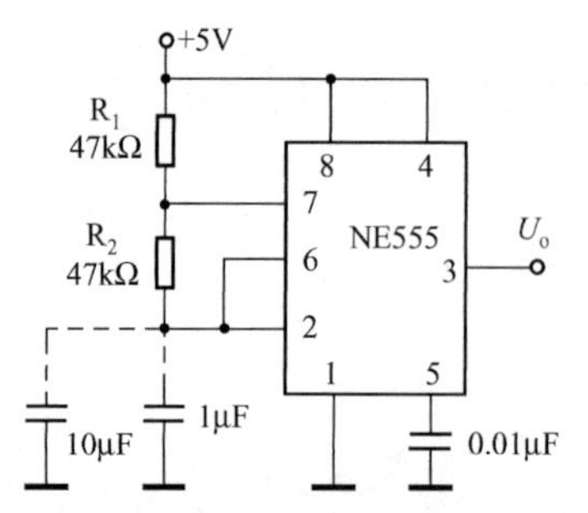

图 9.21　555 定时器组成多谐振荡器

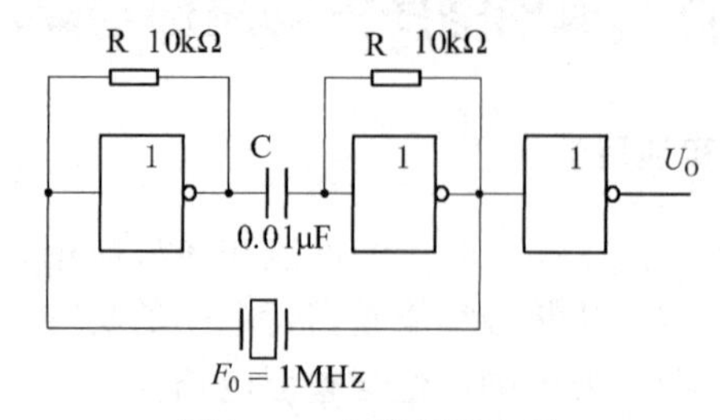

图 9.22　晶体振荡电路

（1）调节 U_i，从大小观察输出状态的变化，用万用表测量 U_O 变化，并测出 U_{T+} 与 U_{T-}，画出电压传输特性图。

（2）通过信号发生器加一定幅度的三角波信号输入信号，通过施密特触发器整形，用示波器观测 U_O 变化。

3）单稳态电路

由 555 定时器组成的单稳态电路，如图 9.24 所示，暂稳态维持时间（定时时间）$t_w \approx 1.1RC$。

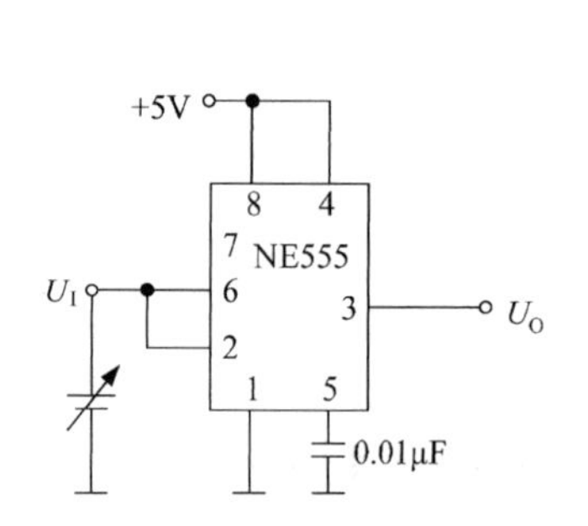

图 9.23　施密特触发器

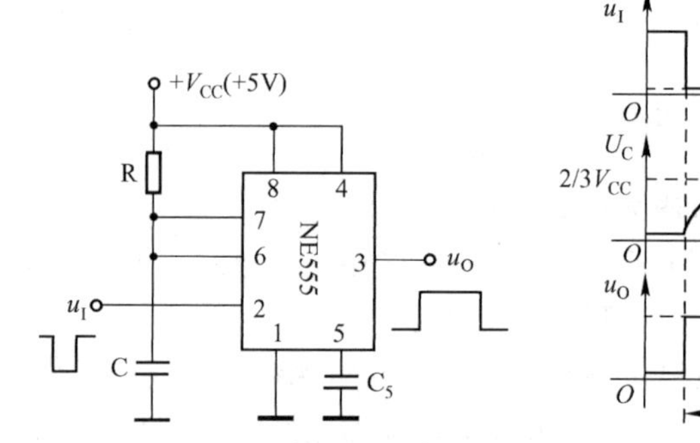

图 9.24　单稳态电路

改变 R 与 C，测试 t_W 的变化。将测试数据填入表 9.2，定性比较暂态时间 t_W 变化与 RC 的关系。

表 9.2　暂态时间 t_W

R(kΩ)	C(μF)	暂态时间 t_W	定性比较暂态时间 t_W 变化与 RC 的关系
100	47		
100	100		
200	100		

4. 实训报告要求

（1）整理实验数据与实验结果。

（2）写出实训报告。

习题 9

1. 单项选择题

（1）555 定时器组成的多谐振荡器属于（　　）电路。

A. 单稳　　B. 双稳　　C. 无稳　　D. 多稳

(2) 施密特触发器的主要用途之一是(　　)。

A. 产生矩形波　　B. 存储　　C. 定时　　D. 波形变换

(3) 为了将正弦信号转换成与之频率相同的脉冲信号,可采用(　　)。

A. 多谐振荡器　　B. 移位寄存器　　C. 单稳态触发器　　D. 施密特触发器

(4) 能起定时作用的电路是(　　)。

A. 施密特触发器　　B. 单稳态触发器　　C. 多谐振荡器　　D. 译码器

(5) 由 555 定时器构成的单稳态触发器,在电压控制端 CO(5 脚)外加电压 U,若改变 U 的数值,则可改变输出脉冲的(　　)。

A. 上升沿特性　　B. 脉冲幅度　　C. 脉冲宽度　　D. 下降沿特性

2. 填空题

(1) 单稳态触发器只有一个(　　)态、一个(　　)态。

(2) 555 定时器可以构成施密特触发器,施密特触发器具有(　　)特性,主要用于脉冲波形的(　　)。

(3) 555 定时器的最后数码为 555 的是(　　)产品,为 7555 的是(　　)产品。

(4) 常见的脉冲产生电路有(　　),常见的脉冲整形电路有(　　)、(　　)。

(5) 由石英晶体的阻抗频率特性可知,当信号频率等于串联谐振频率时,石英晶体的等效阻抗为(　　)。

3. 计算题

(1) 用一个 555 定时器及电阻、电容构成一个多谐振荡器,画出电路图。若给定电阻的阻值只有 1kΩ,要求振荡频率为 1kHz,则电容值是多少?

(2) 在 555 定时器构成的单稳态触发器中,要求输出脉冲宽度为 1s 时,定时电阻 $R=11\text{k}\Omega$,试计算定时电容 C?

4. 分析题

(1) 分析图 9.25 (a) 所示电路,根据图 9.25 (b) 所示的波形,画出输出端 u_O 的波形,由此波形分析施密特触发器的作用。

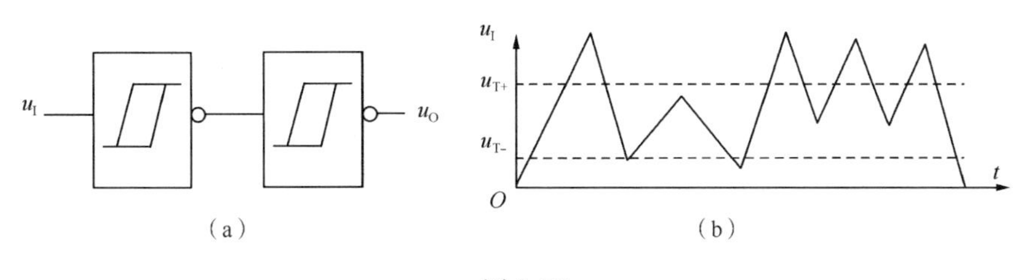

图 9.25

(2) 分析施密特触发器具有什么显著特征?主要应用有哪些?

第10章 A/D和D/A转换

本章以A/D转换器和D/A转换器的应用为主要内容，介绍了集成A/D转换器和D/A转换器。

教学导航

<table>
<tr><td rowspan="4">教</td><td>知识重点</td><td>1. A/D转换器　　2. D/A转换器</td></tr>
<tr><td>知识难点</td><td>CMOS开关倒T形电阻网络D/A转换器</td></tr>
<tr><td>推荐教学方式</td><td>简单介绍A/D转换器和D/A转换器的简单结构和基本工作原理；重点介绍相关集成电路的外部特性和使用要求</td></tr>
<tr><td>建议学时</td><td>4学时</td></tr>
<tr><td rowspan="3">学</td><td>推荐学习方法</td><td>熟悉集成A/D和D/A转换器的一些主要性能参数，学会根据性能参数及使用要求，选取合适的转换器</td></tr>
<tr><td>必须掌握的理论知识</td><td>A/D转换器和D/A转换器相关集成电路的基本应用</td></tr>
<tr><td>必须掌握的技能</td><td>相关电路的应用</td></tr>
</table>

能将模拟量转换成数字量的装置称为模/数转换器，简称 A/D 转换器（ADC）。能将数字量转换成模拟量的装置称为数/模转换器，简称 D/A 转换器（DAC）。

10.1　A/D 转换器

A/D 转换器是指能将模拟量转换成与其成正比的数字量的装置。它的类型很多，可分为直接 A/D 转换器和间接 A/D 转换器两大类。直接 A/D 转换器是将模拟信号与基准电压相比较，直接转换成数字信号，具有较快的转换速度；间接 A/D 转换器是先将模拟信号转换成某个中间电量，然后再转换为数字信号。

目前市场主要使用集成 A/D 转换器，这里只介绍集成 A/D 转换器。

10.1.1　集成 A/D 转换器

目前一般用的是单片集成 A/D 转换器，其种类很多，如 ADC0801、ADC0804、ADC0809 等。下面以 ADC0809 为例，简单介绍其结构和使用。

1. 结构

ADC0809 是单片 8 位 8 路 CMOS A/D 转换器，其原理框图如图 10.1 所示，引脚排列图如图 10.2 所示。

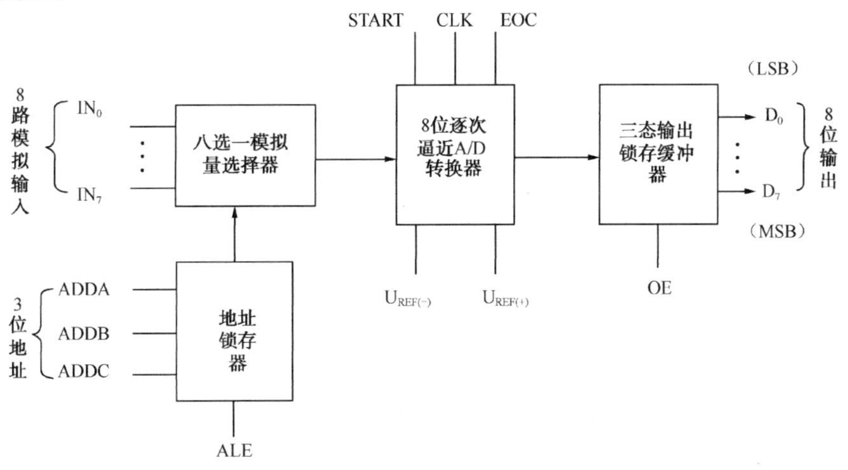

图 10.1　ADC0809 的原理框图

ADC0809 共有 28 个引脚，各引脚功能如下。

（1）V_{DD}：电源端，电压为 +5V；

（2）GND：地；

（3）$U_{REF(+)}$、$U_{REF(-)}$：基准电压，该电压确定输入模拟量的电压范围，一般 $U_{REF(+)}$ 接 V_{DD} 端，$U_{REF(-)}$ 接 GND 端；

（4）IN_0 ～ IN_7：8 路模拟输入端，由八选一数据选择器从 8 路模拟输入中选中一路模拟信号送入转换器；

（5）ADDC、ADDB、ADDA：八选一数据选择器的 3 个地址输入端，3 个地址有 8 种组合，对应 8 路模拟输入量；

（6）ALE：地址锁存允许端，当它为高电平时，ADDC、ADDB、ADDA 3个地址的转态被锁存，八选一数据选择器开始工作；

（7）D_0 ～ D_7：8位数字量输出端；

（8）START：启动脉冲输入端，在该脉冲的下降沿转换工作开始；

（9）CLK：外部时钟脉冲输入端；

（10）OE：输出允许端，当它为高电平时，转换器将数字量输出，送入CPU；

（11）EOC：转换结束信号端，当转换结束时，EOC从低电平变为高电平。

引脚	名称	名称	引脚
1	IN_3	IN_2	28
2	IN_4	IN_1	27
3	IN_5	IN_0	26
4	IN_6	ADDA	25
5	IN_7	ADDB	24
6	START	ADDC	23
7	EOC	ALE	22
8	D_3	D_7	21
9	OE	D_6	20
10	CLK	D_5	19
11	V_{DD}	D_4	18
12	U_{REF+}	D_0	17
13	GND	U_{REF-}	16
14	D_1	D_2	15

图10.2　ADC0809引脚排列图

2. 工作原理

当地址锁存允许端（ALE）为高电平时，3位地址（ADDC、ADDB、ADDA）端根据地址CBA，从8路模拟输入中选中对应的模拟信号送入转换器。转换开始时，经启动脉冲（START）启动后，在外加脉冲（CLK）的作用下，把输入的模拟量转换为数字量。当转换结束后，8位数字信息先存入8位缓冲器，同时，送出一个转换结束信号（EOC），CPU接受转换结束信号后，发出输出允许信号，送给OE端。OE端得到信号，打开缓冲器，将已转换好的数字量输出，输入CPU。

10.1.2　集成A/D转换器的主要性能指标

1. 分辨率

分辨率是指分辨最小电压的能力，通常用位数来表示，位数越多，分辨率也越高。如输出位数为10位时，分辨率为最大输入模拟电压的$\frac{1}{2^{10}}$。

2. 相对误差

相对误差是指对应于某一输出数字量情况下，理论输入值与实际输入值之差再与满量程输入值之比。常以$\leqslant\frac{1}{2}$LSB表示。

3. 转换速度

完成一次A/D转换操作所需的时间称为转换速度，即从转换控制信号发出到有稳定数字输出为止的一段时间。采用不同的转换电路，其转换速度也不同。例如ADC0809，当CP的频率$f=640$kHz时，转换速度为100μs；BCD编码的$3\frac{1}{2}$位ACD14433，当$f=160$kHz时，转换速度为100ms。

其他指标还有输入模拟电压范围、稳定性、电源功率消耗等参数。在选用时要挑选参数合适的芯片。

10.2　D/A 转换器

D/A 转换器是用来接收数字信息，并输出一个与输入的数字量成正比的模拟量的电路。

10.2.1　集成 D/A 转换器

各种类型的集成 D/A 转换器多由参考电压、电阻网络、电子开关 3 个基本部分组成。D/A转换器的种类很多，本书只介绍 CMOS 开关倒 T 形电阻网络 D/A 转换器。

1. CMOS 开关倒 T 形电阻网络 D/A 转换器

CMOS 开关倒 T 形电阻网络 D/A 转换器的电路原理图如图 10.3 所示。

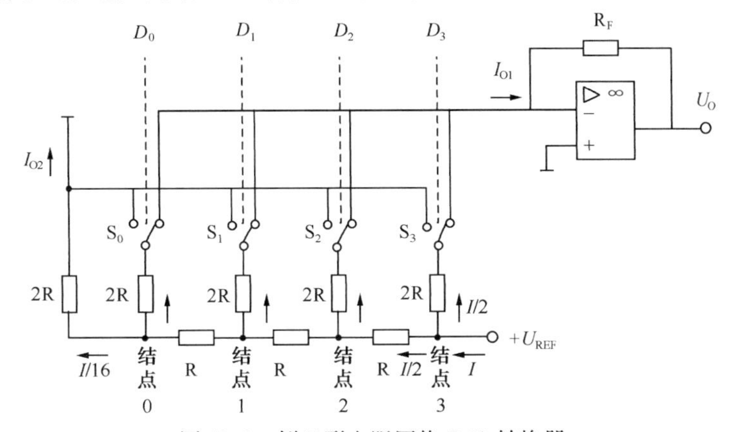

图 10.3　倒 T 形电阻网络 D/A 转换器

D_3、D_2、D_1、D_0 为输入 4 位二进制数，它们分别控制 4 个 CMOS 电子开关 S_3、S_2、S_1、S_0。当 $D_i=1$ 时，电子开关 S_i 接运算放大器的反向输入端（反向输入端“虚地”）；当 $D_i=0$ 时，电子开关 S_i 接地。电阻网络中有 4 个结点，从每个结点向左向上看，电路都有两条分支，其电阻均为 $2R$，因为电阻另一端接地（$D_i=0$）或虚地（$D_i=1$），所以每个结点的等效电阻均为 R，由此得：

$$I=\frac{U_{\mathrm{REF}}}{R}$$

因为分流，所以每个结点流向电子开关 S_3、S_2、S_1、S_0 的电流分别为$\frac{I}{2}$、$\frac{I}{2^2}$、$\frac{I}{2^3}$、$\frac{I}{2^4}$。

当 $D_i=1$ 时，这些电流流入运算放大器的反向输入端；当 $D_i=0$ 时，电流流入地。所以，运算放大器反向输入端的电流为：

$$\begin{aligned} I_{\mathrm{O1}} &= D_3\times\frac{I}{2}+D_2\times\frac{I}{2^2}+D_1\times\frac{I}{2^3}+D_0\times\frac{I}{2^4} \\ &= \frac{U_{\mathrm{REF}}}{R\times 2^4}\,(D_3\times 2^3+D_2\times 2^2+D_1\times 2^1+D_0\times 2^0) \end{aligned} \tag{10-1}$$

运算放大器输出电压为：

$$U_{\mathrm{O}}=-I_{\mathrm{O1}}R_{\mathrm{F}}=-\frac{R_{\mathrm{F}}U_{\mathrm{REF}}}{R\times 2^4}(D_3\times 2^3+D_2\times 2^2+D_1\times 2^1+D_0\times 2^0) \tag{10-2}$$

2. 集成 D/A 转换器举例

集成 D/A 转换器的型号有很多，如 AD7520、AD7521、DAC1020、DAC1221 等。这里以 AD7520 为例进行介绍。

AD7520 是 10 位 CMOS D/A 转换器，其电路与图 10.3 所示电路相似，采用倒 T 形电阻网络，集成在芯片上，但运算放大器是外接的。

由式（10－2）可知，AD7520 的输出电压为：

$$U_O = -\frac{R_F U_{REF}}{R\times 2^{10}}(D_9\times 2^9 + D_8\times 2^8 + \sim + D_1\times 2^1 + D_0\times 2^0) \qquad (10-3)$$

当 $R_F = R$ 时，上式可简化为：

$$U_O = -\frac{U_{REF}}{2^{10}}\sum_{i=0}^{9} D_i \times 2^i \qquad (10-4)$$

AD7520 的外引脚排列图如图 10.4 所示。

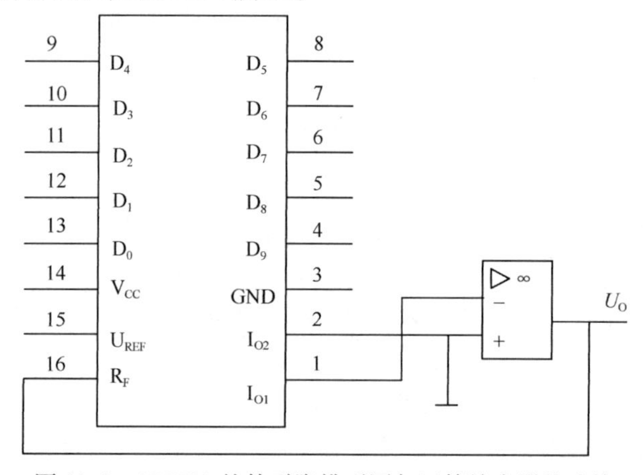

图 10.4　AD7520 的外引脚排列图与运算放大器的连接

AD7520 共有 16 个引脚，各引脚功能如下。

（1）$D_9 \sim D_0$：10 位数字量的输入端；

（2）I_{O1}：模拟电流 I_{O1} 的输出端，接运算放大器的反向输入端；

（3）I_{O2}：模拟电流 I_{O2} 的输出端，一般接地；

（4）GND：地；

（5）V_{CC}：电源端；

（6）U_{REF}：基准电压接线端；

（7）R_F：芯片内一个电阻的引出端，可作为运算放大器的反馈电阻 R_F（也可以不用），一般 $R_F = 10k\Omega$。

由于 AD7520 中不包含运算放大器，所以需外接运算放大器，才能构成完整的 D/A 转换器。

10.2.2　集成 D/A 转换器的主要性能指标

1. 分辨率

D/A 转换器的最小输出电压（对应于输入二进制数 1）与最大输出电压（对应于输入二

进制数全为 1）之比称为分辨率。对于 N 位 DAC，分辨率可表示为：$\frac{1}{2^N-1}$。

例如，10 位 D/A 转换器的分辨率为：

$$\frac{1}{2^{10}-1}=\frac{1}{1023}\approx 0.001$$

2. 转换精度

转换精度是指输出模拟电压实际值与理论值之差。通常用输出电压与满刻度的百分数或最低有效位数字的倍数来表示。如转换精度为$\frac{1}{2}$LSB，表示精度为最低有效位数字对应的模拟电压的一半。

3. 线性度

系统在转换过程中产生的非线性误差与满刻度之比称为线性度，常用百分比表示。如 $U_{REF}=10V$，线性误差为 10mV，则线性度为 $10\times10^{-3}\div10=0.1\%$。

4. 转换时间

从输入数字信号起到输出电压达到稳定值所需的时间称为转换时间。倒 T 形电阻网络 D/A 转换器的转换速度较快。目前，10 位单片集成 D/A 转换器（不包括运算放大器）的转换时间一般不超过 1μs。

5. 电源抑制比

电源抑制比是指输出电压的变化与相对应的电源电压变化之比。

此外，还有一些技术指标，都可在手册中查到，不再一一介绍。

知识梳理与总结

本章主要介绍 D/A 转换器和 A/D 转换器两种器件，它们是沟通模拟量和数字量的桥梁。本章重点内容如下：

（1）集成 A/D 转换器；

（2）集成 D/A 转换器；

（3）集成 A/D 转换器和 D/A 转换器电路主要性能参数。

实训 12　D/A、A/D 转换电路

1. 实训目的

（1）进一步熟悉 D/A、A/D 转换电路。

（2）掌握集成 D/A、A/D 转换器的基本功能与典型应用。

2. 实训器材

（1）数字电路实验系统（箱）；

（2）集成电路 DAC0808、ADC0809、LM324；

（3）电阻；

（4）电位器；

（5）电容器。

3. 实训内容

1）D/A 转换应用电路

DAC0808 为双极型 8 位 D/A 转换器，电路结构框图如图 10.5 所示，引线脚如图 10.6 所示。LM324 为 4 运放电路。

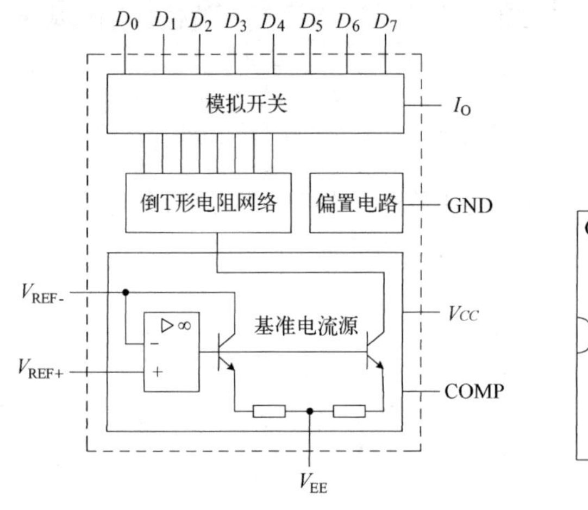

图 10.5　DAC0808 结构图

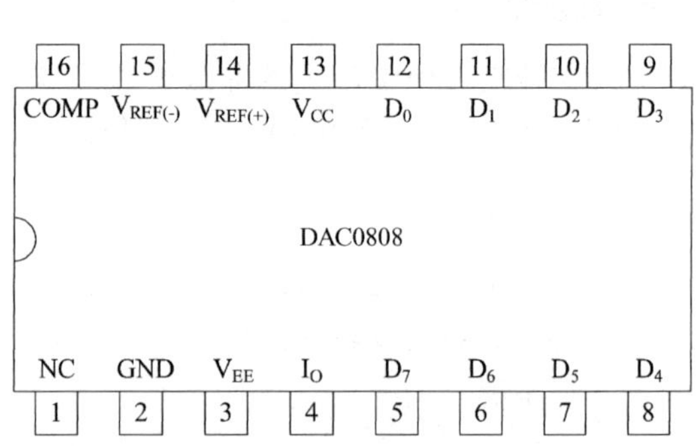

图 10.6　DAC0808 引线脚

电路如图 10.7 所示，输入不同的 $D_4D_5D_6D_7$ 值，测量其对应的输出电压 V_O。

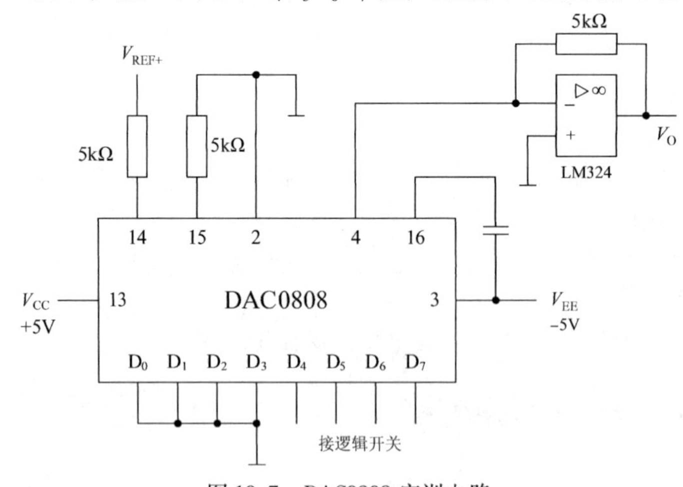

图 10.7　DAC0808 实训电路

2）A/D 转换应用电路

ADC0809 为 CMOS 8 位 8 路 A/D 转换器。实训电路如图 10.8 所示。输入模拟信号，调节电位器，输入模拟量 V_I（V）分别取 0、1、2、3、4、5，并按开关 S，读取输出 D_0 ～ D_7 值。

4. 完成报告

（1）整理实训数据；

(2) 写出实训报告。

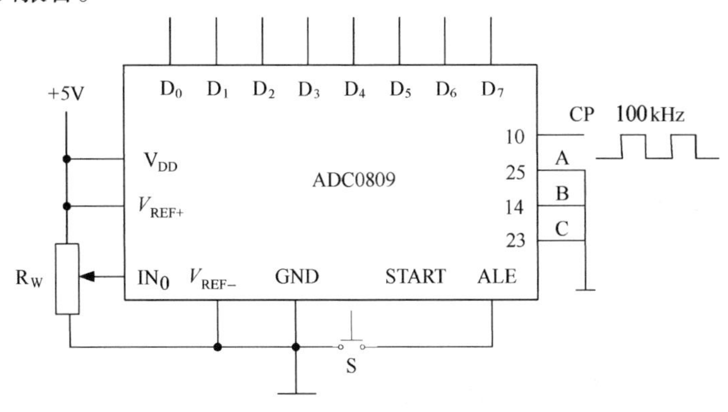

图 10.8　ADC0809 实训电路

习题 10

1. 单项选择题

(1) ADC 的转换精度取决于（　　）。

A. 分辨率　　B. 转换速度　　C. 分辨率和转换速度

(2) ADC0809 输出的是（　　）。

A. 8 位二进制数码　　B. 10 位二进制数码　　C. 4 位二进制数码

(3) 对于 n 位 DAC 的分辨率来说，可表示为（　　）。

A. $\frac{1}{2^n}$　　B. $\frac{1}{2^{n-1}}$　　C. $\frac{1}{2^n-1}$

2. 填空题

(1) DAC 电路的作用是将输入的（　　）量转换成（　　）量。

(2) ADC 电路的作用是将输入的（　　）量转换成（　　）量。

(3) ADC0809 是采用（　　）工艺制成的单片（　　）位 ADC。

(4) DAC0808 是采用（　　）工艺制成的单片（　　）位数模转换器。

3. 简述题

(1) 简述 A/D 转换器和 D/A 转换器的作用。

(2) 简述集成 A/D 转换器的主要性能指标。

(3) 简述集成 D/A 转换器的主要性能指标。

4. 计算题

(1) 在图 10.3 中，当 $D_3D_2D_1D_0 = 1100$，$R_F = R$，$U_{REF} = 12V$ 时，试计算输出电压 U_O。

(2) 在一个 10 位倒 T 形电阻网络 D/A 转换器中，已知 $U_{REF} = 10V$，$R_F = R$，试求该转换器的分辨率和最大输出电压各为多少？

第11章 半导体存储器件

本章以半导体存储器件与可编程逻辑器件的结构和基本功能为主要内容，介绍了 PROM、EPROM、集成 RAM、PLD 等。

教学导航

教	知识重点	1. ROM 和 RAM　2. EPROM、EEPROM 3. PLD
	知识难点	PLD
	推荐教学方式	简单介绍各类半导体存储器件的简单结构和基本工作原理；重点介绍相关集成电路的外部特性和使用要求
	建议学时	2 学时
学	推荐学习方法	一般了解各类半导体存储器件的简单结构和基本工作原理；重点掌握半导体存储器件的外部特性和使用要求
	必须掌握的理论知识	半导体存储器件的外部特性和使用要求
	必须掌握的技能	相关电路的应用。相关限定符号读解

存储器是某些数字系统和电子计算机中不可缺少的组成部分，用来存放二进制信息。

根据存储器的存储功能，半导体存储器可以分为只读存储器、随机存取存储器和可编程逻辑器件 3 类。

11.1　ROM

只读存储器（简称 ROM）是存放固定信息的存储器件，它的信息是在制造时写入的。存储器中存储固定的程序，正常工作时只能读出不能写入信息。即使切断电源，器件中的信息也不会消失。ROM 通常用来存储那些不经常改变的信息，如操作指令控制微程序、字母显示等。

11.1.1　ROM 的基本结构

1. ROM 的结构

ROM 的一般结构如图 11.1 所示。它主要由地址译码器、存储单元矩阵和读出电路等 3 部分组成。

在图 11.1 中，左侧是地址输入线 $A_0 \sim A_{n-1}$，是一个全译码器，有 $W_0 \sim W_{2^n-1}$（共 2^n）条译码输出线。我们用地址号码来区别存储矩阵中不同的存储单元。当给定一个地址输入码时，译码器只有一条输出 W_i 被选中，这个被选中的线可以在存储矩阵中取得 m 位二进制信息 $d_0 \sim d_{m-1}$。m 位的二进制信息称为一个“字”，因而 $W_0 \sim W_{2^n-1}$中每一条线又称为“字线”，“位线”为 $d_0 \sim d_{m-1}$。字的位数称为“字长”。对于有 n 条地址输入线、m 条位线的 ROM，能存储 2^n 个字的信息。每个字有 n 位，每个位可存储一个 0 或一个 1 的信息，ROM 存储容量用字数乘位数表示。图 11.1 所示 ROM 容量为 $2^n \times m$。例如，存储容量为 $2^8 \times 4$ 位，说明存储器中包括了 256 组存储单元，每组为 4 位。存储容量越大，所能记忆的信息量就越多，功能就越强。存储容量是存储器的主要技术指标之一。通常所说的存储器是 1K × 4、2K × 8、64K × 1 位，其对应的存储容量分别为 1024 × 4、2048 × 8、65536 × 1。

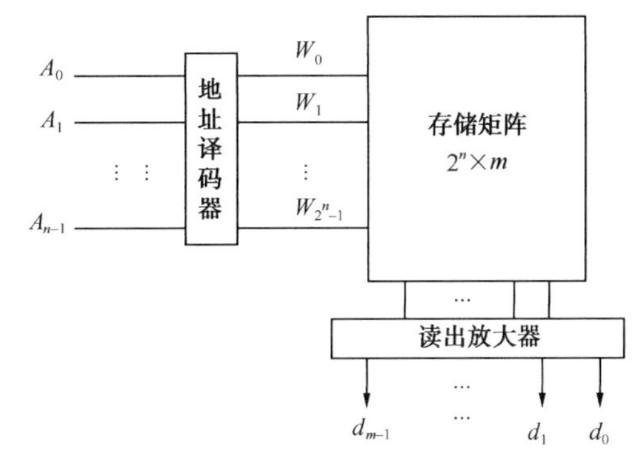

图 11.1　ROM 的基本结构

存储矩阵中字线和位线交叉处是一个存储器单元，存放 1 位二进制信息，不是 0 就是 1。不能随意变更。ROM 存储单元不用触发器，只采用二极管、晶体管，但更多的是由 MOS 组成的。存储单元按是否接有管子来区分 1 和 0，通常有管子为 1，没有管子为 0。

2. ROM 的寻址

从存储矩阵中选择一组存储单元（字）的过程，称为寻址。

存储器中有两种寻址方法：一种是一维寻址，另一种是二维寻址。

一维寻址法的缺点是随着 ROM 容量的增大，地址译码将因 n 很大而变得复杂。二维寻址法框图如图 11.2 所示。其中每个存储单元有两条选择线，一条是 X 地址译码器，另一条为 Y 地址译码器，X 与 Y 相交的那个单元即为被选中的单元。

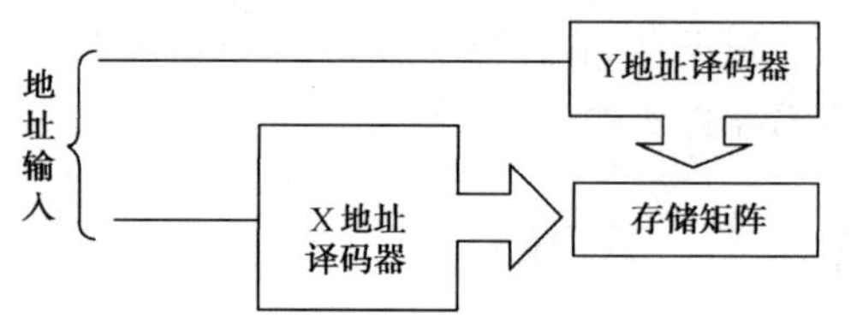

图 11.2　ROM 二维寻址法框图

11.1.2　PROM

固定只读存储器中的信息是在制造时存入的，产品出厂后用户无法做任何改动。然而用户经常希望根据自己的需要来确定 ROM 的存储内容，这种器件称为可编程只读存储器 PROM。PROM 在出厂时，每个存储单元都接晶体管或 MOS 管，相当于所有单元都存入 1。但在每个晶体管发射极上都装有快速熔断丝接到位线上，熔断丝通常用低熔点合金或很细的多晶硅导线制成。编程时，熔断丝烧断为存入 0，熔断丝保留为存入 1。

当要写入信息时，首先输入相应的地址码，使相应的字线 W_i 输出高电平，然后对要求写 0 的位线 D_i 上按规定加入高压脉冲，使该位线上的稳压管导通，反相器 A_W 输出低电平，被选中字线的相应熔断丝烧断；对要求写 1 的位线上加低电平信号，熔断丝保留不断。

正常读出时，字线被选中后，对于有熔断丝的存储单元，其读出放大器输出的高电平不足以使稳压管导通，A_W 截止。

PROM 由于写入信息熔断丝被烧断后不能恢复，所以只能写入一次，给用户带来不便。

11.1.3　EPROM

EPROM 是一种可擦除、可重新编程的只读存储器，具有和录音磁带相似的特点：一方面在停电后，信息可以长期保存；另一方面，当这些信息不需要时，又可以擦除和重写。对已经写入信息的 EPROM，想改写就可以用专用的紫外线灯照射芯片上的受光窗口，3 ～ 5min 后芯片中写入的内容则全部消失，可重新写入新的信息。

EPROM 中采用的元件为浮置栅雪崩注入式 MOS 管。栅极被二氧化硅绝缘层隔离开来，呈浮置状态，故称为浮置栅。在写入信息前，浮置栅不带电，MOS 管处于截止状态。写入信息时，在对应单元的漏极上加足够高的负压，使漏极与衬底之间的 PN 结被击穿，雪崩击穿产生的高能电子堆积在浮置栅上，使 MOS 管导通。当移去外加电压后，浮置栅上的电子由于没有放电回路，因而能够长期保存。如果用紫外线照射 MOS 管，则浮置栅上积累的电子形成光电流而泄放，从而使导电沟道消失，MOS 管又恢复截止状态。为了便于消除，芯片的封装外壳装有透明的石英盖板。写好的 EPROM 要用不透光的胶纸将擦除的窗口封住，以免存储信息丢失。

现在电可改写型 EEPROM（或 E^2PROM）已经基本取代了 EPROM。本节中主要介绍 EEPROM。

EPROM 在擦除时必须用紫外线照射，经 3 ～ 5min 照射之后，芯片存储的内容全部消

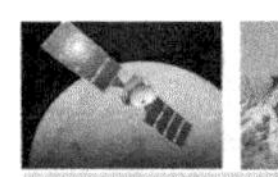

失，然后重新编程。EPROM 中的内容，即使只需修改一个存储单元的状态，也要对全部存储器内容擦除后重新编程，这使用户深感不便。EEPROM 存储单元的结构与 EPROM 相似，所不同的是：在浮置栅上增加一个隧道管，使电荷可以通过隧道管泻放，从而不再需要紫外线激发，即编程和擦除均可用电来完成。

EEPROM 的优点是可以一个字节一个字节地独立擦除和改写内容，可以在 10ms 内擦除全部存储内容；每个存储单元可以改写 1 万次以上。但单片存储容量目前尚不及 EPROM，其价格也高于 EPROM。

一般 EEPROM 型号有 2816、2816A、2817、2817A 等，均为 2K × 8 位。2864 为 8K × 8 位。如图 11.3（a）所示为 2816A 的逻辑结构方框图。如图 11.3（b）所示为外引脚排列图，共 24 个引脚。

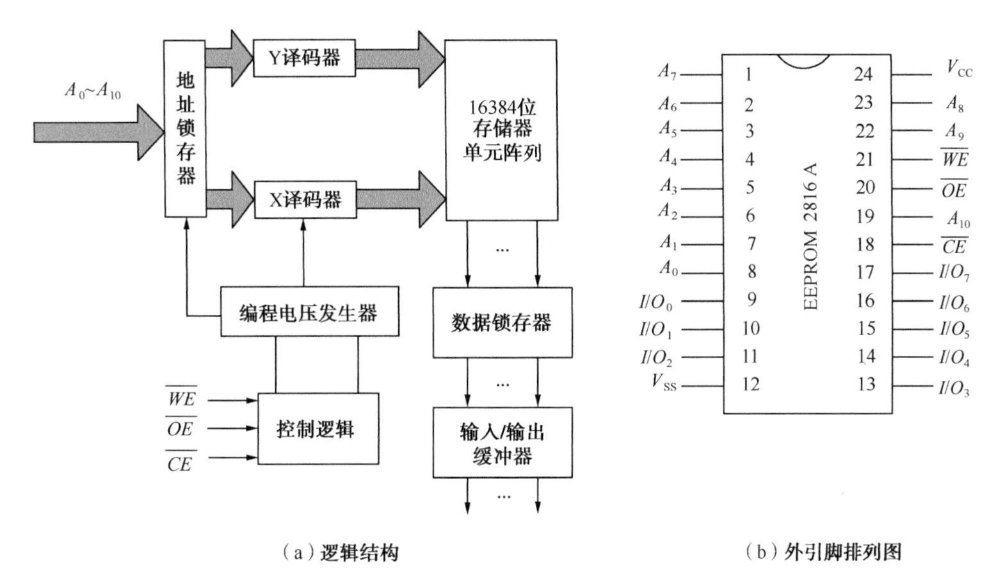

（a）逻辑结构　　（b）外引脚排列图

图 11.3　EEPROM 2816A

电源电压 V_{CC} = +5V，I/O_7 ～ I/O_0 为输入/输出端，A_{10} ～ A_0 为地址输入端，CE 为片控制输入，WE 为写控制输入，OE 为读出输入。如表 11.1 所示为 2816A 的工作方式。

表 11.1　EEPROM 2816A 的工作方式

引　脚	$\overline{CE}$（18）	$\overline{OE}$（20）	$\overline{WE}$（21）	输入/输出
读出	L	L	H	数据出
闲置	L	×	×	高阻抗
字节擦除	L	H	L	数据入 = H
字节写入	L	H	L	数据入
整片擦除	L	10～15 V	L	数据入 = H
不工作	L	H	H	数据出
禁写	H	H	L	数据出

由表11.1可以看出，要使EEPROM工作在可读、可写状态，应使3根控制线置于如下状态：

写入时，$\overline{CE}=0$、$\overline{OE}=1$、$\overline{WE}=0$，加入地址码和存入数据即可；

读出时，置$\overline{CE}=0$、$\overline{OE}=0$、$\overline{WE}=1$，即可输出对应地址码的存储数据，使用较为方便。

11.2 RAM

11.2.1 RAM的基本结构

随机存取存储器通常是指能够在存储器中任意指定的地方随时写入（存入）或者读出（取出）信息的存储器，也称做读/写存储器。根据存储单元的工作原理，RAM又分为静态RAM和动态RAM。RAM由存储矩阵、地址译码器和读/写控制电路等部分组成，其结构如图11.4所示。

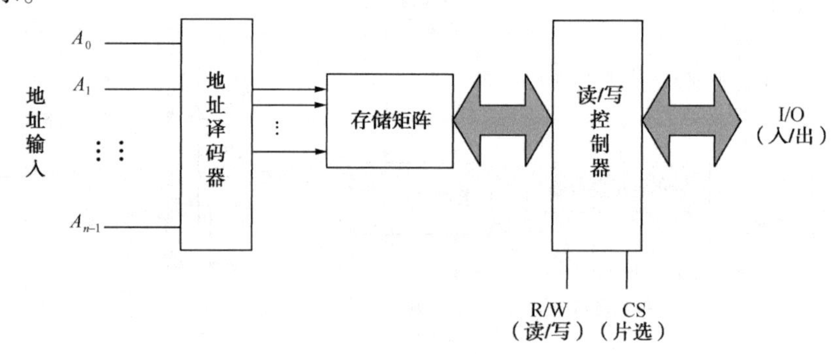

图11.4 RAM的结构

1. 存储矩阵

一个RAM由若干存储单元组成，每个存储单元存放1位二进制信息。为了存取方便，存储单元通常设计成矩阵形式。

例如，一个容量为256×4（256个字，每字4位）的存储器，有1024个存储单元，这些单元可排成32×32的矩阵形式。每行有32个存储单元，可存储8个字；每4列为一个字列，可存储32个字。每根行选择线选中一行，每根列选择线选中一个字列。

2. 地址译码器

一个RAM由若干个字和位组成。通常信息的读出与写入是以字为单位进行的（每次写入或读出一个字），为了区别各个不同的字，将存放同一个字的存储单元编为一组，并赋予一个号码，称为地址。不同的字单元具有不同的地址，从而在进行读、写操作时，便可以按照地址，选择欲访问（读、写操作）的单元。

地址的选择是借助于地址译码器来实现的。在大容量的存储器中，通常采用双译码结构，即将输入地址分为两部分，分别由行译码器和列译码器译码。行、列译码器的输出即为存储矩阵的行、列选择线，由它们共同确定欲选择的地址单元。

3. 存储单元

存储单元是存储器的最基本存储细胞，静态 RAM 存储单元电路由 6 个 MOS 管组成，其中 4 个 MOS 管组成一个基本 RS 触发器，另两个 MOS 管为本单元控制门，由行选择线控制。

4. 片选与读/写控制电路

由于集成度的限制，目前大容量 RAM 需要若干片 RAM 组成。当需要对某一个（或一组）存储单元进行读出或写入信息时，必须进行片选操作，片选信号就是为此而设置的。在片选信号加入有效电平，此片即被选中，然后利用地址译码器才能找到对应的具体存储单元，以便读/写控制信号对该片 RAM 的对应单元进行读出或写入信息操作。

由静态存储单元构成的静态 RAM 的特点是数据由触发器记忆，只要不断电，信息就永久保存。

11.2.2 集成 RAM

静态 RAM 存储单元所用的 MOS 管数目多、功耗大。为了克服这些缺点，人们利用大规模集成工艺，研制出了动态 RAM。动态 RAM 存储信息的原理是基于 MOS 管栅极电容的电荷存储效应。

由于漏电流的存在，电容上存储的信息不能长久保存，因此，必须定期给电容补充电荷，以避免存储信息的丢失，这种操作称为再生或刷新。

动态 RAM 与静态 RAM 的结构基本相似。

动态 RAM 的集成度很高，芯片的存储容量较大，大容量的存储芯片需要较多的地址引线。但引线数目增多，势必会加大芯片尺寸。为了解决这一矛盾，动态 RAM 大都采用行、列地址分时送入的方法。

此外，国家标准规定了存储器的符号规范。

1. 总限定符号和输入/输出符号

存储器总限定符号和输入/输出符号如表 11.2 所示。

表 11.2　存储器总限定符号和输入/输出符号

符　号	名称和说明
ROM256 ×4	1024 位只读存储器
PROM2K ×8	16Kb 可编程只读存储器
EPROM64 ×8	（实用中称）64Kb 可编程只读存储器
RAM4K	为 1024（即地址 A）×4 位随机存取（读/写）存储器
S－RAM16K	2K ×8 位静态 RAM
$\left.\begin{matrix}0\\7\end{matrix}\right\}P$，$\left.\begin{matrix}0\\7\end{matrix}\right\}Q$	P 和 Q 是两组 8 位输入的数据或操作数，每位的权是 2 的幂，它是由 2^0、2^1、2^2、2^3、2^4、2^5、2^6、2^7 组成的简化写法
A	A $\frac{0}{7}$代表 A_0、A_1、…、A_7 8 个地址关联，是这 8 种地址关联的缩写。它们都是作用端，对应的被作用端分别为写有 0、1、…、7 的输入、输出端，并常简写为 A 来表示。A $\frac{0}{7}$是 3 级二进制权的位组合之和，经译码产生，3 级输入为“000”表示 A_0 =“1”，即 0 处被选中；若 3 级输入为“111”时，A_7 =“1”，即 7 处被选中，其他依次类推。这里 A $\frac{0}{7}$、G $\frac{0}{3}$、M $\frac{0}{3}$是地址关联、与关联、方式关联的内涵扩展和延伸

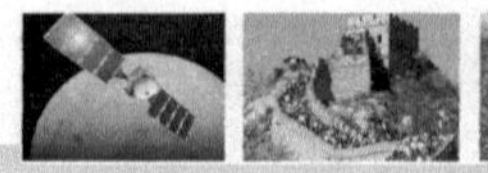

2. 54LS670

54LS670 为 4×4 位 RAM，如图 11.5 所示。

由图 11.5 可知，器件 54/74LS670 是由每字 4 位的 4 字组成的，其写入寻址与读出寻址分开，并有单独的写入和读出线。

写入时，存储器待存储的 4 位字 $D_0 \sim D_3$（脚 15、1、2、3 输入）由写地址译码输入（脚 13、14）和写允许 C4 来确定。C4 为“1”时数据允许写入；C4 为“0”时，数据 $D_0 \sim D_3$ 输入被禁止（1A 是区别地址的表示）。

读出时，字的地址由读地址译码输入（脚 5、4）和读允许 EN 来确定，当 EN =“0”状态时，数据输出（$Q_0 \sim Q_3$）被禁止，并且输出为高阻抗（这里 1A、2A 不是受控地址）。

54/74LS670 可同时读出和写入，寻址时数据不丢失。利用 3S 输出，可将 128 个输出端“线与”连接，可增加容量至 512 字。将任意个寄存器并联可形成 n 位字长。

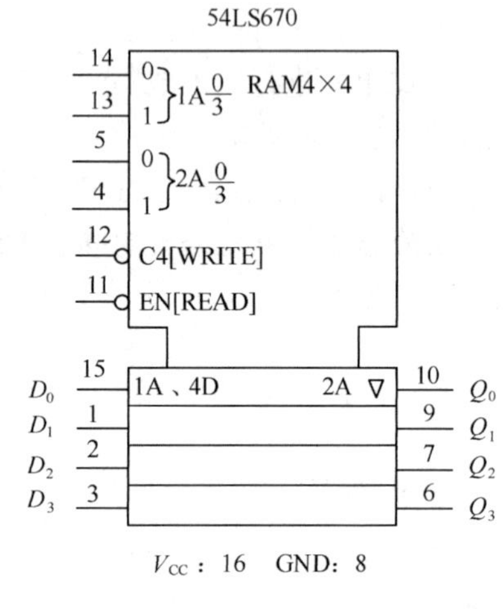

图 11.5　54LS670

CT54LS670 写功能如表 11.3 所示，读功能如表 11.4 所示。表中 H、L 为高、低电平，× 为任意，Z 为高阻；Q_0 为规定的稳态输入条件建立前触发器输出端的电平；$Q = D$ 表示 4 个选中的内部触发器输出端将呈现 4 个输出端的状态；W_{01} 为字 0 的第一位，其他类推。

表 11.3　CT54LS670 写功能

输入（写）			字			
脚 13	脚 14	C_4	D_3（脚 3）	D_2（脚 2）	D_1（脚 1）	D_0（脚 15）
L	L	H	Q_0	Q_0	Q_0	$Q=D$
L	H	H	Q_0	Q_0	$Q=D$	Q_0
H	L	H	Q_0	$Q=D$	Q_0	Q_0
H	H	H	$Q=D$	Q_0	Q_0	Q_0
×	×	L	Q_0	Q_0	Q_0	Q_0

表 11.4　CT54LS670 读功能

输入（写）			字			
脚 4	脚 5	EN	Q_3（脚 6）	Q_2（脚 7）	Q_1（脚 9）	Q_0（脚 10）
L	L	H	W_{03}	W_{02}	W_{01}	W_{00}
L	H	H	W_{13}	W_{12}	W_{11}	W_{10}
H	L	H	W_{23}	W_{22}	W_{21}	W_{20}
H	H	H	W_{33}	W_{32}	W_{31}	W_{30}
×	×	L	Z	Z	Z	Z

11.3　可编程逻辑器件 PLD

可编程逻辑阵列（Programmable Logic Array，PLA）是一种半定制的专用集成电路，使用前可对它进行编程，可自行配置各种逻辑功能。

PLD 既有集成电路硬件工作速度快、可靠性高的优点，又具有软件编程灵活、方便的特点，因此适用于小批量生产的系统或产品的开发和研制。

11.3.1　可编程逻辑器件的基本结构

可编程逻辑器件的基本结构如图 11.6 所示。

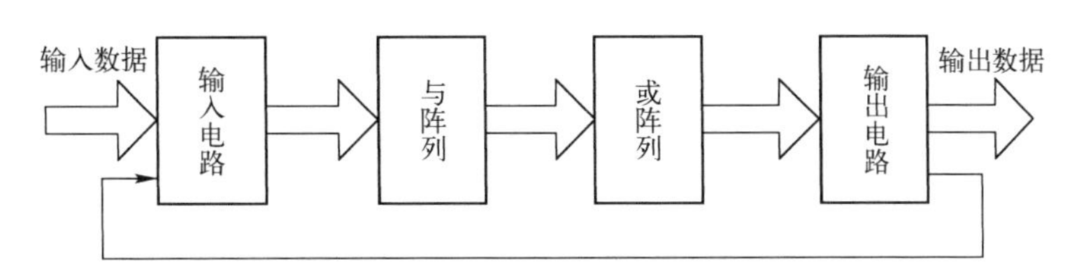

图 11.6　可编程逻辑器件的基本结构

输入电路：输入缓冲电路用以产生输入变量的原变量和反变量。

与阵列：用以产生输入变量的各乘积项。

或阵列：用以产生或项，即将输入的某些乘积项相加。

输出电路：PLD 的输出电路因器件而有所不同，但总体可分为固定输出和可组态。

根据发展过程，PLD 种类主要有可编程逻辑阵列 PLA、可编程阵列逻辑 PAL、通用阵列逻辑 GAL、复杂可编程逻辑器件 CPLD 等。PLD 的分类见表 11.5。

表 11.5　PLD 的分类

PLD 器件	阵 列 结 构		输出电路	简 单 说 明
	与阵列	或阵列		
PLA	可编程	可编程	固定	只能编程 1 次
PAL	可编程	固定	固定	只能编程 1 次
GAL	可编程	固定	可组态	可重复编程百次，应用 EEPOM 工艺
CPLD	可编程	固定	可组态	可重复编程，可复杂编程，功耗低

11.3.2　PLD 器件简化逻辑符号

为了便于分析，PLD 器件逻辑图常用简化表达方法，如图 11.7 所示。

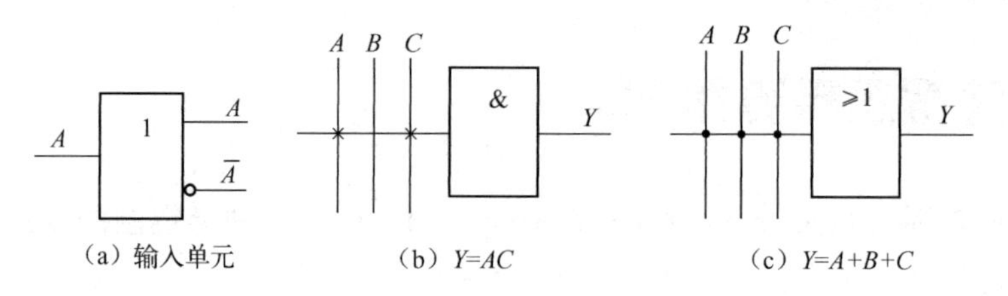

图 11.7 简化逻辑符号

数据 3 种连接方式如图 11.8 所示。

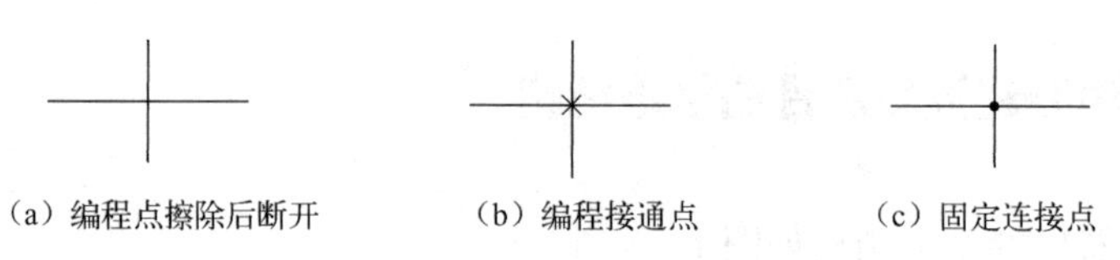

图 11.8 连接方式

图 11.8 中，“•”表示出厂已连接，不可编程；“×”表示可编程连接，用户可在编程时将不需要的“×”擦除。

11.3.3 PLD 器件简单应用

下面以 PAL 为例，介绍 PLD 器件的简单应用。

用 PAL 构成异或门和异或非门，电路如图 11.9 所示。

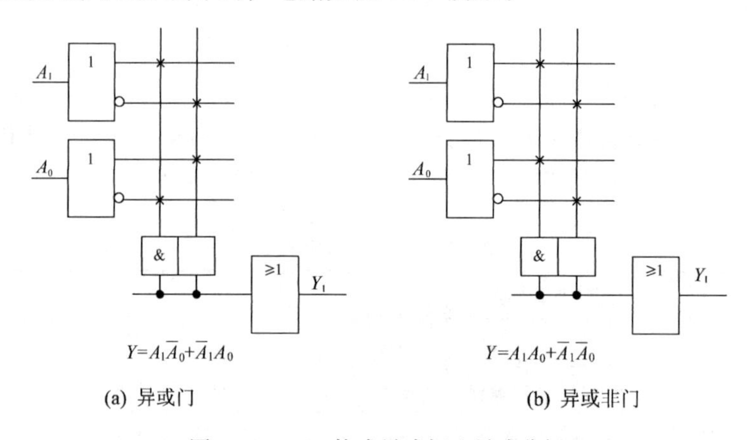

图 11.9 PAL 构成异或门和异或非门

11.3.4 典型的集成 PLD

以 GAL16V8 为例，对集成 PLD 进行说明。

图 11.10 所示为 GAL16V8 的引脚图。引脚 2 ～ 9 为固定输入引脚，引脚 12 ～ 19 既可以设置成输入引脚又可设置成输出引脚。引脚 1 既可以作为输入又可以作为全局时钟，引脚 11 既可以作为输入又可以作为全局使能，$V_{CC}=5V$。

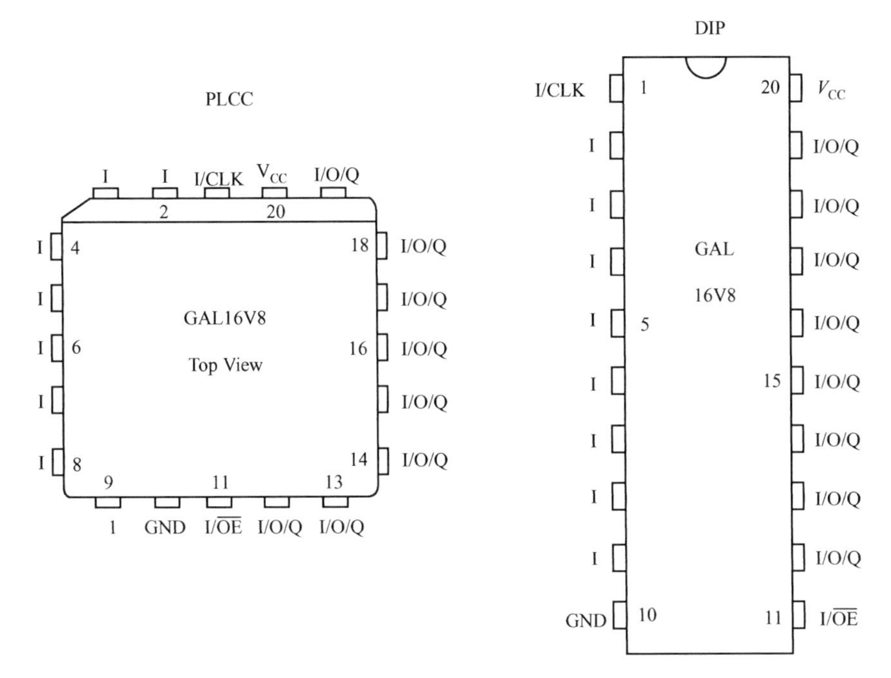

图 11.10　GAL16V8 的引脚图

知识梳理与总结

本章主要讲述了半导体存储器和可编程逻辑器件的结构和工作原理。

本章重点内容如下：

(1) 只读存储器 ROM、EPROM、EEPROM；

(2) 随机存取存储器 RAM，也称为读/写存储器，分为静态 RAM 和动态 RAM；

(3) 可编程逻辑阵列（PLA）。

习题 11

1. 单项选择题

(1) 图 11.11 中输出端表示的逻辑关系为（　　）。

A. ACD　　B. $\overline{ACD}$　　C. B　　D. $\overline{B}$

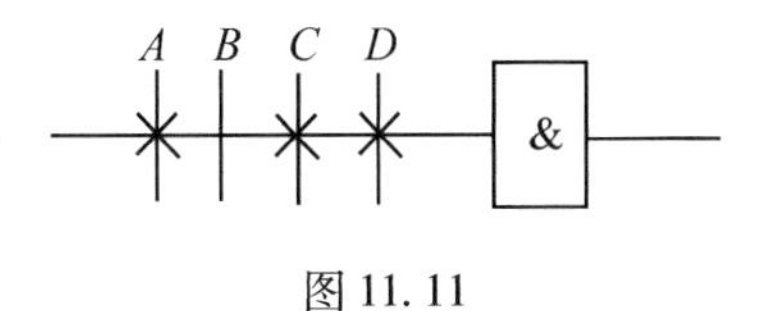

图 11.11

(2) 一片容量为 1024 字节 ×4 位的存储器，表示有（　　）个存储单元。

A. 1024　　B. 4　　C. 4096　　D. 8

(3) 只能读出不能写入，但信息可永久保存的存储器是（　　）。

A. ROM　　B. RAM　　C. PRAM

2. 填空题

（1）一个存储矩阵有64行、64列，则存储容量为（　　）存储单元。

（2）可编程逻辑器件PLD一般由（　　）、（　　）、（　　）、（　　）等四部分电路组成。

（3）RAM主要包括（　　）、（　　）和（　　）等部分。

3. 简答题

（1）常用的只读存储器ROM有哪几种，它们各有什么特点？

（2）RAM由哪几部分组成？静态RAM和动态RAM有什么区别？

（3）根据发展过程，PLD种类主要有哪些？

（4）一次性可编程的PROM与PLD相比有哪些不同之处？

第12章 常用电子仪器

本章主要介绍双踪示波器、函数信号发生器、半导体管特性图示仪、数字毫伏表、集成电路测试仪等实验仪器。

教学导航

<table>
<tr><td rowspan="4">教</td><td>知识重点</td><td>1. 双踪示波器　　4. 信号发生器
2. 半导体管特性图示仪　　5. 集成电路测试仪
3. 毫伏表</td></tr>
<tr><td>知识难点</td><td>双踪示波器、半导体管特性图示仪</td></tr>
<tr><td>推荐教学方式</td><td>重点讲授电子仪器的操作和使用方法。</td></tr>
<tr><td>建议学时</td><td>4 学时</td></tr>
<tr><td rowspan="3">学</td><td>推荐学习方法</td><td>重点掌握电子仪器的操作和使用方法</td></tr>
<tr><td>必须掌握的理论知识</td><td>仪器的使用和注意事项</td></tr>
<tr><td>必须掌握的技能</td><td>仪器的基本操作方法。半导体管特性测量</td></tr>
</table>

在电子实验中用到的电子仪器很多，本章仅对常用的双踪示波器、半导体管特性图示仪、毫伏表、信号发生器等进行介绍。为了适应数字化技术发展对教学的要求，本章增加了集成电路测试仪的介绍。

12.1 双踪示波器

双踪示波器的型号与种类很多，我们以 YB4300 系列的双踪示波器为例说明其一般使用方法。YB4300 系列双踪示波器的型号根据频率不同主要有 YB4320、YB4320A、YB4340、YB4360 等。

12.1.1 使用特性

YB4300 系列双踪示波器具有下列特点。

（1）频率范围：YB4360，DC—60MHz；YB4340，DC—40MHz；
YB4320/20A，DC—20MHz。

（2）灵敏度：最高偏转因数 1mV/div。

（3）屏幕尺寸：6 英寸。

（4）标尺亮度：便于夜间和照相使用。

（5）交替扩展：正常（×1）和扩展 YB4320/20A（×5）、YB4340（×5）、YB4360（×10）的波形能同时显示。

（6）INT：无须转换 CH1、CH2 选择开关即可得到稳定触发。

（7）TV 同步：运用新的电视触发电路可以显示稳定的 TV—H 和 TV—V 信号。

（8）自动聚焦：测量过程中聚焦电平可自动校正。

（9）触发锁定：触发电路呈全自动同步状态，无须人工调节触发电平。

12.1.2 面板控制键作用说明

YB4320/20A/40/60 面板示意图如图 12.1 所示。

1. 主机电源

主机电源各旋钮、按键、开关等功能介绍如下。

㊳为交流电源插座，该插座下端装有熔断丝。检查电压选择器上标明的额定电压，并使用相应的熔断丝。该电源插座用于连接交流电源线。

① 为电源开关（POWER），将电源开关按键弹出即为“关”位置，将电源线接入，按电源开关以接通电源。

② 为电源指示灯，电源接通时指示灯亮。

③ 为亮度旋钮（INTENSITY），顺时针方向旋转旋钮，亮度增强。接通电源之前将该旋钮逆时针方向旋转到底。

④ 为聚焦旋钮（FOCUS），用亮度控制旋钮将亮度调节至合适的标准，然后调节聚焦控

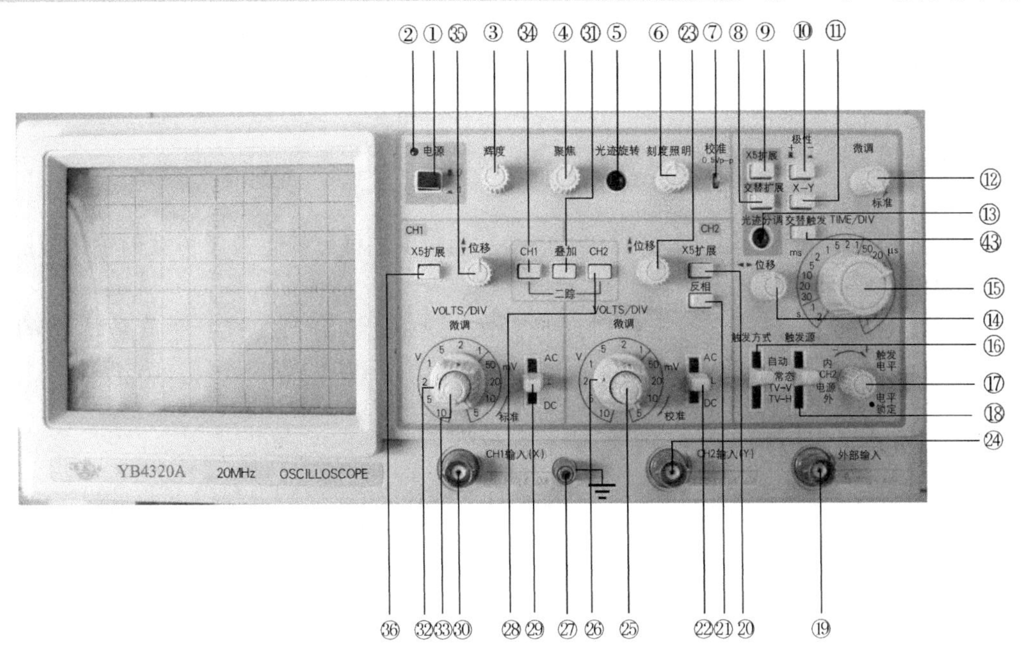

（a）前面板

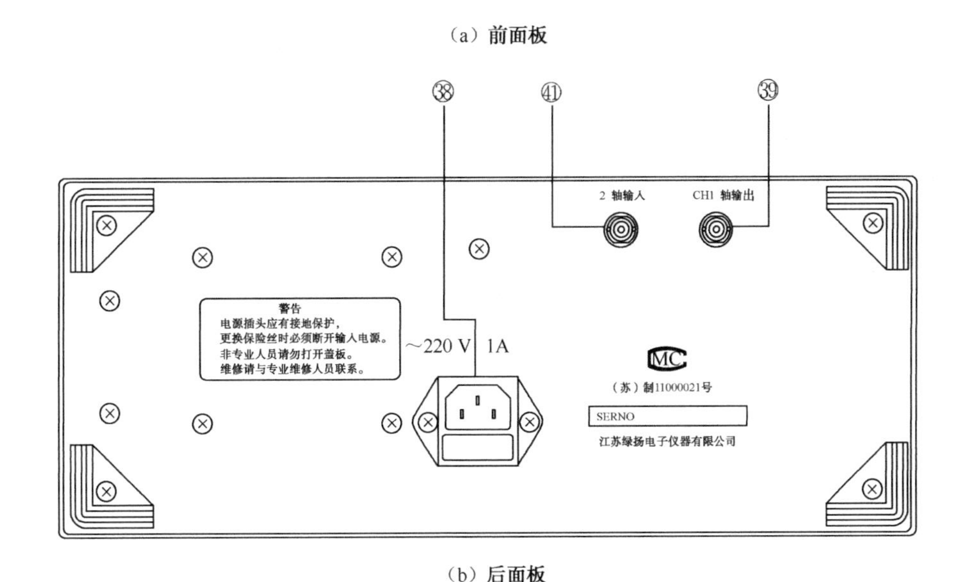

（b）后面板

图 12.1　YB4320/20A/40/60 面板

制旋钮直至轨迹达到最清晰的程度。虽然调节亮度时聚焦可自动调节，但聚焦有时也会轻微变化。如果出现这种情况，则需重新调节聚焦。

⑤ 为光迹旋转旋钮（TRACE ROTATION），由于磁场的作用，当光迹在水平方向轻微倾斜时，该旋钮用于调节光迹与水平刻度线平行。

⑥ 为刻度照明控制旋钮（SCALE ILLUM），该旋钮用于调节屏幕刻度亮度。如果该旋钮顺时针方向旋转，则亮度将增加。该功能用于黑暗环境或拍照时的操作。

2. 垂直方向部分

垂直方向部分的各旋钮、按键、开关等功能介绍如下。

㉚ 为通道1输入端［CH1 INPUT（X）］，该输入端用于垂直方向的输入。在X-Y方式时输入端的信号成为X轴信号。

㉔ 为通道2输入端［CH2 INPUT（Y）］，和通道1一样，但在X-Y方式时输入端的信号成为Y轴信号。

㉔、㉙ 为交流—接地—直流耦合选择开关（AC-GND-DC），选择垂直放大器的耦合方式。

- 交流（AC）：垂直输入端由电容器来耦合。
- 接地（GND）：放大器的输入端接地。
- 直流（DC）：垂直放大器输入端与信号直接耦合。

㉖、㉝ 为衰减器开关（VOLT/DIV），用于垂直偏转灵敏度的调节。如果使用的是10:1的探头，则计算时将幅度×10。

㉕、㉜ 为垂直微调旋钮（VARIBLE），用于连续改变电压偏转灵敏度。此旋钮在正常情况下应位于顺时针方向旋到底的位置。将旋钮逆时针方向旋到底，垂直方向的灵敏度下降到2.5倍以上。

⑳、㊱ 为CH1×5扩展、CH2×5扩展（CH1×5MAG、CH2×5MAG），按下×5扩展按键，垂直方向的信号扩大5倍，最高灵敏度变为1mV/div。

㉓、㉟ 为垂直移位（POSITION），调节光迹在屏幕中的垂直位置。

垂直方式工作按钮（VERTICAL MODE），用来选择垂直方向的工作方式。

㉞ 为通道1选择（CH1）按键，屏幕上仅显示CH1的信号。

㉘ 为通道2选择（CH2）按键，屏幕上仅显示CH2的信号。

㉞、㉘ 为双踪选择（DUAL），同时按下CH1和CH2按钮，屏幕上会出现双踪并自动以断续或交替方式同时显示CH1和CH2上的信号。

㉛ 为叠加（ADD），显示CH1和CH2输入电压的代数和。

㉑ 为CH2极性开关（INVERT），按此开关时CH2显示反相电压值。

3. 水平方向部分

水平方向部分的各旋钮、按键、开关等功能介绍如下。

⑮ 为扫描时间因数选择开关（TIME/DIV），共20挡，在0.1μs/div～0.2s/div范围内选择扫描速率。

⑪ 为X-Y控制键，如工作在X-Y方式时，垂直偏转信号接入CH2输入端，水平偏转信号接入CH1输入端。

㉓ 为通道2垂直移位键（POSITION），控制通道2在屏幕中的垂直位置，当工作在X-Y方式时，该键用于Y方向的移位。

⑫ 为扫描微调控制键（VARIBLE），此旋钮以顺时针方向旋转到底时处于校准位置，扫描由Time/Div开关指示。该旋钮逆时针方向旋转到底，扫描减慢2.5倍以上。正常工作时，该旋钮位于校准位置。

⑭ 为水平移位（POSITION）旋钮，用于调节轨迹在水平方向的移动。顺时针方向旋转该旋钮向右移动光迹，逆时针方向旋转向左移动光迹。

⑨ 为扩展控制键（MAG ×5）、（MAG ×10，仅 YB4360），按下去时，扫描因数 ×5 扩展或 ×10 扩展。扫描时间是 Time/Div 开关指示数值的 1/5 或 1/10。

例如：×5 扩展时，100μs/Div 为 20μs/Div。

部分波形的扩展：将波形的尖端移到水平尺寸的中心，按下 ×5 或 ×10 扩展控制键，波形将扩展 5 倍或 10 倍。

⑧ ALT 扩展控制键（ALT-MAG），按下此键，扫描因数 ×1、×5 或 ×10 同时显示。此时要把放大部分移到屏幕中心，按下 ALT-MAG 键。扩展以后的光迹可由光迹分离控制键为移位距 ×1 光迹 1. 5div 或更远的地方。同时使用垂直双踪方式和水平 ALT-MAG，可在屏幕上同时显示 4 条光迹。

4. 触发（TRIG）

用于触发的各开关、旋钮等功能介绍如下。

⑱ 为触发源选择开关（SOURCE），选择触发信号源。其中，

- 内触发（INT）：CH1 或 CH2 上的输入信号是触发信号。
- 通道 2 触发（CH2）：CH2 上的输入信号是触发信号。
- 电源触发（LINE）：电源频率成为触发信号。
- 外触发（EXT）：触发输入上的触发信号是外部信号，用于特殊信号的触发。

㊸ 为交替触发（ALT TRIG），在双踪交替显示时，触发信号交替来自于两个 Y 通道，此方式可用于同时观察两路不相关信号。

⑲ 为外触发输入插座（EXT INPUT），用于外部触发信号的输入。

⑰ 为触发电平旋钮（TRIG LEVEL），用于调节被测信号在某一电平触发同步。

⑩ 为触发极性按键（SLOPE），用于触发极性选择，选择信号的上升沿和下降沿触发。

⑯ 为触发方式选择按键（TRIG MODE）。

自动（AUTO）：在自动扫描方式时扫描电路自动进行扫描。在没有信号输入或输入信号没有被触发同步时，屏幕上仍然可以显示扫描基线。

常态（NORM）：有触发信号才能扫描，否则屏幕上无扫描线显示。

当输入信号的频率低于 20Hz 时，请用常态触发方式。

TV-H：用于观察电视信号中行信号波形。

TV-V：用于观察电视信号中场信号波形。

（注意：仅在触发信号为负同步信号时，TV-V 和 TV-H 同步）。

㊶ 为 Z 轴输入连接器（后面板）（Z AXIS INPUT），即 Z 轴输入端。加入正信号时，辉度降低；加入负信号时，辉度增加。常态下的 5V 的信号就能产生明显的调辉。

㊴ 为通道 1 输出（CH1 OUT），即通道 1 信号输出连接器，可用于频率计数器输入信号。

⑦为校准信号（CAL），是电压幅度为 0. 5V、频率为 1kHz 的方波信号。

㉗ 为接地柱⊥，是一个接地端。

12.1.3 基本操作方法

（1）打开电源开关前先检查输入的电压，将电源线插入后面板上的交流插孔，设定以下各个控制键。

① 电源（POWER）：电源开关键弹出。

② 亮度（INTENSITY）：顺时针方向旋转。

③ 聚焦（FOCUS）：中间。

④ AC-GND-DC：接地（GND）。

⑤ 垂直移位（POSITION）：中间（×5）扩展键弹出。

⑥ 垂直工作方式（MODE）：CH1。

⑦ 触发方式（TRIG MODE）：自动（AUTO）。

⑧ 触发源（SOURCE）：内（INT）。

⑨ 触发电平（TRIG LEVEL）：中间。

⑩ Time/Div：0.5ms/div。

⑪ 水平位置：×1，（×5MAG）、（×10MAG）ALT MAG 均弹出。

（2）所有的控制键进行如上设定后，打开电源。当亮度旋钮顺时针方向旋转时，轨迹就会在大约15s后出现。调节聚焦旋钮直到轨迹最清晰。如果电源打开后却不用示波器，则将亮度旋钮逆时针方向旋转以减弱亮度。

注：一般情况下，将下列微调控制旋钮设定到“校准”位置。

① V/DIV VAR：顺时针方向旋转到底，以便读取电压选择旋钮指示的V/DIV上的数值。

② Time/Div VAR：顺时针方向旋转到底，以便读取扫描选择旋钮指示的Time/Div上的数值。

（3）改变CH1移位旋钮，将扫描线设定到屏幕的中间。

如果光迹在水平方向略微倾斜，则调节前面板上的光迹旋钮与水平刻度线相平行。一般检查以下各项。

① 屏幕上显示信号波形。

如果选择通道1，则设定如下控制键：

　　垂直方式开关——CH1；

　　触发方式开关——AUTO；

　　触发源开关——INT。

完成这些设定之后，高于20Hz的频率的大多数重复信号可通过调节触发电平旋钮进行同步。由于触发方式为自动，所以即使没有信号，屏幕上也会出现光迹。如果AC_⊥_DC开关设定为DC，直流电压即可显示。

如果CH1上有低于20Hz的信号，则必须进行下列改变：

　　触发方式开关——常态（NORM）；

　　调节触发电平控制键以同步信号。

如果使用CH2输入，则设定下列开关：

　　*Y*轴方式开关——CH2；

　　触发源开关——CH2。

所有其他的设定和步骤均与 CH1 上显示的波形一致。

② 需要观察两个波形时，将垂直工作方式设定为双踪（DUAL），这时可以很方便地显示两个波形。如果改变了 Time/Div 范围，则系统会自动选择 ALT 或 CHOP。如果要测量相位差，则带有超前相位的信号应该是触发信号。

③ 显示 X-Y 图形。当按下 X-Y 开关时，示波器 CH1 为 X 轴输入，CH2 为 Y 轴输入，垂直方式 ×5 为扩展开关断开（弹出状态）。

④ 叠加的使用。垂直工作方式开关设定为 ADD（叠加），可显示两个波形的代数和。

12.2 函数信号发生器

以 YB1600 函数信号发生器系列为例进行介绍。

12.2.1 信号发生器的主要特点

YB1600 函数信号发生器系列具有如下主要特点。

（1）频率计和计数器功能（5 位 LED 显示）。

（2）输出电压指示（3 位 LED 显示）。

（3）轻触开关，面板功能指示，直观方便。

（4）采用金属外壳，具有优良的电磁兼容性，外形美观坚固。

（5）内置线性/对数扫频功能。

（6）数字频率微调功能，使测量更精确。

（7）50Hz 正弦波输出，方便于教学实验。

（8）外接调频功能。

（9）VCF 压控输入。

（10）所有端口具有短路和抗输入电压保护功能。

12.2.2 幅度显示

幅度显示的主要功能如下。

（1）显示位数：3 位。

（2）显示单位：V 或 mV。

（3）显示误差：±15%、±1 个字。

（4）负载为 1MΩ 时：直读。

（5）负载电阻为 50Ω：读数除以 2。

（6）分辨率：1mV（40dB）。

12.2.3 电源

电源的主要参数如下。

（1）电压：(220 ± 10%) V。

（2）频率：(50 ± 5%) Hz。

（3）视在功率：约 10VA。

（4）电源熔断丝：BGXP-1-0. 5A。

12. 2. 4 面板操作键作用说明

YB1600 函数信号发生器系列面板如图 12. 2 所示。各旋钮功能如下。

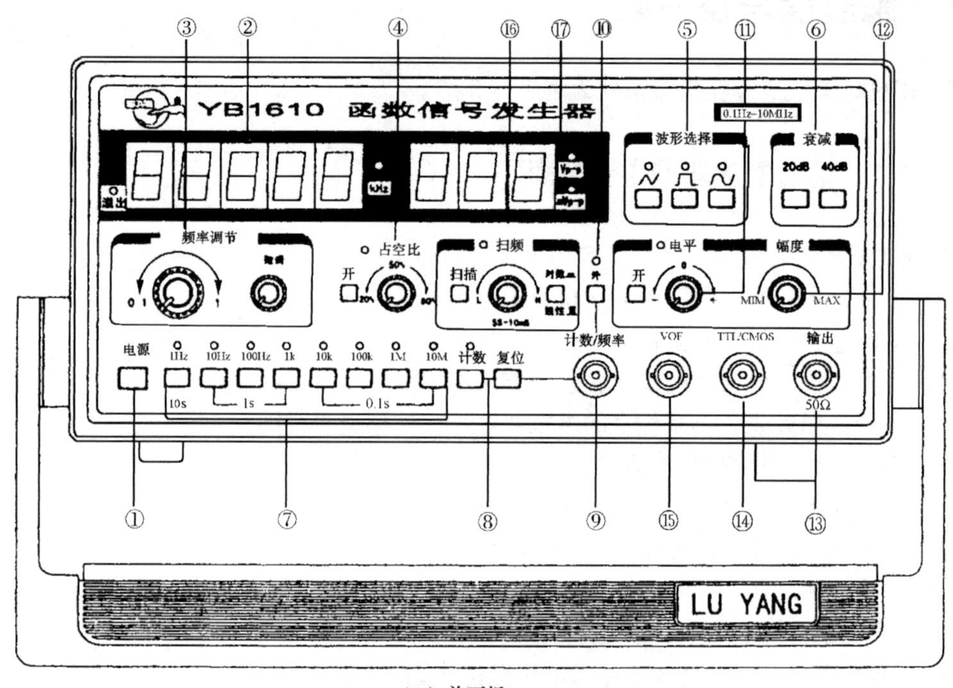

（A）前面板

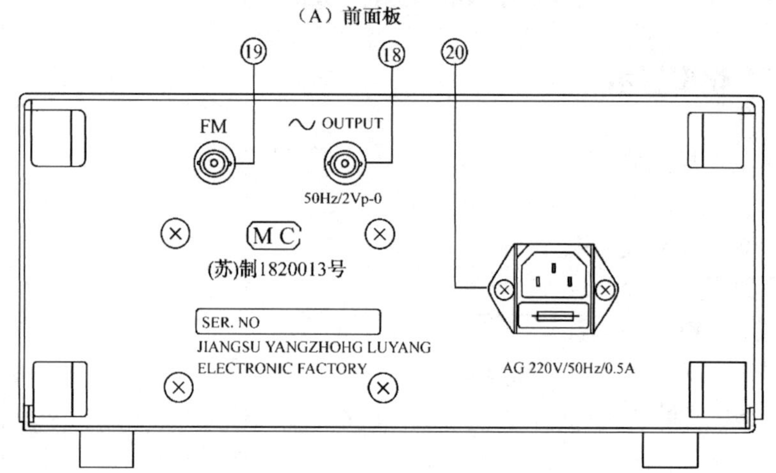

（B）后面板

图 12. 2 YB1600 函数信号发生器系列面板

① 为电源开关（POWER）：将电源开关按键弹出即为“关”位置，将电源线接入，按电源开关，以接通电源。

② 为LED显示窗口：此窗口显示输出信号的频率，当按下“外测”开关时，显示外测信号的频率。如超出测量范围，则溢出指示灯亮。

③ 为频率调节旋钮（FREQUENCY）：调节此旋钮改变输出信号频率，顺时针旋转，频率增大；逆时针旋转，频率减小，微调旋钮可以微调频率。

④ 为占空比开关（DUTY）：将占空比开关按下，占空比指示灯亮；调节占空比旋钮，可改变波形的占空比。

⑤ 为波形选择开关（WAVE FORM）：按对应波形的某一键，可选择需要的波形。

⑥ 为衰减开关（ATTE）：电压输出衰减开关，二挡开关组合为20dB、40dB、60dB。

⑦ 为频率范围选择开关（并兼频率计闸门开关）：根据所需要的频率，按下其中一键。

⑧ 为计数、复位开关：按计数键，LED显示开始计数；按复位键，LED显示全为0。

⑨ 为计数/频率端口：计数；外测频率输入端口。

⑩ 为外测频开关：按下此开关，LED显示窗显示外测信号频率或计数值。

⑪ 为电平调节：按下电平调节开关，电平指示灯亮，此时调节电平调节旋钮，可改变直流偏置电平。

⑫ 为幅度调节旋钮（AMPLITUDE）：顺时针调节此旋钮，增大电压输出幅度；逆时针调节此旋钮可减小电压输出幅度。

⑬ 为电压输出端口（VOLTAGE OUT）：电压由此端口输出。

⑭ 为TTL/CMOS输出端口：由此端口输出TTL/CMOS信号。

⑮ 为VOF：由此端口输入电压，控制频率变化。

⑯ 为扫频：按下扫频开关，电压输出端口输出信号为扫频信号，调节速率旋钮，可改变扫频速率，改变线性/对数开关可产生线性扫频和对数扫频。

⑰ 为电压输出指示：3位LED显示输出电压值，输出接50Ω负载时应将读数除以2。

⑱ 为50Hz正弦波输出端口：50Hz、约2V正弦波由此端口输出。

⑲ 为调频（FM）输入端口：外调频波由此端口输入。

⑳ 为交流电源220V输入插座。

12.2.5　基本操作方法

打开电源开关之前，首先检查输入的电压，将电源线插入后面板上的电源插孔，按如下所示设定各个控制键。

① 电源（POWER）：电源开关键弹出。

② 衰减开关（ATTE）：弹出。

③ 外测频（COUNTER）：外测频开关弹出。

④ 电平：电平开关弹出。

⑤ 扫频：扫频开关弹出。

⑥ 占空比：占空比开关弹出。

所有的控制键如上设定后，打开电源。函数信号发生器默认10k挡正弦波，LED显示窗

口显示本机输出信号频率。

（1）将电压输出信号由幅度（VOLTAGE OUT）端口通过连接线送入示波器 Y 输入端口。

（2）产生三角波、方波、正弦波的有如下开关。

① 分别按下波形选择开关（WAVE FORM）的正弦波、方波、三角波。此时示波器屏幕上将分别显示正弦波、方波、三角波。

② 改变频率选择开关，示波器显示的波形及 LED 窗口显示的频率将发生明显变化。

③ 幅度旋钮（AMPLITUDE）顺时针旋转至最大，示波器显示的波形幅度将大于等于 20V。

④ 按下电平开关，顺时针旋转电平旋钮至最大，示波器波形向上移动；逆时针旋转，示波器波形向下移动，最大变化量 ±10V 以上。注意：信号超过 ±10V 或 ±5V（50Ω）时被限幅。

⑤ 按下衰减开关，输出波形将被衰减。

（3）计数、复位的步骤。

① 按复位键、LED 显示全为 0。

② 按计数键、计数/频率输入端输入信号时，LED 显示开始计数。

（4）斜波产生的步骤。

① 波形开关置“三角波”。

② 按下占空比开关，指示灯亮。

③ 调节占空比旋钮，三角波将变成斜波。

（5）外测频率的步骤。

① 按下外测开关，外测频率指示灯亮。

② 外测信号由计数/频率输入端输入。

③ 选择适当的频率范围，由高量程向低量程选择合适的有效数，确保测量精度（注意：当有溢出指示时，请提高一挡量程）。

（6）TTL 输出的步骤。

① TTL/CMOS 端口接示波器 Y 轴输入端（DC 输入）。

② 示波器将显示方波或脉冲波，该输出端可作为 TTL/CMOS 数字电路实验时钟信号源。

（7）扫频（SCAN）的步骤。

① 按下扫频开关，此时幅度输出端口输出的信号为扫频信号。

② 线性/对数开关：在扫频状态下弹出时为线性扫频，按下时为对数扫频。

③ 调节扫频旋钮，可改变扫频速率。顺时针调节，增大扫频速率；逆时针调节，减慢扫频速率。

（8）VCF（压控调频）：由 VCF 输入端口输入 0 ～ 5V 的调制信号。此时，幅度输出端口输出为压控信号。

（9）调频（FM）：由 FM 输入端口输入电压为 10Hz ～ 20kHz 的调制信号。此时，幅度端口输出为调频信号。

（10）50Hz 正弦波：由交流 OUTPUT 输出端口输出 50Hz、约 2V 的正弦波。

12.3　数字交流毫伏表

交流毫伏表有指针式的，也有数字式的。以 YB2172B 数字交流毫伏表为例进行介绍。

12.3.1　技术指标

YB2172B 数字交流毫伏表具有如下主要技术指标。

（1）测量电压范围：30W ～ 300V；分 6 个量程，即 3mV、30mV、300mV、3V、30V、300V。

（2）基准条件下电压的固有误差：（以 1kHz 为基准） ±0.5%、±2 个字。

（3）测量电压的频率范围：10Hz ～ 2MHz。

（4）频率误差如下。

50Hz ～ 100kHz：±1.5%、±6 个字；

20 ～ 50Hz，100 ～ 500kHz：±2.5%、±8 个字；

10 ～ 20Hz，500kHz ～ 2MHz：±4%、±15 个字。

（5）分辨力：1μV。

（6）输入阻抗：输入电阻≥10MΩ；输入电容≤35pF。

（7）最大输入电压：500V。

（8）输入电压：1V ±2%（以 1kHz 为基准，满量程的 ±0.5%、±2 个字输入时）。

（9）噪声：输入短路小于 18 个字。

（10）电源电压：交流 220V ±10%，50Hz ±4%。

12.3.2　面板操作键作用说明

数字交流毫伏表面板操作键如图 12.3 所示。

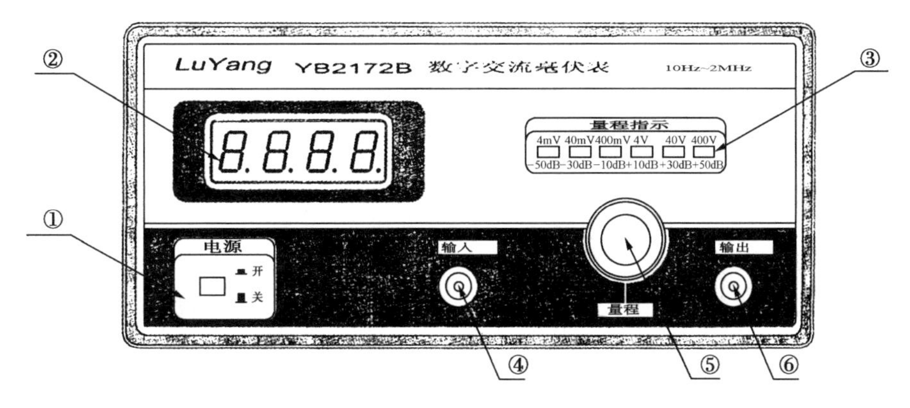

图 12.3　YB2172B 数字交流毫伏表面板操作键

（1）电源开关①：电源开关按键弹出即为“关”位置，将电源线接入，按下电源开关即接通电源。

（2）显示窗口②：数字面板表指示输入信号的电压值。

（3）量程指示③：指示灯显示仪器所处的量程和状态。

（4）输入插座④：输入信号由此端口输入。

（5）量程旋钮⑤：开机后，在输入信号前，应将量程旋钮调至最大处，即量程指示灯“300V”处亮；然后，将输入信号送至输入端后，调节量程旋钮，使数字面板表正确显示输入信号的电压值。

（6）输出端口⑥：输出信号由此端口输出。

12.3.3 基本操作方法

数字交流毫伏表具有以下基本操作方法。

（1）打开电源开关前，首先检查输入的电源电压，然后将电源线插入后面板上的交流插孔。

（2）电源线接入后，按电源开关接通电源，并预热5min。

（3）将量程旋钮调至最大量程处（在最大量程处，量程指示灯“400V”应亮）。

（4）将输入信号由输入端口送入交流毫伏表。

（5）调节量程旋钮，使数字面板表正确显示输入信号的电压值。

（6）将交流毫伏表的输出用探头送入示波器的输入端，当数字面板表满量程（±0.5%、±2个字）显示时，其输出应满足指标。

（7）在测量输入信号电压时，若输入信号幅度超过满量程的+14%左右，则仪器的数字面板表会自动闪烁，此时，请调节量程旋钮，使其处于相应的量程，以确保仪器测量准确性（每挡量程都具有超量程自动闪烁功能）。

12.4 半导体管特性图示仪

半导体管特性图示仪是用来显示半导体器件的特性曲线的常用电子测量仪器，可以通过特性曲线测量和分析半导体器件的特性、参数。它功能全，操作方便，对于从事电子技术应用的工程师来说，是一种重要的测试工具。下面以XJ4810型半导体管特性图示仪为例进行介绍。

12.4.1 主要技术指标

1. Y轴偏转因素

Y轴偏转因素如下。

（1）集电极电流范围（I_C）：（10～0.5）μA/div，分15挡，误差范围为±3%。

（2）二极管反向漏电流（I_R）：（0.2～5）μA/div，分5挡；（2～5）μA/div，误差范围为±3%；0.2μA/div、0.5μA/div、1μA/div误差范围分别是±20%、±10%、±5%。

（3）基极电流或基极源电压：0.1V/div，误差范围为±3%。

（4）外接输入：0.1V/div，误差范围为 ±3%。

（5）偏转倍数：×0.1，误差范围为 ±10%。

2. X 轴偏转因素

X 轴偏转因素如下。

（1）集电极电压范围：（0.05 ～ 50）V/div，分 10 挡，误差范围为 ±3%。

（2）基极电压范围：（0.05 ～ 1）V/div，分 5 挡，误差范围为 ±3%。

（3）基极电流或基极源电压：0.5V/div，误差范围为 ±3%。

（4）外接输入：0.05V/div，误差范围为 ±3%。

3. 阶梯信号

阶梯信号的各项技术指标如下。

（1）阶梯电流范围：0.2μA/级～ 50mA/级，分 17 挡；1μA/级～ 50mA/级，误差范围为 ±5%；0.2μA/级、0.5μA/级，误差范围为 ±7%。

（2）阶梯电压范围：（0.05 ～ 1）V/级，分 5 挡，误差范围为 ±5%。

（3）串联电阻：0、10kΩ、1MΩ，分 3 挡，误差范围为 ±10%。

（4）每簇电阻：1 ～ 10 挡连续可调。

（5）每秒级数：200（若仪器使用市电电源频率 60Hz，则每秒级数应为 240）。

（6）极性：正、负，分 2 挡。

4. 集电极扫描信号

① 峰值电压与峰值电流容量：各挡级电压连续可调。

② 功耗限制电阻：0 ～ 0.5MΩ，分 11 挡，误差范围为 ±10%。

12.4.2　面板操作键作用说明

XJ4810 型半导体管特性图示仪的面板如图 12.4 所示。

1. 示波管及控制电路

示波管及控制电路的作用如下。

（1）聚焦和辅助聚焦：两个旋钮配合使用，使图像清晰。

（2）辉度：通过改变示波管栅阴极之间电压，从而改变发射电子的多少来控制辉度。使用时辉度应调适中。

2. *Y* 轴作用

Y 轴有以下作用。

（1）电流/度开关：它是一种具有 22 挡、4 种偏转作用的开关。

① 集电极电流 I_c：10μA/div ～ 0.5mA/div，共 15 挡。

② 二极管漏电流 I_R：（0.2 ～ 5）μA/div，共 5 挡。

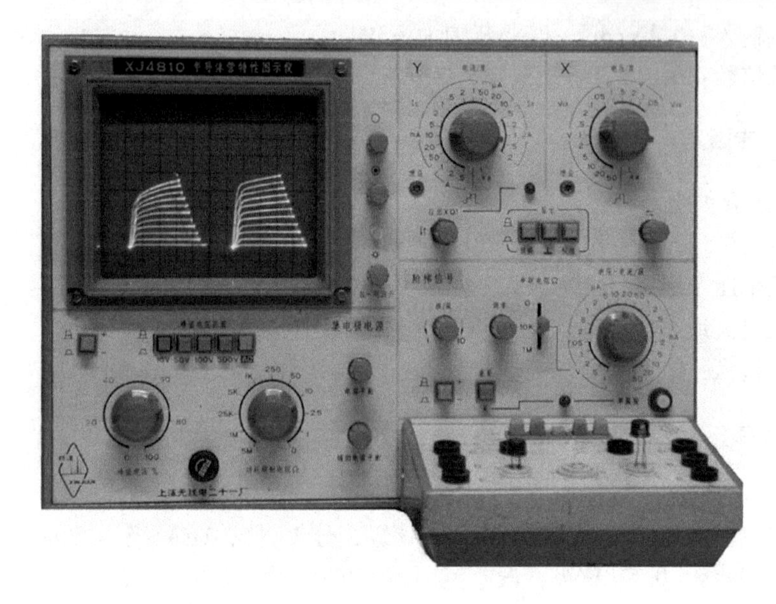

图 12.4　XJ4810 型半导体管特性图示仪面板

③ 基极电流或基极源电压：由阶梯取样电阻分压，经放大器而取得其基极电流的偏转值。

④ 电流/度 ×0.1 倍率开关：是配合“电流/度”而用的辅助作用开关，通过放大增益扩展 10 倍，以达到改变电流偏转的倍率作用。

（2）移位：通过分差平衡直流放大器的前级放大管中射极电阻的改变，以达到被测信号或集电极扫描线在 Y 轴方向的移动。

3. *X* 轴作用

X 轴有以下作用。

（1）电压/度开关：是一种具有 17 挡、4 种偏转作用的开关。

① 集电极电压 U_{CE}：(0.05 ～ 50) V/div，共 10 挡，其作用是通过分压电阻，以达到不同灵敏度的偏转目的。

② 基极电压 U_{BE}：(0.05 ～1) V/度，共 5 挡，其作用是通过分压电阻，以达到不同灵敏度偏转的目的。

③ 基极电流或基极源电压：由阶梯取样电阻分压，经放大器而取得其基极电流偏转值。

（2）移位：通过分差平衡直流放大器的前级放大管中射极直流电阻的改变，以达到被测信号或集电极扫描线在 X 轴方向的移动。

4. 显示开关

显示开关有以下几种。

（1）通过开关变换使放大器分差输入端二线相互对换，使图像（在Ⅰ、Ⅲ象限内）相互转换，便于 NPN 管转测 PNP 管时简化测试操作。

（2）“⊥”表示放大器输入接地，表示输入为零的基准点。

（3）校准开关。经稳压后再分压，分别接入 X、Y 放大器，以达到 10°校正目的。

5. 集电极电源

集电极电源的有关参数和旋钮的作用如下。

（1）峰值电压范围。峰值电压范围是通过集电极变压器的不同输出电压的选择而分出 0 ～ 10V（5A）、0 ～ 50V（1A）、0 ～ 100V（0.5A）与 0 ～ 500V（0.1A）4 挡。当由低挡改换高挡观察半导体管的特性时，应当先将峰值电压调到 0V，换挡后按需要的电压逐渐增加，否则易击穿被测晶体管。

AC 挡是专为二极管或其他测试提供双向扫描，它能方便地同时显示器件正反向的特性曲线。

当集电极电源短路或过载时，保险管将起保护作用。

（2）极性选择开关。极性选择开关可以转换正负集电极电压极性。在测试 NPN 型与 PNP 型半导体管时，极性可按面板指示的极性选择。

（3）峰值电压控制旋钮。峰值电压控制旋钮在 0 ～ 10V、0 ～ 50V、0 ～ 100V 或 0 ～ 500V 之间连续可变，面板上的标称值可作为近似值使用，精确的读数应由 X 轴偏转灵敏度读测。

（4）功耗限制电阻。功耗限制电阻是串联在被测管的集电极电路上起限制功耗作用的电阻，亦可作为被测半导体管集电极的负载电阻。

（5）电容平衡。由于集电极电流输出端对地的各种杂散电容的存在（包括各种开关、功耗限制电阻、被测管的输出电容等），都将形成电容性电流，因而在电流取样电阻上产生电压降，造成测量上的误差。为了尽量减小电容性电流，测试前应调节电容平衡，使容性电流减至最小状态。

（6）辅助电容平衡。辅助电容平衡是针对集电极变压器次级绕组相对地电容的不对称而设计的。由此要再次进行电容平衡调节。

6. 阶梯信号

阶梯信号有以下几种。

（1）极性。极性的选择取决于被测晶体管的特性。

（2）级/簇。级/簇控制用来调节阶梯信号的级数在 0 ～ 10 的范围内连续可调。

（3）调零。测试前，应首先调整阶梯信号起始级至零电位的位置。在荧光屏上观察到基极阶梯信号后将“测试选择”开关置于“零电压”，观察光点停留在荧光屏上的位置，复位后调节“阶梯调零”控制器，使阶梯信号的起始级光点仍在该处，这样阶梯信号的“零电位”即被准确校正。

（4）阶梯信号选择开关。阶梯信号选择开关是一个具有 22 挡、两种作用的开关。

① 基极电流。0.2μA/级～ 50mA 级，共 17 挡，其作用是通过改变开关的不同挡级的电阻值，使基极电流按 0.2μA/级～ 50mA/级所在挡级内的电流通过被测半导体。

② 基极电压源。（0.05 ～ 1）V/级，共 5 级，其作用是通过不同的反馈分压，相应输出（0.05 ～ 1）V/级的电压。

（5）重复、关开关。“重复”使阶梯信号重复出现，进行正常测试；“关”使阶梯信号处于待触发状态。

（6）单簇按开关。单簇的按开关的作用是使预先调整好的电压（电流）/级，出现一次

阶梯信号回到等待触发的位置，可利用它瞬间作用的特性来观察被测管的各种极限特性。

（7）串联电阻。当阶梯选择开关置于电压/级的位置时，串联电阻将串联在被测管的输入电路中。

（8）极性。极性的选择取决于被测晶体管的特性。

7. 测试选择开关

（1）测试选择开关。测试选择开关可以在测试时任选左右两个被测管的特性，当置“二簇”时，即通过电子开关自动地交替显示左右二簇特性曲线（使用时“级/簇”应置适当位置，以达到较佳观察效果）。

（2）零电压、零电流。被测试管在测试前，应首先调整阶梯信号的起始级至零电位的位置。在荧光屏上已观察到基极阶梯信号后，再按下“零电压”观察光点停留在荧光屏上的位置，复位后调节“阶梯调零”控制器，使阶梯信号的起始级光点仍在该处。这样，阶梯信号的零电压即被准确地校准。按下“零电流”时，被测半导体管的基极处于开路状态，即能测量ICEO特性。

【实例12.1】 测量

NPN型3DG100半导体管的输出特性曲线

NPN型3DG100半导体管的输出特性曲线在测量时选择以下8种参数。

（1）峰值电压范围：0～5V。

（2）集电极电源极性：正（+）。

（3）功耗电阻：250Ω。

（4）X轴集电极电压：0.5V/div。

（5）Y轴集电极电流：1mA/div。

（6）阶梯信号：重复。

（7）阶梯极性：正（+）。

（8）阶梯选择：20μA/级。

3DG××系列半导体管的输出特性曲线如图12.5所示。

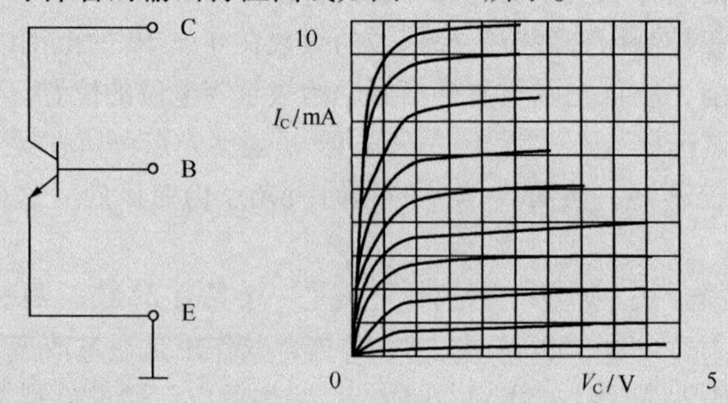

图12.5 3DG××系列半导体管的输出特性曲线

【实例12.2】 测试

NPN型3DG100半导体管的h_{FE}

测试NPN型3DG100半导体管的h_{FE}包括以下参数。

（1）峰值电压范围：0 ～ 5V。

（2）集电极电源极性：正（+）。

（3）功耗电阻：250Ω。

（4）X 轴基极电流：0.02mA。

（5）Y 轴集电极电流：1mA/div。

（6）阶梯信号：重复。

（7）阶梯极性：正（+）。

（8）阶梯选择：20μA/级。

3DG100 的 h_{FE}测量结果如图 12.6 所示。

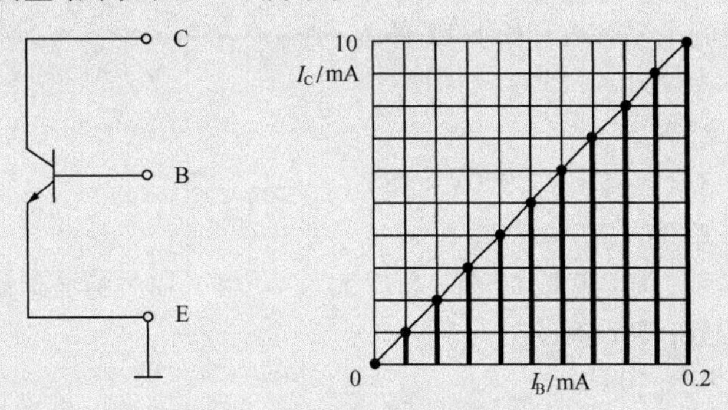

图 12.6　3DG100 的 h_{FE}测量结果

【实例 12.3】　测量

硅整流二极管 1N4007 的正向特性曲线

硅整流二极管 1N4007 的正向特性曲线在测量时选择下列参数。

（1）峰值电压范围：0 ～ 5V。

（2）极性：正（+）。

（3）功耗电阻：250Ω。

（4）X 轴集电极电压：0.1V/div。

（5）Y 轴集电极电流：10mA/div。

测得 1N4007 的正向特性曲线如图 12.7 所示。

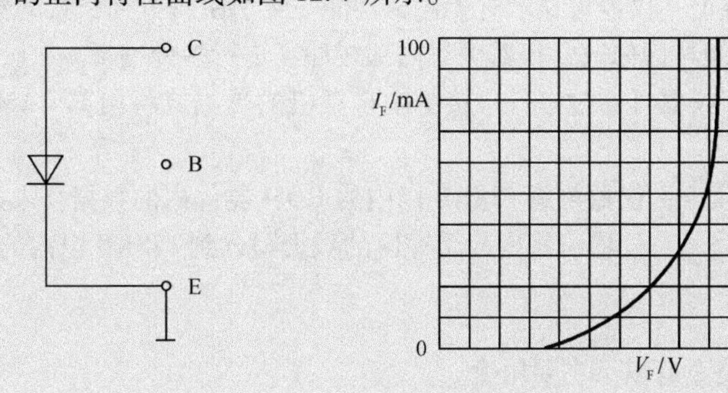

图 12.7　1N4007 的正向特性曲线

12.5 集成电路测试仪

集成电路测试仪，主要用来测试数字集成电路。集成电路测试仪又分为在线式和离线式，本章主要介绍离线式。下面以ICT33C集成电路测试仪为例进行介绍。

12.5.1 主要技术特点

1. 主要参数

集成电路测试仪的主要参数有如下12种。

（1）电源电压：AC220V ±15%、50Hz。

（2）整机功耗：15W。

（3）测试电压：3.3V、5.0V、9.0V、15V。

（4）编程电压：12.5V、21V。

（5）最少测试脚数：DIP封装40脚、SOP封装20脚（需另购适配器）。

（6）型号输入位数：3～6位。

（7）适用温度：0～40℃。

（8）测试内容：输入短路测试、输出短路测试、100%功能测试。

（9）输出高电平 V_{OH}：大于2.8V（V_T=5.0V）。

（10）输出低电平 V_{OL}：小于0.7V（V_T=5.0V）。

（11）输入高电平 V_{IH}：大于4.5V（V_T=5.0V）。

（12）输入低电平 V_{IL}：小于0.2V（V_T=5.0V）。

2. 功能

集成电路测试仪有以下主要功能。

（1）器件好坏判别：当不知被测器件的好坏时，仪器可判别其逻辑功能好坏。

（2）器件型号识别：当不知被测器件的型号时，仪器可依据其逻辑功能来判断其型号。

（3）器件老化测试：当怀疑被测器件的稳定性时，仪器可对其进行连续老化测试。

（4）器件代换查询：仪器可显示有无逻辑功能一致、引脚排列一致的器件型号。

（5）内部RAM缓冲区修改：仪器可对内部缓冲区进行多种编辑。

（6）微机通信：仪器可通过串行口接受来自微机的数据或将内部RAM缓冲区的数据传入微机。

（7）ROM器件读入：仪器可将128KB以内的ROM器件内的数据读入并保存。

（8）ROM器件写入：仪器可将内部缓冲区的数据写入到128KB以内的ROM器件中。

3. 适用范围

ICT33C集成电路具有以下主要用途。

（1）维修各类电子产品，判断其集成电路故障。

（2）破译被抹去型号集成电路的真实型号。

（3）读写各类 EPROM、EEPROM、FLASH ROM、单片机片内的 ROM。
（4）开发各类智能电子产品、调试程序。
（5）检验新购器件的质量。

4. 测试容量

ICT33C 集成电路可测器件包含以下各大系列。
（1）TTL74、54 系列。
（2）TTL75、55 系列。
（3）CMOS40、45、14 系列。
（4）单片机系列。
（5）EPROM、EEPROM、RAM、FLASH ROM 系列。
（6）光耦合器、数码管系列。
（7）常用微机外围电路系列。
（8）其他常用电路及用户提供系列。

12.5.2　操作部件

ICT33C 操作部件名称示意图如图 12.8 所示。

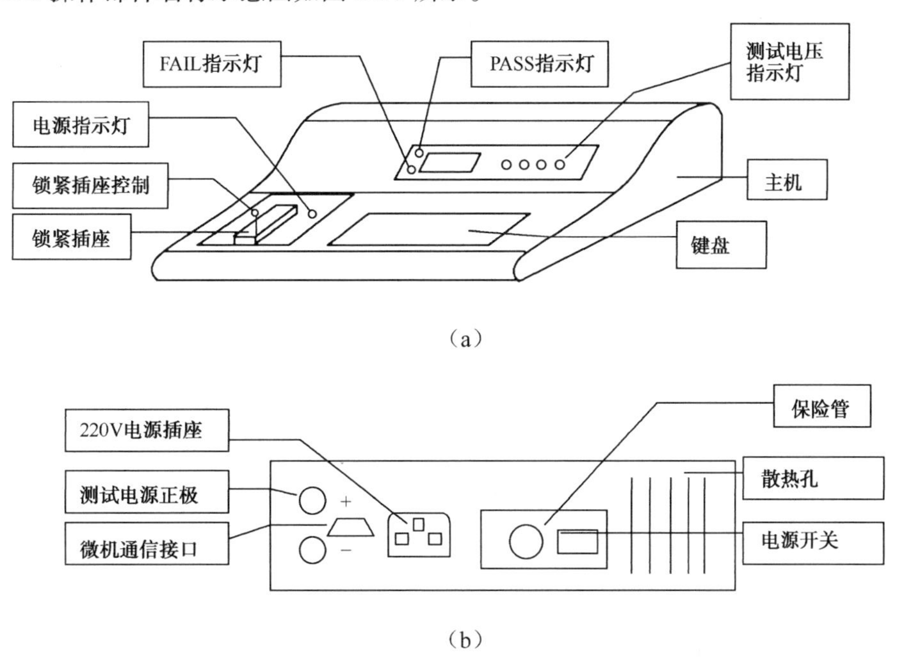

图 12.8　ICT33C 操作部件名称示意图

1. 操作键功能

操作键具有以下功能。
（1）“0～9”键为数字键，用于输入被测器件型号、引脚数目。
（2）“PASS/FAIL/EMPT”键为多功能键。若输入的型号为 EPROM、单片机（8031 除

外）器件，则使仪器对被测器件进行查空操作；若为其他型号，则使仪器对被测器件进行好坏判别。若第一次按下了数字键，则至少要在输入3位型号数字后，输入该键才能被仪器接受；若在没有输入型号数字的时候输入该键，则仪器将对前一次输入的器件型号进行好坏测试。此功能用于测试多只相同的器件。

（3）“SEARCH”键为功能键，用于判别被测器件的型号，在未输入任何数字的前提下才有效。

（4）“SHIFT”键为功能键，用于查询是否有逻辑功能、引脚排列相同的器件，至少在输入3位型号数字后，输入该键才能被仪器接受。

（5）“LOOP/COMP”键为多功能键，用于对被测器件进行连续老化测试，至少在输入3位型号数字后才能被仪器接受。当输入的型号是EPROM、EEPROM、FLASH ROM、单片机器件（8031除外）时，它将被测器件内部的数据与机内RAM中的数据进行比较。

（6）“READ”键为功能键，当输入的型号是EPROM、EEPROM、FLASH ROM、单片机器件时才有效，它将被测器件内部的数据读入到机内RAM中并保存。

（7）“WRITE”键为功能键，与“READ”键相似，它将机内RAM中的数据写入到被测器件中并自动校验。

（8）“EDIT/OUT”键为多功能键，它可对机内RAM中的数据进行编辑（填充、复制、查找、修改）：当对单片机及具有数据软件保护功能的FLASH ROM器件进行写入时，该键也是加密功能键；当进行老化测试时，按该键可退出老化测试。

（9）“F1/UP”键为多功能键，开机后或测试完成后，该键可选择测试电压；而在RAM数据编辑时，该键使地址减1。

（10）“F2/DOWN”键为多功能键，开机后或测试完成后，按该键进入与微机通信的状态；而在RAM数据编辑时，该键使地址加1。

（11）“CLEAR”键为功能键，用于结束错误操作，或清除已输入的型号。

2. 锁紧插座操作方法

当操作杆竖立时为松开状态，可放上或取下被测器件；当操作杆平放时为锁紧状态，可对被测器件进行测试。

3. 特殊器件测试板使用方法

当测试8255、6821、Z80PIO等器件时，将被测器件放上特殊器件板相应插座（1或2），再将特殊器件板插入锁紧插座（注意器件缺口向下），再次按下“PASS/FAIL”或“LOOP/COMP”键即可。

12.5.3 基本操作

下面以74LS00为例介绍基本操作。

1. 测试电压的选择

开机后或测试完成后，按下“F1/UP”键即进入测试电压循环选择，每按一次就换一挡电压，确定后按“F1/UP”键以外的其他任意键退出。

2. 器件好坏判别

器件好坏判别的方法如下。

（1）输入7400，显示“7400”。

（2）将被测器件74LS00放上锁紧插座，如图12.9所示。

（3）按下“PASS/FAIL”键。若显示“PASS”，同时伴有高音提示，则表示器件逻辑功能完好，黄色LED灯亮。若显示“FAIL”，同时伴有低音提示，则表示器件逻辑功能失效，红色LED灯亮。

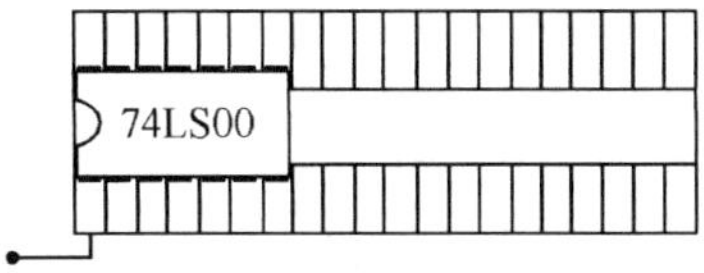

74LS00

图12.9　74LS00放置

（4）若要测试多只相同器件，则再次按下“PASS/FAIL”键即可。

（5）存储器的测试时间较长，测试过程中仪器不接受任何命令输入。

3. 器件老化测试

器件老化测试的方法如下。

（1）输入7400，显示“7400”。

（2）将被测器件74LS00放上锁紧插座。

（3）按下“LOOP”键，仪器即对被测器件进行连续老化测试，若用户想退出老化测试状态，则只要按下“EDIT/OUT”键即可。

（4）对多只相同型号的器件进行老化测试时，每换一只器件都要重新输入型号。

4. 器件型号判别

器件型号判别的方法如下。

（1）将被测器件放上锁紧插座，按“SEARCH”键，显示“P”，提示用户输入被测器件引脚数目，如有14只引脚，即输入14，则显示“P14”。

（2）再次按下“SEARCH”键，若被测器件逻辑功能完好，并且其型号在本仪器测试容量以内，则仪器将直接显示被测器件的型号，例如“7400”；若被测器件逻辑功能失效，或其型号不在本仪器测试容量以内，则仪器将显示“FAIL”。

（3）进行型号判别时，输入的器件引脚数目必须是两位数，如8只引脚输入“08”。

（4）由于本仪器以被测器件的逻辑功能来判定其型号，因此当各系列中还有其他逻辑功能与被测器件逻辑功能完全相同的其他型号时，仪器显示的被测器件型号可能与实际型号不一致，这取决于该型号在测试软件中的存放顺序。出现这类情况时，说明仪器显示的型号与被测器件具有相同的逻辑功能。

（5）当型号被判别出后，该型号仅供显示用，并未存入仪器内部。要判别器件的好坏，仍需输入一次型号。

5. 器件代换查询

器件代换查询的步骤如下。

（1）先输入原器件的型号，如7400，再按“SHIFT”键。若在各系列存在可代换的型号，则仪器将依次显示这些型号，如7403。每按1次“SHIFT”键，就换一种型号显示，直

到显示“NODEVICE”。若不存在可代换的型号，则直接显示“NODEVICE”。

（2）仪器认为那些逻辑功能一致且引脚排列一致的器件为可互换的器件，并未考虑器件的其他参数，此功能请用户参考使用。

6. EPROM 查空操作

EPROM 查空操作的方法如下。

（1）输入被测器件的型号，将其放上锁紧插座。

（2）按“PASS/FAIL/EMPT”键，仪器将对被测器件进行全空检查（是否全为“FF”）。若是全空，则显示“EPY”；否则显示地址、数据，再显示“NO EPY”。

知识梳理与总结

本章介绍双踪示波器、函数信号发生器、半导体管特性图示仪、毫伏表、集成电路测试仪等最常用的电子仪器。

本章重点内容如下：

（1）双踪示波器、函数信号发生器、半导体管特性图示仪、毫伏表的面板功能的一些基本操作方法。

（2）集成电路测试仪的使用。

（3）半导体管的特性测量。

实训 13　常用电子仪器的使用

1. 实训目标

（1）进一步熟悉常用电子仪器的基本使用方法。

（2）学会用示波器测量函数信号发生器产生的信号波形。

2. 实训器材

（1）双踪示波器 1 台；

（2）函数信号发生器 1 台；

（3）数字毫伏表 1 台；

3. 预习要求

教材已对相关实验仪器进行了详细介绍。认真阅读教材中相关仪器使用说明，详细了解示波器、函数信号发生器各旋钮、按键的功能和作用，以进一步熟悉和掌握相关仪器的使用。

4. 实训原理

在电子电路实验中，经常使用的电子仪器有示波器、函数信号发生器、直流稳压电源、交流毫伏表及频率计等。结合万用电表，可以完成对电路的静态和动态工作情况的测试。

实训中要对各种电子仪器进行综合使用，各仪器与被测实验装置之间的布局与连接如图 12.10 所示。接线时应注意，为防止外界干扰，各仪器的公共接地端应连接在一起，称为共地。信号源和交流毫伏表的引线通常用屏蔽线或专用电缆线，示波器接线使用专用电缆线。

本项目直接测量函数信号发生器产生的信号波形。

操作前要对示波器亮度、聚焦、位移等进行适当的调整。

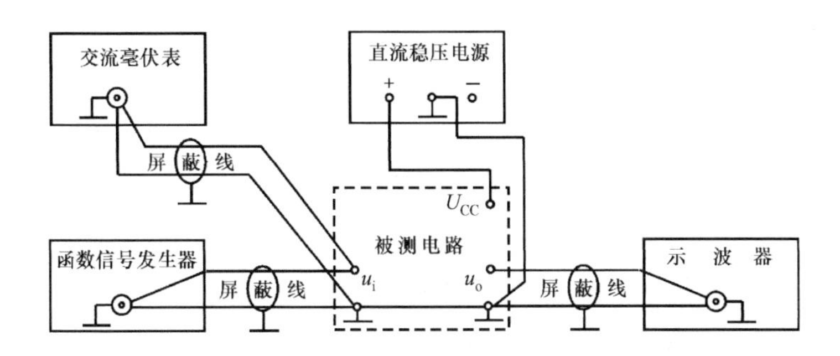

图 12.10　模拟电子电路中常用电子仪器布局图

5. 实训内容

信号波形测量

（1）熟悉示波器、函数信号发生器的各按键与旋钮。熟悉示波器显示界面、显示参数。

（2）将函数信号发生器与示波器相连接。

（3）改变信号的幅值、频率和相位，用示波器观测波形变化。

（4）用数字毫伏表测量函数信号发生器产生的信号数值变化。

（5）按波形选择按键，改变波形，用示波器观测。

（6）选择矩形波，改变占空比。

6. 实训报告要求

（1）整理操作数据，并进行分析；

（2）整理操作心得体会；

（3）写出实训小结。

习题 12

（1）什么是示波器的扫描“同步”？为什么要同步？

（2）双踪示波器“交替”和“断续”工作方式的含义是什么？

（3）简述 YB1600 函数信号发生器产生三角波、方波和正弦波的步骤。

（4）YB2172B 数字交流毫伏表的量程旋钮应如何操作？

（5）XJ4810 型半导体管特性图示仪测量二极管或晶体管之前是否都需要考虑阶梯调零？怎样才算完成阶梯调零？

（6）用 XJ4810 型半导体管特性图示仪测量 5V 硅稳压二极管的反向击穿特性曲线，应如何操作？

（7）简述用 ICT33C 集成电路测试仪判别器件好坏的操作方法。

（8）用 ICT33C 集成电路测试仪进行器件型号判别时，仪器显示的被测器件型号可能与实际型号不一致。试分析其原因。

第13章 电子元器件的识别与简易测试

本章主要讲述电阻器、电容器、电感器、变压器、继电器、半导体器件、表面安装元器件等常用电子元件。

教学导航

教	知识重点	1. 电子无源元器件　3. 表面安装元器件 2. 电子有源元器件
	知识难点	表面安装元器件
	推荐教学方式	重点讲授各种电子元器件的识别与选用方法
	建议学时	4学时
学	推荐学习方法	重点了解各种电子元器件的识别与选用方法
	必须掌握的理论知识	电子元器件的识别与选用方法
	必须掌握的技能	元件的识别与选用方法、常用数字集成电路测试

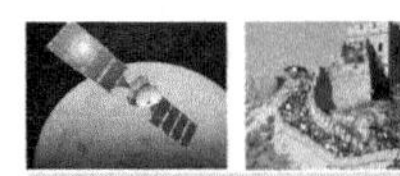

电子元器件可以分为有源元器件和无源元器件两大类。

(1) 有源元器件在工作时，在电路中起到能量转换的作用。例如，二极管、晶体管、场效应管、集成电路等就是最常用的有源元器件。

(2) 无源元器件一般又可以分为耗能元件、储能元件和结构元件 3 种。电阻器是典型的耗能元件；电容器和电感器属于储能元件；接插件和开关等属于结构元件。通常，有源元器件称为器件，无源元器件称为元件。

电子元器件的发展很快，品种规格也极为繁杂。这里，简单地介绍一些最常用的电子元器件的识别与简易测试。

13.1　电阻器与电位器

电阻器（简称为电阻）在所有的电子设备中是必不可少的，在电路中常用来进行电压、电流的控制和传送。常用电阻器的阻值在几欧姆到 10 兆欧姆之间。

13.1.1　电阻器参数的识别

电阻器的主要参数有两个：标称阻值和偏差、标称功率。还有其他参数，如最高工作温度、极限工作电压、噪声电动势、高频特性和温度特性等。在挑选电阻器的时候主要考虑其阻值、额定功率及精度。至于其他参数，如最高工作温度、高频特性等，只在特定的电气条件下才考虑。

1. 标称阻值和偏差

标称阻值包括阻值及阻值的最大偏差两部分。通常所说的电阻值即标称电阻中的阻值，这是一个近似值。它与实际的阻值有一定偏差，国家规定有 E24、E12、E6 等系列，如表 13.1 所示。

表 13.1　常见电阻阻值系列一览表

系　列	E24	E12	E6	系　列	E24	E12	E6
标　志	J（Ⅰ）	K（Ⅱ）	M（Ⅲ）	标　志	J（Ⅰ）	K（Ⅱ）	M（Ⅲ）
允许误差	±5%	±10%	±20%	允许误差	±5%	±10%	±20%
特性标称数值	1.0	1.0	1.0	特性标称数值	3.3	3.3	3.3
	1.1				3.6		
	1.2	1.2			3.9	3.9	
	1.3				4.3		
	1.5	1.5	1.5		4.7	4.7	4.7
	1.6				5.1		
	1.8	1.8			5.6	5.6	
	2.0				6.2		
	2.2	2.2	2.2		6.8	6.8	6.8
	2.4				7.5		
	2.7	2.7			8.2	8.2	
	3.0				9.1		

电阻的标称阻值和偏差一般都是直接标在电阻体上，其标志方法一般分为以下几种。

（1）直标法：指在产品的表面直接标示出产品的主要参数和技术指标的方法，如图13.1所示。电阻直标法的单位有欧姆（Ω）、千欧姆（kΩ）、兆欧姆（MΩ）。其中 1MΩ = 1000kΩ，1kΩ = 1000Ω。

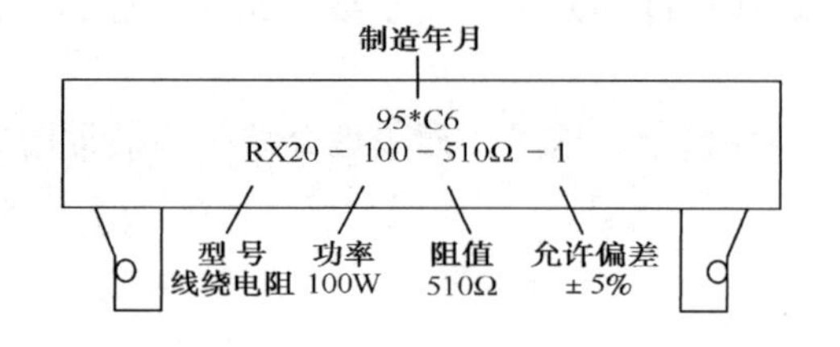

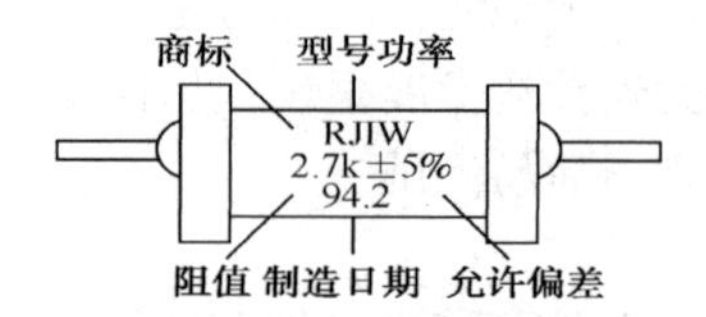

图13.1　直标法

（2）数码表示法：是在产品上用3位数码表示元件的标称值的方法，数码是从左向右的。电阻的基本标志单位是欧姆，用3位数字标注元件的数值，前两位数字表示数值的有效数字，第3位表示数值的倍率。例如，电阻器上标注100J，表示其阻值为 $10 \times 10^0 = 10(\Omega)$，误差为 ±5%；474K 表示其阻值为 $47 \times 10^4 = 470\text{k}\Omega$，误差为 ±10%。也有将字母"R"表示小数点的，例如，电阻上标注3R9表示其阻值为3.9Ω。

（3）色标法：用不同的颜色表示元件不同参数的方法，即在电阻体上用4个或5个色环表示阻值和允许偏差。国际统一的色码识别规定，即电阻色环与数值的对应关系如表13.2所示。

表13.2　电阻色环与数值的对应关系

颜　色	黑	棕	红	橙	黄	绿	蓝	紫	灰	白	金	银	无　色
数值	0	1	2	3	4	5	6	7	8	9	10^{-1}	10^{-2}	
误差	±1	±2	±3	±4							±5	±10	±20

普通电阻大多用4个色环表示其阻值和允许偏差。第1、2环表示有效数字，第3环表示倍率（乘数），与前3环距离较大的第4环表示允许偏差。例如，如图13.2所示4个色环表示的阻值，即棕、红、红、银等4环电阻表示的阻值为 $12 \times 10^2 = 1200\Omega$，允差为 ±10%；又如，黄、紫、金、金四环表示的阻值为 $47 \times 10^{-1} = 4.7\Omega$，允差为 ±5%。

精密电阻采用5个色环标志，前3环表示有效数字，第4环表示倍率，与前4环距离较大的第5环表示允许偏差。例如，如图13.3所示的棕、绿、黑、棕、棕等5环电阻表示阻值为 $150 \times 10^1 = 1500\Omega$，允差为 ±2%；又如，棕、紫、绿、银、棕等5环表示阻值为 $175 \times 10^{-2} = 1.75\Omega$，允差为 ±2%。

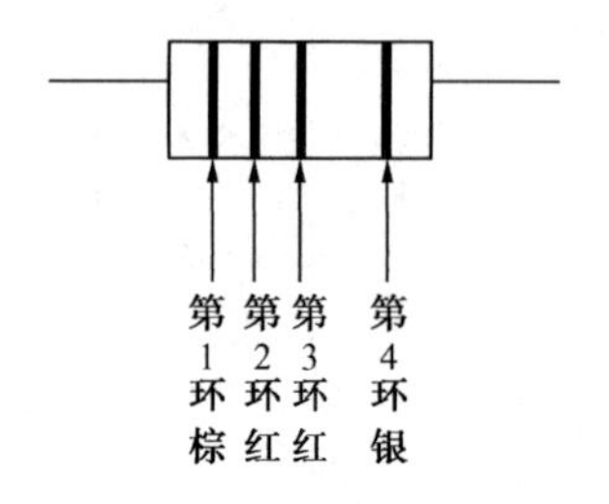

图13.2　4个色环表示的阻值

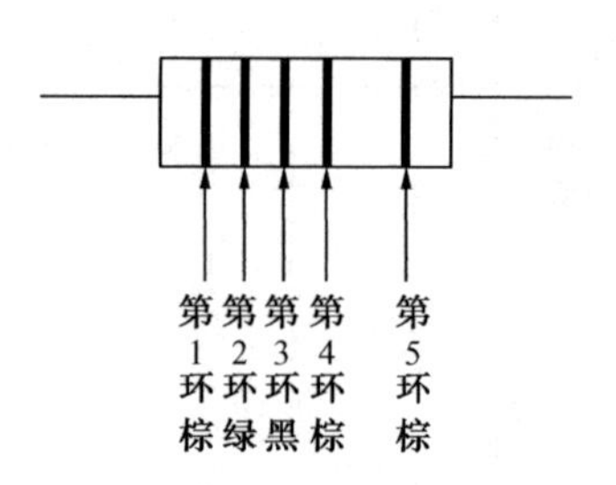

图13.3　5个色环表示的阻值

采用色环标志的电阻器颜色醒目、标志清晰、不易褪色，从不同角度都能看清阻值和允许偏差。目前，国际上都广泛采用色标法标示电阻器。

2. 电阻的额定功率

电阻的额定功率是指在直流或交流电路中，在一定工作条件下，电阻器长期工作时所能承受的最大功率。功率小于1W的电阻用符号表示，大于1W的电阻用数字和单位表示。常见的功率系列如表13.3所示。

表13.3　电阻的功率系列

线绕电阻的额定功率系列	0.05、0.125、0.25、0.5、1、2、4、8、10、16、25、40、50、75、100、150、250、500
非线绕电阻的额定功率系列	0.05、0.125、0.25、0.5、1、2、5、10、25、50、100

13.1.2　常用电阻器

电阻一般分为固定和可变两大类。可变电阻又称为变阻器或电位器，在操作方法上又分为旋柄式和滑键式两类。固定电阻根据不同的制作材料可分为金属膜电阻（RJ型）、碳膜电阻（RT型）、线绕电阻（RX型）、有机实心电阻（RS型）等。在这些种类中，碳膜和金属膜电阻比较常用，其中金属膜电阻耐热性及稳定性好，体积小，阻值范围大，但功率范围不太大；碳膜电阻耐热性及稳定性较金属膜稍差，阻值范围大，但功率范围也不太大；线绕电阻的工作稳定可靠，耐热性能最好，允许偏差范围小，额定功率范围大，但阻值范围不大。

1. 常用电阻器

常用电阻器主要以下几种。

（1）线绕电阻。线绕电阻由电阻率较大、性能稳定的锰铜、康铜等合金线涂上绝缘层，在绝缘棒上绕制而成。电阻值和线长度具有很好的线性关系，精度高，稳定性好，但具有较大的分布电容，多用在需要精密电阻的仪器仪表中。

（2）碳膜电阻。碳膜电阻是由结晶碳沉积在磁棒或瓷管骨架上制成的，稳定性好，高频特性较好，并能工作在较高的温度下（70℃），目前在电子产品中得到广泛的应用，其涂层多为绿色。

（3）金属膜电阻。与碳膜电阻相比，金属膜电阻只是用合金粉替代了结晶碳，除具有碳膜电阻的特性外，能耐更高的工作温度，其涂层多为红色。

（4）热敏电阻。热敏电阻的电阻值随着温度的变化而变化，一般用于温度补偿和限流保护等。热敏电阻从特性上可分为两类：正温度系数电阻和负温度系数电阻。正温度系数电阻的阻值随温度升高而增大，负温度系数电阻的阻值则相反。

（5）贴片电阻。贴片电阻目前常用在高集成度的电路板上，它体积很小，分布电感、分布电容都较小，适合在高频电路中使用。贴片电阻一般用自动安装机安装，对电路板的设计精度有很高的要求，是新一代电路板设计的首选组件。

2. 电阻的选用

（1）电阻的选择。选择电阻时，首先，所选用的电阻的基本特性和质量参数必须符合电

路的使用条件；其次，考虑外形尺寸和价格等多方面的因素；再次，其阻值应选用标称值系列，其允许偏差多为 ±5%，其额定功率应比电路中实际承受的功率高 1.5 ～ 2 倍。若电路中对阻值的稳定性要求较高，则额定功率还应选得更大些。

（2）电阻的检验、测试。使用前必须进行外观质量检验。表面保护层不应有擦伤而露出导电层，也不应有裂纹和明显的外来杂质，引出线上不应有影响焊接的氧化层和露出铜的伤痕，标志应清晰可辨。使用前必须进行阻值的测量。一般测量可用万用表，精确测量可用惠斯登电桥。

3. 特殊电阻元件的检测

（1）热敏电阻器的检测。热敏电阻器大多是负温度系数型，即阻值随温度上升而下降，下降的幅度大约为(2 ～ 5)%/℃。检测方法是：用手捏住电阻体加温，观察其阻值是否下降(20 ～ 50)%。若阻值变化在此范围内，则热敏电阻器正常；如测得的阻值为无穷大或零，则表明其内部断路或击穿。

（2）压敏电阻器的检测。压敏电阻器当其两端电压值低于压敏电压值时，呈高阻状态，流过的漏电流仅在微安级。当其两端电压值超过压敏电压值时，阻值急剧下降，流过的电流猛增几个数量级。用万用表 R ×10 挡检测其阻值一般为无穷大。

13.1.3 电位器

电位器实际上是一种调节灵敏的可调电阻器。在电子仪器中经常用它来进行阻值或电位的调节，如图 13.4 所示。

1. 电位器的分类

电位器的种类很多，按其调节方式可分为接触式和非接触式两大类；按所用材料可分为线绕电位器和非线绕电位器两大类，其中的非线绕电位器可分为合成碳膜、有机实芯、无机实芯、金属膜、氧化膜和玻璃釉膜电位器；按调节活动机构可分为旋转式和直滑式两类；按轴能自由旋转的角度来分，有单圈电位器和多圈电位器；按是否带开关来分，可分为不带开关和带开关两种。

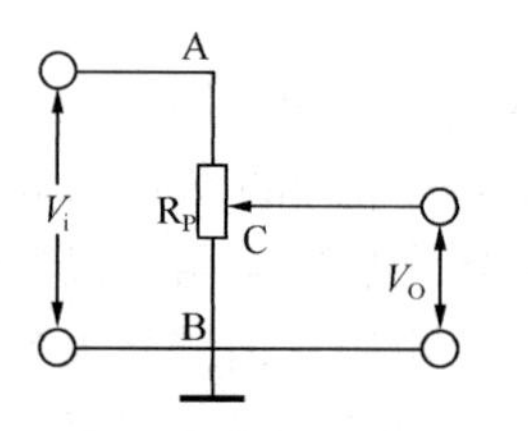

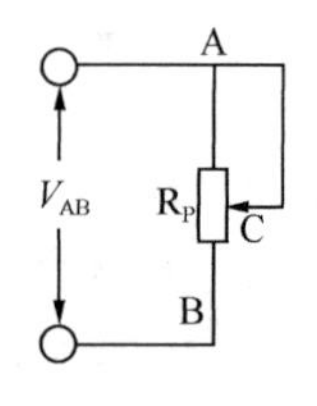

图 13.4 电位器用于阻值或电位的调节

2. 电位器的命名方法

国产电位器命名由主称型号电位器、品种、功率、阻值、误差、阻值变化、滑动噪声系数、轴长及端面型号几部分组成。电位器的使用材料与标志符号如表 13.4 所示。

表 13.4 电位器的使用材料与标志符号

类　别	碳膜电位器	合成膜电位器	线绕电位器	有机实芯电位器	玻璃釉膜电位器
标志符号	WT	WTH	WX	WS	WT

3. 电位器的选用

电位器规格品种很多，在选用时不仅要根据具体电路的使用条件（电阻值及功率要求）来确定，还要考虑调节、操作和成本方面的要求。下面是针对不同用途推荐的电位器选用类型。

（1）普通电子仪器：选用合成膜或有机实芯电位器。

（2）大功率低频电路、高温情况：选用线绕或金属玻璃釉膜电位器。

（3）高精度：选用线绕、导电塑料或精密合成碳膜电位器。

（4）高分辨力：选用各类非线绕电位器或多圈式微调电位器。

（5）高频、高稳定性：选用薄膜电位器。

（6）调节后不需再动：选用轴端锁紧式电位器。

（7）几个电路同步调节：选用多联电位器。

（8）精密、微量调节：选用带慢轴调节机构的微调电位器。

（9）要求电压均匀变化：选用直线式电位器。

（10）音量控制电位器：选用指数式电位器。

4. 电位器的质量检查

电位器的质量检查如下。

（1）外观检验。使用电位器前，首先要进行外观检验。先慢慢转动旋柄检查，转动应平滑，松紧适当，无机械杂音。对带开关的电位器还应检查开关是否灵活，接触是否良好，开关接通时的“磕哒”声音应当清脆。电位器表面应无污垢、凹陷和缺口，标志应清晰。

（2）阻值检验。先用万用表检查两固定臂电阻值，应符合标称值并在其允许偏差范围以内，然后再测量电位器的中心抽头（即连接的活动臂）和电阻片的接触情况。注意其零电位阻值应尽量接近于零，而其极限阻值则应尽量接近于电位器的标称阻值。测量时万用表上的指针应随转轴旋转而平稳移动，不应有跳动现象。此外，还应辨清哪两端点间的阻值是随着转轴顺时针方向转动而增大的。以图13.4为例，从顶端看，左边两端点A和C之间的阻值是随转轴顺时针转动而增大的，B和C之间的阻值则随之减小。

13.2 电容器

电容器是一种元件，能把电能转换为电场能存储起来。两个相互靠近的导体，中间夹一层不导电的绝缘介质，即构成了电容器。电容器也是电子仪器中常用的基本元件，在电路中常用于隔直流通交流、旁路、耦合等。电容器的基本单位是法拉，用符号“F”表示，常用的单位是毫法（mF）、微法（μF）、纳法（nF）和皮法（pF），它们的换算关系如下：

$$1\text{F}=10^{3}\text{mF}=10^{6}\mu\text{F}=10^{9}\text{nF}=10^{12}\text{pF}$$

13.2.1 常用电容器

1. 常见电容器的分类及命名方法

电容器的种类很多。

按介质分：纸介电容器、金属化纸介电容器、聚苯乙烯薄膜介质电容器、聚四氟乙烯薄膜介质电容器、云母电容器、陶瓷电容器、玻璃釉电容器、铝电解电容器、钽电解电容器、铌电解电容器、油质电容器等；

按容量是否可调分：固定电容器、可变电容器、微调电容器等。

命名方法：根据国标 GB2470—95 规定，电容器的产品型号一般由以下 4 部分组成。第一部分用字母表示产品的主称，即用“C”表示电容；第二部分用字母表示产品的材料，材料代号的意义如表 13.5 所示；第三部分一般用数字表示分类（个别也有用字母表示的），分类符号的意义如表 13.6 所示；第四部分表示产品的序号，有些产品在第四部分后再加字母表示产品某一型号的差异。

表 13.5　电容器型号中材料代号的意义

符号	意　义	符号	意　义
C	高频陶瓷	L	聚脂等极性有机薄膜
Y	云母	Q	漆膜
I	玻璃釉	H	纸膜复合
O	玻璃膜	D	铝电解
J	金属化纸	A	钽电解
Z	纸	N	铌电解
B	聚苯乙烯等非极性有机薄膜	T	低频陶瓷

表 13.6　电容器型号中分类符号的意义

符号	意　义			
	瓷介电容器	云母电容器	电解电容器	有机电容器
1	圆片	非密封	箔式	非密封
2	管型	非密封	箔式	非密封
3	叠片	密封	烧结粉、固体	密封
4	独石	密封	烧结粉、固体	密封
5	穿心			穿心
6	支柱			
7			无极性	
8	高压	高压		高压
9			特殊	特殊
G	高功率			
W	微调			

2. 常用电容器

下面对常用电容器进行简单介绍。

（1）电解电容器是目前用得较多的大容量电容器，它体积小、耐压高（一般耐压越高体积越大），其介质为正极金属片表面上形成的一层氧化膜。负极为液体、半液体或胶状的电解液。因其有正负极之分，故只能工作在直流状态下。如果极性相反，则将使漏电流剧增，在此情况下电容器将会急剧变热而损坏，甚至会引起爆炸。一般厂家会在电容器的表面上标出正极或负极，新买来的电容器引脚长的一端为正极。

目前铝电容用得较多，钽、铌、钛电容相比之下漏电流小、体积小，但成本高，通常用在性能要求较高的电路中。

（2）云母电容器。云母电容器是用云母片做介质的电容器，高频性能稳定，耐压高（几

百伏～几千伏），漏电流小、但容量小、体积大。

（3）瓷质电容器。瓷质电容器采用高介电常数、低损耗的陶瓷材料作为介质。瓷质电容器的体积小、损耗小、绝缘电阻大、漏电流小、性能稳定，可工作在超高频段，但耐压低，机械强度较差。

（4）玻璃釉电容器。玻璃釉电容器具有瓷质电容器的优点，但比同容量的瓷质电容器体积小，工作频带较宽，可在125℃的环境下工作。

（5）纸介电容器。纸介电容器的电极用铝箔、锡箔做成，其绝缘介质是浸醋的纸，用锡箔或铝箔与纸相叠后卷成圆柱体，外包防潮物质。纸介电容器体积小、容量大，但性能不稳定，高频性能差。

（6）聚苯乙烯电容器。聚苯乙烯电容器是一种有机薄膜电容器。以聚苯乙烯为介质，用铝箔或直接在聚苯乙烯薄膜上蒸上一层金属膜为电极。聚苯乙烯电容器的绝缘电阻大、耐压高、漏电流小、精度高，但耐热性差，焊接时，过热会损坏电容。

（7）片状电容器。目前，片状电容器广泛用在混合集成电路、电子手表电路和计算机中。有片状陶瓷电容、片状钽电容、片状陶瓷微调电容等，其体积小、容量大。

（8）独石电容器。独石电容器是由以钛酸钡为主的陶瓷材料烧结而成的一种瓷介质电容器，体积小、耐高温、绝缘性能好、成本低，多用于小型和超小型电子设备中。

（9）可变电容器。可变电容器种类很多，按结构可分为单连（一组定片，一组动片）、双连（二组动片，二组定片）、三连、四连等。按介质可分为空气介质、薄膜介质电容器等。其中空气介质电容器使用寿命长，但体积大。一般单连用于直放式收音机的调谐电路，双连用于超外差式收音机。薄膜介质电容器在动片和定片之间用云母或塑料片做介质，其体积小、质量轻。如图13.5所示为空气单连、双连可变电容器在电路中的符号表示。

（10）半可调电容器（微调电容器）。半可调电容器在电路中主要用做补偿和校正，调节范围为几十皮法。常用的半可调电容器有有机薄膜介质微调电容器、瓷介质微调电容器、拉线微调电容器和云母微调电容器等。如图13.6所示为微调电容器在电路中的符号。

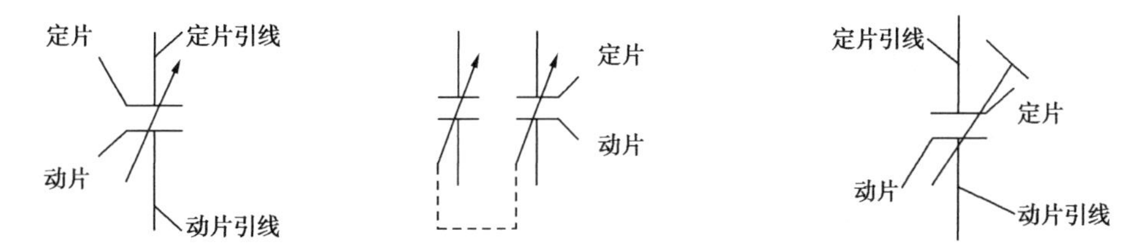

图13.5　空气单连、双连可变电容器在电路中的符号表示

图13.6　微调电容器在电路中的符号

3. 电容器的选用

电容器的选用要根据电路的使用条件和要求来定。一般级间耦合多选用金属化纸介电容器或涤纶电容器；电源滤波和低频旁路则宜选用铝电解电容器或钽电解电容器；高频电路或对电容量要求稳定的地方应该用瓷片电容器、云母电容器或聚苯乙烯电容器。如果要求电容量在使用过程中进行经常性的调整，可选用可变电容器；如不进行经常性的调整，可用微调电容器。通常，除个别电路（如定时电路等）以外，一般电路对电容器的容量允许偏差要求较宽，特别是作为耦合和旁路电容器的电容量，往往相差好几倍都没有多大关系。

额定直流工作电压一般应选为实际电路中所承受的电压的2倍以上。但对电解电容器来说，如果实际电路中的电压低于额定直流工作电压的一半，则反而容易使电容器的损耗增大。一般电解电容器的实际承受电压应为额定直流工作电压的(50～70)%。此外，电解电容器是有极性的，不能在正、负交替的电路中使用。在装配时，要注意其正、负极不能接反。

电容量应在标称容量允许偏差范围以内。电容量的测量可用电容测量仪和万用电桥；几百皮法以下的小容量电容器可用高频Q表进行测量；电容器的绝缘电阻可用绝缘电阻测试仪测量，也可用高阻表或万用表的高阻挡测量。但对耐高压电容器，绝缘电阻的测量最好在一定电压（略低于电容器的额定直流工作电压）下进行，如用摇表检验。一般云母电容器和高频瓷介电容器的绝缘电阻应在500MΩ以上，纸介电容器的绝缘电阻应在几十兆欧以上，电解电容器的绝缘电阻也应在几兆欧以上。容量越小，要求的绝缘电阻值也越大。

电容器质量估测可用万用表（指针式）电阻挡加以判断。容量大（1μF以上）的固定电容器可用万用表的欧姆挡（R×100Ω）测量电容器两端，表针应向小电阻值摆动，然后慢回摆至“∞”附近。迅速交替表笔再测一次，看表针摆动情况，摆幅越大，表明电容器的电容量越大。若表笔一直接在电容器引线，则表针最终应指在“∞”附近。如果表针最大指示值不为“∞”，则表明电容器有漏电现象，其电阻值越小，漏电越严重，该电容器的质量就越差。如果测量时指针立刻就指到“0”而不向回摆，表示该电容器已短路(击穿)。如果测量时表针根本不动，表示电容器已失去容量。如果表针不回到始点，则表示电容器漏电很严重，质量不好。对于容量较小的固定电容器，往往用万用表测量时看不出摆动（即便用R×1k或R×10k挡也无济于事）。这时，可借助于一个外加直流电源和万用表直流电压挡进行测量。

13.2.2　电容器主要参数的识别

电容器的主要参数有标称容量和允许偏差、额定直流工作电压、绝缘电阻等。此外，还有温度系数、电容器的损耗、频率特性等。

1. 标称容量和允许偏差

电容器的标称容量和允许偏差与电阻器相似。一般固定式电容器（如云母电容器和瓷介电容器等）的允许偏差有±5%、±10%和±20%三种，分别用J、K和M表示。国家规定了一系列容量值作为产品标称。固定式电容器的标称容量系列E24、E12、E6如表13.7所示。

表13.7　固定式电容器标称容量系列E24、E12、E6

标称值	最大误差	偏差等级	标称值
E24	±5%	Ⅰ	1.0、1.1、1.2、1.3、1.5、1.6、1.8、2.0、2.2、2.4、2.7、3.0、3.3、3.9、4.3、4.7、5.1、5.6、6.2、6.8、7.5、8.2、9.1
E12	±10%	Ⅱ	1.0、1.2、1.5、1.8、2.2、2.7、3.3、3.9、4.7、5.6、6.8、8.2
E6	±20%	Ⅲ	1.0、1.5、2.2、3.3、4.7、6.8

2. 额定直流工作电压

电容器中的电介质能够承受的电场强度是有限的。当施加在电容器上的电压达到一定值时，由于电介质漏电击穿而将造成电容器失效。在环境温度允许范围内，可长期可靠地正常工作的最大电压有效值称为电容器的额定电压，习惯上也称为耐压。额定电压通常是指直流工作电压，有规定的电压值系列。

一般电解电容和体积较大的电容器都将电压直接标在电容器上，较小体积的电容则只能依靠型号来判断。

3. 电容器的标称容量、误差及耐压表示方法

电容器的标称容量、误差及耐压的表示有 4 种方法。

（1）直标法。直标法是指在产品的表面直接标志出产品的主要参数和技术指标的方法。

（2）文字符号法。文字符号法是将需要标志的主要参数与技术性能，用文字、数字符号有规律地组合标志在产品的表面上的方法。

（3）色标法。电容器的色标法规定类似于电阻中的色标法规定，其单位为皮法（pF）。电解电容工作电压也有用色点来表示的，6.3V 用棕色，10V 用红色，16V 用灰色，且色点应标在正极上。电容器色标法如图 13.7 所示。

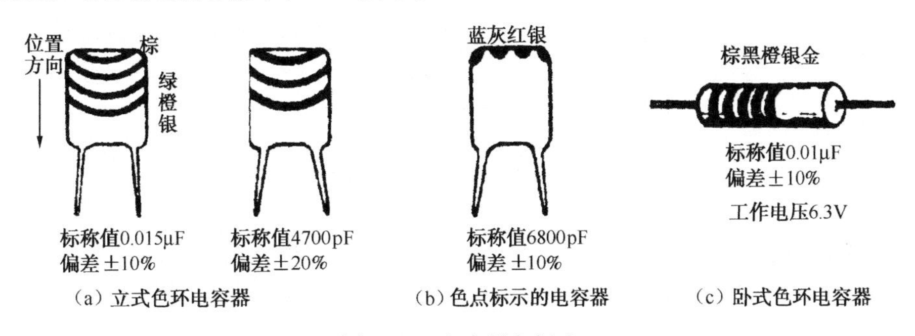

图 13.7　电容器色标法

（4）数码表示法。电容器的数码表示法的规定基本上与电阻的数码法的规定相同，一般用 3 位数字来表示容量的大小，单位为 pF，即前两位表示有效数字，后一位表示倍率，但当第 3 个字为 9 时表示 10^{-1}，单位为皮法（pF）。例如，479 表示 4.7pF；474k 表示容量为 4.7×10^5pF；335 表示容量为 3.3×10^6pF = 3.3μF。在微法容量中，小数点用 R 表示，如 4R7k 表示容量为 4.7μF。

4. 绝缘电阻

理想的电容器，两极板间的电阻应是无穷大。但是，任何介质都不是理想的绝缘体，其电阻总是有限的，这个电阻值称做电容器的绝缘电阻，或称做漏电电阻。漏电流与漏电阻的乘积为电容器两端所加的电压。绝缘电阻的大小决定了一个电容器介质性能的好坏。电容器的绝缘电阻越大越好。电容器的绝缘电阻大小与介质的绝缘性能及结构尺寸有关，如云母电容器的绝缘电阻值在 1000MΩ 以上，但大容量的铝电解电容器则只有几兆欧。温度、湿度、不正确的存储和使用都会使绝缘电阻下降，漏电增大，以致影响电路的正常工作。

13.3 电感器

电感器是构成电路的基本元件之一，其基本特征是通低频、阻高频，在交流电路中常用于扼流、降压、交连、负载等。

1. 电感器的种类和结构特点

电感器主要是指各种线圈，又称为电感，其种类较多，结构各异。电感器按工作特征分为固定电感器和可变电感器两大类；按用途分为高频扼流线圈、低频扼流线圈、调谐线圈、退耦线圈、提升线圈和稳频线圈等；按结构特点可分为单层、多层、蜂房式、带磁芯式等。

（1）小型固定电感器。

① 结构：有卧式（LG1 型）和立式（LG2 型）两种。这种电感器一般是将绝缘铜线绕在磁芯上，外层包上环氧树脂或塑料。用环氧树脂封装的固定电感通常用色码标注其电感量，故也称为色码电感。如图 13.8 所示为小型固定电感器。

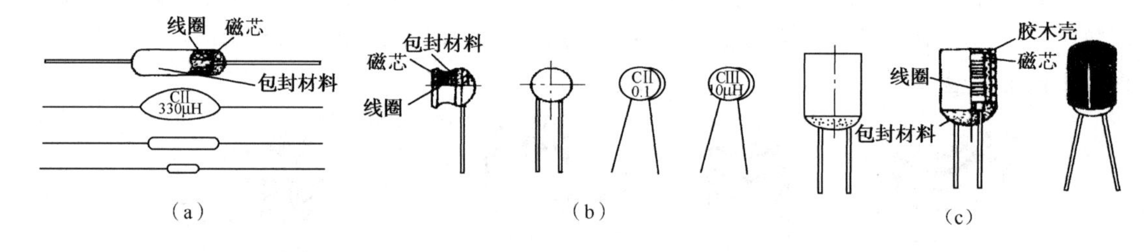

图 13.8　小型固定电感器

② 特点：具有体积小、质量轻、结构牢固（耐振动、耐冲击）、防潮性能好、安装方便等优点，常用在滤波、扼流、延迟、陷波等电子线路中。工作频率为 10 ～ 200kHz。

（2）阻流圈。阻流圈亦称为扼流圈，分为高频扼流圈和低频扼流圈两种。

① 低频扼流圈结构：有封闭式和开启式两种，一般由铁芯和绕组等组成。

② 特点：低频扼流圈常与电容器组成滤波电路，以滤除整流后残存的一些交流成分；

③ 高频扼流圈在高频电路中用来阻碍高频电流的通过。在电路中，高频扼流圈常与电容器串联或并联组成滤波电路，起到分开高、低频的作用。

（3）高频天线线圈（又称为可变电感线圈）。

① 高频天线线圈结构：一般由磁棒和线圈等组成。

② 特点：高频天线线圈按其用途可分为多种，收音机中的天线线圈就是其中一种，通过改变插入线圈中的磁芯的位置来改变电感量，配以可变电容即可组成调谐回路，用于接收无线电波的信号。

（4）中周线圈。中周线圈如图 13.9 所示。

① 其结构：由磁芯、磁罩、塑料骨架和金属屏蔽壳组成，线圈绕制在塑料骨架上或直接绕制在磁芯上，骨架的插脚可以焊接到印制电路板上。

② 特点：中周线圈是超外差式无线电设备中的主要元件之一，广泛应用在调幅、调频接收机、电视接收机、通信接收机等电子设备的调谐回路中。

（a）接线位置

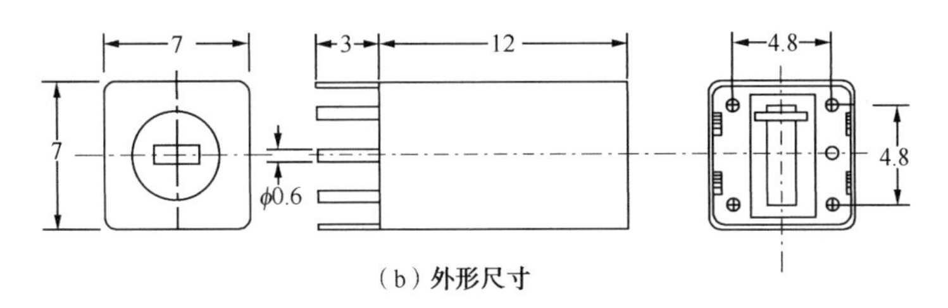

（b）外形尺寸

图 13.9　中周线圈

2. 电感器的识别及质量判断

电感器的识别请参阅专业知识相关内容。电感器故障一般有开路和短路两种，开路的检查用万用表欧姆挡很容易进行。一般中、高频线圈圈数不多，其直流电阻很小，在零点几欧姆至几欧姆之间。音频低频用线圈圈数较多，直流电阻可达几百欧至几千欧。线圈短路故障不易用直流电阻法判别，一般要用专门测量仪器才能判断。

3. 电感器使用注意事项

电感器使用时要注意以下几点。

（1）选择电感器时要注意其性能参数是否符合电路要求。

（2）通常选用损耗小、频率性能好的材料做线圈骨架。

（3）线圈的机械结构应牢固，不应有松匝现象。

（4）不论何种电感器，必须考虑其工作频率，使之适应相应频率的工作特点。

13.4　变压器与继电器

13.4.1　变压器

1. 变压器的种类

变压器一般用绝缘铜线绕在磁芯或铁芯外制成，主要用于改变交流电压和交流电流的大小，也用于阻抗变换和隔直流。如图 13.10 所示为变压器在电路中的符号。变压器种类很多，按工作频率分为低频变压器、中频变压器和高频变压器。

图 13.10　变压器符号

（1）低频变压器。低频变压器又分为音频变压器和电源变压器。音频变压器主要用来对音频（小于 3400Hz）信号进行处理，主要用于阻抗匹配、耦合、倒相等。电源变压器主要用于电压的变换。

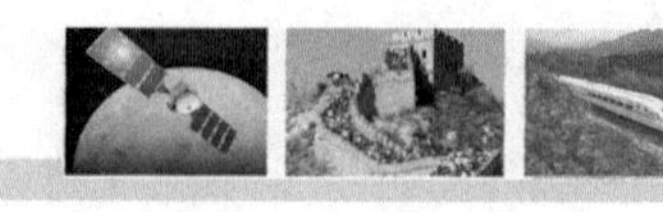

（2）中频变压器。中频变压器适用于从几千赫兹到几十兆赫兹的频率范围。它是超外差式接收机中的重要元件，又称为中周，起选频、耦合等作用，在很大程度上决定了接收机的灵敏度、选择性和通频带。

（3）高频变压器。高频变压器一般又分为耦合线圈和调谐线圈。调谐线圈与电容可组成串并联谐振回路，用来起选频等作用。天线线圈、谐振线圈都是高频线圈，如图 13.11 所示。

（4）脉冲变压器。电视机中的输出变压器是一种脉冲变压器，又称为行逆程变压器，用在电视机扫描输出级，为显像管提供阳极高压、加速极电压、聚焦极电压和其他电路所需的直流电压。脉冲变压器由高压线圈、低压线圈、U 形磁芯及骨架组成。

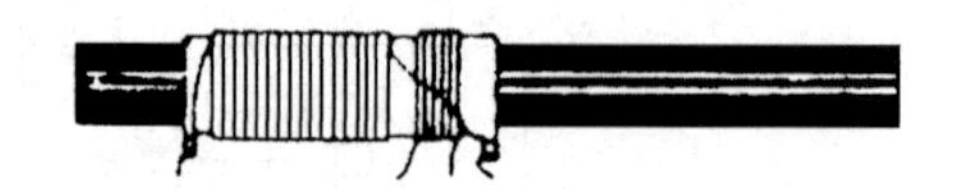

图 13.11　高频线圈

2. 变压器型号的命名方法

变压器型号的命名方法如下。

（1）第一部分：主称，用字母表示；主称部分字母表示的意义如表 13.8 所示。

表 13.8　变压器型号中主称部分字母所表示的意义

字母	意　义	字母	意　义
DB	电源变压器	HB	灯丝变压器
CB	音频输出变压器	SB 或 ZB	音频（定阻式）输送变压器
RB	音频输出变压器	SB 或 EB	音频（定压式或自耦式变压器）
GB	高压变压器		

（2）第二部分：功率，用数字表示，计量单位为瓦（W），但 RB 型变压器除外。

（3）第三部分：序号，用数字表示。

13.4.2　继电器

继电器是一种电气控制常用的机电元件，如图 13.12 所示。继电器可以视做一种由输入参量（如电、磁、光、声等物理量）控制的开关。继电器按用途可分为启动继电器、限时继电器和延时继电器等。

图 13.12　继电器

1. 常用继电器介绍

常用继电器主要分为以下 7 种。

(1) 电磁继电器：分交流与直流两大类，利用电磁吸力工作。

(2) 磁保持继电器：用极化磁场作用保持工作状态。

(3) 高频继电器：专用于转换高频电路并能与同轴电缆匹配。

(4) 控制继电器：按输入参量不同，有温度继电器、热继电器、光继电器、声继电器、压力继电器等类别。

(5) 舌簧继电器：利用舌簧管（密封在管内的簧片在磁力下闭合）工作的继电器。

(6) 时间继电器：有时间控制作用的继电器。

(7) 固态继电器：实际上是一种输入（控制信号）与输出隔离的电子开关，其功能与电磁继电器相同。

上面这些继电器中使用最普遍的是电磁继电器和固态继电器。

电磁继电器按接触点负荷又可分为 4 类。

(1) 微功率继电器：接通电压为 28V 时，负载（阻性）电流 <0. 2A。

(2) 小功率继电器：接通电流为 0. 5 ～ 1A。

(3) 中功率继电器：接通电流为 2 ～ 5A。

(4) 大功率继电器：接通电流为 10 ～ 40A。

固态继电器是近年新发展的控制元件，尽管从工作原理上说它不属于机电元件，但它在大多数使用场合可以取代机电继电器，而且在使用寿命上有显著的优势，在很多应用领域已成为继电器元件的首选品种。

2. 继电器的主要参数

继电器的主要参数介绍如下。

(1) 额定工作电压。继电器正常工作所需电压，有交、直流之分。

(2) 触点的切换电压和电流。继电器允许加载的最大电压和电流，决定继电器控制的电压和电流的大小。

(3) 吸合电流。使继电器产生吸合动作而需要的最小电流，是保证继电器正常工作的最低电流。当继电器的输入电阻已知时，也可以在说明中给出其最小电压。

(4) 释放电流。释放电流是使继电器无法保持吸合状态的最大电流，这个电流要比吸合电流小得多。

3. 继电器触点

继电器的触点有 3 种形式，即常开触点（用 H 表示）、常闭触点（用 D 表示）和转换触点（用 Z 表示）。常开触点的继电器在不通电的时候两个触点是断开的，常闭触点则相反。转换触点继电器有 3 组触点，线圈不通电的时候中间触点与其中的一组闭合，与另一组分开；通电后使原来闭合的变成断开、断开的变成闭合。触点名称和符号如表 13. 9 所示。

表 13.9 触点名称和符号

名　称	符　号	继电器吸合时	名　称	符　号	继电器吸合时
常开（动合）触点		触点闭合	双转换触点		两组常开触点闭合 两组常闭触点断开
常闭（动断）触点		触点断开	双常闭（动断）触点		两组触点 同时断开
双常开（动合）触点		两组触点 同时闭合	转换触点		常开触点闭合 常闭触点断开

13.5 半导体器件

现代电子整机产品所采用的电子器件主要是半导体分立元件和集成电路。

13.5.1 半导体分立元件

半导体分立元件包括二极管、晶体管、场效应管等器件，下面着重介绍它们的分类方法、型号命名、测试方法和使用注意事项。

1. 常用半导体分立元件的分类

常用半导体分立元件主要有三类。

（1）半导体二极管。二极管是利用半导体 PN 结的单向导电性制成的器件，在电路中主要用于整流、检波及稳压等。二极管的规格品种很多，按所用半导体材料的不同，可分为锗二极管、硅二极管和砷化镓二极管；按结构工艺不同，可分为点接触型和面接触型；按工作原理分为隧道二极管、变容二极管、雪崩二极管等；按用途分为整流二极管、检波二极管、稳压二极管、恒流二极管和开关二极管。

二极管的参数主要有最大整流电流、正向导通压降、反向击穿电压、结电容、最高工作频率等，可查阅相关手册。

（2）半导体三极管。半导体三极管也称为晶体管，其规格品种繁多，按照工作频率、开关速度、噪声电平、功率容量和其他性能可分为高频大功率管、高频低噪声管、低频大功率管、低频小功率管、高速开关管、功率开关管等；根据制造工艺的不同可分为合金晶体管、扩散晶体管、台面晶体管、平面晶体管等；按照制造材料可分为锗管和硅管。锗管的导通电压低，适合在低电压电路中工作，硅管的温度特性比锗管好，穿透电流小。

晶体管的性能参数一般为交流参数、直流参数和极限参数。

（3）场效应晶体管。与普通三极管相比场效应晶体管有很多特点。从控制作用来看，晶体管是电流控制型器件，而场效应管是电压控制型器件。场效应管的栅极输入电阻很高，一般可达上百兆甚至几千兆，在栅极上加电压时基本不分取电流，这是一般晶体管不能与之相比的。另外，场效应管还有噪声低、动态范围大等优点。

2. 二极管、晶体管和场效应管的检测与选用

二极管、晶体管和场效应管的检测与选用方法如下。

1）半导体二极管极性的判别和选用

（1）判别：一般情况下，二极管有色环的一端为负极，有色点的一端为正极，如 2AP1 ～ 2AP7、2AP11 ～ 2AP17 等。如果是玻璃壳封装，则可以直接看出极性，即内部连触丝的一头是正极，连半导体片的一头是负极。如果既无色点，又不是透明封装，则可以用万用表来判别其极性。根据二极管正向导通电阻小、反向截止电阻大的特点，将万用表拨到欧姆挡（一般用 R×100 或 R×1k 挡，不要用 R×1 或 R×10k 挡，因为 R×1 挡的电流太大，易烧毁二极管，而 R×10k 挡电压太高，可能击穿二极管），用万用表的表笔分别接二极管的两个电极，测出一个电阻，然后对换表笔，再测出一个电阻，则阻值小的那一次黑表笔所接一端为二极管的正极，另一端即为负极。若两次阻值都小，则说明管子内部短路；若两次阻值都大，则说明管子内部断路。

（2）选用：通常半导体二极管的正向电阻值为 300 ～ 500Ω，硅管为 1000Ω 或更大些。锗管的反向电阻为几十千欧，硅管的反向电阻在 500kΩ 以上（大功率二极管的数值要小得多），正反向电阻的差值越大，说明二极管的质量越好。

点接触型二极管的结电容小，工作频率高，但不能承受较高的电压和较大的电流，多用于检波、小电波整流和高频开关电路。面接触型二极管结面积大，能承受较大的电流和较大的功耗，但结电容较大，一般用于整流、稳压、低频开关电路，而不适于高频检波等高频电路。选用二极管时，既要考虑正向电压，又要考虑反向饱和电流和最大反向电压。选用检波二极管时，要求工作频率高，正向电阻小，以保证较高的检波效率；特性曲线要好，以保证小的线性失真。

在光电控制电路中，一般需选用光电器件。它是一种能将光照强弱的变化转化成电信号的器件，光电二极管就是其中的一种。在激光通信、激光技术中，可选用工作频率高的 PIN 型光电二极管或光电灵敏度更高的雪崩二极管。

发光二极管，其作用与光电二极管相反，即当电流通过时，二极管发光。它可用做导航灯泡，也可用于各种电子仪器的工作状态指示或数字显示。

2）半导体三极管（晶体管）的判别和选用

（1）晶体管引脚和质量的判别。一种方法是根据引脚排列和色点识别，但目前晶体管的种类很多，而且同一型号的晶体管引脚封装排列也有不同，仅从引脚排列很难判断其引脚。所以常用万用表判别引脚，其基本原理是：晶体管由两个 PN 结构成，对于 NPN 型晶体管，其基极是两个 PN 结的公共正极；对于 PNP 型晶体管，其基极是两个 PN 结的公共负极，由此可以判断晶体管的基极和晶体管的管型。当加在晶体管的 BE 结电压为正、BC 结电压为负时，晶体管工作在放大状态，此时晶体管的穿透电流较大，r_{BE}较小，由此可以测出晶体管的发射极和集电极。首先应判断晶体管的基极和管型。测试时，假设某一引脚为基极，将万用表拨在 R×100 或 R×1k 挡上，用黑表笔接触晶体管的某一引脚，用红表笔分别接触另外两个引脚，若测得的阻值相差很大，则原先假设的基极不正确，需另外假设。若对换表笔后测得的阻值都较大，则说明该电极是基极，且此晶体管为 PNP 型。同理，当黑表笔接假设的基极，红表笔分别接其他

两个电极时测得的阻值都很小，则该晶体管的管型为 NPN 型。判断出晶体管的基极和管型后，可进一步判断晶体管的集电极和发射极。以 NPN 型管为例，确定基极和管型后，假设其他两个引脚中一个是集电极，另一个即假设为发射极，用手指将已知的基极和假设的集电极捏在一起（但不要相碰），将黑表笔接在假设的集电极上，红表笔接在假设的发射极上，记下万用表指针所指的位置。然后两相反地假设（即原先假设为 C 的假设为 E，原先假设为 E 的假设为 C），重复上述过程，并记下万用表指针所指的位置。比较两次测试的结果，指针偏转大的（即阻值小）那次假设是正确的（若为 PNP 型管，则测试时，将红表笔假设为集电极，黑表笔假设为发射极，其余不变，仍然是电阻小的一次假设正确）。

（2）晶体管性能的鉴别。判断穿透电流 I_{CEO} 大小时，用万用表 R×100 或 R×1k 挡测量晶体管 C、E 之间的电阻，电阻值应大于数兆欧（锗管应大于数千欧），阻值越大，说明穿透电流越小；阻值越小，则说明穿透电流越大；若阻值不断地明显下降，则说明晶体管性能不稳；若测得的阻值接近于零，则说明晶体管已被击穿；若测得的阻值太大（指针一点都不偏转），则晶体管内部可能有断线。近似估算电流放大系数 β 时，用万用表 R×100 或 R×1k 挡测量晶体管 C、E 之间的电阻。记下读数，再用手指捏住基极和集电极（不要相碰），观察指针摆动幅度的大小，摆动越大，说明晶体管的放大倍数越大。但这只是相对比较的方法，因为手捏在两极之间，给晶体管的基极提供了基极电流 I_b，I_b 的大小和手指的潮湿程度有关。也可以接一个 100kΩ 左右的电阻来进行测试。

以上是对 NPN 型管子的鉴别，黑表笔接集电极，红表笔接发射极。若将两表笔对调，就可以对 PNP 型管进行测试。上面所介绍的测试 I_{CEO} 和 β 的方法，只是用万用表进行粗略的估算，要准确测试管子的有关参数，需采用专门的测试仪器进行测试。

（3）晶体管的选用。选用晶体管时，根据用途的不同，一般要考虑以下几个方面的因素：频率、集电极最大耗散功率、电流放大系数、反向击穿电压、稳定性和饱和压降等。这些因素又相互制约，在选管时应抓住主要矛盾，兼顾次要因素。

低频管的特征频率 f_T 一般在 2.5MHz 以下，而高频管的特征频率 f_T 则从几十兆赫兹到几百兆赫兹甚至更高，选管时应使 f_T 为工作频率的 3 ～ 5 倍。原则上讲，高频管可以代替低频管，但高频管的功率一般都比较小，动态范围比较窄，在代换时应注意功率条件。一般希望 β 值选大一点，但也不是越大越好。β 值太高容易引起自激振荡，而且 β 值高的晶体管工作大多不稳定，受温度影响大。另外，从整个电路来说，还应该从各级的配合来选择晶体管的 β 值。对称电路，一般要求晶体管的 β 和 I_{CEO} 都尽可能相等，否则会引起较大的失真。

集电极－发射极反向击穿电压应选得大于电源电压。穿透电流 I_{CEO} 越小，晶体管的稳定性越好。普通硅管的稳定性比锗管的稳定性要好得多，但硅管比锗管的饱和压降要高，在某些电路中会影响电路的性能，应根据具体情况选用。

对高频放大、中频放大、振荡器等电路，应选用特征频率较高、极间电容较小的晶体管，以保证在高频情况下仍有较高的功率增益和稳定性。

3）场效应管的检测和选用

（1）结型场效应管栅极的判别及性能判定：结型场效应管的源极和漏极一般可对换使用，一般只要判别出栅极 G 即可。判别时，根据 PN 结单向导电性，用万用表 R×1k 挡，将黑表笔接触场效应管的一个电极，红表笔分别接触场效应管的另外两个电极，若测得阻值都很小，则黑表笔所接的是栅极，且为 N 沟道场效应管。对于 P 沟道场效应管栅极的判断方法，读者可以自己分析。根据判断栅极的方法，能粗略判断场效应管的好坏。当栅源间、漏源间反向电阻很小时，说明场效应管已坏。若要判断场效应管的放大性能，可将万用表的红、黑表笔分别接触场效应管的源极和漏极，然后用手接触栅极和漏极，若指针偏转较大，说明场效应管的放大性能较好；若表针不动，说明场效应管性能差或已损坏。

（2）场效应管的使用注意事项：MOS 管输入阻抗很高，为防止感应过压而击穿，保存时应将 3 个电极短路，焊接或拆焊时，应先将各电极短路，先焊漏、源极，后焊栅极，烙铁应接好地线或断开电源后再焊接，不能用万用表测 MOS 管的电极，MOS 管的测试要用测试仪；场效应管的源、漏极是对称的，一般可以对换使用，但如果衬底已和源极相连，则不能再互换使用。

13.5.2 集成电路

1. 集成电路的分类

集成电路从不同的角度有不同的分类方法。按照制造工艺的不同，可分为半导体集成电路、厚膜集成电路、薄膜集成电路和混合集成电路；按功能和性质分，可分为数字集成电路、模拟集成电路和微波集成电路；按集成规模分，可分为小规模、中规模、大规模和超大规模集成电路等。

（1）以“开”和“关”两种状态或以高、低电平来对应“1”和“0”二进制数字量，并进行数字的运算、存储、传输及转换的集成电路称为数字集成电路。最常用的数字集成电路主要有 TTL 和 CMOS 两大类。

（2）以电压和电流为模拟量进行放大、转换、调制的集成电路称为模拟集成电路。模拟集成电路可分为线性集成电路和非线性集成电路两种。

线性集成电路是指输入、输出信号呈线性关系的集成电路。该类集成电路的型号很多，功能多样，最常见的是各类运算放大器。线性集成电路在测量仪器、控制设备、电视、收音机、通信和雷达等方面得到广泛的应用。

非线性集成电路是指输出信号随输入信号的变化不成线性关系。非线性集成电路大多是专用集成电路，其输入、输出信号通常是模拟－数字、交流－直流、高频－低频、正－负极性信号的混合，很难用某种模式统一起来。常用的非线性集成电路有用于通信设备的混频器、振荡器、检波器、鉴频器、鉴相器，用于工业检测控制的模－数隔离放大器、交－直流变换器、稳压电路，以及各种家用电器中的专用集成电路。

2. 集成电路的选用和使用注意事项

集成电路的种类繁多，各种功能的集成电路应有尽有。在选用时，应根据实际情况，查器件手册，选用功能和参数都符合要求的集成电路。集成电路在使用时应注意以下几个问题。

（1）集成电路在使用时，不允许超过参数手册规定的参数数值。

（2）集成电路插装时要注意引脚序号方向，不能插错。

（3）扁平形集成电路外引出线成形、焊接时，引脚要与印制电路板平行，不得穿引扭

焊，不得从根部弯折。

（4）集成电路焊接时，不得使用大于45W的电烙铁，每次焊接的时间不得太长，以免损坏电路或影响电路性能。集成电路引出线间距较小，在焊接时不得相互锡连，以免造成短路。

（5）CMOS集成电路有金属氧化物半导体构成的非常薄的绝缘氧化膜，可由栅极的电压控制源漏区之间构成导电通路，若加在栅极上的电压过大，则栅极绝缘氧化膜就容易被击穿。一旦发生了绝缘击穿，就不可能再恢复集成电路的性能。

CMOS集成电路为保护栅极的绝缘氧化膜免遭击穿，虽备有输入保护电路，但这种保护有限，使用时如不小心，仍会引起绝缘击穿。使用时应注意以下几点。

① 焊接时采用漏电小的烙铁（绝缘电阻在10MΩ以上的A极烙铁或起码1MΩ以上的B级烙铁）或焊接时暂时拔掉烙铁电源。

② 电路操作者的工作服、手套等应由无静电的材料制成。工作台上要铺上导电的金属板，椅子、工夹器具和测量仪器等均应接到地电位。特别是电烙铁的外壳需有良好的接地线。

③ 当要在印制电路板上插入或拔出大规模集成电路时，一定要先关断电源。

④ 切勿用手触摸大规模集成电路的端子（引脚）。

⑤ 直流电源的接地端子一定要接地。

另外，在保存MOS管集成电路时，必须将集成电路放在金属盒内或用金属箔包装起来。

13.6 表面安装元件

表面安装技术（SMT）是继印制电路通孔插装技术之后，在电子电路互连与组装方面出现的一个重大技术变革。近几年来，这一技术的发展已日趋成熟并开始广泛用于生产，对高可靠、微型化电子产品的发展，将产生巨大的作用与深远的影响。

表面安装元器件，又称片状元器件。这种元器件只有电极而无引线，可将元器件直接焊接在印制电路板上。表面安装元器件包括表面安装无源元件（SMC）、表面安装有源元件（SMD）及机电元件，如表13.10所示。这种元器件具有体积小、耗电省、频率特性好、可靠性高，以及规格齐全，便于设计、生产和安装等优点。

表13.10 表面安装元器件的分类

名称	类别	举例
无源元件	电阻器	厚膜电阻器、薄膜电阻器、热敏电阻器、压敏电阻器、半固定电阻器、电位器
	电容器	多层陶瓷电容器、单层陶瓷电容器、钽电解电容器、铝电解电容器、有机薄膜电容器、云母电容器、陶瓷微调电容器
	电感器	叠层电感器、绕线电感器、电子变压器
	复合元件	电阻网络、滤波器、振荡器、延迟线
有源器件	分立器件	二极管、晶体管
	集成电路	集成电路、大规模集成电路
机电元件	开关、继电器	钮子开关、轻触开关、继电器
	连接器	片状跨线、引线框架、插片连接器、集成电路插座
	电动机	薄型微型机

13.6.1　表面安装无源元件（SMC）

表面安装无源元件（SMC）包括电阻器、电容器、电感器和复合件。

1. 片状电阻器

片状电阻器的外形种类已标准化，它有矩形片状电阻器和圆柱形贴片电阻器两种。

（1）矩形片状电阻器外形尺寸如表 13. 11 所示。矩形片状电阻器的额定功率与外形尺寸有关，外形尺寸大的，额定功率也大，如表 13. 12 所示。

表 13. 11　矩形片状电阻器外形尺寸

尺　寸　号	长(*L*)/mm	宽(*W*)/mm	高(*H*)/mm	端头宽度(*T*)/mm
RC0201	0. 6 ±0. 03	0. 3 ±0. 03	0. 3 ±0. 03	0. 15 ～ 0. 18
RC0402	1. 0 ±0. 03	0. 5 ±0. 03	0. 3 ±0. 03	0. 3 ±0. 03
RC0603	1. 56 ±0. 03	0. 8 ±0. 03	0. 4 ±0. 03	0. 3 ±0. 03
RC0805	1. 8 ～ 2. 2	1. 0 ～ 1. 4	0. 3 ～ 0. 7	0. 3 ～ 0. 6
RC1206	3. 0 ～ 3. 4	1. 4 ～ 1. 8	0. 4 ～ 0. 7	0. 4 ～ 0. 7
RC1210	3. 0 ～ 3. 4	2. 3 ～ 2. 7	0. 4 ～ 0. 7	0. 4 ～ 0. 7

表 13. 12　矩形片状电阻器的额定功率与尺寸

外形规格/mm	1005	1608	2125	3216	3225	5025	6432
额定功率/W	1/16	1/16	1/10	1/8	1/4	1/2	1
最大工作电压/V	50	50	150	200	200	200	200

注意：矩形片状电阻器焊接温度一般为(235 ±5)℃，焊接时间为(3 ±1)s，安装时要将黑面朝上。

（2）圆柱形贴片电阻器外形尺寸，如表 13. 13 所示。

表 13. 13　圆柱形贴片电阻器外形尺寸

型　　号	尺寸/mm			
	L	*D*	*T*	*H*
ERD-21TL ERD-21TLO ERD-21L	$2.0^{+0.1}_{-0.05}$	12. 5 ±0. 05	≥0. 3	≤0. 07
ERD-10TL（RD41B2B） ERD-10TLO（CC-12） ERD-10L（RN41C2B）	$3.0^{+0.05}_{-0.10}$	$1.40^{+0.05}_{-0.10}$	≥0. 5	≤0. 1
ERD-25TL（RD41B2E） ERD-25TLO（CC-25） ERD-25L（RN41C2E）	$5.9^{+0.10}_{-0.15}$	$2.20^{+0.05}_{-0.10}$	≥0. 6	≤0. 15

注意：圆柱形贴片电阻器的额定阻值表示方法与一般插装电阻器相同。

2. 其他表面安装无源元件及参数

其他表面安装无源元件及参数如表 13. 14 所示。

表 13.14　其他表面安装无源元件及参数

项目＼参数或说明＼类型	电容器（多层片状瓷介）	电位器（矩形）	电感器（矩形片状）	滤波器	继电器	开关（旋转型）	连接器（芯片插座）
尺寸/mm	L=1.6～5.7 W=0.8～5.0 H=0.8～1.75	L=3～6 W=3～6 H=1.6～4	L=3.2～4.5 W=1.6～3.2 H=0.6～2.2	4.5×2.2×1.8	16×10×8	10×13×5.1	引线间距 1.27，高 9.5
典型参数	容量范围：1pF～1μF 工作电压：25～200V 温度范围：-55～125℃（COG） 老化速度：（每10位时间）（COG）0.00001%	阻值 100～1MΩ 阻值误差：25%使用温度：-55～+100℃ 功率：0.05～0.5W	电感：0.05μH， 电流：10～20mA	中心频率：10.7MHz，455kHz	线圈电压：DC4.5～4.8V 额定功率：200MV， 触点负荷：AC125V，2A	开关电压：15V 电流：30mA 寿命：20000次	引线数：68～132

13.6.2　表面安装有源元件（SMD）

表面安装有源元件（SMD）分为二极管、晶体管和集成电路。

1. 二极管

二极管分为圆柱形和片状两种，其外形及尺寸分别如图 13.13 和图 13.14 所示。

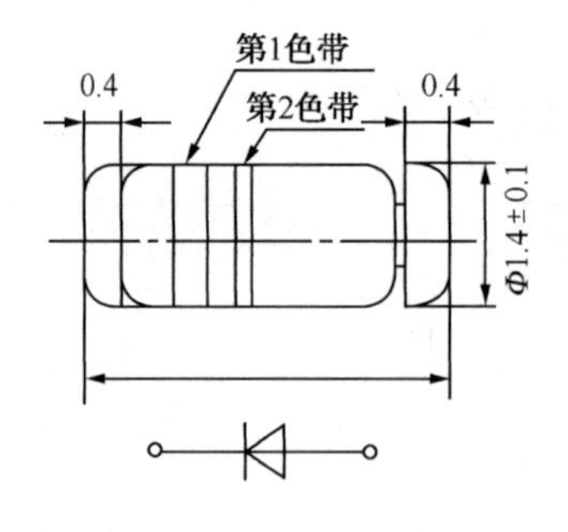

图 13.13　外形及尺寸

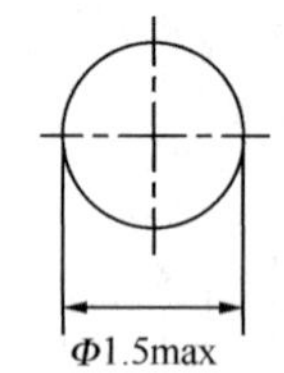

图 13.14　外形及尺寸

圆柱形二极管的外形尺寸有 Φ(1.5×3)mm 和 Φ(2.7×5.2)mm 两种，通常用于稳压、开关和一些通用二极管。其功耗为 0.5～1W，靠色带近的为负极。片状二极管的尺寸一般为(3.8×1.5×1.1)mm，一般通过二极管的电流为 150mA，耐压为 50V。

2. 晶体管

小功率管的功率为 100～300mW，电流为 10～700mA。一般采用 SOT-23、SOT-89 封

装。高频晶体管和场效应管的外形一般采用 SOT-143 封装。

大功率管的功率为 32 ～ 50W，其集电极有两个脚，焊接时可任选一脚。更大功率的晶体管和普通大功率晶体管相似，一般采用 T-252 封装。

3. 集成电路

表面贴装集成电路类型较多，封装电路各异。

（1）SOJ、SOP 型封装电路：SOJ 为“J”形引脚，如图 13. 15 所示。SOP 引脚为焊接点，但占用印制电路板面积大，如图 13. 16 所示。SOJ 占用面积小，目前应用广泛，其引脚距离为 1. 27mm，更小的为 1. 0mm 和 0. 76mm。

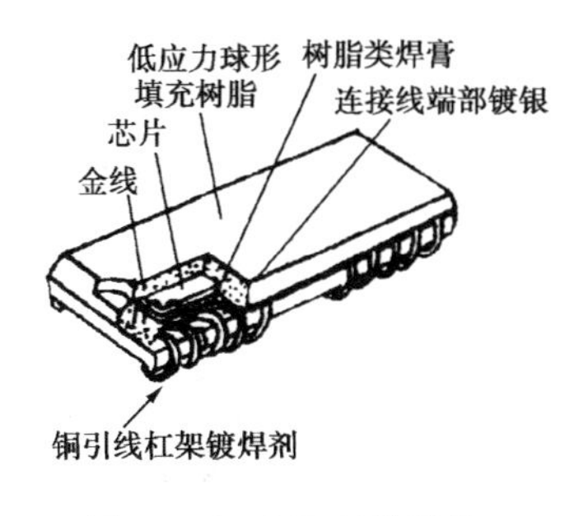

图 13. 15　SOJ 封装结构

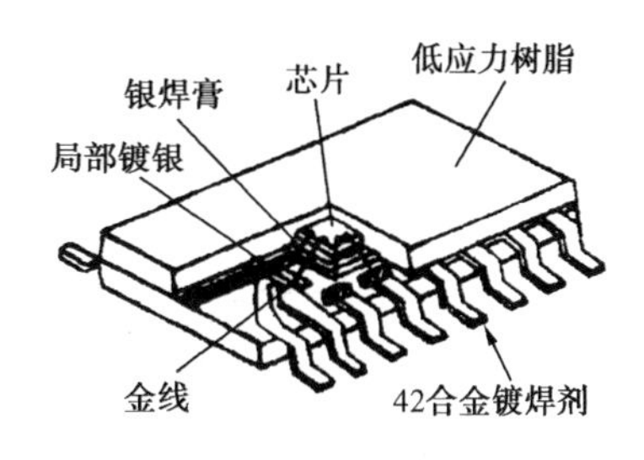

图 13. 16　SOP 封装结构

（2）QFP 方偏形封装电路。QFP 方偏形封装结构如图 13. 17 所示。这种集成电路也有长方形封装，其引脚距离有 0. 3mm、0. 4mm、0. 5mm 三种。目前又有一种薄形的 QFP（又称 TQFP），其引脚距离可小至 0. 254mm，电路厚度只有 1. 2mm。

（3）PLCC 形封装引脚芯片。PLCC 形封装引脚芯片的封装结构如图 13. 18 所示。它比 SOP、QFP 更省印制板面积。目前微机中央处理器和门阵列常采用该结构电路。

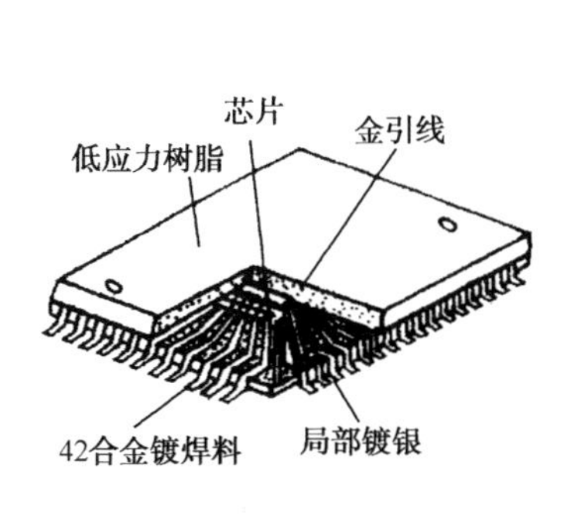

图 13. 17　QFP 方偏形封装结构

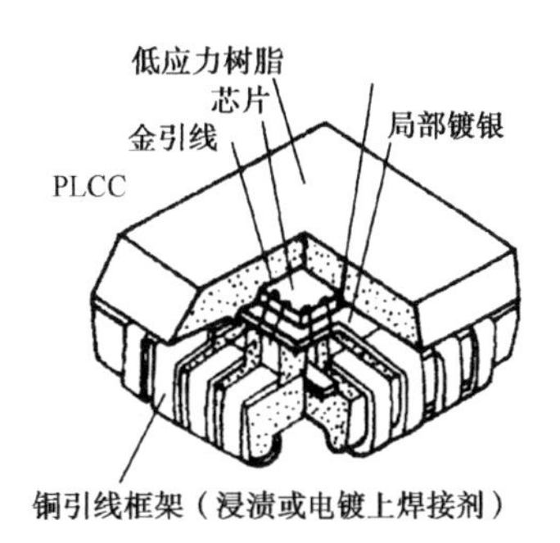

图 13. 18　PLCC 形封装结构

（4）COB 板载芯片：通常称为“软”封装或黑色封装。它是将芯片直接贴在印制电路板上，用引线键盒来实现与印制板的连接，最后用黑色胶料涂覆包封。该产品，生产成本低，属一次性安装电路，不能维修替换，主要用于计算器、玩具、电子钟表等小型电子产品中。

（5）陶瓷芯片。如图 13. 19 所示，陶瓷芯片分为无引脚（称为 LCCC）和有引脚（称为 LDEC）两种结构。陶瓷芯片载体封装是全密封的，具有很好的环境保护作用，一般用于军品中。

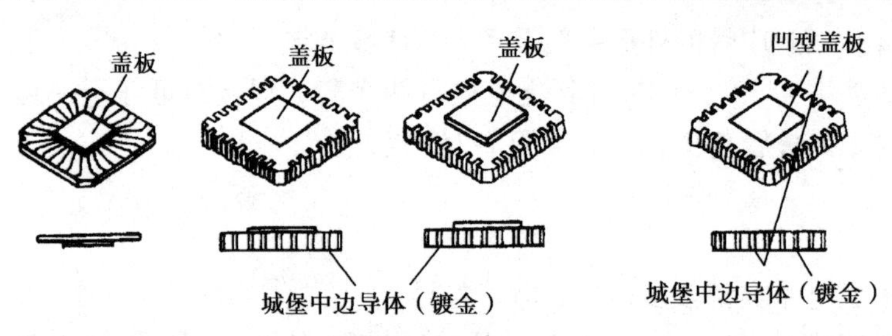

图 13.19　陶瓷芯片

（6）PGA 与 BGA 封装（针栅与焊球阵列封装）：如图 13.20 所示，针栅阵列 PGA 与焊球阵列 BGA 封装是针对引线增多、间距缩小、安装难度增加而另辟蹊径的一种封装形式，它让众多拥挤在四周的引线排成阵列引线均匀分布在 IC 的底面，在引线数多的情况下引线间距不必很小。PGA 通过插座与印制板连接，用于可更新升级的电路，如台式计算机的 CPU 等。其阵列间距很小，引线数从 52 到 940 或更多。BGA 则直接贴装到印制板上，将芯片封装到不同基板上，如封装到塑料基板上，称为 PBGA；封装到陶瓷基板上，称为 CBGA 等。

图 13.20　PGA 与 BGA 封装

此外，近几年来又开发出了 TAB 带载自动焊等产品。表面贴装元器件的品种较多，发展迅速，除以上介绍的以外，不定期有片状电感、复合元件、机电元件、敏感元件等。如表 13.15 所示是表面贴装元器件按结构分类表。

表 13.15　表面贴装元器件按结构分类表

名　称	形　状	种　类
元器件	薄片矩形	厚膜电阻器、热敏电阻器、压敏电阻器 独石电容器、钽电解电容器、铝电解电容器 叠层型电感器 扁平引线连接器、引线框架 倒装器件、梁式引线器件
	扁平封装	小型模塑二极管（SOP）、晶体管（SOT） 小型电路封装（SOIC、QFP） 芯片载体（LOCC、PLCC） 有机薄膜电容器、钽电解电容器、铝电解电容器 复合元件、延迟线、电子变压器 连接器、引线框架
圆柱形	MELF 结构	碳膜电阻器、金属膜电阻器、热敏电阻器 陶瓷电容器、电解电容器 二极管、跨线
异形	形状不规则	半固定电阻器、电位器 铝电解电容器、微调电容 线绕电容器 滤波器、晶体振荡器 开关、继电器、电机

知识梳理与总结

本章重点讲授各种电子元器件的识别与选用方法。

本章重点内容如下：

(1) 电子无源元器件；

(2) 常用半导体器件；

(3) 表面安装器件。

实训14　集成电路测试

1. 实训目标

(1) 熟悉集成电路测试仪。

(2) 了解使用集成电路测试仪测试集成块的步骤和方法。

2. 实训所用仪器

(1) 集成电路测试仪。

(2) 74LS系列、CD4000B系列电路若干。

3. 实训内容

(1) 测试电压的选择。

开机后或测试完成后，按下“F1/UP”键即进入测试电压循环选择，每按一次就换一挡电压，确定后按“F1/UP”键以外的其他任意键即退出。

(2) 器件好坏判别。

① 输入被测器件型号，显示器件型号。

② 将被测器件放上锁紧插座并锁紧，如图13.21所示。

③ 按下“PASS/FAIL”键。若显示“PASS”，同时伴有高音提示，表示器件逻辑功能完好，黄色LED灯点亮；若显示“FAIL”，同时伴有低音提示，表示器件逻辑功能失效，红色LED灯点亮。

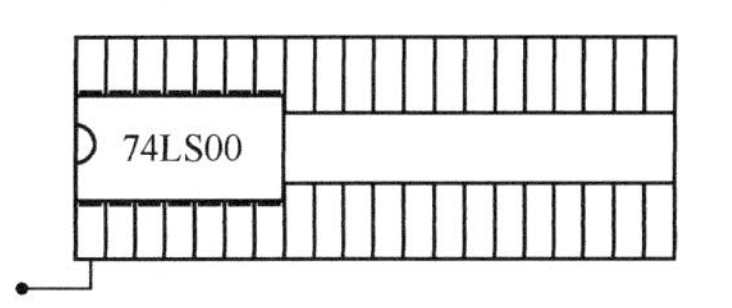

图13.21　安置器件

④ 若要测试多只相同器件，再次按F“PASS/FAIL”键即可。

⑤ 存储器的测试时间较长，测试过程中仪器不接受任何命令输入。

(3) 器件老化测试。

① 输入被测器件型号，显示器件型号。

② 将被测器件放上锁紧插座并锁紧。

③ 按下“LOOP”键，仪器即对被测器件进行连续老化测试。若用户想退出老化测试状态，只要按下“EDIT/OUT”键即可。

④ 对多只相同型号的器件进行老化测试时，每换一只器件都要重新输入型号。

（4）器件型号判别。

① 将被测器件放上锁紧插座并锁紧，按“SEARCH”键，显示“P”，提示用户输入被测器件引脚数目，如有14只引脚，即输入14，显示“P14”。

② 再次按下“SEARCH”键。若被测器件逻辑功能完好，并且其型号在本仪器测试容量以内，则仪器将直接显示被测器件的型号，如7400；若被测器件逻辑功能失效，或其型号不在本仪器测试容量以内，则仪器将显示FAIL。

③ 进行型号判别时，输入的器件引脚数目必须是两位数，如8只引脚输入08。

④ 由于本仪器是以被测器件的逻辑功能来判定其型号的，因此当各系列中还有其他逻辑功能与被测器件逻辑功能完全相同的其他型号时，仪器显示的被测器件型号可能与实际型号不一致，这取决于该型号在测试软件中的存放顺序。出现这类情况时，说明仪器显示的型号与被测器件具有相同的逻辑功能。

⑤ 当型号被判别出后，该型号仅供显示用，并未存入仪器内部。要判别器件的好坏，仍须输入一次型号。

4. 实训报告要求

（1）分析操作过程、整理操作体会；

（2）写出项目小结。

习题13

（1）见图13.2，若色环依次为绿、棕、红、金，则该电阻的阻值为多少？

（2）试述特殊电阻元件的检测方法。

（3）试述电容器的命名方法。

（4）试述用万用电表检测电容器质量好坏的方法。

（5）电感器的基本特征是什么？说明电感器在使用时的注意事项。

（6）试述继电器的主要参数。

（7）试述如何判别二极管的极性。

（8）试说出下列各晶体管的型号：

3AX、3CD、3DD、3CG。

（9）试述集成电路的使用注意事项。

（10）试述表面安装元器件的分类。

第14章 电路的装配、调试与测量

本章主要讲述电阻器、电容器、电感器、变压器、继电器、半导体器件、表面安装元器件等常用电子元件。

教学导航

教	知识重点	1. 装配、焊接工艺　　2. 电路调试与测量
	知识难点	电路的调试
	推荐教学方式	介绍电路装配工艺，分析电路调试与测量基本方法，并结合实训进行教学
	建议学时	8 学时
学	推荐学习方法	了解电路装配工艺，学会电路调试与测量基本方法，并结合实训巩固所学内容
	必须掌握的理论知识	装配与调试
	必须掌握的技能	电路装配、调试与测量

14.1 焊接

14.1.1 电烙铁

电烙铁主要有内热式、外热式和恒温式电烙铁等类型。这里主要介绍内热式和恒温式电烙铁。

1. 内热式电烙铁

内热式电烙铁是指烙铁芯装在烙铁头的内部，从烙铁头内部向外传导热。它由烙铁芯、烙铁头、连接杆、手柄等几部分组成，如图 14.1 所示。烙铁芯由镍铬电阻丝缠绕在瓷管上制成，一般 20W 电烙铁的电阻为 2.4kΩ 左右，35W 电烙铁的电阻为 1.6kΩ 左右。其特点是体积小、质量轻、耗电省、发热快，热效率高达（85 ～ 90）% 以上，热传导效率比外热式电烙铁高，20W 的内热式电烙铁的实际发热功率与 25 ～ 40W 的外热式电烙铁相当。其规格有 20W、30W、50W 等多种，主要用来焊接印制电路板。

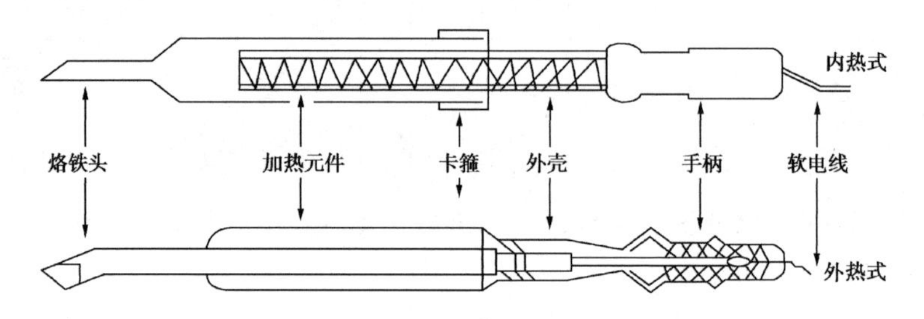

图 14.1 外热式、内热式电烙铁结构示意图

用万用表可检查烙铁芯中的镍铬丝是否断了。烙铁芯可更换，换烙铁芯时注意不要将引线接错，一般电烙铁有 3 个接线柱，中间一个为地线，另外两个接烙铁芯的两条引线。接线柱外接电源线可接 220V 交流电压。

一般来说，电烙铁的功率越大，烙铁头的温度越高。焊接集成电路、印制电路板、CMOS 电路时一般可选用 20W 内热式电烙铁。烙铁功率过大时，容易烫坏元件（一般二极管、晶体管结点温度超过 200℃时就会烧坏）和使印制导线从基板上脱落；使用的烙铁功率太小时，焊锡不能充分熔化，焊剂不能挥发出来，焊点不光滑、不牢固，易产生虚焊。焊接时间过长，也会烧坏器件，一般每个焊点在 1.5 ～ 4s 内完成。

2. 恒温式电烙铁

恒温式电烙铁是在普通电烙铁头上安装强磁体传感器制成的，结构如图 14.2 所示。其工作原理是，接通电源后，烙铁头的温度上升，当达到设定的温度时，传感器中的磁铁达到居里点而磁性消失，从而使磁芯触点断开，这时停止向烙铁芯供电；当温度低于居里点时磁铁恢复磁性，与永久磁铁吸合，触点接通，继续向电烙铁供电。如此反复，自动控温。

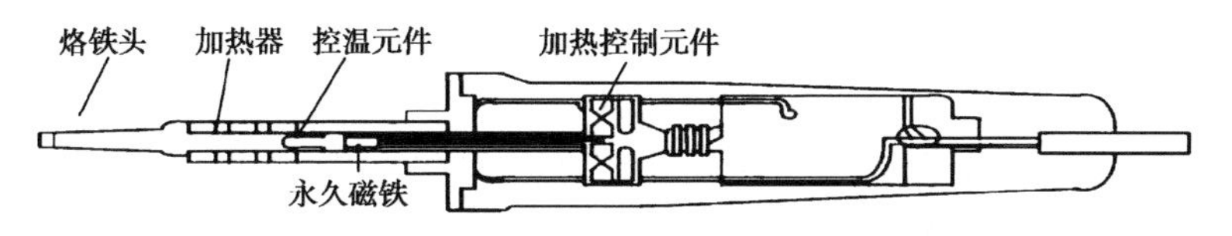

图 14.2　恒温电烙铁结构示意图

3. 吸锡电烙铁

吸锡电烙铁是将普通电烙铁与活塞式吸锡器融为一体的拆焊工具。其使用方法是，电源接通 3 ～ 5s 后，把活塞按下并卡住，将吸锡头对准欲拆元器件，待锡熔化后按下按钮，活塞上升，焊锡被吸入吸管。用力推动活塞 3、4 次，清除吸管内残留的焊锡，以便下次使用。

4. 超声波烙铁

超声波烙铁在烙铁头加上超声波振动，通过熔化的焊料把超声波振动传递给结合金属，靠空穴作用破坏金属表面的氧化膜，有利于熔化的焊料湿润金属表面，完成焊接，可用于铝钎焊，或玻璃、陶瓷等材料的焊接。

电烙铁种类较多，具体使用时可依据表 14.1 进行选择。

表 14.1　选择电烙铁的依据

焊接对象及工作性质	烙铁头温度（室温、220V）	选 用 烙 铁
一般印制电路板、安装导线	300 ～ 400℃	20W 内热式、恒温式
集成电路	300 ～ 400℃	20W 内热式、恒温式
焊片、电位器、2 ～ 8W 电阻、大电解电容器、大功率管	350 ～ 450℃	35 ～ 50W 内热式、恒温式
8W 以上大电阻，直径 2mm 以上导线	400 ～ 550℃	100W 内热式、150 ～ 200W 外热式
汇流排、金属板等	500 ～ 630℃	300W 外热式
维修、调试一般电子产品		20W 内热式、恒温式、感应式、储能式

14.1.2　焊料与焊剂

1. 焊料

在锡焊工艺中所用的焊料就是焊锡，它通常是锡（Sn）与另一种低熔点金属铅（Pb）所组成的合金。为了提高焊锡的理化性能，有时还有意地掺入少量的锑（Sb）、铋（Bi）、银（Ag）等金属。

常用的锡铅焊料，一般由锡和铅按不同的比例配制而成，其熔点和机械强度等物理性能会不同。锡铅焊料的外形根据需要可以加工成焊锡条、焊锡带、焊锡丝、焊锡圈、焊锡片、焊球等不同形状。也可以将一定粒度的焊料粉末与焊剂混合后制成膏状焊料，即所谓“银浆”、“锡膏”，用于表面贴装元器件的安装焊接。手工焊接现在普遍使用的有活化松香焊剂芯的焊锡丝。焊锡丝的直径从 0.5 ～ 5.0mm 分为十多种规格。一般的电子产品安装焊接使用 1.2mm 左右的即可。0.5mm 以下的锡焊丝用于密度较大的贴装电路板上微小元器件的焊接。

2. 焊剂

焊剂又称钎剂，在整个钎焊过程中焊剂起着至关重要的作用。

焊剂的品种繁多，配方标准不一。焊剂分为有机类和无机类，有机焊剂又分为松香基和非松香基焊剂，在电子技术中主要使用以松香为主的有机焊剂。松香的主要成分为松香酸，在74℃时溶解并呈现出活性，随着温度的升高，作为酸开始起作用，使参加焊接的各金属表面的氧化物还原、溶解，起到助焊的作用。固体状松香的电阻率很高，有良好的绝缘性，而且化学性能稳定，对焊点及电路没有腐蚀性。由于本身就是很好的固体助焊剂，所以可以直接用电烙铁熔化、蘸着使用。松香在焊接时间过长时就会挥发、炭化。作为焊剂使用时要掌握好与电烙铁接触的时间。

松香不溶于水，易溶于乙醇、乙醚、苯、松节油和碱溶液。通常可以方便地制成松香酒精溶液供浸渍和涂覆用。松香可以直接作为焊剂使用，同时可作为大多数有机焊剂中的主要添加成分。通常使用添加活性物质的松香和氢化松香。

14.2 元件的装配与焊接

为使元器件在印制电路板上排列整齐、美观，同时便于焊接，避免虚焊，将元器件引线成型是不可缺少的工艺。

14.2.1 元器件的装配

1. 元器件引线成型

在工厂的生产中，元器件成型多采用模具成型，而业余制作，一般用尖嘴钳或镊子成型。元器件引线成型形状有多种。如图14.3所示为几种元器件引线成型示意图。

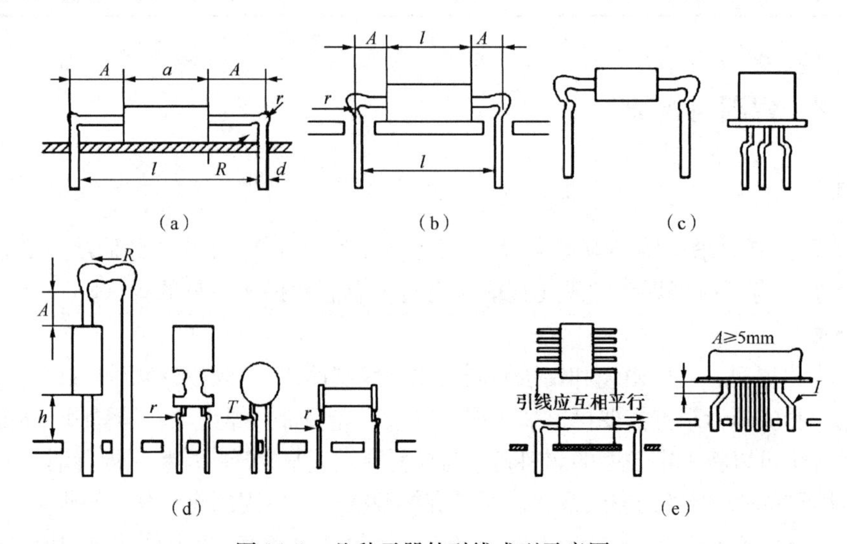

图14.3　几种元器件引线成型示意图

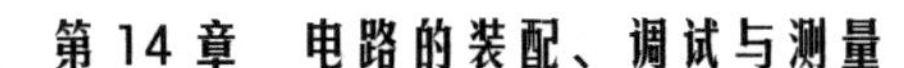

如图 14.3（a）所示为孔距符合标准时的成型方法，即焊盘距离与元件引脚距离一致，称为基本成型方法。但成型加工时，注意引线打弯处距离引线根部要大于 2mm。弯曲半径要大于引线直径的 2 倍（即 $r>2d$）。两引线打弯后要相互平行。

如图 14.3（b）所示为孔距不符合标准时的成型方法，一般不允许出现。

如图 14.3（c）所示为打弯式的成型方法，目的是使焊接点距离元件体远些，适用于焊接时受热易损的元器件。

如图 14.3（d）所示为垂直插装时的成型方法，$h \geqslant 2$mm，$A \geqslant 2$mm，R 大于等于元件直径。

如图 14.3（e）所示为集成电路引线的成型方法，$A \geqslant 5$mm。

在以上各种引线成型过程中，应注意使元器件的标称值、文字及标记朝向最易查看的位置，以便于检查和维修。

2. 元器件引线及导线端头焊前加工

元器件引线及导线端头焊前加工分以下两点。

（1）元器件引线浸锡。为保证焊接质量，元件在焊接前，必须去掉引线上的杂质，并作浸锡处理。手工去除杂质的方法是：用小刀沿引线方向，距离引线根部 2 ～ 4mm 处向外刮，边刮边转动引线，将杂质、氧化物刮净为止。也可用细铁砂布擦拭去除杂质氧化物。在刮引线时注意：① 不能把原有镀层刮掉；② 不能用力过猛，以防伤及引线。

刮净后的引线应及时沾上助焊剂，放入锡锅浸锡或用电烙铁上锡。在浸锡或上锡过程中，注意上锡时间不能过长，以免过热而损坏元器件。半导体器件上锡时，可用镊子夹持引线上端，以利散热，避免损坏。

（2）带绝缘层的导线端头加工。带绝缘层的导线在接入电路组件前必须进行加工处理，以保证引线接入电路后装接可靠、导电良好且能经受一定拉力而不致产生断头。

导线端头加工按以下步骤进行：

① 按所需长度截断导线；

② 按导线连接方式（搭焊、钩焊、绕焊连接）决定剥头长度并剥头；

③ 多股导线捻头处理；

④ 上锡。

剥头就是将导线端头的绝缘物剥去，露出芯线。剥头一般采用剥线钳进行，使用时要选择合适的钳口，以免芯线损坏。无剥线钳时也可用电工刀和剪刀，加工过程中需十分小心。

捻头就是多股导线经剥头处理后，芯线容易松散，不经过处理就浸锡加工，线头会变得比原导线直径粗得多，并带有毛刺，易造成焊盘或导线间短接。多股导线剥头后一定要经捻头处理。具体方法是：按芯线原来捻紧方向继续捻紧，一般螺旋角在 30°～ 40°。捻线时用力不能过大，以免将细线捻断。

经捻头后导线应及时浸锡，方法与引线浸锡方法基本相同。但应注意浸锡时不要伤及绝缘层。如绝缘层沾锡或过热，会使绝缘层熔化卷起。

屏蔽导线是单根或多根绝缘导线，外部套有金属编织线，屏蔽导线的导线端头处理与一般带绝缘层导线相同。外套金属编织线应进行加工处理：用镊子将金属编织线的根部扩成线孔，将绝缘导线从孔中穿出，然后把编织线捻紧。上锡，以防金属编织线散开形成毛刺。上锡时应防烫伤内导线绝缘层。

同轴电缆的端头处理过程为：剥除外层被覆层、加工屏蔽编织物、剥除内绝缘体、端头上锡，如图 14. 4 所示。

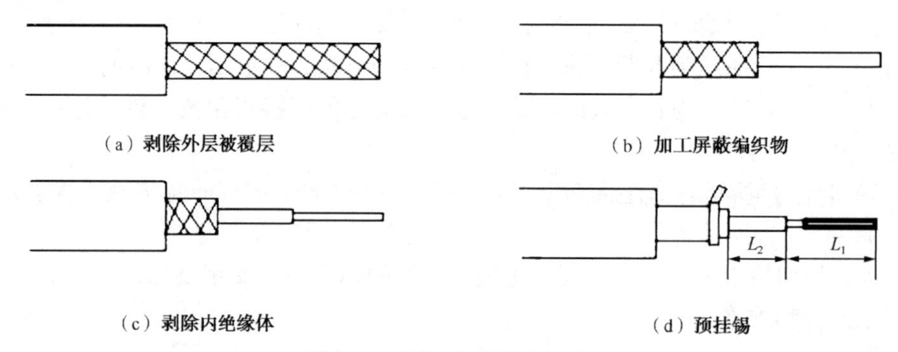

（a）剥除外层被覆层　（b）加工屏蔽编织物

（c）剥除内绝缘体　（d）预挂锡

图 14. 4　同轴电缆端头处理

3. 绝缘套管的使用、扎线及电缆安装

绝缘套管的使用、扎线及电缆安装的具体要求如下。

(1) 绝缘套管的使用。使用绝缘套管的目的是增加导线或元器件的电气绝缘性能和机械强度。且形成套管的色别，便于检查维修。常用套管有聚氯乙烯套管、黄蜡套管、硅黄蜡玻璃纤维套管及热收缩套管等。绝缘套管的使用方法有以下 4 种。

① 元器件引线加套管的方法：元器件引线基本上为裸线，容易造成短路，加套管一是可防短路；二是用于色标表示。加套管方法，如图 14. 5 所示。

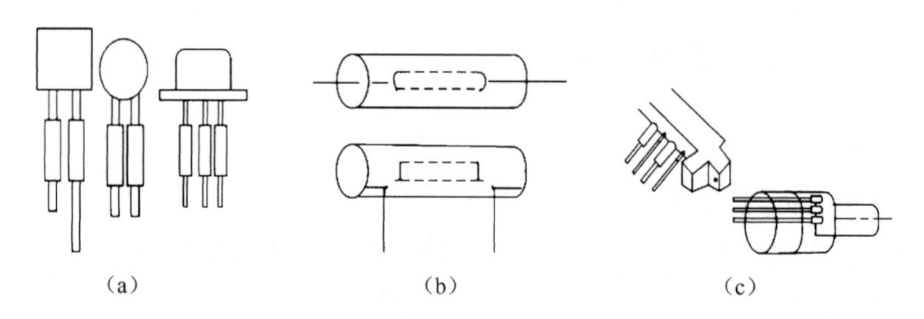

（a）　（b）　（c）

图 14. 5　加套管方法

② 导线上加套管的方法：为增强导线的绝缘性能，可采用如图 14. 5（a）所示的方法，用较长的套管把导线套起来。

③元器件加套管的方法：有的元器件较小，用一绝缘套管把元器件及其引线一起套起来，这对于表面是金属的元器件能起很好的绝缘作用，方法如图 14. 5（b）所示。

④ 端子上加套管的方法：在端子上加绝缘套管，一是为了起绝缘作用，每隔一个端子加套一绝缘套管；二是为了加强机械强度，可将所有端子都加上套管，如图 14. 5（c）所示。

(2) 扎线。扎线是把导线整齐捆扎起来的过程，其成品称为线扎。扎线在以前常用蜡线或尼龙线绑扎，现多用高强度有机高分子材料制成的扎线带、扎线卡等，如图 14. 6 所示。

线扎制造过程中，应注意以下问题：

① 同一方向走线应绑扎成线扎，线扎内的导线应清洁、平直、整齐。

② 线扎内电源、高压、高频、大电流导线应按设计要求处理。信号线与电源线“输入”和“输出”端应尽量分别绑扎，以减小对信号的干扰。

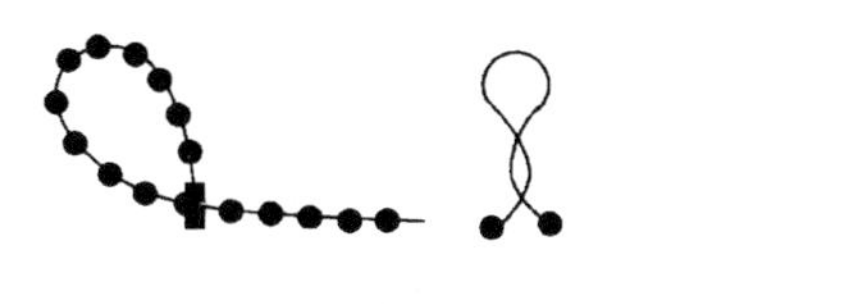

（a）扎线带

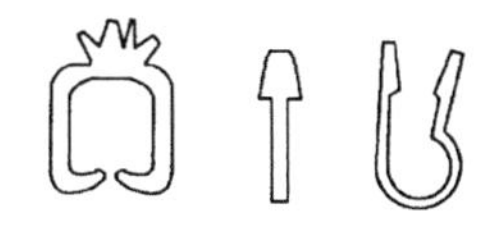

（b）扎线卡

图 14.6　扎线用品

③ 载流导线在成束绑扎时应尽可能使电流传输方向往返成对，以减小线扎本身的磁场。

(3) 导线和套管色标的规定。在电子、电气产品中有很多导线和元器件，为便于检查与维修，对导线和绝缘套管根据电路选择颜色，规定如下。

① 交流三相电路 A 相：黄色；B 相：绿色；C 相：红色；零线或中性线：淡蓝色；安全用的接地线：黄和绿双色线。

② 直流电路正极：棕色；负极：蓝色；接地中线：淡蓝色。

③ 半导体晶体管：集电极（c）：红色；基极（b）：黄色；发射极（c）：蓝色。

④ 半导体二极管阳极：蓝色；阴极：红色。

⑤ 晶闸管阳极：蓝色；阴极：红色；门极：黄色。

⑥ 双向晶闸管门极：黄色；主电极：白色。

⑦ 单结基极管发射极（c）：白色；第一基极（b）：绿色；第二基极（b）：黄色。

⑧ 场效应晶体管源极（S）：白色；栅极（G）：绿色；漏极（D）：红色。

⑨ 有极性电容器正端：蓝色；负端：红色。

⑩ 光耦合器件输入端阳极：蓝色；阴极：红色；输出端（c）：黄色；（c）：白色。

当导线、绝缘套管没有上面规定的颜色时，可用其他颜色代用。

红、蓝、白、黄、绿色的代用依次为粉红、天蓝、灰、橙、紫色。

(4) 元器件的插装方法

电阻器、电容器、半导体管等轴向对称元件常用卧式和立式两种方法。采用插装方法与电路板设计有关。应视具体要求，分别采用卧式或立式插装法。

① 卧式插装法。卧式插装法是将元器件水平地紧贴印制电路板插装，又称水平安装。元器件与印制电路板距离可根据具体情况而定，如图 14.7（a）所示。要求元器件数据标记面朝上，方向一致，元器件装接后上表面整齐、美观。卧式插装法的优点是稳定性好，比较牢固，受振动时不易脱落。

② 立式插装法。立式插装法如图 14.7（b）所示。它的优点是密度较大，占用印制电路板面积小，拆卸方便。电容、晶体管多用此法。

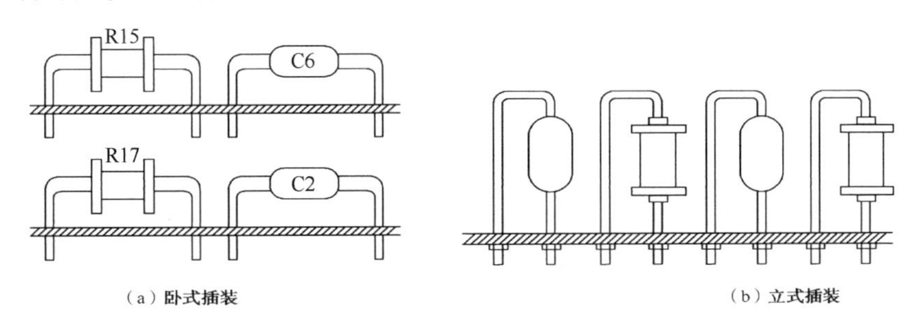

（a）卧式插装　　（b）立式插装

图 14.7　元器件的插装方法

（5）元器件插装后的引脚处理

元器件插到印制电路板上后，其引线穿过焊盘后应保留一定的长度，一般为 1 ～ 2mm。为满足各种焊接机械强度的需要，一般对引脚采用 3 种处理方式。

① 直插式，引脚穿过焊盘后不弯曲。这种形式机械强度较小，但拆焊方便。

② 半打弯式，将引脚弯成 45°左右，具有一定的机械强度。

③ 全打弯式，引脚弯成 90°左右。这种形式具有很高的机械强度，但拆焊较困难。当采用这种形式时，要注意焊盘中引脚的弯曲方向，一般情况下，应沿着铜箔印制导线方向弯曲。如仅有焊盘而无印制导线时，可朝距印制导线远的方向打弯，如图 14.8 所示。

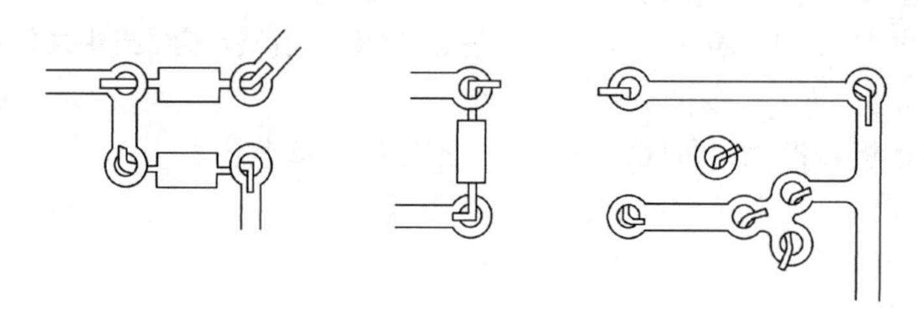

图 14.8　元件引脚在焊盘中的弯曲

14.2.2　焊接工艺

在印制电路板上对电子元器件进行焊接，是电子产品组装的主要任务。印制电路板上的焊点很多，如一个焊点达不到要求，就会影响整机质量。掌握焊接工艺对于保证焊接质量具有重要意义。

1．焊接操作的要领

高质量的焊接点，不但要有良好的导电性能和足够的机械强度，还应具有光滑和清洁的表面。焊接操作的要领如下。

（1）焊前准备。

① 工具。根据被焊件的大小准备好电烙铁，以及镊子、剪刀、斜口钳、尖嘴钳、焊料和焊剂等。

② 元器件引脚处理。焊前要将被焊元器件引脚刮净、上锡处理。

（2）焊接技术。

① 焊剂的用量要适当。使用焊剂时，必须根据被焊件的面积大小和表面状态适量施用，用量过小则影响焊接质量，用量过多，焊剂残渣将会腐蚀元件或使电路板绝缘性能变差。

② 掌握好焊接的温度和时间。在焊接时，为使被焊件达到适当的温度，使固体焊料迅速熔化，产生湿润，就要有足够的热量和温度。如温度过低，焊锡流动性差，则易形成虚焊。如温度过高，则将使焊锡流淌，焊点不易存锡，焊剂分解速度加快，使金属表面加速氧化，并导致印制电路板上的焊盘脱落。尤其当使用天然松香作为助焊剂时，若锡焊温度过高，易产生炭化，造成虚焊。锡焊的时间可根据被焊件的形状、大小不同而有差别，但总的原则是看被焊件是否完全被焊料湿润（焊料的扩散范围达到要求后）的情况而定。通常情况下烙铁

头与焊接点接触时间是以使焊点光亮、圆滑为宜。如焊点不亮并形成粗糙面，说明温度不够、时间过短，此时需增加焊接温度，只要将烙铁头继续放在焊点上多停留些时间即可。

③ 焊料的施加方法。焊料的施加量根据焊点的大小而定。如焊点较小，可用烙铁头蘸取适量焊锡，再蘸取松香后，直接放到焊点，待焊点着锡熔化后便可将烙铁撤走。撤离烙铁时，要从下向上提拉，以使焊点光亮、饱满。这种方法大多在焊接元器件与维修时使用。使用上述方法时，要注意及时将蘸取焊料的烙铁放在焊点上，如时间过长，焊剂会分解，焊料会被氧化，使焊点质量低劣。

另外，焊接时若用的是焊锡丝，则可将烙铁头与焊锡丝同时放在被焊件上，在焊料湿润焊点后，将烙铁自下而上提拉移开。

④ 焊接时被焊件要扶稳。在焊接过程中，特别是在焊锡凝固过程中不能晃动被焊件引脚，否则会造成虚焊。

⑤ 焊点的重焊。当焊点一次焊接不成功或上锡量不足时，便要重新焊接。重新焊接时，需待上次焊锡一起熔化并融为一体时，才能把烙铁移开。

⑥ 焊接方法。焊接时烙铁头与引线和印制铜箔同时接触，是正确的焊接加热法，如图 14.9（c）所示。如图 14.9（a）所示为烙铁头与引脚接触而与铜箔不接触；而图 14.9（b）所示是烙铁头与铜箔接触而没有与引脚接触，这两种方法都是不正确的，不可能牢固地焊接。

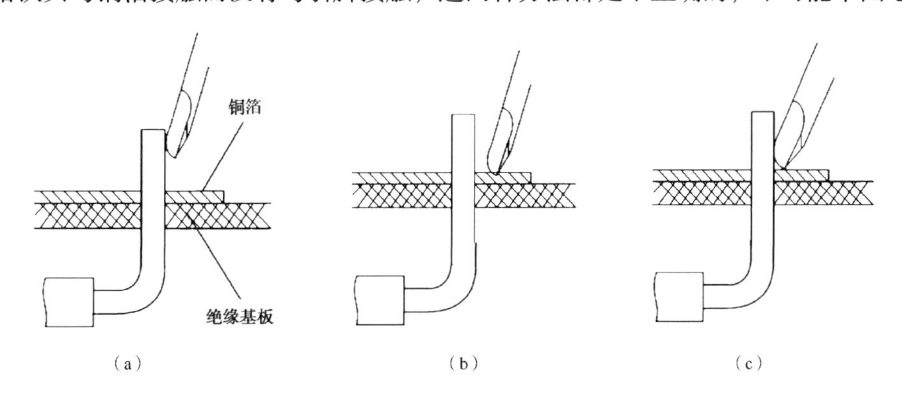

图 14.9　元器件的焊接

（3）焊接后的处理。焊接结束后，露在印制电路板面上的多余引脚要齐根剪去。将焊点周围焊剂擦洗干净，并检查电路有无漏焊、错焊、虚焊等现象。若元件引脚周围有明显的一个黑圈，则该点属虚焊，可用镊子将每个元件拉一拉，看有无松动现象。

2. 印制电路板的焊接工艺

印制电路板的焊接工艺分以下几步。

（1）焊前准备。首先要熟悉所焊印制电路板的装配图，并按图纸备料，检查元器件型号、规格及数量是否符合图纸要求，并做好装配前元器件引线成型等准备工作。

（2）焊接顺序。元器件焊接顺序为：将印制电路板按单元电路分区，一般从信号输入端开始，依次焊接。焊接时，先焊小元件，后焊大元件。

（3）器件焊接要求。

① 电阻器。要求标记向上，字向一致，尽量使电阻器的高低一致。

② 电容器。注意有极性电容器的“+”与“-”极不能接错，使标记方向易看见。

③ 二极管。注意阳极、阴极的极性不能装错，型号标记易看，焊接时间不能超过2s。

④ 晶体管。注意e、b、c三引脚位置插接正确，焊接时间尽可能短，焊接时用镊子夹住引脚，以利散热。焊接大功率晶体管时，若需加装散热片，应将接触面平整、打磨光滑后再紧固；若要求加垫绝缘薄膜时，切勿忘记加薄膜。引脚与电路板上需连接时，要用塑料导线。

⑤ 集成电路。首先检查型号、引脚位置是否符合要求。焊接时先焊对角的两个引脚，以使其定位，然后再从左到右、自上而下逐个焊接。焊接时，烙铁头一次沾锡量以能焊2～3个引脚为宜，烙铁头先接触印制电路上的铜箔，待焊锡进入集成电路引脚底部后，再接触引脚，接触时间不宜超过3s，且要使焊锡均匀包住引脚。焊后要检查有无漏焊、碰焊、虚焊之处，并清理焊点处焊料。

焊接半导体二极管、晶体管和集成电路时，注意电烙铁要有可靠的接地。在给二极管、晶体管引脚镀锡时，应用金属镊子夹住引脚根部散热。

3. 拆焊

在调试、维修过程中，或由于焊接错误，都需要对元器件进行更换。在更换元器件时就需拆焊。拆焊方法不当，往往会造成元器件的损坏、印制导线的断裂或焊盘的脱落。尤其在更换集成电路芯片时，就更为困难。为此拆焊工作是调试、维修过程中的重要内容。

（1）普通元器件的拆焊方法。

① 选用合适的医用空心针头拆焊。将医用空心针头锉平，作为拆焊工具。具体方法是：一边用烙铁熔化焊点，一边把针头套在被焊的元器件引线上，直至焊点熔化后，将针头迅速插入印制电路板的孔内，使元器件的引脚与印制板的焊盘脱开。

② 用铜编织线进行拆焊。将铜编织线的部分吃上松香焊剂，然后放在将要拆焊的焊点上，再把电烙铁放在铜编织线上加热焊点，待焊点上的焊锡熔化后，就被铜编织线吸去。如焊点上焊料一次未吸完，则可进行第二次、第三次，直至吸完。

③ 用气囊吸锡器进行拆焊。将被拆焊点加热使焊料熔化，把气囊吸锡器挤瘪，将吸嘴对准熔化的锡料，然后放松吸锡器，焊料就被吸进吸锡器内，如图14.10所示。

④ 用专用拆焊电烙铁拆焊。如图14.11所示为专用拆焊烙铁头，它能一次完成多引脚元器件的拆焊，且不易损坏印制电路板及其周围元器件。这种拆焊方法对集成电路、中频变压器等拆焊很有效。在用专用拆焊烙铁头进行拆焊时，应注意加热时间不能过长。

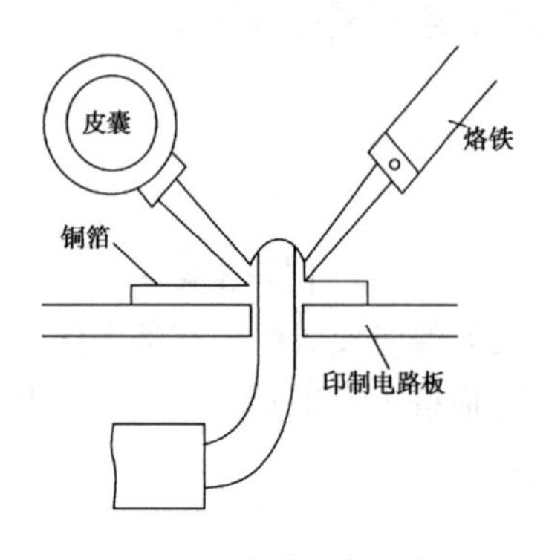

图14.10　用气囊吸锡器拆焊

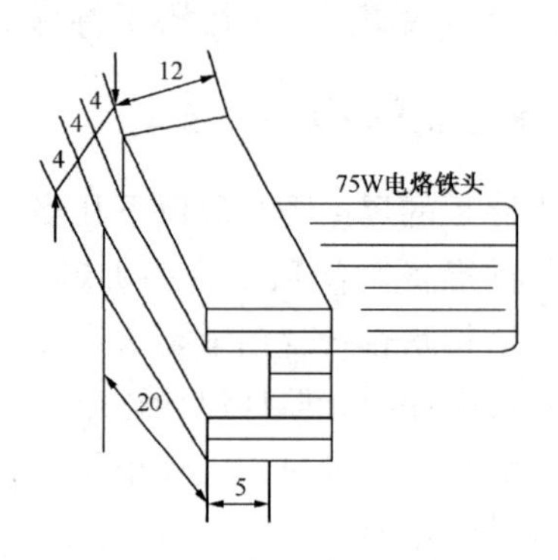

图14.11　专用拆焊烙铁头

⑤ 用吸锡电烙铁拆焊。吸锡电烙铁是另一种专用拆焊烙铁，它能在对焊点加热的同时，把锡吸入内腔，从而完成拆焊。

(2) 拆焊注意事项。

① 烙铁头加热被拆焊点时，焊料一熔化，就应及时按垂直印制电路板方向拔出元器件引脚，不论元器件安装位置如何，是否容易取出，都不要强拉或扭转元器件，以免损伤印制电路板或其他元器件。

② 在插装新元器件之前，必须把焊盘的插线孔中的焊锡清除，以便插装元器件引脚及焊接。其方法是：用电烙铁对焊盘加热，待锡熔化时，用一直径略小于插线孔的缝衣针或元器件引脚，插穿线孔即可。

14.2.3　焊接质量与检查

焊接的质量与整机产品质量紧密相关。焊接后一般均要进行质量检查。而焊接检查现在还没有自动化的测量方法，主要是目测检查。

1. 目测检查

目测检查就是从外观上检查焊接质量是否合格，也就是从外观上评价焊点有何缺陷。目测检查的主要内容有：是否有漏焊，即应焊的焊点是否焊上；焊点周围是否残留焊剂；有无连焊、桥接；焊盘有无脱落，焊点有无裂纹；焊点是否光滑，有无拉尖现象。

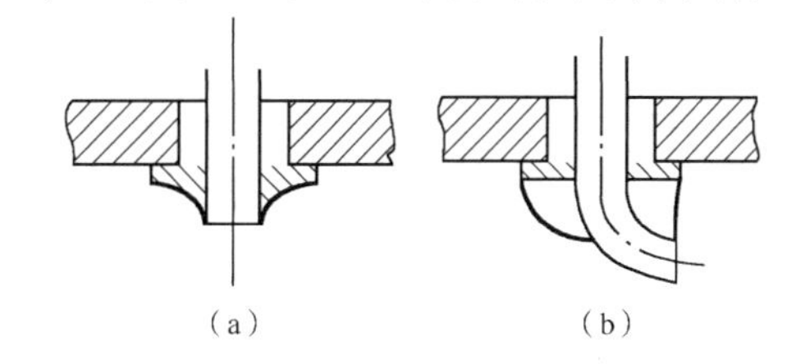

图 14.12　正确焊点的剖面图

如图 14.12 所示为正确焊点的剖面图。如图 14.12 (a) 所示为直插式焊点形状，如图 14.12 (b) 所示为半打弯式焊点形状。

2. 手触检查

手触检查主要是指：用手指触摸元器件时，有无松动、焊接不牢的现象；用镊子夹住元器件引脚轻轻拉动时，有无松动现象；焊点在摇动时，上面的焊锡是否有脱落现象。

3. 焊接缺陷产生的原因及排除方法

焊接缺陷产生的原因及排除方法如下。

(1) 桥接。桥接是指焊料将印制电路板的铜箔连接起来的现象。明显的桥接容易发现，但细小的桥接用目测法较难发现，只有通过电气性能测试方能发现。

对于毛细状的桥接，可能是印制电路板的印制导线有毛刺或腐蚀时留有残余金属丝等，在焊接时起到连接作用而形成桥接现象，如图 14.13 所示。

对焊料造成的桥接短路可用烙铁去锡。对于毛细状桥接，需吸锡后用刀片轻轻刮去毛刺，并将残余金属丝清除干净。

(2) 焊料拉尖。焊料拉尖如图 14.14 所示。

焊点形状如同乳石状。造成焊料拉尖的原因是：焊料过量，焊接时间过长，使焊锡黏性增加，且烙铁离开焊点时方向不对等。

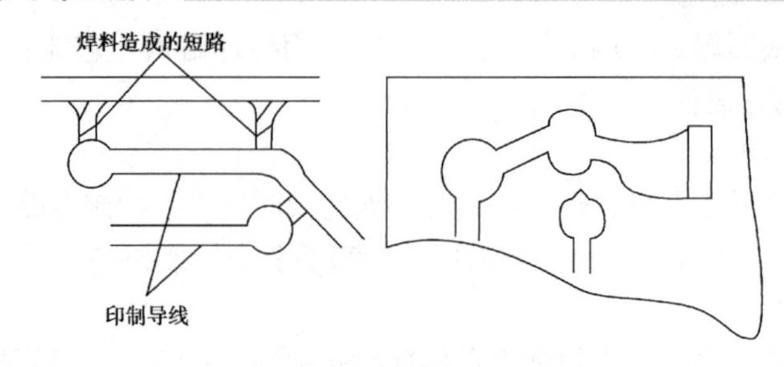

图 14.13　桥接现象

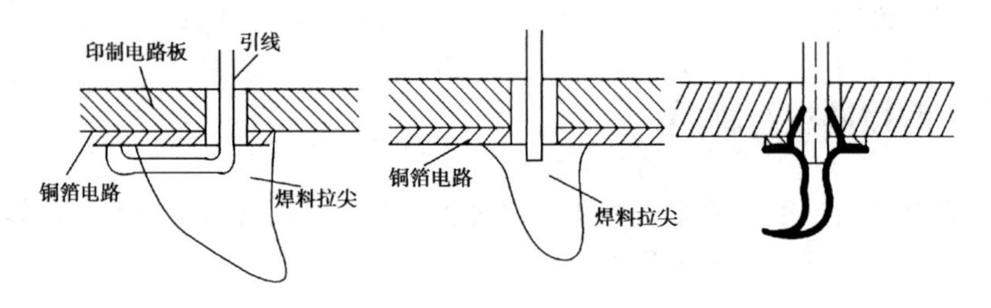

图 14.14　焊料拉尖

焊料拉尖若超过允许的长度，将会造成绝缘距离变小，尤其是高压电路，将造成高压打火现象。修复办法是重焊。

（3）堆焊。堆焊的焊点外形轮廓不清，如同丸子状，根本看不出导线的形状，如图 14.15 所示。造成堆焊的原因是焊料过多，或元器件引脚在焊接时不能湿润，以及焊料的温度不合适。这种缺陷容易造成相邻焊点的短路。

（4）空焊。空焊是由于焊盘的插线孔太大，焊料没有全部填满印制电路板的插线孔而形成的，如图 14.16 所示。造成空焊的原因是印制电路板的开孔位置偏离了焊盘的中心，且孔径过大，以及孔周围焊盘氧化、脏污、预处理不良等。当焊料不足时也易产生空焊现象。

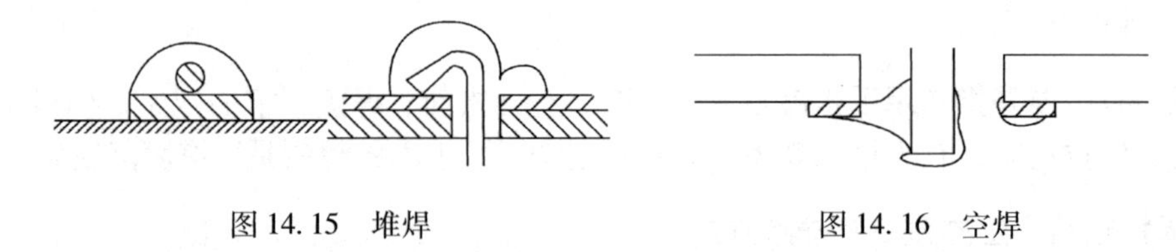

图 14.15　堆焊　　　　图 14.16　空焊

（5）浮焊。这种焊点没有正常焊点的光泽及圆滑，而是呈白针细粒状，表面凸凹不平。造成浮焊的原因是焊接时间过短以及焊料杂质过多。这种焊点的机械强度不足，一旦受到振动或敲击，焊料便会自动脱落，即使不脱落，导电性亦差。

（6）假焊与虚焊。假焊是指焊接点内部没有真正焊接在一起，也就是焊锡与被焊物件面被氧化层或焊剂未挥发物及污物隔离。虚焊的焊点虽能暂时导通，但随着时间的推移，最后变为不导通，造成电路故障。假焊的被焊件与焊点没有导通。虚焊与假焊，本身没有严格界线。它们的主要现象就是焊锡与被焊接的金属物面没有真正形成金属合金，表现为接触不牢或互不接触，可统称为虚焊。

造成虚焊的原因：焊盘、元器件引脚有氧化层和油污，以及焊接过程中热量不足，使助焊剂未能充分挥发，而在被焊面和导线间形成一层松香薄膜时，焊料就不会在焊盘、引脚上

形成焊料薄层，即焊料湿润不良、可焊性差，产生虚焊。

为保证焊接质量，不产生虚焊，对湿润能力差的焊盘和引脚，应进行预涂覆和浸锡处理。

(7) 焊料裂纹。焊料裂纹指焊点上焊料出现裂纹的现象，主要是在焊料凝固过程中，移动或晃动元器件引脚位置和被焊物而造成的。

(8) 铜箔翘起，焊盘脱落。铜箔翘起，甚至脱落。产生原因：①焊接温度过高，焊接时间过长；②在维修过程中，拆除元器件时，焊料还未完全熔化，就急于摇晃，拉出引脚；③在重新装焊元器件时，没有将焊盘上插线孔疏通就带锡穿孔焊接，引脚穿孔时焊料未完全熔化，又用力过猛，使焊盘翘起，如图 14.17 所示。

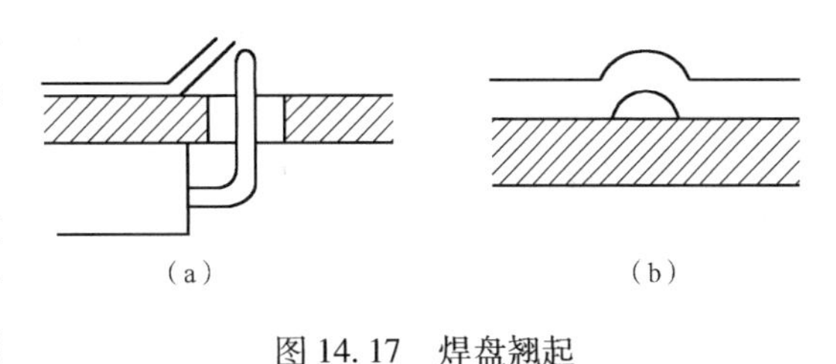

图 14.17　焊盘翘起

14.3　电路的调试

1. 调试前的准备工作

调试前的准备工作有以下两点。

(1) 检查连线。电路安装完毕后不要急于通电，应先检查电路接线是否正确。通常用两种方法检查连线。

一是直观检查。按照电路原理图认真检查安装的线路，看有没有错接或漏接的线，特别注意检查电源、地线是否正确，信号线、元器件引脚之间有无短接，二极管、晶体管、集成电路、电解电容等引脚有无错接。也可用手轻拉导线，并观察连接处有无接触不良。一般按顺序逐一对应检查，为防遗漏，可将已查过的线在图纸上做出标记。同时检查元器件引脚的使用端是否与图纸相符。

二是借助万用表“R×1”挡或数字万用表带声响的通断测试挡进行测试，注意观察连线两端连接元器件引脚的位置是否与原理图相符，而且尽可能直接测量元器件引脚，这样可同时发现引脚与连线接触不良的故障。

(2) 准备调试仪器。调试常用的仪器仪表有示波器、万用电表、信号发生器、电子电压表或交流毫伏表等。调试前要做好仪器仪表的准备工作：①根据调试内容选用合格的仪器仪表；②检查仪器仪表有无故障，量程和精度应能满足调试要求，并熟练掌握仪器仪表的正确使用方法；③将仪器仪表放置整齐，经常用来读取信号的仪器仪表应放置在便于观察的位置。

2. 调试步骤

为使调试顺利进行，应先熟悉电路图工作原理，拟订好调试步骤。在电路图上标明元器件参数、主要测试点的电位值及相应的波形图。

(1) 通电观察。在电路中所有连线检查无误并接入测试仪器仪表后，即可接通电源。电源接通后，不要急于测量数据，首先要观察有无异常现象，包括有无打火冒烟，是否闻到异常气味，手摸元器件是否发烫，电源是否有短路现象等。如发现异常，应立即关断电源，等

排除故障后方可重新通电。

（2）调试方法。简单电路可以直接调试。对于复杂电路，一般采用分块调试的方法，也就是把复杂电路按原理框图上的功能分块，在分块调试的基础上逐步扩大调试的范围，最后完成整机调试。

调试内容包括静态调试和动态调试。调试顺序一般按信号流向进行，这样可用前面调试过的输出信号作为后一级的输入信号，为最后联调创造有利条件。

静态调试是指无输入信号的条件下，测试电路各点的电位并加以调整，达到设计值。如模拟电路的静态工作点，数字电路的各输入端和输出端的高、低电平值和逻辑关系等。通过静态测试可及时发现已损坏的元器件，判断电路工作情况并及时调整电路参数，使电路工作状态符合设计要求。

动态调试是指静态调试正常后，在电路的输入端接入适当频率和幅值的信号，或利用自身的信号检查各种动态指标是否满足设计要求，包括信号幅值、波形形状、相位关系、频率、放大倍数等，必要时进行适当调整，使指标达到要求。若发现不正常，应先排除故障后再进行动态测量和调整。

3. 调试注意事项

调试中要注意如下事项。

（1）测量所用仪器地线应与被测电路地线连在一起，使之建立一个公共参考点，这样测量结果才能正确。

（2）测试线要用屏蔽线，屏蔽线的外屏蔽层要接到系统的地线上。较高频率时要使用带探头的测试线测试，以减小分布电容的影响。

（3）调试过程中，按拟订好的调试步骤顺序进行，切勿急躁，要有严谨的科学作风，始终借助仪器仔细观察，认真做好记录，包括记录观察的现象、测量的数据、波形及相位关系，并分析每一个测试结果是否合理，有问题及时解决。切忌一遇故障，解决不了问题就要拆掉线路重新安装，或盲目更改元器件，或接线。要认真查找故障原因，仔细分析判断，根据电路原理找出解决问题的方法。

（4）调试中要注意安全，接线、拆线和仪器、仪表的连接一定要在断电情况下进行，注意仪器仪表电压电流的量程，杜绝人身事故和仪表损坏事故的发生。

4. 电子线路的一般测试技术

电子线路的一般测试技术是电子技术人员应该掌握的基本技能。

1）静态测试技术

静态是指没有外加输入信号时，电路的直流工作状态。通常是测试电路的静态工作点，也就是测试电路在静态工作时的直流电压和电流。

（1）直流电压的测试。

① 常用测试仪表：直流电压表、万用表（直流电压挡）。

② 测试方法：将直流电压表或万用表（用直流电压挡）并联在待测电压电路的两端点上，如图 14.18 所示。

注意事项： 注意正、负极性的正确连接和量程的合理选择。根据被测电路的特点和测试精度要求选择测试仪表的内阻和精度。使用万用表时不得误用其他挡，以免损坏仪表或造成测试错误。

（2）直流电流的测试。

① 常用测试仪表：直流电流表、万用表（直流电流挡）。

② 测试方法：直接测试法，将直流电流表或万用表串联在待测电流电路中，如图 14.19 所示。间接测试法，当被测电路串有电阻 R 时，在测试精度要求不高的情况下，可以测出电阻 R 两端的电压 U，再根据欧姆定律 $I = U/R$，换算成电流。

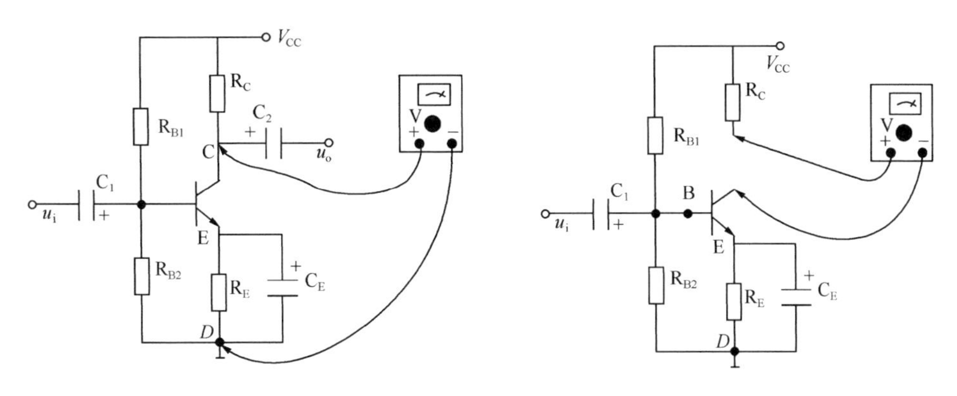

图 14.18　测量直流电压　　　　图 14.19　测量直流电流

注意事项： 测试时必须断开电路，将仪表串入电路，并注意正、负极性的正确连接，注意量程的合理选择。若事先不清楚被测电流的大小，应先将仪表调到高量程，再根据实际测得的情况将量程调到合适的位置。根据被测电路的特点和测试精度要求选择测试仪表的内阻和精度。

2）*动态测试技术*

动态测试包括波形和交流电压的测试等。

（1）波形的测试。

① 测试仪表为示波器。测试波形时选用的示波器的上限频率应高于被测试波形的频率。对于微秒以下的脉冲波形，须选用脉冲示波器测试。

② 测试方法，选用观测法，即用示波器显示观测电路的输入、输出波形并加以分析。大多数情况下观测的波形是电压波形，这时，只需把示波器电压探头直接与被测试电压电路并联，即可在示波器荧光屏上观测波形。有时需要观测电流波形，可采用电阻变换为电压或使用电流探头来观测。

注意事项： 测试时最好使用衰减探头（高输入阻抗、低输入电容）以减小接入示波器对被测电路的影响，同时注意探头的地端和被测电路的地端一定要连接好。测量波形幅度、频率或时间时，示波器 Y（CH）通道灵敏度（衰减）开关的各挡和 X 轴扫描时间（时基）开关的微调器应预先校准并置于校准位置，否则会造成测量不准确。

（2）交流电压的测试。

交流电压的测试分正弦交流电压和脉冲电压两种测试。

① 正弦交流电压有效值的测试。在模拟电子电路的调试中经常需要测试正弦交流电压的

有效值，例如，测试放大器的放大倍数、正弦波振荡器的输出正弦交流电压值等。测试仪表采用交流毫伏表。虽然用示波器也可以测量正弦交流电压的幅值，再计算有效值（幅值/$\sqrt{2}$），但在需要精确数据时必须用交流毫伏表。

② 测试方法。将交流毫伏表的地线输入端与被测电路的地线连接，交流毫伏表的另一输入端与待测电压端相连，如图14.20所示。

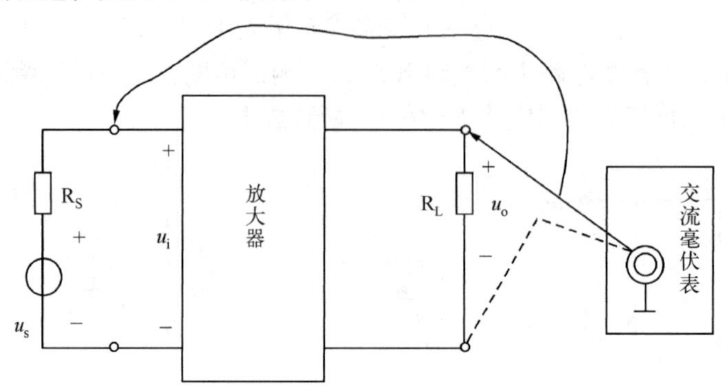

图14.20　交流电压测试框图

③ 脉冲电压的测试。在电子电路中，经常需要测试脉冲信号。脉冲信号的脉冲持续时间一般比脉冲周期小得多，通常需要测量的是脉冲幅度而不是有效值。不能用一般交流电压表测试，而需要采用示波器或脉冲电压表测试。脉冲电压表的特点是采用峰值检波器（一般交流电压表采用有效值检波器）检波并加必要的误差修正措施，例如，PM-60型脉冲电压表即属此类。

（3）频率特性的测试。

① 信号源电压表测试法。测试仪表采用正弦信号发生器、交流毫伏表。测试方法采用逐点测试法。测试连接图与图14.20相同。在保持u_i不变、输出波形不失真的情况下，按一定的频率间隔调节信号发生器的频率，每改变一次频率测一次输出电压，测出在一定频率范围内的频率－电压值，在频率－电压坐标上逐点标出各测试点并用一条光滑的曲线连接即为被测电路的频率特性（幅频特性）曲线。测量频率间隔越小，测试结果越准确。

② 扫频测试法。扫频仪是专门测试频率特性的仪器。常用的扫频仪有BT-3型、BT-4型和BT-5型。如图14.21所示为扫频仪测试频率特性接线方框图。测试时，应根据被测电路的频率响应选择一个合适的中心频率，用电缆将扫频仪输出电压加到被测电路的输入端，用检波探头（若被测电路的输出电压已经检波，则不能再使用检波探头）将被测电路的输出电压送到扫频仪的输入端，在扫频仪的荧光屏上就显示出被测电路的频率特性曲线。

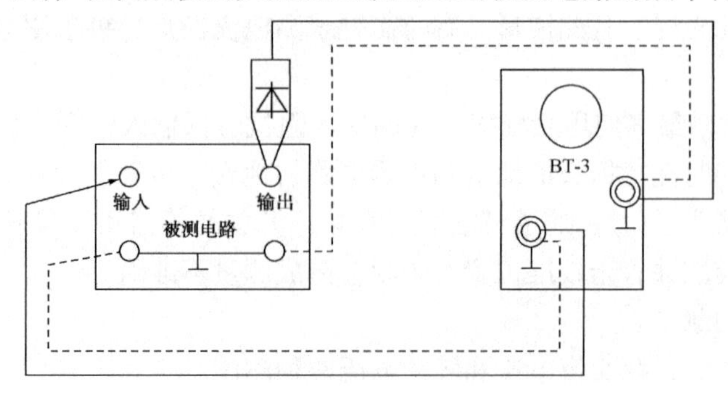

图14.21　扫频仪测试频率特性接线方框图

14.4　放大电路的调试

14.4.1　分立元件放大电路的调试

由分立元件组成的放大电路如图 14.22 所示，这是一个分压式基本放大电路，在实际中应用较多。

1. 静态工作点的调试

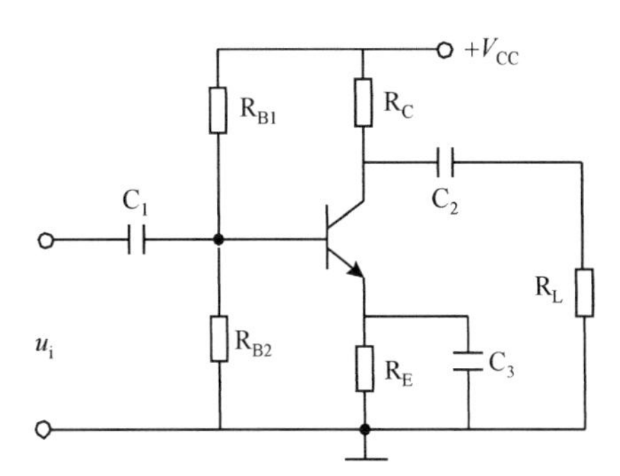

图 14.22　分立元件放大电路

电路静态工作点测量方法如下。

接通直流电源，并将放大器输入端（耦合电容 C_1 左端）接地。用万用表直流电压挡分别测量晶体管 B、E、C 极对地电压 U_{BQ}、U_{EQ}、U_{CQ}。如出现 $U_{CEQ}=U_{CQ}-U_{EQ}<0.5V$，说明晶体管已经饱和；$U_{CQ}\approx U_{CC}$，说明晶体管已截止。

遇到上述两种情况或测量值与设计值的静态工作点偏离较大时，都需要调整静态工作点。调整方法是改变放大器上偏置电阻 R_{B1} 的大小，同时用万用表测量 U_{CQ}、U_{EQ}、U_{BQ}值，进而可以计算 U_{CEQ}、I_{CQ}的值。

$$U_{CEQ}=U_{CQ}-U_{EQ} \tag{14-1}$$

$$I_{CQ}=(U_{CC}-U_{CEQ})/(R_C+R_E) \tag{14-2}$$

一般 U_{CEQ}应在 1V 以上，说明晶体管工作于放大状态。但静态工作点设置得是否合适，还要进行波形测试。

2. 动态调试

动态调试要注意以下两个方面。

(1) 测试输出波形，调整电路参数。动态调试是在静态调试的基础上，给放大器加上合适的输入信号，用示波器、毫伏表等测试仪器，测试输出信号和电路的性能参数。若在输入端输入 $u_i=10mV$、$f_i=1000Hz$ 的正弦波，输出端接示波器，观察输出波形。若输出波形顶部被压缩，则称为截止失真，如图 14.23（a）所示，说明工作点偏低，应增大 I_{BQ}，即把 R_{B1} 调大。如输出波形底部被削波，称为饱和失真，如图 14.23（b）所示，说明工作点偏高，应减小 I_{BQ}，即把 R_{B1} 调小。总之根据测试结果对电路的元器件参数进行必要的修正，使电路的各项性能指标满足设计要求。

(2) 测试性能指标。放大器的性能指标主要包括输入电阻 R_i、输出电阻 R_o、电压放大倍数 A_o、频率响应（通频带）$\Delta f(B_W)$。

① 输入电阻的测试。放大器的输入电阻 R_i 是反映消耗输入信号源功率大小的物理量。设 R_s 为信号源内阻，若 $R_i\gg R_s$，说明放大器从信号源获取较大电压；若 $R_i\ll R_s$，说明放大器从信号源获取较大电流；若 $R_i=R_s$，则说明放大器从信号源获取最大功率。

输入电阻测量可用“串联电阻法”，测量方法如图 14.24 所示，即在信号源与放大器输

入端串接一已知电阻 R。R 值一般以选择接近 R_i 为宜。在输出波形不失真的情况下，用毫伏表或示波器分别测出 U_s 和 U_i，则

$$R_i = U_{iR}/U_s - U_i \tag{14-3}$$

式中，U_i 为放大器输入电压的有效值；U_s 为信号源输出电压的有效值。

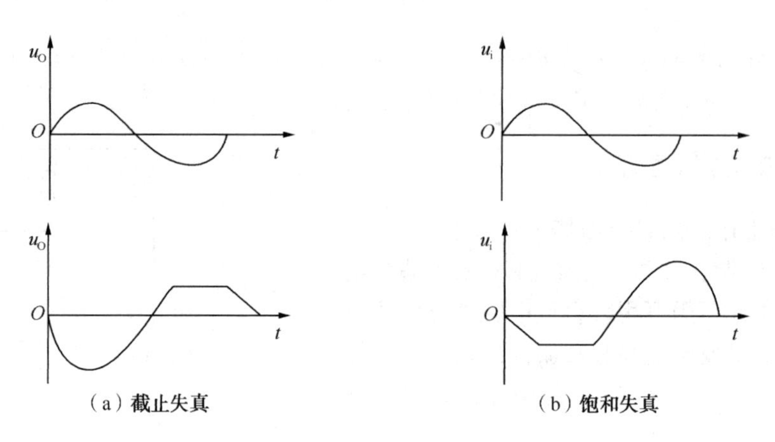

图 14.23　波形失真

② 输出电阻测试。放大器的输出电阻 R_o 是表征它带负载能力的物理量，R_o 愈小，带负载能力愈强。当 $R_L \gg R_o$ 时，放大器可等效为恒压源。

R_o 的测试方法如图 14.25 所示。R_L 值应与 R_o 相近。在输出波形不失真的情况下，首先测出放大器负载未接入即输出开路情况下的电压 U_o，然后接入 R_L，再测出放大器负载上的电压 U_{oL} 值。则

$$R_o = (U_o/U_{oL} - 1)R_L \tag{14-4}$$

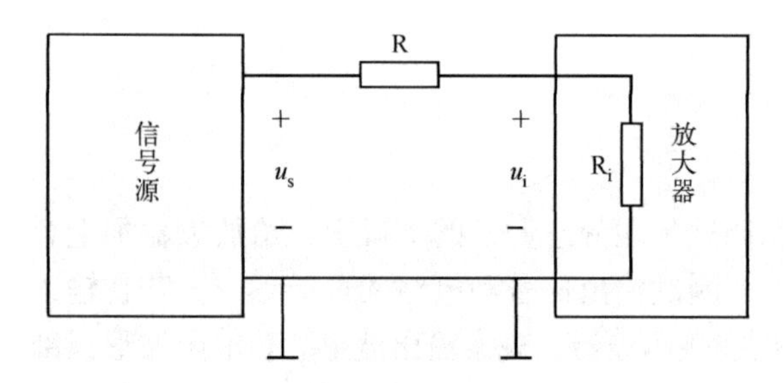

图 14.24　输入电阻测量

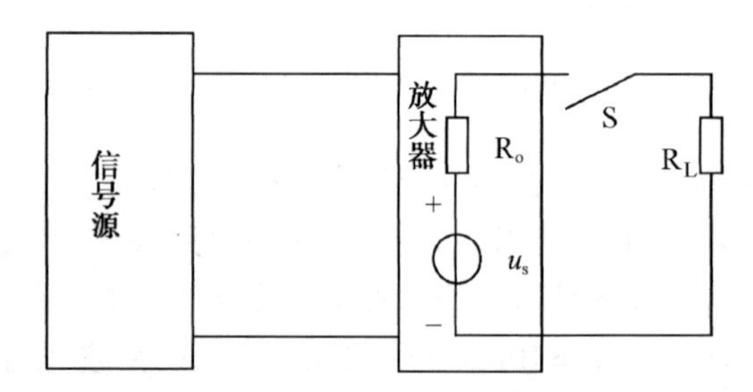

图 14.25　输出电阻测试电路

③ 电压放大倍数测试。在信号不失真的情况下，用交流毫伏表或示波器测出输入、输出电压的有效值 U_i、U_o 或峰值 U_{min}、U_{om}。根据定义式计算即可：

$$A_u = U_o/U_i = U_{om}/U_{im} \tag{14-5}$$

④ 频率特性的测试。

$$\Delta f = B_w = f_H - f_L \tag{14-6}$$

式中，B_W 为放大器通频带；f_H 为上限（高频）截止频率；f_L 为下限（低频）截止频率。

f_H、f_L 为增益下降到中频增益 0.707 时的频率，亦称上限频率和下限频率。f_H 主要受晶体管的结电容和电路分布电容的限制；f_L 主要受耦合电容 C_1、C_2 及射极旁路电容 C_E 的影响。

测试时，先测出放大器在中频区（如 $f_o = 1\text{kHz}$）时的输出电压，然后在维持 U_s 不变的情况下，升高频率直到输出电压降到 0.707 U_o 为止，测出此时对应的频率即为 f_H。同理，维持 U_s 不变，降低频率直到输出电压降到 0.707 U_o 为止，测出对应的频率即为 f_L。

对于幅频特性的测试和描绘方法如下：在 U_s 不变、输出波形不失真的情况下，测量出不同频率时的电压放大倍数 A_u，采用"逐点法"测试。把测试结果画于半对数坐标纸上，将结果连成曲线。

⑤ 最大不失真输出电压测量。逐渐增大放大器输入电压，直到输出电压波形即将失真，但尚未失真的临界状态，此时输出电压即为最大不失真输出电压 $\sqrt{2}U$，可用示波器或电子电压表测得它的数值。最大不失真输出电压的峰—峰值为 $2\sqrt{2}U$，就是放大器的动态范围。

将静态工作点调至交流负载线中点时，可获得放大器最大动态范围。为方便地测试放大器性能指标，可按图 14.26 所示组成测量系统。

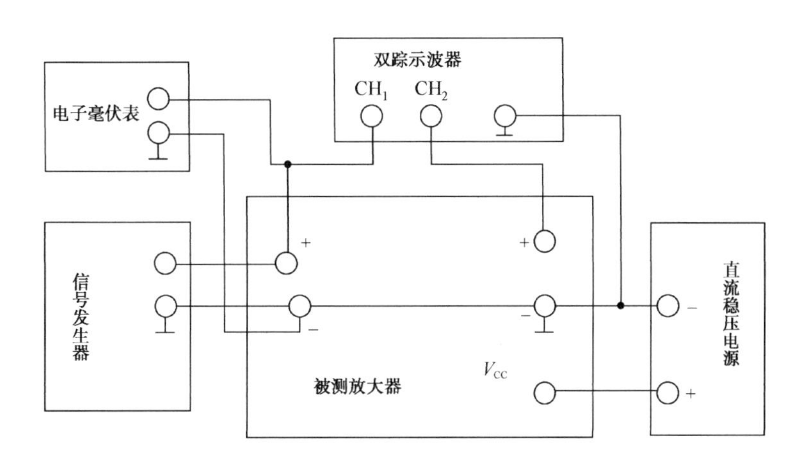

图 14.26　测试放大器性能指标的接线图

为提高测量的准确度，减小测量误差，在选用测量仪器和测试过程中应注意以下问题。

- 测量仪器工作频率范围应远大于被测电路通频带；仪器的输入电阻应远大于被测电路输入或输出电阻。
- 测量高增益放大电路增益时，输入信号很小，应选用高灵敏度的仪器。
- 当被测电路工作频率较高时，必须用示波器探头接被测电路进行测量。因加探头后输入阻抗一般提高 10 倍，而分布电容大为减小，故有利于提高高频信号测量精度。

对于一个低频放大器，希望电路稳定性好，非线性失真小，电压放大倍数高，输入电阻大，输出电阻小，低频截止频率越低越好。但是这些性能指标要求很难同时满足。一般来说，我们可以采用 β 值高的晶体管提高电压放大倍数，通过引入电压负反馈来稳定输出电压和展宽通频带。对于多级放大电路，要考虑级间相互影响问题。若耦合电容短路，放大器工作点相互影响，会引起很大变化，致使放大信号失真。反馈支路开路，会引起电路不稳定，增益增大，甚至会产生自激振荡。

14.4.2 集成运算放大器的调试

集成运算放大器具有开环增益大、输入电阻高、输出电阻低等优点，应用十分广泛。

1. 集成运算放大器外接电阻的选取

在设计和调试集成运算放大器线性应用电路时，应注意外接电阻的选取。

（1）平衡电阻的选取。平衡电阻的作用是保证“零输入－零输出”时两输入端对地等效电阻相等，从而消除输入偏置电流的影响，如图14.27所示。

（2）外接电阻的选取。一般集成运算放大器的最大输出电流I_{oM}为5～10mA。若集成运算放大器组成反相比例放大器，如图14.27所示，$i_f \approx i_o$，则应满足下式要求：$i_f = |u_o/R_f| \leq I_{oM}$。

其中，u_o一般为伏级，所以R_f至少要取千欧以上数量级。若R_f和R_1取值太小，则会使信号源负载过大。

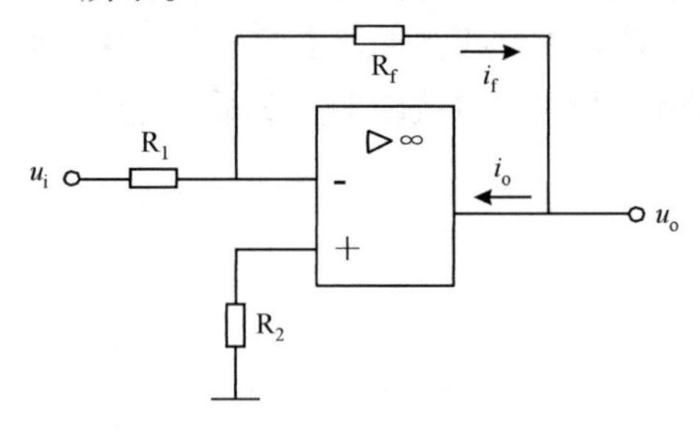

图14.27　比例放大器

电阻值也不能取得过大，不能选用兆欧级。电阻的误差随阻值增大而增大，且电阻值会随温度和时间变化而产生时效误差，使阻值不稳定，影响精度。由于运算放大器失调电流在外接高阻时会引起误差信号，所以运算放大器外接电阻值尽可能选用几千欧至几百千欧之间。

2. 集成运算放大器电路的静态调试

集成运算放大器在线性放大应用时的静态调试，主要是指调零。

1）调零

集成运算放大器存在失调电压和失调电流。在用做直流放大器时，失调电压和失调电流的影响，将影响运算放大器的精度，严重时放大器不能正常工作。调零的原理是在运算放大器的输入端外加一个补偿电压，以抵消运算放大器本身的失调电压，达到调零的目的。有的运算放大器在制造过程中设置了调零端，只需按照规定，接入调零电路进行调零。如μA741、μA747均有调零引出端，其调零电路如图14.28（a）所示，调节电位器R_P，可使运算放大器输出为零。调零时必须细心，切忌使电位器R_P的滑动端与地线或正电源线相碰，否则会损坏运算放大器。对于无调零端的集成运算放大器，可参考图14.28（b）、（c）安装调零电路。

对于非线性应用电路（如电压比较器、振荡电路）、交流放大器和一些增益低、精度要求不高的电路，可以不调零。

2）静态调试中可能产生的问题

静态调试中可能产生的问题主要有以下两种。

（1）不能调零及堵塞现象。集成运算放大器不能调零是指所加调零电位器不起作用。常见的有以下几种情况。

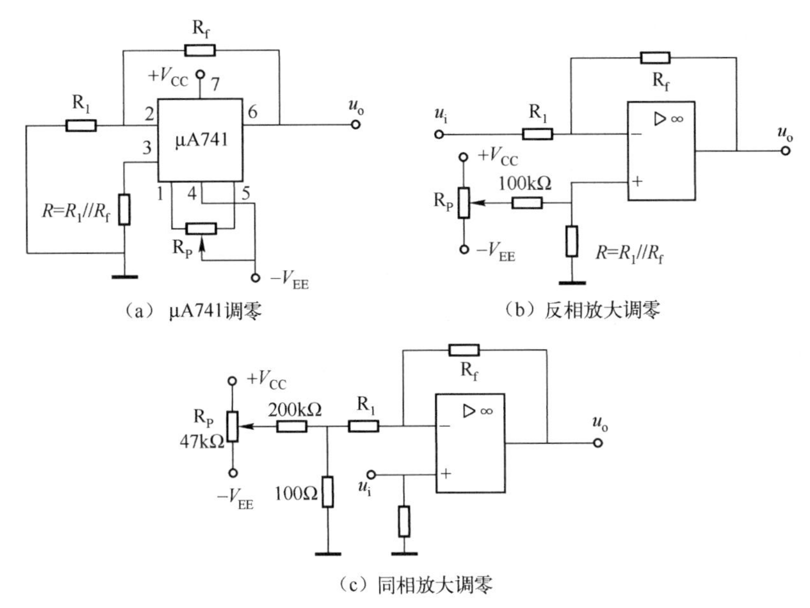

图 14.28　集成运算放大器调零电路

① 如集成运算放大器处于非线性应用状态即开环状态或组成正反馈电路，输出电压接近正电源电压或负电源电压，调零电位器不起作用属正常情况。

② 如将集成运算放大器的输出信号引回到输入端，且接成负反馈组态时，输出电压仍为某一极限值，调零电位器不起作用，则可能是看错输入端，接线有误，接成正反馈状态；或负反馈支路虚焊，成开环状态；也有可能是集成运算放大器组件内部损坏。

③ “堵塞”现象。运算放大器不能正常工作或不能调零，关断电源过一段时间开机又可恢复正常工作和可以调零，这种现象称为“堵塞”现象。出现“堵塞”现象的原因是，运算放大器输入信号幅度过大或混入了干扰信号。防止“堵塞”的办法是在输入端加上保护电路，即加上限幅二极管，如图 14. 29 所示。

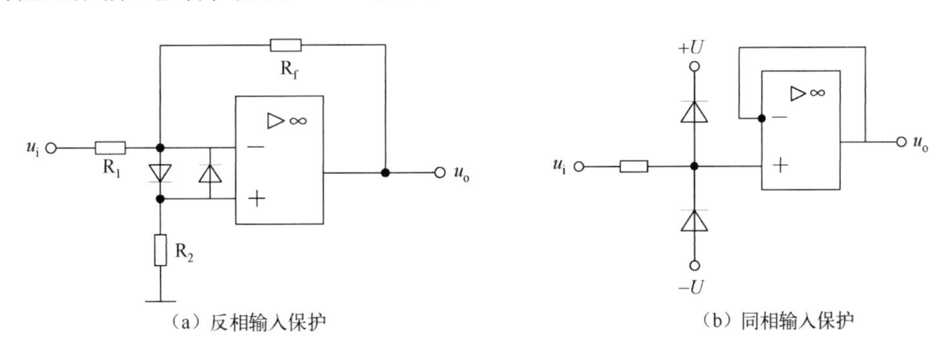

图 14. 29　运放输入保护电路

(2) 温漂严重。集成运算放大器受温度影响较大，甚至不能正常工作，若不是运算放大器组件本身的问题，则应查找故障原因。

① 接线是否牢靠，有无虚焊，运算放大器组件是否自激或受强电磁干扰。

② 输入回路的保护二极管是否受到光的照射。

③ 运算放大器组件是否靠近发热元件。

④ 调零电位器滑动臂的接触是否良好，以及它的温度系数与运算放大器的要求是否一致。

3. 集成运算放大器电路的动态调试

集成运算放大器电路动态参数测试方法与分立元件放大电路相同。由于集成运算放大器具有理想化的特点，故其动态调整十分方便。如线性应用时增益调整，则只需改变外接反馈电阻值就可解决。非线性应用电路中的电压比较器，只需调整外接电阻及稳压二极管的稳压值，即可灵活方便地实现输出电压幅值和门限电压的调整。

由于集成运算放大器增益很高，易产生自激振荡，故消除自激振荡是动态调试的重要内容。

运算放大器是高电压增益的多级直接耦合放大器。在线性应用时，外电路大多采用深度负反馈电路。由于内部晶体管极间电容和分布电容的存在，信号传输过程中产生附加相移。因此，在没有输入电压的情况下，而有一定频率、一定幅度的输出电压，这种现象称为自激振荡。消除自激振荡的方法是外加电抗元件或 RC 移相网络进行相位补偿。高频自激振荡波形如图 14. 30 所示。

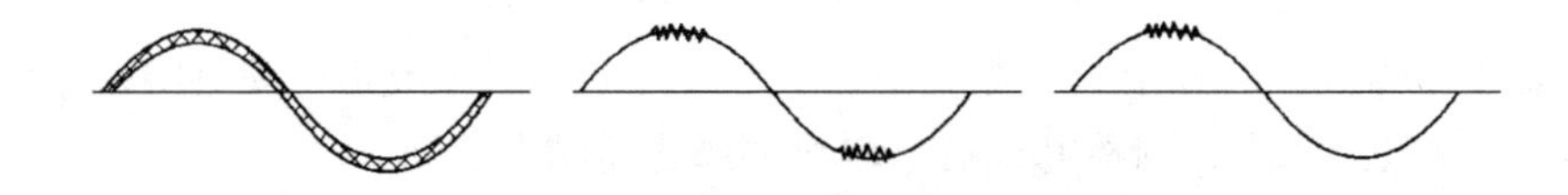

图 14. 30　高频自激振荡波形

一般，需进行相位补偿的运算放大器在其产品说明书中注明了补偿端和补偿元件参考数值。按说明接入相位补偿元件或相移网络即可消振。但有一些需要进行实际调试，其调试电路如图 14. 31 所示。

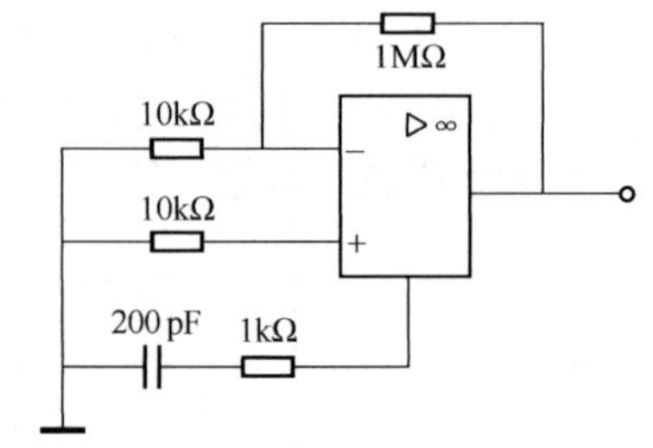

图 14. 31　补偿电容调节电路

首先将输入端接地，用示波器可观察输出端的高频振荡波形。当在 5 端（补偿端）接上补偿元件后，自激振荡幅度将下降。将电容 C 由小到大调节，直到自激振荡消失，此时示波器上只显示一条光线。测量此时的电容值，并换上等值固定电容器，调试任务完成。

接入 RC 网络后，若仍达不到理想的消振效果，可再在电源正、负端与地之间分别并接上几十微法和 0. 01 ～ 0. 1μF 的电容。

4. 安装调试中需注意的问题

在集成运算放大器安装调试中应注意以下问题。

（1）集成运算放大器接地电极应良好接地。在采用稳压电源调试时，由于直流稳压电源一般有“+”、“-”和“⊥”3 个接线端子，当采用正电源时，若将“-”和“⊥”端相连作为负端，则接地端与稳压电源机壳相连，若与大地接触不良，将会引入较大交流电压干扰，使测试产生很大误差甚至损坏运算放大器组件，因此可将接地端子（“⊥”）脱开，将

“-”端连于电路“地”端以避免器件损坏。另外，集成运算放大器接地端为输入、输出信号和电源的公共端，应连接可靠，否则将使运算放大器不能正常工作。

（2）应在切断电源的情况下，更换元器件。

（3）加信号前应先消振与调零。

（4）当输出信号出现干扰时，应采用抗干扰措施或加有源滤波电路消除。

（5）根据需要选用其他保护措施，如为防止电源极性接错，加接保护二极管等。

5. 多级电路调试

单级电路进行调试时的技术指标容易达到。但进行多级电路调试时，由于级间相互影响，可能使单级技术指标发生很大变化，甚至不能进行级联。产生这种问题的主要原因是布线不合理，连线太长，阻抗不匹配。如重新布线仍有影响，可在每一级接入 RC 去耦滤波电路，R 一般取几十欧姆，C 一般取几百微法，特别是与功放进行级联时，由于功率级输出信号较大，所以容易对前级产生影响，引起自激现象。产生高频自激振荡的主要原因是集成运算放大器内部电路引起正反馈。常见的低频振荡现象是电源电流表有规则地左右摆动，或示波器的输出波形上下抖动。产生低频振荡的主要原因是输出信号通过电源和地线产生了正反馈，可通过 RC 去耦滤波电路消除。

在安装、调试音响电路时，音调和音量控制电位器外壳应可靠接地，否则易产生自激振荡而引起啸叫。电位器引线应用屏蔽线，屏蔽金属网线应可靠接地。

知识梳理与总结

本章重点讲授焊接与装配工艺、电路的调试与测量方法。

本章重点内容如下：

（1）电路焊接工艺；

（2）电路的组装；

（3）电路的调试与测量。□

实训 15　自动增益控制放大电路

1. 实训目标

（1）进一步熟悉模拟开关与运算放大电路。

（2）学会模拟电路与数字电路的综合应用。

（3）进一步熟悉 CD4051、LM324 的使用。

2. 实训所需器材

（1）数字电路实验系统（箱）；

（2）集成电路 CD4051、LM324；

（3）信号源；

（4）毫伏表；

（5）电阻、电位器。

3. 实训内容

1）电路的组成

图 14.32 为 LM324 四运放；图 14.33 为 CD4051 逻辑符号与引脚。实训电路由 74LS324、CD4051 组成，如图 14.34 所示。放大电路由 LM324 组成反相比例电路。加载反馈电阻由 CD4051 控制，A、B、C 为控制地址输入，功能见表 14.2。反馈电阻可以采用电位器或固定电阻。

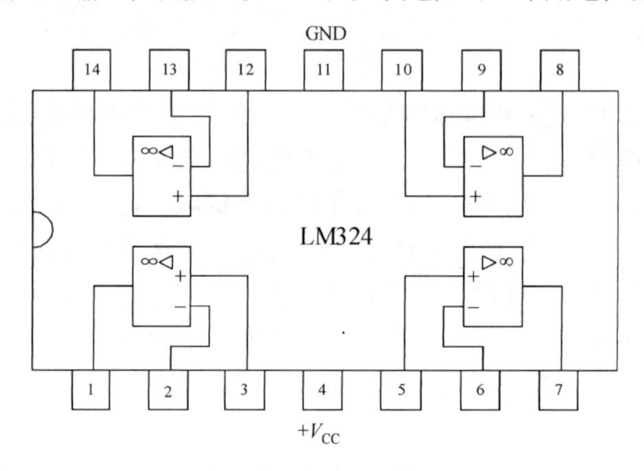

图 14.32　LM324

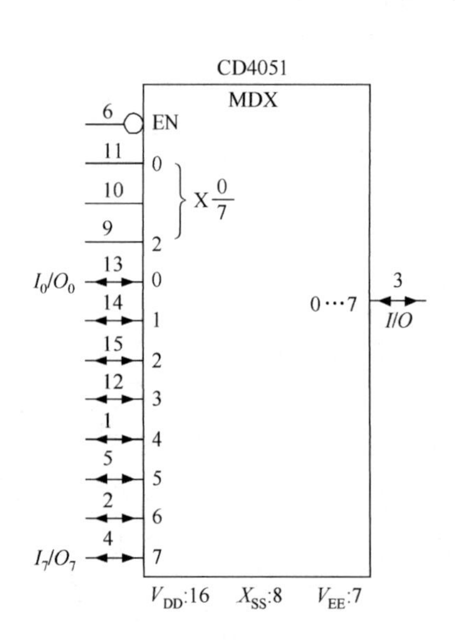

图 14.33　CD4051 模拟开关

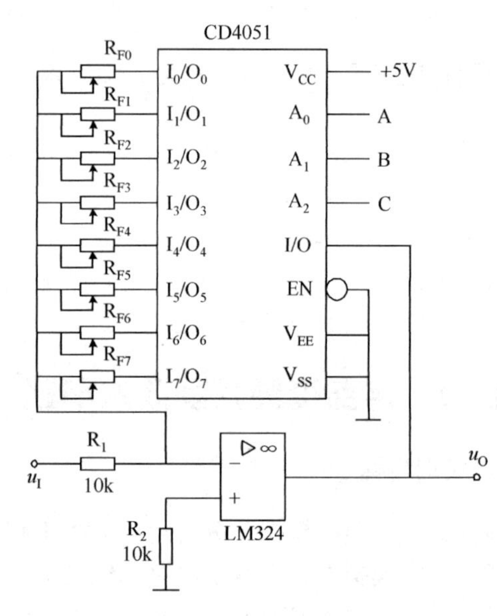

图 14.34　实训电路

表 14.2　CD4051 的逻辑功能与实训数据

$\overline{EN}$	C	B	A	实现功能	测量 u_o	实现增益	
1	×	×	×	3 脚与所有数据输入端断开		理论值	实验值
0	0	0	0	3 脚与 13 脚接通			
0	0	0	1	3 脚与 14 脚接通			
0	0	1	0	3 脚与 15 脚接通			

续表

$\overline{EN}$	C	B	A	实现功能	测量 u_o	实现增益	
1	×	×	×	3 脚与所有数据输入端断开		理论值	实验值
0	0	1	1	3 脚与 12 脚接通			
0	1	0	0	3 脚与 1 脚接通			
0	1	0	1	3 脚与 5 脚接通			
0	1	1	0	3 脚与 2 脚接通			
0	1	1	1	3 脚与 4 脚接通			

2）操作内容

输入 200mV、1kHz 的输入信号，R_{F0} ～ R_{F7} 取值分别为 10 ～ 80kΩ。输入不同的 C、B、A 二进制数，得到不同的放大信号输出。测量不同的输出信号，并得到相应的控制增益。

4. 实训报告要求

（1）分析项目操作过程，整理数据；
（2）将计算值与测量结果填入表 1 中；
（3）写出实训小结。

实训 16　被动式红外自动照明灯

1. 实训目标

（1）学会电路设计、组装与调试方法。
（2）进一步熟悉中小规模集成电路的综合应用。
（3）通过组装调试，培养综合分析问题的能力。

2. 实训器材

（1）CSI9508 集成电路；
（2）热释电红外传感器（包括菲涅耳透镜）；
（3）7805 三端稳压电路、电源变换模块 WH0812；
（4）光敏电阻；
（5）9013 三极管；
（6）继电器；
（7）电位器；
（8）电阻、电容、LED 等。

3. 电路组成与工作原理

采用热释电红外传感信号专用处理集成电路 CSI9508 组成的被动式红外自动照明灯，可用于自动照明，做到人近灯亮、人离灯灭。

电路如图 14.35 所示，它由热释电红外传感器 PIR、红外线传感信号处理器 IC_1、三端集成稳压器 IC_2 与 IC_3、继电器控制等部分电路组成。

当有人在热释电传感器前移动时，PIR 可将人体散发出的红外线变化转化为电信号输出，

输出信号频率为0.1～10Hz。IC_1是采用CMOS数模混合结构的专用集成电路，具有独立的高输入阻抗运算放大器，可以与多种传感器匹配，进行红外信号预处理。它内含电压比较器、状态控制器、延迟电路定时器、封锁时间定时器及参考电压源等单元电路。

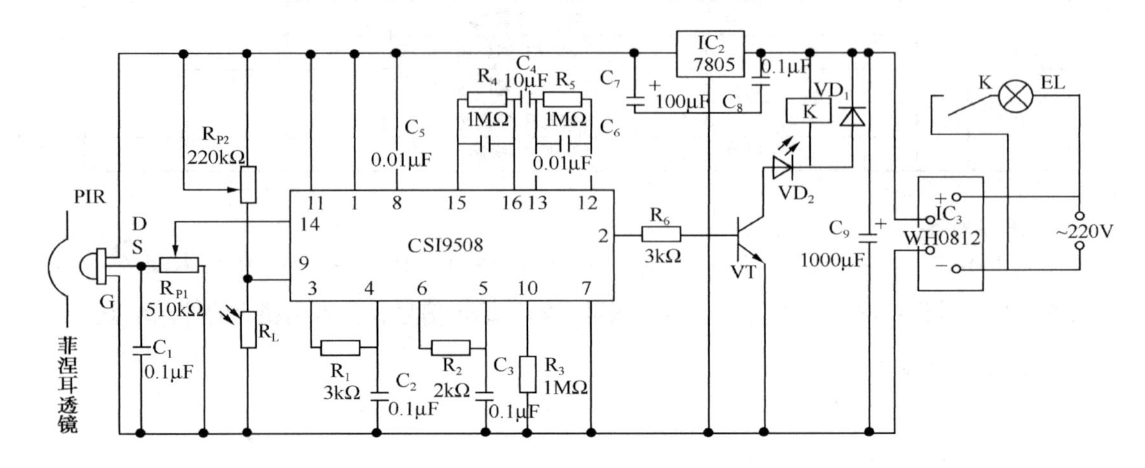

图14.35　CSI9508热释电红外感应式照明灯电路原理图

R_{P_2}与R_L组成光控电路，白天光敏电阻R_L受自然光照射呈现低电阻，IC_1芯片内部第3级运算放大器OP3输入端，即第9脚为低电平，IC_1处于复位状态，输出端第2脚输出低电平，三极管VT截止，继电器K不动作，电灯EL不亮。晚上或环境光线较暗时，R_L阻值增大，IC_1第9脚为高电平，IC_1便进入守候状态，输出端第2脚仍为低电平。如果此时，有人在PIR前面移动，PIR便输出随人体移动而变化的电信号，通过PIR送入IC_1芯片内部独立高输入阻抗运算放大器OP1的输入端，即第14脚，经OP1前置放大后，由第16脚输出，经C_4耦合到第13脚，再经芯片内部第2级运算放大器OP2进行放大，然后由芯片内电压比较器构成的双向鉴幅器处理，输出有效触发信号，启动芯片内部的延迟定时器，最后由状态控制器从第2脚输出高电平控制信号，使三极管VT导通，驱动器继电器K吸合，其动合触点K闭合，电灯点亮发光。同时VD_2也点亮，起指示作用。

第2脚输出的高电平时间等于电路的延迟时间，它由R_1与C_2的时间常数决定，本例图示时间为15s。芯片的第1脚接高电平，电路处于允许重复触发状态，也就是说在延迟时间（15s）内，只要人稍微动一下，电路就重新被触发，第2脚再输出一个脉宽为15s的高电平信号。所以只要有人在热释电传感器前移动，电灯EL将始终被点亮。只有人离开后，延迟15s后，电路复位，电灯自动熄灭。

电源电路由IC_2与IC_3组成，220V交流电首先经AC-DC电源转换模块IC_3转换为12V直流电，供继电器控制电路用电。然后再经三端集成稳压器IC_2变换成稳定的5V直流电压供PIR与IC_1用电，以满足其供电要求。

4. 基本要求和步骤

（1）绘制电路原理图。

（2）将整个电路安装在自制的印制电路板上，然后装入一个大小合适的塑料盒内。PIR的透镜应对准人体位置，在调试时可先不接电灯EL，请人在PIR透镜前用手晃动，调节

R_{P_1}，要求 PIR 探测距离在 1 ～ 5m 为宜（通过观察 VD_2 发光便知电路已被触发）。再根据需要调整 R_{P_2}，使电路有合适的光控灵敏度。最后接上电灯 EL，要求电灯光线不能直射到热释电红外传感器 PIR 及光敏电阻器 R_L 上，否则电路不能正常工作。

5. 实训报告要求

（1）整理实训数据；
（2）根据实训操作过程写出实训小结。

实训 17　整机电路的装接（收音机组装）

1. 实训目标

（1）了解收音机的工作原理；
（2）了解集成电路的使用方法；
（3）学会收音机的制作方法和调试方法。

2. 实训器材

（1）集成电路 AM/FM 收音机散件 1 套。
（2）AM/FM 高频信号发生器一台。
（3）电子毫伏表一台。
（4）直流稳压电源一台。
（5）万用电表一只。
（6）环形天线一只。
（7）无感起子一把。

3. 实训电路

随着电子技术的发展，收音机产品已广泛采用专用集成电路取代分立元件电路，本实训以 735F AM/FM 收音机为例进行介绍。电路原理图如图 14. 36 所示。

4. 实训内容

1）元器件检验

为了提高整机产品的质量和可靠性，在整机装配前，所有元器件都应当经过检验。检验的内容包括静态检验和动态检验两项。

（1）静态检验。静态检验主要是外观检验，检验元器件表面有无损伤、变形，几何尺寸是否符合要求，型号规格是否相符。

（2）动态检验。通过测量仪器仪表检查元器件本身的电气性能是否符合要求，有无不合格品混入。

一般的检验可用万用电表检验元器件，有条件的可再用仪器复测，以保证元器件的质量，同时可以熟悉仪器仪表的使用。对集成电路和陶瓷滤波器可接入电路直接检验其功能是否良好。

2）装配

装配前认真预习电子产品装配和焊接知识，熟悉装配和焊接的基本过程。

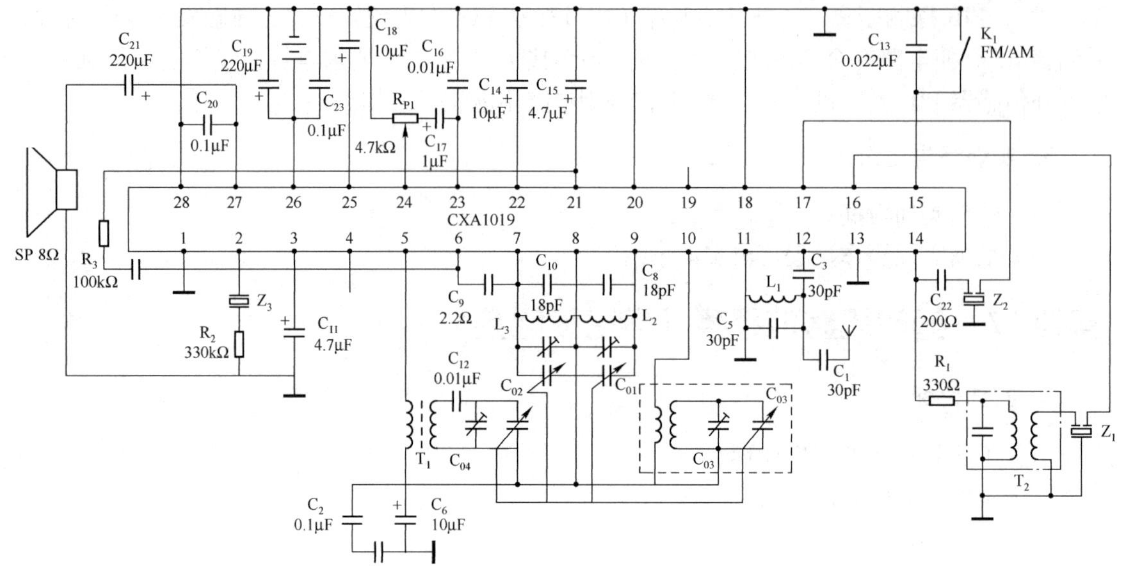

图 14. 36　电路原理图

元器件和印制电路板的可焊性是电子产品装配中的关键，对元器件引线进行搪锡处理，印制电路板可用液态助焊剂涂刷，待干燥后方可使用。

焊接与装配时认真对照印制电路板与电路图，并进行认真检查。焊接与装配，要按照教材所阐述的要求操作。

3）收音机调试

（1）中频频率调整。中频频率调整有如下两个方面。

① AM 中频调整：本例 AM 中频频率为 465kHz。本机使用 Z_1（465kHz）陶瓷滤波器，只需调整 T_2 中频变压器即可。可先将 AM 振荡桥连短路，将可变电容调到最低端，将高频信号发生器调至 465kHz，调制信号用 400Hz；调制度为 30%，本机接受环形天线发射的信号，用无感起子微调 T_2 磁帽，使接在输出端的毫伏表指示为最大，使喇叭声音最响，AM 中频频率即调好。

② FM 中频调整：本例 FM 的中频频率为 10. 7MHz。由于本机使用了 Z_2、Z_3 两只 10. 7MHz 陶瓷滤波器在 FM 中，所以即使 FM 波段中频频率不需调整也能准确校准于 10. 7MHz，并使 FM 的通频带和选择性都能得到保证。

（2）频率覆盖调整。频率覆盖调整也称刻度校正。AM 中波的频率范围为 535 ～ 1605kHz，FM 广播的频率范围为 88 ～ 108MHz，为了满足规定的频率覆盖范围，在调试时，频率覆盖范围比规定的要求都应略有余量。其具体频率覆盖调整如下。

① AM 频率覆盖调整：将高频信号发生器调整到 515kHz，将收音机波段置于 AM 的位置，将可变电容旋至容量最大位置（刻度最低端）。用无感起子调整振荡线圈 T_1 磁帽，使收音机输出最大。再将高频信号发生器调至 1625kHz，将可变电容调至容量最小位置（刻度最高端），微调电容 C_{04}，使收音机输出最大。反复进行两次，AM 频率覆盖就已调整好。

② FM 频率覆盖调整：将高频信号发生器调整到 86. 5MHz，将收音机波段置于 FM 位置。将可变电容旋至容量最大位置（刻度最低端），用无感起子拨动 FM 振荡线圈 L_3 的圈距，使收音机输出最大。再将高频信号发生器调到 108. 5MHz 位置，将可变电容调至容量最小处

（刻度最高端），调整与 FM 振荡连 C_{02} 并联的微调电容，使收音机输出最大。这样反复进行两次，FM 频率覆盖即可调好。

（3）统调。统调的目的是使接收灵敏度、整机灵敏度的均匀性及选择性达到最好的程度。在 AM 中波段，通常取 600kHz、1000kHz、1500kHz 三个统调点，也称三点统调。调整时，改变调谐回路电感实现低频端的跟踪，改变调谐回路的微调电路实现高频端的跟踪，那么中间频率的跟踪基本上完成。根据我国 AM 中波段电台分布的实际情况，统调点一般选择在 600kHz 与 1000kHz，以达到更符合实际的较好的统调效果。两种统调方法如下。

① AM 统调。将高频信号发生器调至 600kHz，移动中波天线线圈在磁棒上的位置，使输出最大。再将高频信号发生器调到 1000kHz，用无感起子调整与 C_{03} 并联的微调电容容量，使输出最大。这样反复两次即可完成 AM 统调。

② FM 统调。将高频信号发生器调到 88MHz，用无感起子轻拨 L_2 的圈距，使输出最大。再将高频信号发生器调到 108MHz，用无感起子调整与 C_{01} 并联的微调电容的容量，使输出最大。这样反复两次即可完成 FM 统调。

整机调试结束后，应用高频腊将天线线圈及 L_2、L_3 封固（可用蜡烛滴封），以保持调试后的良好状态。

5. 实训报告要求

（1）根据操作情况整理数据和操作体会；
（2）写出实训小结。

实训 18　分频系数可控数字分频器

1. 实训目标

（1）熟悉数字分频器电路；
（2）进一步熟悉 74LS90、74LS42 与 74LS150 电路。

2. 实训器材

（1）数字电路实验系统（箱）；
（2）信号源；
（3）示波器；
（4）集成电路 74LS90、74LS42 与 74LS150。

3. 实训内容

集成电路 74LS150 的引脚分布如图 14.37 所示，图 14.38 所示为其电路组成。

数字分频器由 3 个集成电路构成，分频系数可以从 1 ～ 9，计数器 74LS90 输出的二 - 十进制数送至译码器 74LS42，译码器输出的是十进制数。

分频系数由数据选择器 74LS150 来确定。数据选择器的输出反馈到 74LS90 的复位端，即每次计数器计数周期结束时输出 1 个脉冲，该脉冲使计数器 74LS90 复位。

用这种分顺级联，可以构成更大分步系数的分频器。

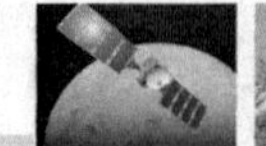

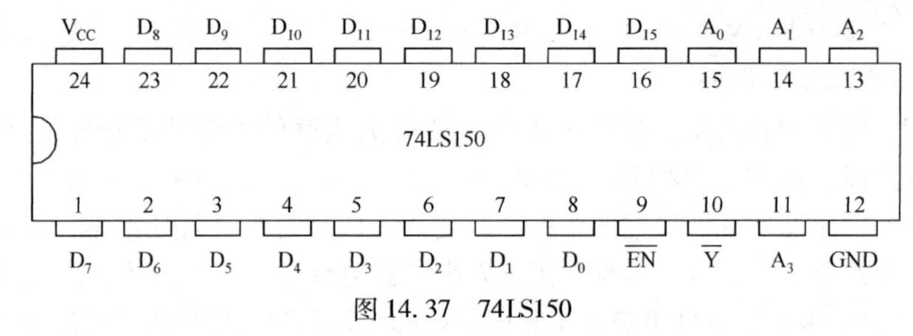

图 14.37　74LS150

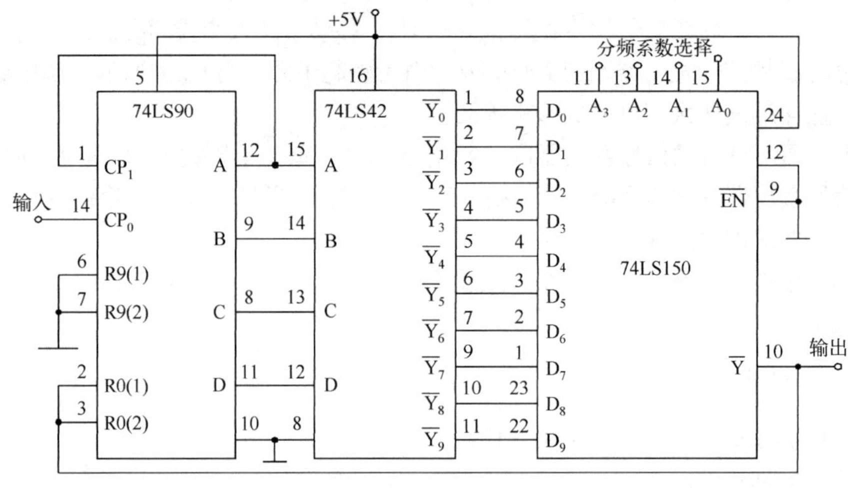

图 14.38　实训电路

输入信号由信号源输入到74LS90的14引脚，输出信号由74LS150的10引脚输出。

操作时需要选择合适的输入脉冲信号，然后用双踪示波器同时观测输入、输出波形，观察分频效果。

4. 实训报告要求

（1）分析项目操作过程，整理数据；

（2）写出项目小结。

习题 14

（1）内热式电烙铁与外热式相比有何优点？

（2）焊料的作用是什么？

（3）简述焊接操作的要领。

（4）元器件引线及导线端头焊前应怎样加工？

（5）简述印制电路板的一般焊接顺序。

（6）怎样检查焊接的质量？

（7）电子电路调试一般分哪几步进行？

（8）在调试过程中，因频率太低，示波器观察不到稳定波形时，可采用什么方法进行调试？

（9）如何测试和调整分立元件放大电路的静态工作点？

（10）放大电路的动态测试项目有哪些？仪器仪表如何连接？

（11）集成运算放大器电路加接调零电路仍不能调零，分析产生故障的原因。应如何排除？

第15章 电子电路仿真

本章介绍了电子电路仿真基础知识；介绍了电子仿真软件 Multisim 平台及基本使用方法；分析 Multisim 在电子仿真中的应用。

教学导航

教	知识重点	1. Multisim 平台的使用； 2. Multisim 在电子仿真实验中的应用
	知识难点	Multisim 软件的使用
	推荐教学方式	从电子实验实例入手，讲解 Multisim 软件的使用，在学会使用的基础上，完成电子实验的仿真
	建议学时	6 学时
学	推荐学习方法	从电子实验实例入手，学习 Multisim 软件的使用，在学会使用的基础上，结合前期电子知识，完成电子实验的仿真
	必须掌握的理论知识	Multisim 软件中相关工具的用途
	必须掌握的技能	用 Multisim 进行电子仿真的方法

随着电子技术和计算机技术的发展，电子线路的设计人员能在计算机上完成电路的功能设计、逻辑设计、性能分析、时序测试直至印制电路板的自动设计。在教学领域，电子电路仿真的虚拟电子工作台软件已广泛应用于电路仿真实验与电子课程设计。

15.1 EWB与Multisim平台的使用

电子工作平台Electronics Workbench（EWB）（现称为Multisim）软件是加拿大Interactive Image Technologies公司推出的电子电路仿真的虚拟电子工作台软件，适用于板级的模拟/数字电路板的设计工作。它包含了电路原理图的图形输入、电路硬件描述语言输入方式，具有丰富的仿真分析能力。其特点如下。

（1）采用直观的图形界面创建电路：在计算机屏幕上模仿真实实验室的工作台，绘制电路图时所需要的元器件、电路仿真需要的测试仪器均可直接从屏幕上选取。

（2）软件仪器的控制面板外形和操作方式都与实物相似，可以实时显示测量结果。

（3）EWB软件带有丰富的电路元件库，提供多种电路分析方法。

（4）作为设计工具，它可以同其他流行的电路分析、设计和制板软件交换数据。

（5）EWB还是一个优秀的电子技术训练工具，利用它提供的虚拟仪器可以用比实验室中更灵活的方式进行电路实验，仿真电路的实际运行情况，熟悉常用电子仪器测量方法。因此非常适合电子类课程的教学和实验。

为适应不同的应用场合，Multisim推出了许多版本，用户可以根据自己的需要加以选择。本书将以Multisim 2001为演示软件，结合教学的实际需要，简要地介绍该软件的概况和使用方法，并给出几个应用实例。

软件以图形界面为主，采用菜单、工具栏和热键相结合的方式，具有一般Windows应用软件的界面风格，用户可以根据自己的习惯和熟悉程度自如使用。

15.1.1 Multisim的主窗口界面

启动Multisim 2001后，将出现如图15.1所示的界面。

界面由多个区域构成：菜单栏，各种工具栏，电路输入窗口，状态条，列表框等。通过对各部分的操作可以实现电路图的输入、编辑，并根据需要对电路进行相应的观测和分析。用户可以通过菜单栏或工具栏改变主窗口的视图内容。

15.1.2 菜单栏

菜单栏位于界面的上方，如图15.2所示。通过菜单可以对Multisim的所有功能进行操作。

不难看出，菜单中有一些与大多数Windows平台上的应用软件一致的功能选项，如File、Edit、View、Options、Help。此外，还有一些EDA软件专用的选项，如Place、Simulation、Transfer及Tool等。

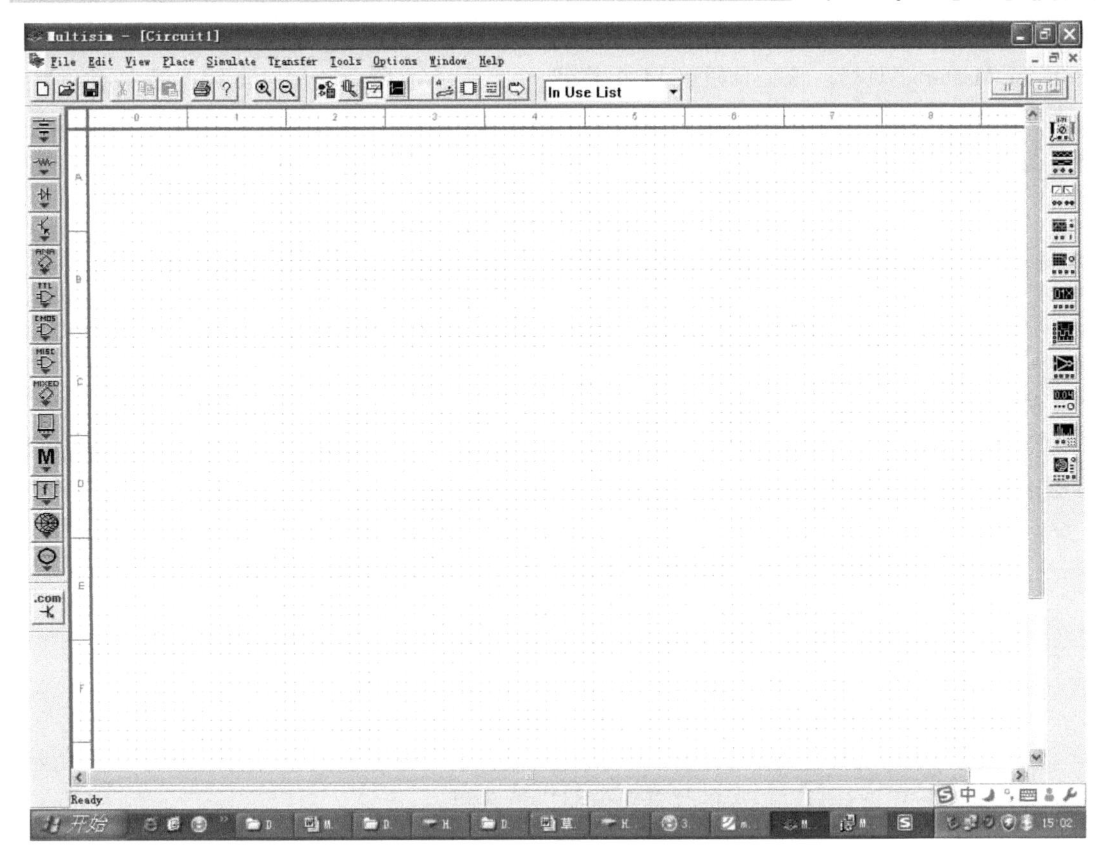

图 15.1　Multisim 2001 主界面

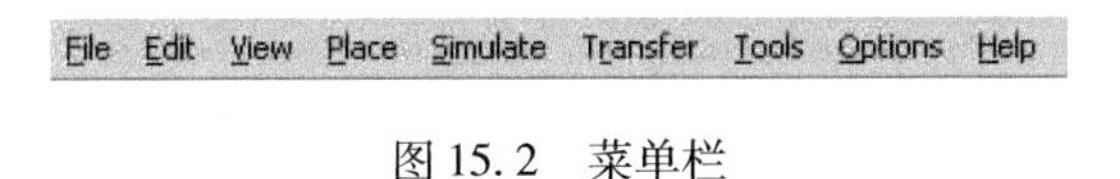

图 15.2　菜单栏

15.1.3　工具栏

Multisim 2001 提供了多种工具栏，并以层次化的模式加以管理，用户可以通过 View 菜单中的选项方便地将顶层的工具栏打开或关闭，再通过顶层工具栏中的按钮来管理和控制下层的工具栏。通过工具栏，用户可以方便、直接地使用软件的各项功能。

顶层的工具栏有 Standard 工具栏、Design 工具栏、Zoom 工具栏和 Simulation 工具栏。

（1）Standard 工具栏包含了常见的文件操作和编辑操作，如图 15.3 所示：

（2）Design 工具栏如图 15.4 所示，作为设计工具栏它是 Multisim 的核心工具栏。通过对该工具栏按钮的操作可以完成对电路从设计到分析的全部工作，其中的按钮可以直接开关下层的工具栏：Component 中的 Multisim Master 工具栏和 Instrument 工具栏。

图 15.3　Standard 工具栏

图 15.4　Design 工具栏

① 作为元器件（Component）工具栏中的一项，可以在 Design 工具栏中通过按钮来开关 Multisim Master 工具栏。该工具栏有 14 个按钮，如图 15.5 所示，每一个按钮都对应一类元器件，其分类方式和 Multisim 元器件数据库中的分类相对应，通过按钮上的图标可大致清楚该类元器件的类型。具体的内容可以从 Multisim 的在线文档中获取。

图 15.5　Multisim Master 工具栏

Multisim Master 工具栏作为元器件的顶层工具栏，每一个按钮又可以开关下层的工具栏，下层工具栏是对该类元器件的更细致的分类工具栏。以第一个按钮为例。通过该按钮可以开关电源和信号源类的 Sources 工具栏，如图 15.6 所示。

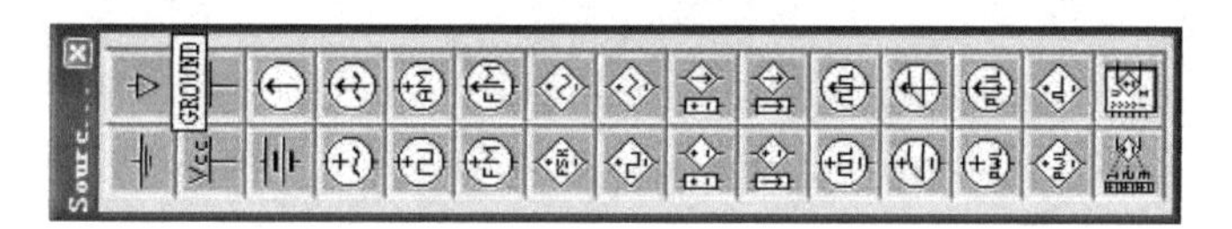

图 15.6　Sources 工具栏

② Instruments 工具栏集中了 Multisim 为用户提供的所有虚拟仪器仪表，如图 15.7 所示。用户可以通过按钮选择自己需要的仪器对电路进行观测。

图 15.7　Instruments 栏

（3）Zoom 工具栏，如图 15.8 所示。用户可以通过 Zoom 工具栏方便地调整所编辑电路的视图大小。

（4）Simulation 工具栏，可以控制电路仿真的开始、结束和暂停，如图 15.9 所示。

图 15.8　Zoom 工具栏

图 15.9　Simulation 工具栏

小提示　工具栏中的项目同样可以在菜单栏中相应的部分找到。

15.1.4　Multisim 对元器件的管理

EDA 软件所能提供的元器件的多少以及元器件模型的准确性都直接决定了该 EDA 软件的质量和易用性。Multisim 为用户提供了丰富的元器件，并以开放的形式管理元器件，使得用户能够自己添加所需要的元器件。

在 Multisim Master 中有实际元器件和虚拟元器件，它们之间的根本差别在于：一种是与实际元器件的型号、参数值及封装都相对应的元器件，在设计中选用此类器件，不仅可以使设计仿真与实际情况有良好的对应性，还可以直接将设计导出到 Ultiboard 中进行 PCB 的设计；另一种，其器件的参数值是该类器件的典型值，不与实际器件对应，用户可以根据需要改变器件模型的参数值，只能用于仿真，这类器件称为虚拟器件。它们在工具栏和对话窗口中的表示方法也不同。在元器件工具栏中，虽然代表虚拟器件的按钮的图标与该类实际器件的图标形状相同，但虚拟器件的按钮有底色，而实际器件没有，如图 15.10 所示。

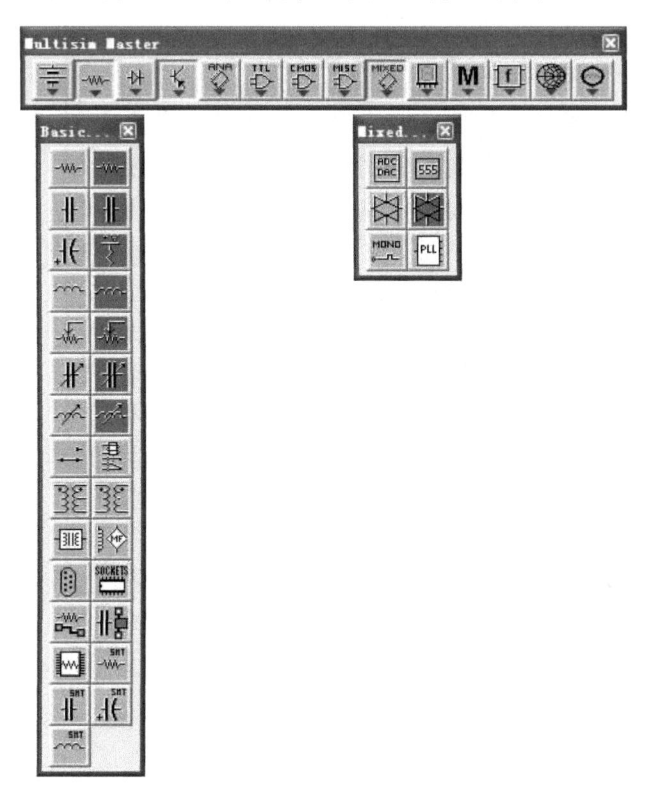

图 15.10　Multisim Master 工具栏

从图中可以看到，相同类型的实际元器件和虚拟元器件的按钮并排排列，并非所有的元器件都设有虚拟类的器件。

在元器件类型列标中，虚拟元器件类的后缀标有 Virtual。

15.1.5　输入并编辑电路

输入电路图是分析和设计工作的第一步，用户从元器件库中选择需要的元器件放置在电路图中并连接起来，为分析和仿真做准备。

1. 设置 Multisim 的通用环境变量

为了适应不同的需求和用户习惯，用户可以用菜单 Option→Preferences 打开 Preferences 对话窗口，如图 15.11 所示。

图 15.11 Preferences 对话框

通过该对话框的6个选项卡，用户可以就编辑界面颜色、电路尺寸、缩放比例、自动存储时间等内容作相应的设置。

以选项卡 Workspace 为例，当选中该选项卡时，Preferences 对话框如图 15.12 所示：

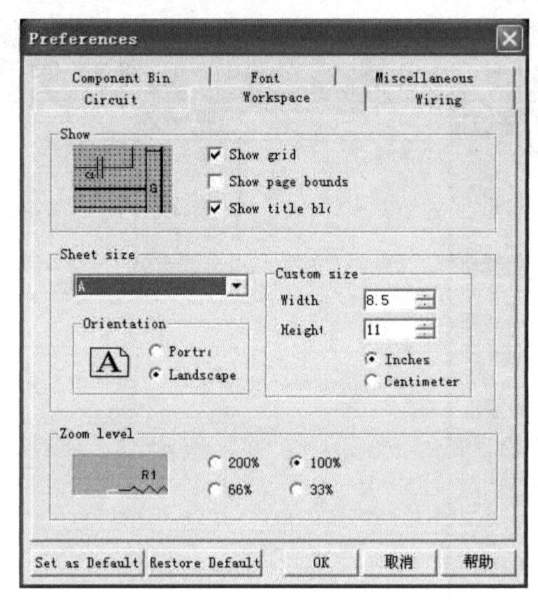

图 15.12 Workspace 选项卡

在这个对话框中有3个分项。

① Show：可以设置是否显示网格、页边界以及标题框。

② Sheet size：设置电路图页面大小。

③ Zoom level：设置缩放比例。

其余的选项卡在此不再详述。

小经验 第一次打开界面取用元件时会发现元件符号与常用不一致，因为程序默认元件符号是 ANSI 标准。要改成常用的 DIN 标准，在 Component Bin 选项卡中修改即可。

2. 取用元器件

取用元器件的方法有两种：从工具栏取用或从菜单取用。下面将以 74LS00 为例说明这两种方法。

（1）从工具栏取用：Design 工具栏→Multisim Master 工具栏→TTL 工具栏→74LS 按钮。

从 TTL 工具栏中选择 74LS 按钮，打开器件的 Component Browser 窗口，如图 15.13 所示。其中包含的字段有 Database name（元器件数据库）、Component Family（元器件类型列表）、Component Name List（元器件明细表）、Manufacture Names（生产厂家）、Model Level-ID（模型层次）等内容。

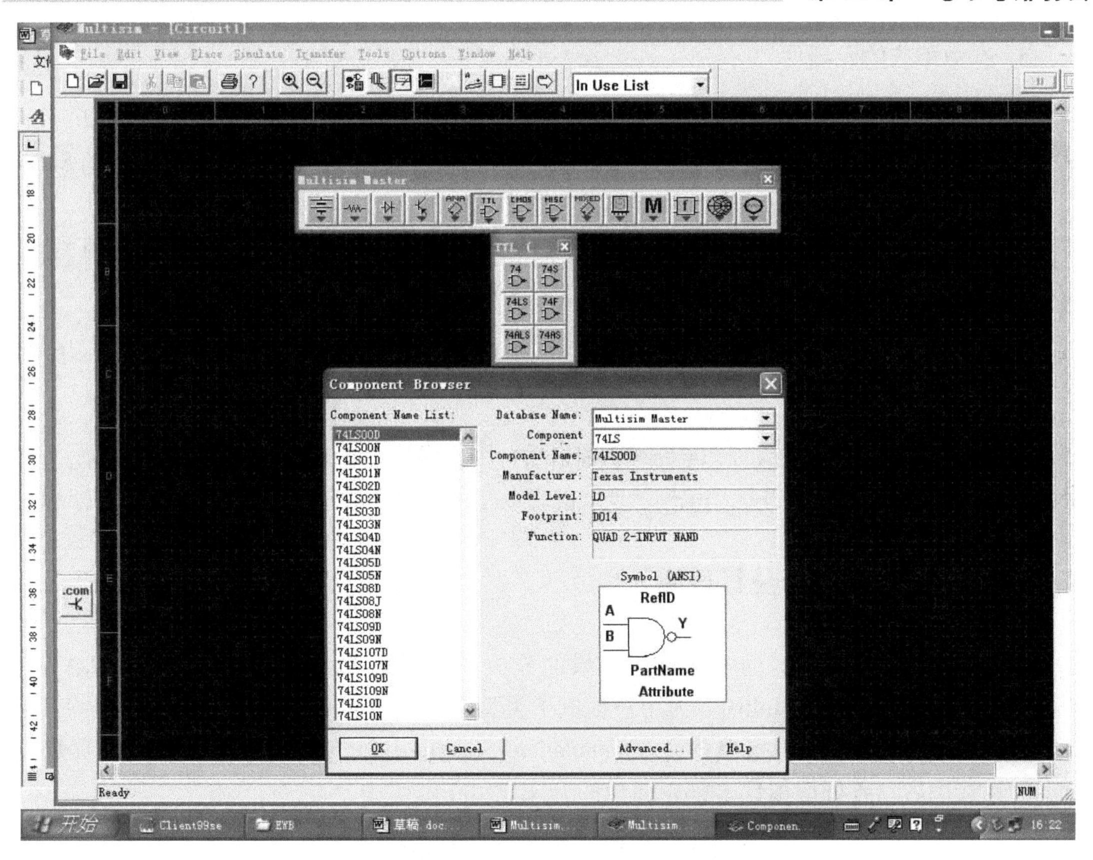

图 15.13　从工具栏中取用元件

（2）从菜单取用：通过 Place→Place Component 命令打开 Component Browser 窗口，如图 15.14 所示。

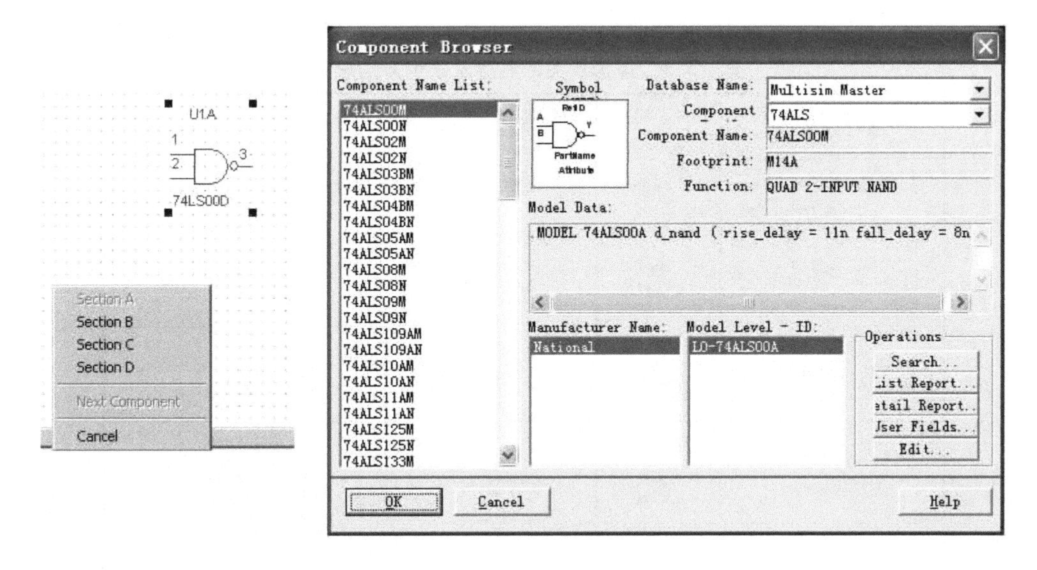

图 15.14　从菜单取用元件

3. 选中相应的元器件

在 Component Family Name 中选择 74LS 系列，在 Component Name List 中选择 74LS00。单击【OK】按钮就可以选中 74LS00，出现备选窗口。7400 是四/二输入与非门，在窗口中的 Section A/B/C/D 分别代表其中的一个与非门，用鼠标选中其中的一个放置在电路图编辑窗口中。器件在电路图中显示的图形符号，用户可以在 Component Browser 中的 Symbol 选项框中预览到。当器件放置到电路编辑窗口中后，用户就可以进行移动、复制和粘贴等编辑工作了。

15. 1. 6　将元器件连接成电路

在将电路需要的元器件放置在电路编辑窗口后，用鼠标就可以方便地将器件连接起来。方法是：用鼠标单击连线的起点并拖动鼠标至连线的终点。在 Multisim 中连线的起点和终点不能悬空。

15. 1. 7　虚拟仪器及其使用

对电路进行仿真运行，通过对运行结果的分析，判断设计是否正确合理，是 EDA 软件的一项主要功能。为此，Multisim 为用户提供了类型丰富的虚拟仪器，可以从 Design 工具栏→Instruments 工具栏，或用菜单命令（Simulation→instrument）选用 11 种仪表，如图 15. 15 所示。在选用后，各种虚拟仪表都以面板的方式显示在电路中。

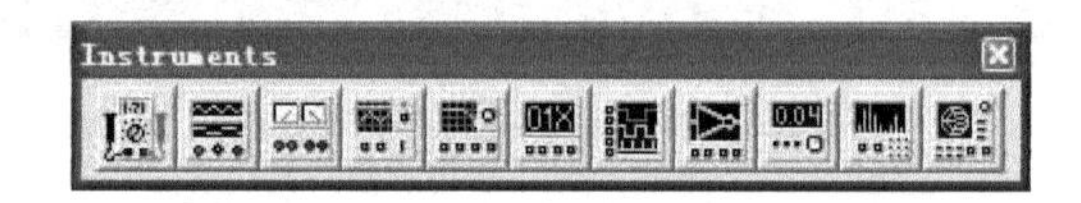

图 15. 15　Instruments 工具栏

下面将这 11 种虚拟仪器的名称及表示方法总结，见表 15. 1。

表 15. 1　虚拟仪器的名称及表示方法总结

菜单上的表示方法	对 应 按 钮	仪 器 名 称	电路中的仪器符号
Multimeter		万用表	XMM1
Function Generator		波形发生器	XFG1
Wattermeter		瓦特表	XWM1
Oscilloscape		示波器	XSC1
Bode Plotter		波特图图示仪	XBP1

续表

菜单上的表示方法	对应按钮	仪器名称	电路中的仪器符号
Word Generator		字元发生器	XWG1
Logic Analyzer		逻辑分析仪	XLA1
Logic Converter		逻辑转换仪	XLC1
Distortion Analyzer		失真度分析仪	XDA1
Spectrum Analyzer		频谱仪	XSA1
Network Analyzer		网络分析仪	XNA1

在电路中选用了相应的虚拟仪器后，将需要观测的电路点与虚拟仪器面板上的观测口相连（如图 15.16 所示），可以用虚拟示波器同时观测电路中两点的波形。

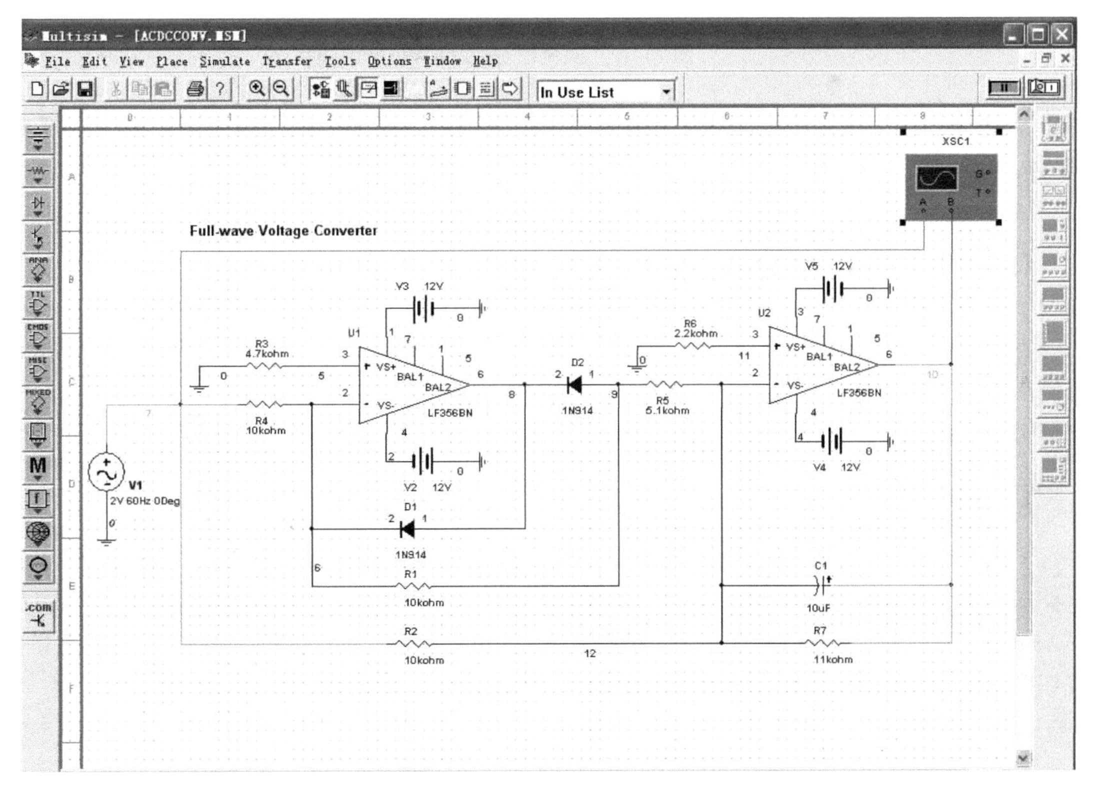

图 15.16　实例应用图

双击虚拟仪器就会出现仪器面板，面板为用户提供观测窗口和参数设定按钮。以图15.16为例，双击图中的示波器，就会出现示波器的面板。通过Simulation工具栏启动电路仿真，示波器面板的窗口中就会出现被观测点的波形，如图15.17所示。

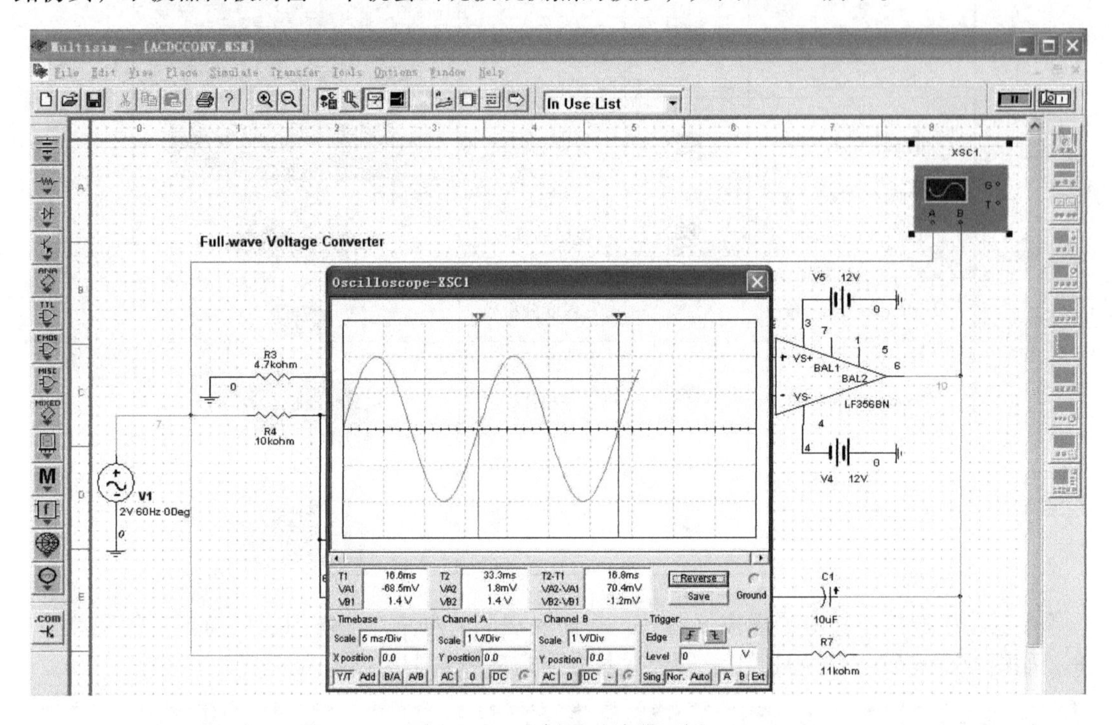

图15.17　实例图示波器面板

小提示　虚拟仪器的面板与常用实际仪器基本相同，按实际仪器的调节方法调节设置即可。

15.1.8　基本仿真分析方法

在菜单中选取Simulate→Analyses选项或直接单击快速工具栏的分析按钮，将会出现如图15.18所示的分析功能菜单，从中选择要进行的分析。本节主要介绍直流工作点分析、交流分析、瞬态分析、傅里叶分析等基本分析方法，其他分析方法请参考相关书籍。

1. 直流工作点分析

当输入信号短路、电感短路、电容开路时电路的电压、电流都是直流量。直流工作点是电路正常工作的重要条件，如果设置不合适会使波形严重失真。在主窗口依次执行Simulate→Analyses→DC Operating Point命令，将弹出如图15.19所示的对话框。该对话框包括五个按钮和Output variables、Miscellaneous Options、Summary三个选项卡。

该对话框中按钮的功能如下。

① More按钮：获得更多选中页的信息。

② Simulate按钮：立即进行仿真分析。

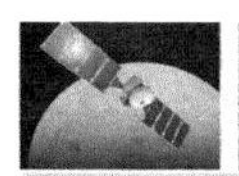

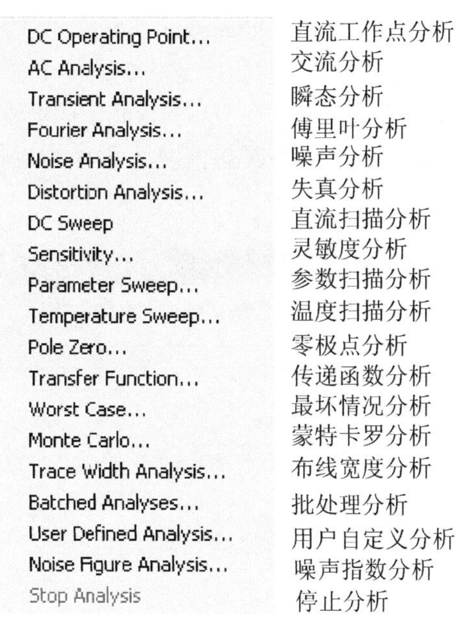

图 15.18　分析功能菜单

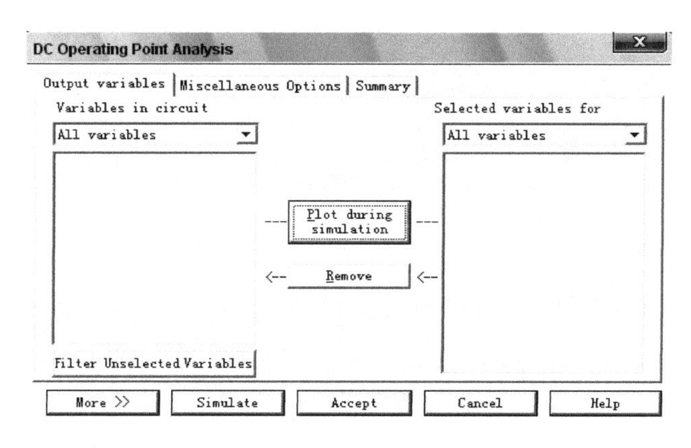

图 15.19　Out variables 选项卡

③ Accept 按钮：接受当前设置，而不立即进行分析。

④ Cancel 按钮：取消已经设定但尚未保存的设定。

⑤ Help 按钮：获得与直流工作点分析相关的帮助信息。

选项卡的功能和设置如下。

① Output variables 选项卡。Output variables 选项卡主要用于选择所要分析的节点或变量。Variables in circuit 选项区域用于列出电路中可供分析的节点、流过电压源的电流等变量。如果仅需分析某类型变量，则可以从 Variables in circuit 的下拉列表中选择所需要的分析变量，如电压、电流和元器件模型参数。默认选项是 All variables（列出所有分析变量）。Filter Unselected Variables 按钮可以增加额外的变量类型。Selected variables for 选项区域用于确定需要分析的节点或变量。该栏默认状态下为空，需要用户从左边 Variables in circuit 栏内通过 Plot during simulation 选取或 Remove 按钮移除。

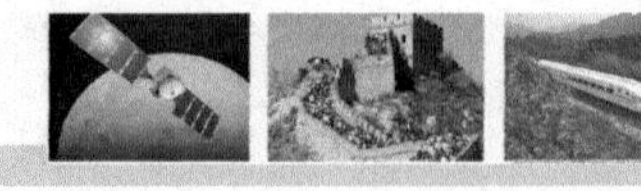

② Miscellaneous Options 选项卡。Miscellaneous Options 选项卡主要用来设定分析参数，建议采取默认值，如图 15.20 所示。如果想要改变其中某一个分析选项，则用鼠标选中该项后再选中下面的 Use this option 选项，然后在 Option Value 栏里输入新的参数。设置完毕后该项会改变颜色，表示启用该项设置。如果要想恢复为程序预置值，则单击【Reset option to default】按钮。

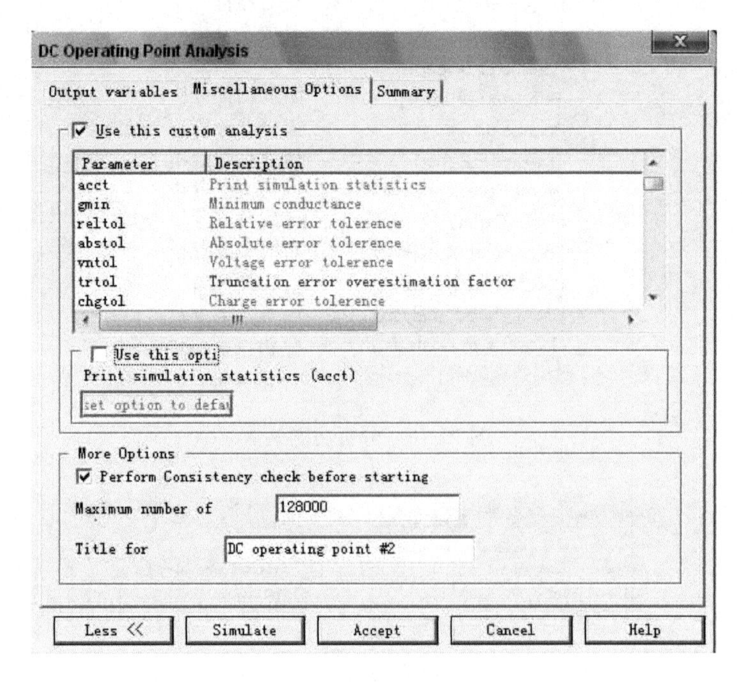

图 15.20　Miscellaneous Options 选项卡

③ Summary 选项卡。Summary 选项卡对分析设置进行总结确认，将程序所有设置和参数都显示出来，如图 15.21 所示。用户可确认并检查所要进行的前两个选项卡的设置是否正确，确认设置正确后，单击【Simulate】按钮即可进行直流工作点分析。

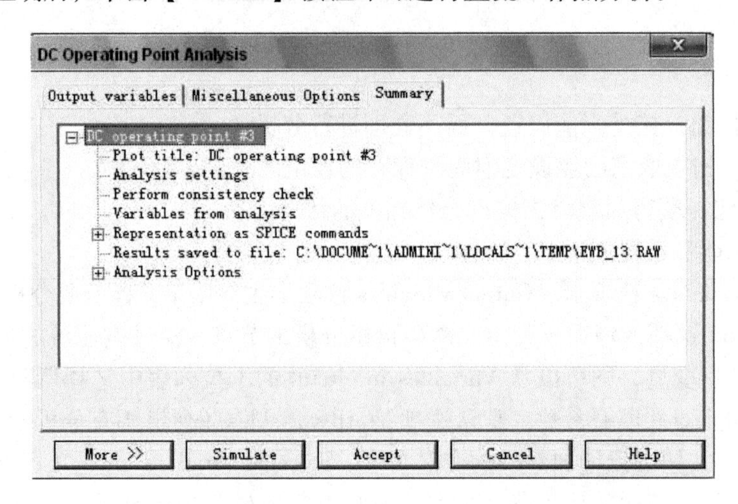

图 15.21　Summary 选项卡

2. 交流分析

交流分析用来分析电路的小信号频率响应，包括幅频和相频特性。在进行交流分析前程序将自动进行直流工作点分析，以获得非线性元器件的线性小信号模型。交流分析以正弦波为输入信号，不管在电路的输入端为何种信号输入，进行分析时都将自动以正弦波替换，而其信号频率也将以设定的范围替换。在电路的输入信号源设置对话框中必须设置 AC Analysis Magnitude 栏的幅值，否则电路将会提示出错，其默认设置为 1V。依次执行 Simulate→Analyses→AC Analysis 命令，将弹出如图 15.22 所示的对话框。

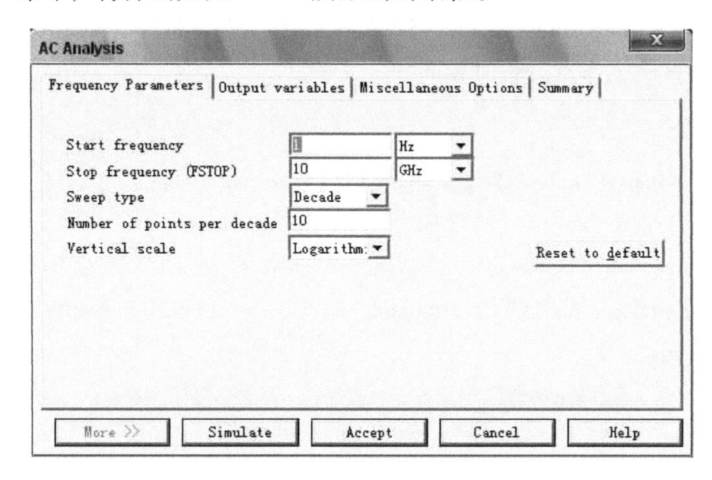

图 15.22　交流分析对话框

交流分析对话框包括四个选项卡，Frequency Parameters 选项卡各项用于设定交流分析的起始和终止频率、扫描方式、10 倍频取样点数、垂直刻度和恢复为默认值等，其余与直流工作点分析的设置一样。

3. 瞬态分析

瞬态分析（Transient Analysis）是电路的时域响应分析，相当于连续性的静态工作点分析。通常以节点电压波形作为瞬态分析的结果，就像用示波器观察电路某点信号波形。依次执行 Simulate→Analyses→Transient Analysis 命令，即弹出如图 15.23 所示的对话框。

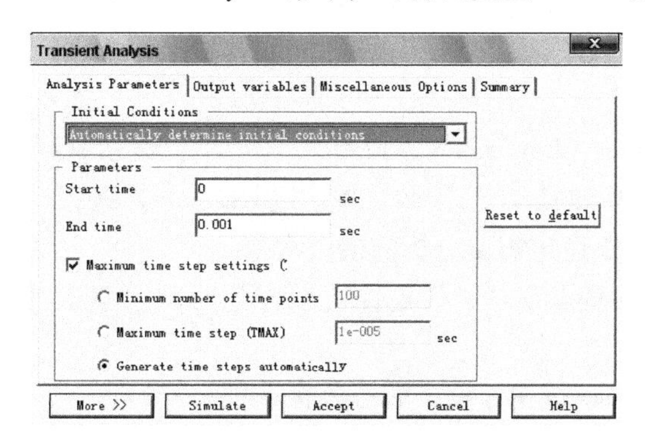

图 15.23　瞬态分析对话框

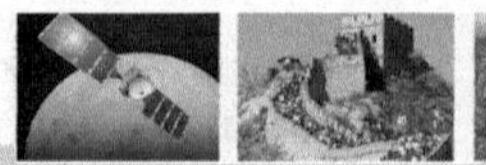

在 Analysis Parameters 选项卡中包括下列项目。

① Initial Conditions 选项区域。

本区域的功能是设定初始条件，其中包括 Automatically determine initial conditions（程序自动设定初始值）、Set to zero（初始值设为0）、User defined（用户自定义初始值）和 Calculate DC operating point（根据直流工作点计算）。

② Parameters 选项区域。

本区域用于设置分析的时间参数，包括起始时间、终止时间和最大时间步长。最大时间步长有 Minimum number of time points（单位时间内的取样点数）、Maximum time step（最大的取样时间间距）和 Generate time steps automatically（程序自动设定分析的取样时间间距）三种方式。

其他选项卡与直流工作点分析时相同。

4. 傅里叶分析

傅里叶分析（Fourier Analysis）是一种频域（Frequency Domain）分析方法，将周期性的非正弦信号转换成正弦及余弦信号的叠加，即

$$f(t)=A_0+A_1\cos\omega t+A_2\cos 2\omega t+\cdots+B_1\sin\omega t+B_2\sin 2\omega t+\cdots$$

进行傅里叶分析时，依次执行 Simulate→Analyses→Fourier Analysis 命令，将弹出如图 15.24 所示对话框。

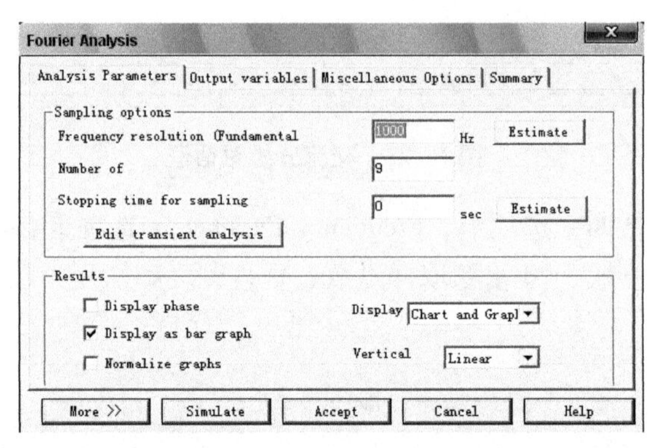

图 15.24　傅里叶分析对话框

傅里叶分析对话框中包括四个选项卡，除了 Analysis Parameters 选项卡外，其余与直流工作点分析的设置一样。在 Analysis Parameters 选项中包括下列选项区域。

（1）Sampling options 选项区域。Sampling options 选项区域用于设置分析参数选项，包括如下内容。

① Frequency resolution（Fundamental Frequency）栏：设定基频，如果电路中有多个交流信号源，则取各信号源频率的最小公倍数。单击【Estimate】按钮，程序自动设置。

② Number of 栏：用于设定需要分析的谐波次数。

③ Stopping time for sampling 栏：设定停止取样的时间。单击【Estimate】按钮，程序自动设置。

④ Edit transient analysis 按钮：设定瞬态分析选项。

（2）Results 选项区域。Results 选项区域设置结果显示方式，Multisim 2001 提供三种显示方式。

① Display phase 选项：选择显示相位图。

② Display as bar graph 选项：以线条方式绘出频谱图。

③ Normalize graphs 选项：设定以归一化频谱图方式显示。

④ Display 选项：设定显示方式，包括 Chart（数据表）、Graph（图形方式）及 Chart and Graph（同时显示数据表和图形）三个选项。

⑤ Vertical 选项：设定垂直刻度，其中包括 Decibel（分贝刻度）、Octave（8 倍刻度）、Linear（线性刻度）及 Logarithmic（对数刻度）。

15.2　Multisim 在电子仿真实验中的应用

15.2.1　Multisim 在模拟电子仿真实验中的应用

以带有负反馈的单级放大电路为例。从图 15.25 中可以看出，该电路由 1 只 3DG6 晶体管（设 $\beta=80$）、3 个电容、6 只电阻和 1 只电位器，以及 12V 的直流电源和交流信号源组成。我们知道，如果调节该电路中的电位器 R_w，则用示波器观察电路波形的变化情况就能确定电路的静态工作点。

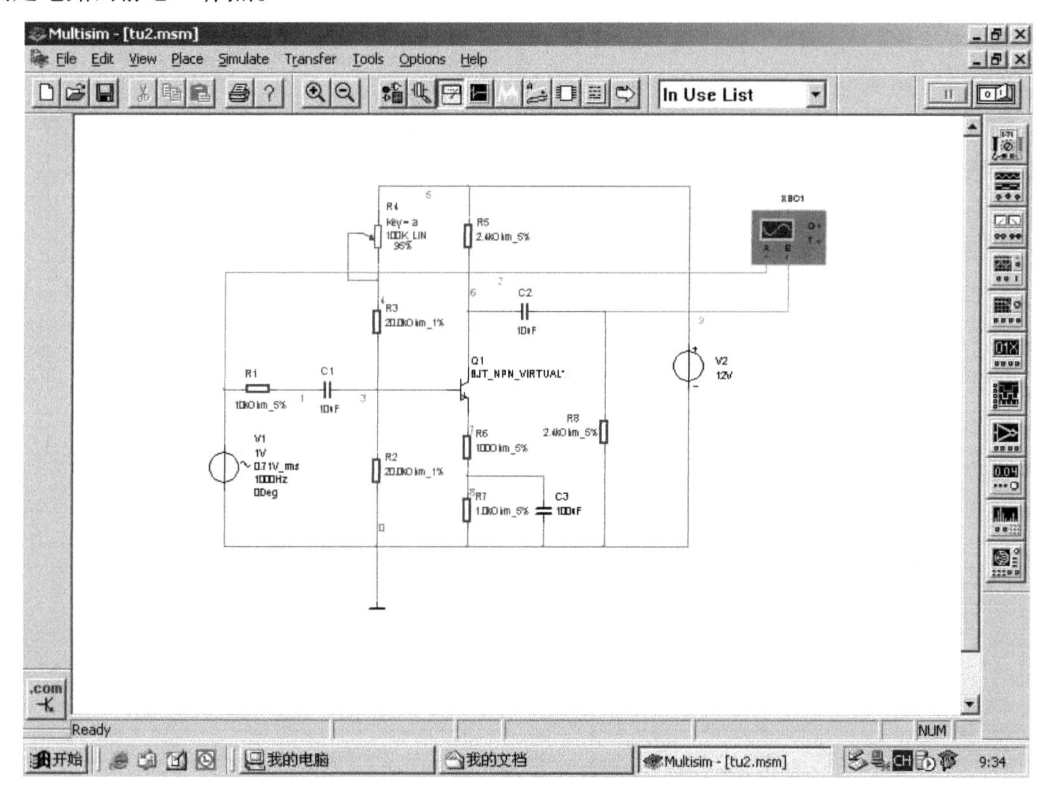

图 15.25　单级放大电路图

编辑电路图之后可以将其换名保存，方法与保存一般文件相同。对本例，原来系统自动命名为“Circuitl. msm”，现将其重新命名为“单管放大电路 . msm”，并保存在适当的路径下。

小提示 文件保存时注意保存文件的路径，必要时将文件保存在自己熟知的路径中。

编辑完电路原理图之后，要对所编辑的电路进行仿真分析。

（1）借助示波器，用调整电位器的方法来确定静态工作点。

首先从窗口右边的仪表工具栏（Instruments Toolbar）中调出一台示波器，方法同从元件工具栏中选取虚拟元件一样。与元器件的连接方式一样，将示波器的A通道接输入信号源，B通道接输出端（负载 R_L 的一端）。

（2）双击电路窗口中的示波器图标，即可开启示波器面板。

从图中可看出，该示波器的界面与实验室里常用的示波器面板很相似，其基本操作方法也差不多。启动电路窗口右上角的电路仿真开关，示波器窗屏幕上将产生输入和输出两个波形。为了看到较清晰的波形，需适当调节示波器界面上的时基（Timebase）和A、B两通道（Channel）中的Scale值，这里设置时基的Scale值为200Hz/Div，A、B两通道的Scale值为1V/Div。

（3）电位器 R_w 旁标注的文字“Key = a”表明按动键盘上【A】键，电位器的阻值按5%的速度减少；若要增加，则按动【Shift + A】组合键，阻值将以5%的速度增加。电位器变动的数值大小直接以百分比的形式显示在一旁。

（4）启动仿真开关，反复按键盘上的【A】键，观察示波器波形变化。随着一旁显示的电位器阻值百分比的减少，输出波形产生饱和失真且越来越严重。当数值百分比为35%时，波形如图15.26所示。

（5）反之，反复按【Shift + A】组合键，观察示波器波形变化。随着一旁显示的电位器阻值百分比的增加，输出波形的饱和失真逐步减小。当数值百分比为70%～80%时，输出波形已不见失真，电路真正处于放大状态，如图15.27所示。

如再按【Shin + A】组合键，继续增大电位器的阻值，则从示波器中可观察到输出电压产生了截止失真。图15.28所示是数值百分比为90%时的截止失真波形。

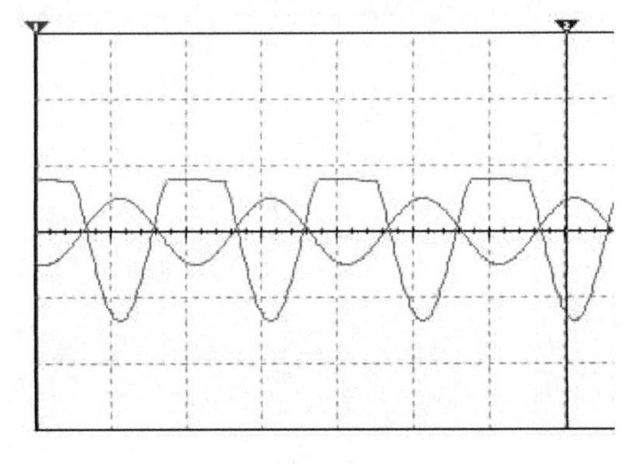

图15.26　饱和失真波形

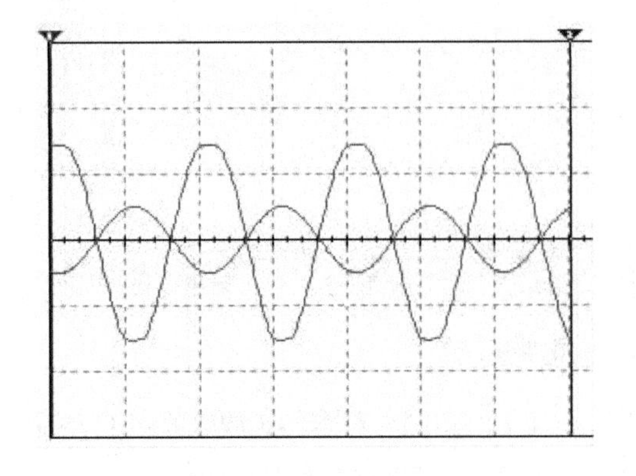

图15.27　放大状态波形

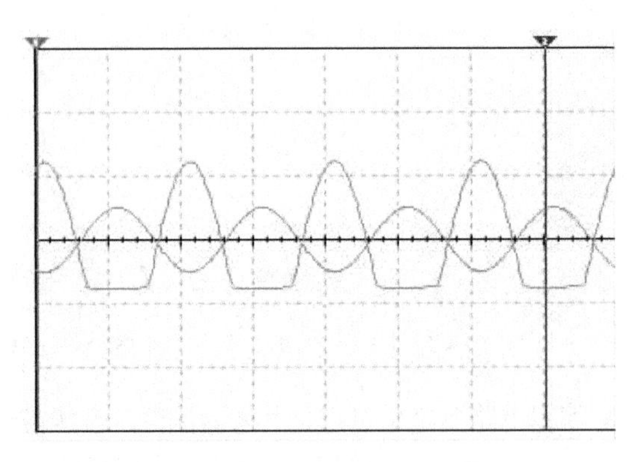

图15.28　截止失真波形

15.2.2　Multisim 在数字电子仿真实验中的应用

构造同步十六进制计数器，并用 7 段数码管进行观测（文件名为 counter.msm）。通过运行仿真验证电路功能。在这个电路的基础上将计数器改为十进制，并通过仿真验证修改结果是否正确（注：显示 0 ～ 9）。

首先选用 T 触发器、带译码的 7 段数码管和与门一起构成 4 位十六进制计数器，如图 15.29 所示。在电路中选用 1Hz 矩形波发生器，通过仿真观测运行的情况。

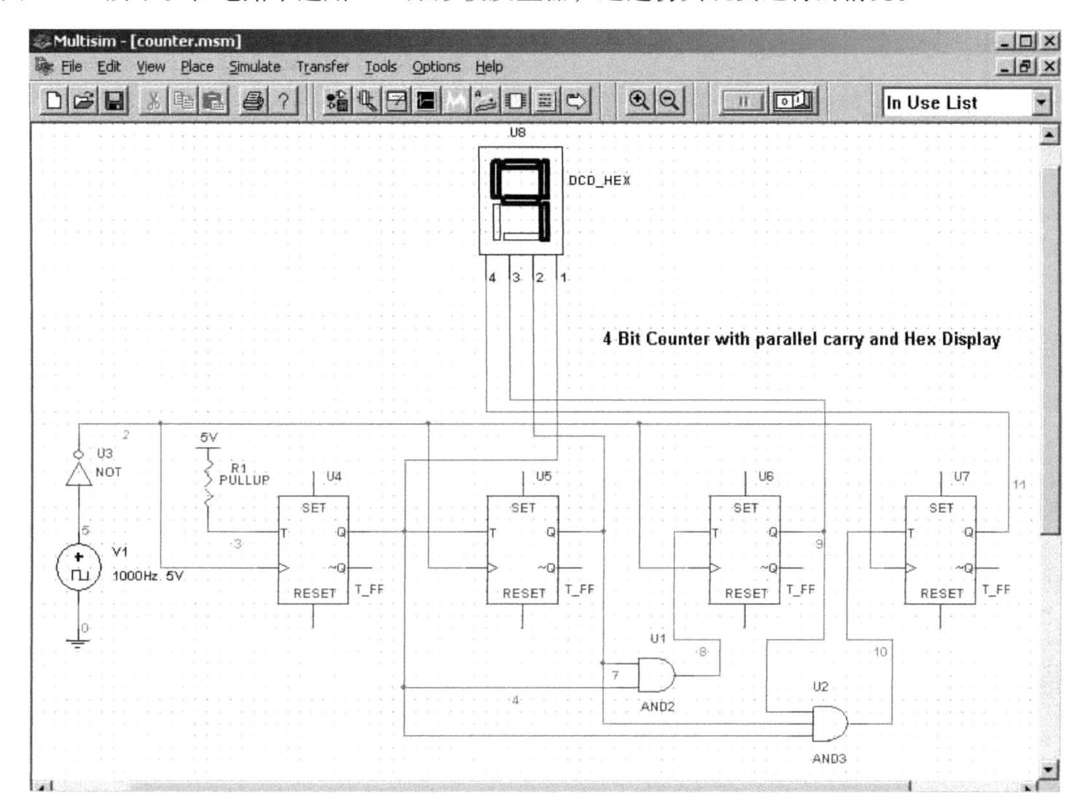

图 15.29　十六进制计数器

使用异步置零法，在图中加入反馈电路，当触发器的状态变为 1010 时，通过 Reset 端对触发器进行清零。电路设计结果如图 15.30 所示。通过仿真可以观测到电路已经转换为十进制计数器（文件名为 counterb.msm）。

知识梳理与总结

本章阐述了仿真软件 Multisim 的基本知识及其应用。

本章重点内容如下：

(1) 熟悉 Multisim 软件。

(2) 仿真软件的使用。

(3) 仿真软件在电子实验中的应用。

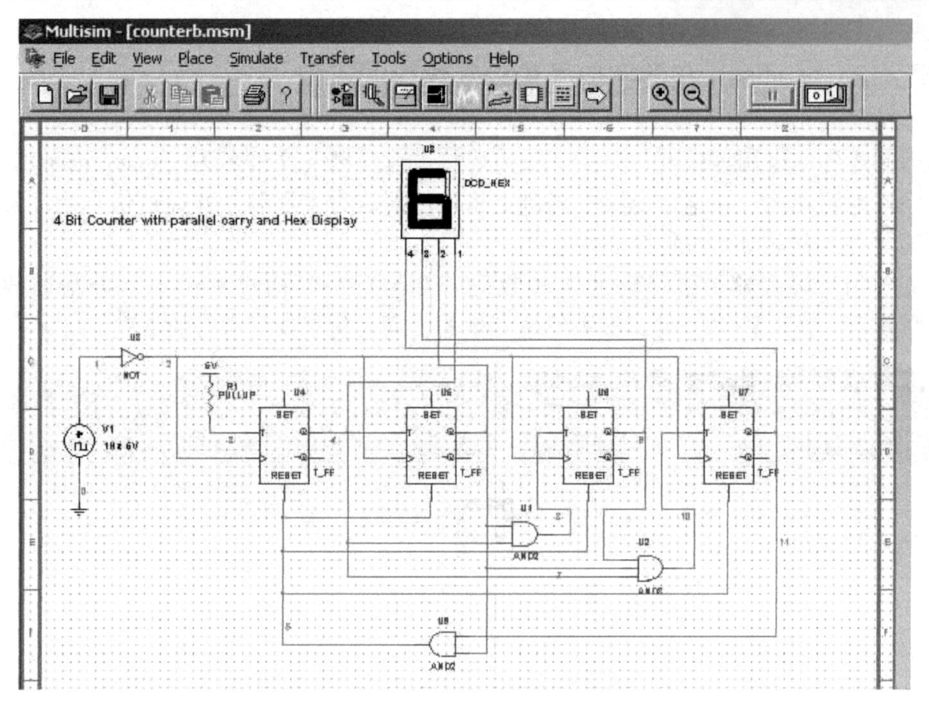

图 15.30　十进制计数器

实训 19　模拟电路的电子仿真

1. 实训目的

（1）掌握由集成运算放大电路构成的比例运算、加法运算、减法运算、微分运算和积分运算的电路结构。

（2）掌握使用虚拟仪器测量集成运算放大电路的方法。

（3）了解微分运算、积分运算电路的波形变换原理。

2. 预习要求

（1）认真复习集成运算放大电路的有关内容，以及本实训中实训原理部分。

（2）根据实训内容，计算各电路的实验数据。

（3）进一步熟练掌握仿真软件 Multisim 2001 的使用。

3. 实训内容

（1）进入仿真电路，如实训图 15.31、图 15.32 所示，设置信号发生器 XFG1 的信号频率为 1kHz，幅度为 1V，开启仿真开关，读出输出电压值，并与理论值进行比较。

（2）进入仿真电路，如图 15.33 所示，设置信号发生器 XFG1、XFG2 的频率为 1kHz，电压幅度分别为 50mV、30mV，开启仿真开关，测出输出电压值，并与理论值进行比较。

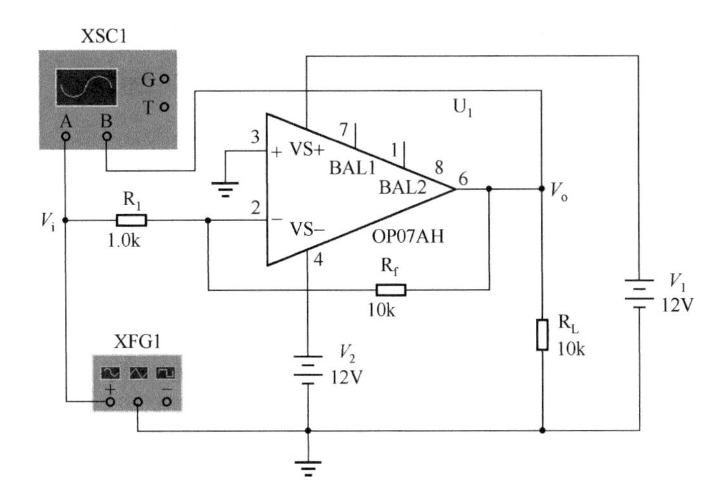

图 15.31　反相比例运算电路

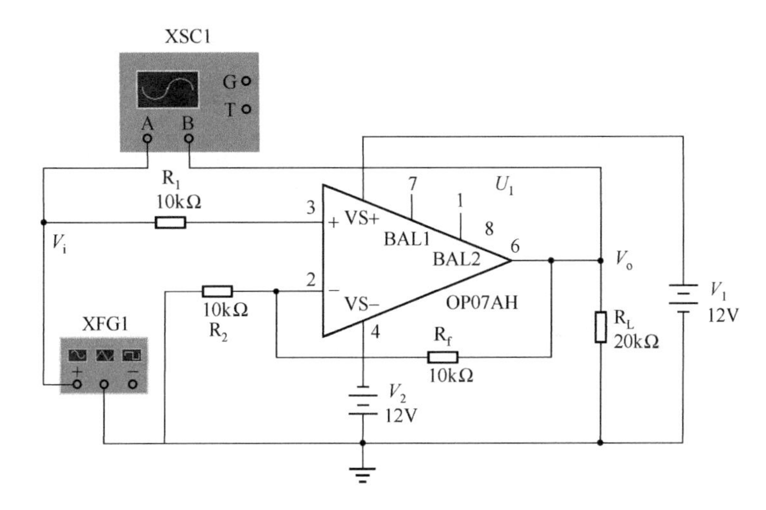

图 15.32　同相比例运算电路

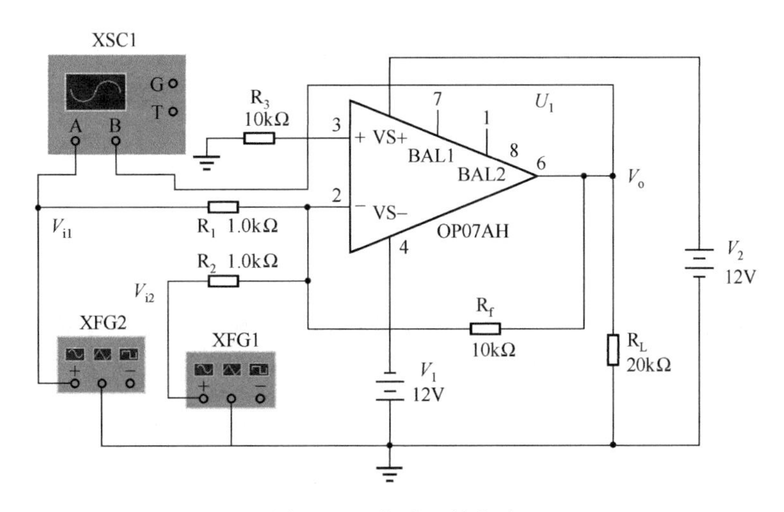

图 15.33　加法运算电路

(3) 进入仿真电路，如图15.34所示，设置信号发生器XFG1、XFG2的频率为1kHz，电压幅度分别为1V、2V，开启仿真开关，测出输出电压值，并与理论值进行比较。

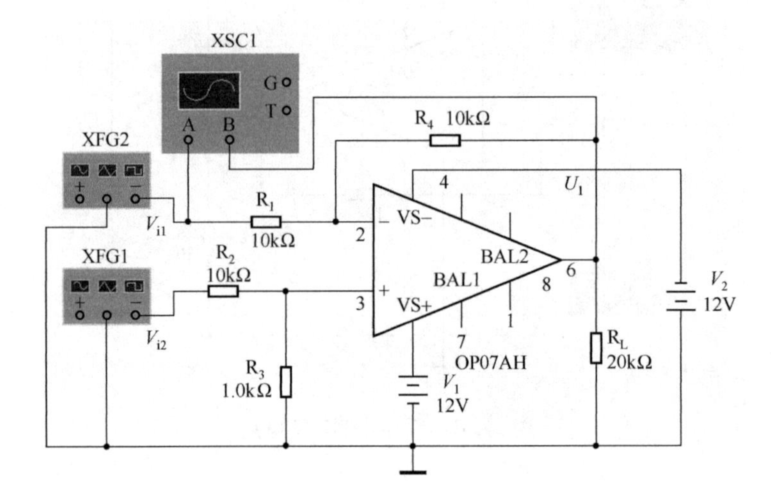

图15.34　减法运算电路

(4) 进入仿真电路，如图15.35所示，设置信号发生器产生频率为100Hz、信号幅度为5V的矩形波，用示波器观察输入/输出波形。改变电阻的参数，观察输出波形的变化。

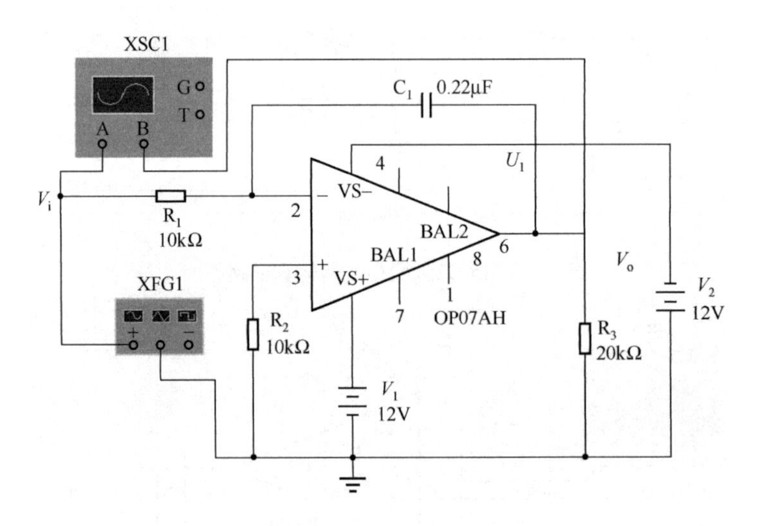

图15.35　积分运算电路

(5) 进入仿真电路，如图15.36所示，设置信号发生器产生频率为100Hz、信号幅度为5V的矩形波，用示波器观察输入/输出波形。改变电阻的参数，观察输出波形的变化。

4. 实训报告

(1) 对各运算电路进行理论计算。

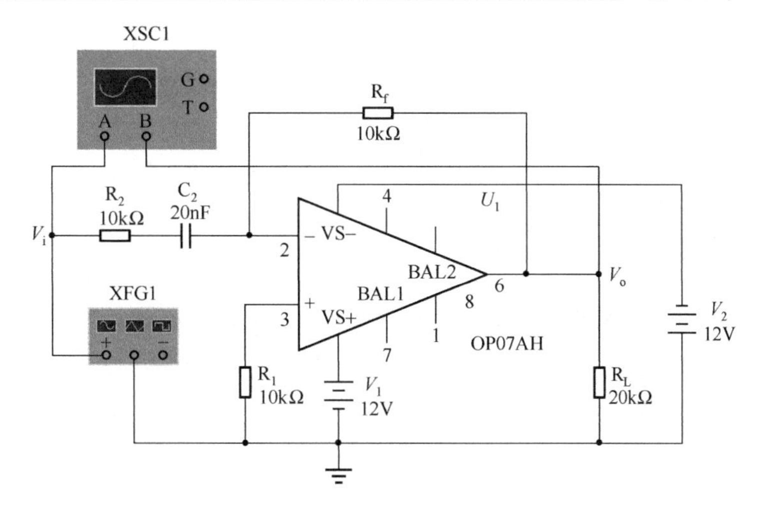

图 15.36　微分运算电路

(2) 用仿真软件对反相运算电路、同相运算电路、加法运算电路、减法运算电路、积分运算电路和微分运算电路进行仿真，并与理论值进行比较。

(3) 改变反相运算电路、同相运算电路、加法运算电路、减法运算电路的输入信号参数，并进行仿真，自拟表格将各参数填入表中。

(4) 写出各电路的仿真结果分析。

5. 思考题

(1) 当积分电路输入直流信号时，输出会出现什么情况?

(2) 当积分电路输入交流信号时，输出会出现什么情况?

实训 20　数字电路的电子仿真

1. 实训目的

(1) 加深理解编码器的逻辑功能。

(2) 掌握 Multisim 中的数字集成电路的使用方法。

(3) 练习虚拟数字仪器的使用。

(4) 练习 Multisim 中的指示元件的使用。

2. 实训内容

(1) 8 线 –3 线二进制编码器功能测试。

① 写出 8 线 –3 线二进制编码器的真值表，根据此真值表写出各输出逻辑函数的表达式，在电路设计区创建用“或门”实现的逻辑图。

② 从仪器库中选择字信号发生器，将图标下沿的输出端口连接到电路的输入端，打开面板，按照真值表中输入的要求，编辑字信号并进行其他参数的设置。

③ 从仪器库中选择逻辑分析仪，将图标左边的输入端口连接到电路的输出端，打开面

板，进行必要合理的设置。

④ 从指示元件库中选择彩色指示灯，接至电路输出端。

⑤ 单击字信号发生器“Step”（单步）输出方式，记录彩色指示灯的状态（亮代表“1”，暗代表“0”）。记录逻辑分析仪所示波形，与真值表比较。

（2）编码器的应用。

① 从数字集成电路库中选择74LS148优先编码器，按【F1】键了解该集成电路的功能（74LS148在Multisim中的型号是74148）。

② 用74LS148和门电路设计一个呼叫系统，要求有1～5号五个呼叫信号，分别用五个开关输出信号，1号优先级最高，5号最低。用指示器件库中的译码数码管显示呼叫信号的号码，没有呼叫信号时显示“0”，有一个呼叫信号时显示该呼叫信号的号码，有多个呼叫信号时显示优先级最高的号码。

3. 实训报告

（1）整理8线-3线二进制编码器的测试结果，说明电路的功能。

（2）画出用74LS148构成的呼叫系统的电路图，说明设计原理。

（3）回答思考题。

4. 思考题

（1）74LS148优先编码器的优先权是如何设置的？结合真值表分析其逻辑关系。

（2）译码数码管的引脚有四个，74LS148的输出代码仅有三位，多余的引脚应如何处理？为什么？

参考文献

[1] 江国强．新编数字逻辑电路习题、实验与实训［M］．北京：北京邮电大学出版社，2008.
[2] 李三波等．电子工艺和电子技能实训［M］．北京：北京航天航空大学出版社，2007.
[3] 谢兰清．电子技术项目教程［M］．北京：电子工业出版社，2009.
[4] 郝鸿安．常用数字集成电路应用手册［M］．北京：中国计量出版社，1987.
[5] 瞿德福．实用数字电路手册［M］．北京：机械工业出版社，1997.
[6] 郭汀．新编电气图形符号标准手册［M］．北京：中国标准出版社，2005.

反侵权盗版声明

举报电话：（010）88254396；（010）88258888

传　　真：（010）88254397

E-mail：dbqq@ phei. com. cn

通信地址：北京市海淀区万寿路 173 信箱

　　　　　电子工业出版社总编办公室

邮　　编：100036